LANDTECHNIK II

Technik der Außen- und Innenwirtschaft

Herbert Reiter
Hubert Schagerl
Anton Wagner
Gotthard Wirleitner

Leopold Stocker Verlag

Graz – Stuttgart

Umschlaggestaltung:	Schneider, Graz
Umschlagfoto:	Fa. Steyr Landmaschinentechnik Ges.m.b.H., St. Valentin
Fotos und Grafiken:	Diese wurden dem Verlag freundlicherweise von den Autoren zur Verfügung gestellt, so nicht anders angegeben.

Lt. Bescheid des Bundesministeriums für Unterricht und Kunst, Zl. 24.566/10-V/2/93 vom 3. Juni 1994, für den Unterrichtsgebrauch an Höheren land- und forstwirtschaftlichen Lehranstalten, Fachrichtungen Allgemeine Landwirtschaft und Alpenländische Landwirtschaft. II.–V. Jg., im UG „Landmaschinentechnik“ als geeignet erklärt.

Lt. Bescheid des Amtes der Burgenländischen Landesregierung Zl. V/1-8110/126-1994 vom 10. Mai 1994, für den Unterrichtsgebrauch an landwirtschaftlichen Berufs- und Fachschulen, alle Fachrichtungen und sämtliche Schulstufen, als geeignet erklärt.

Lt. Bescheid des Amtes der Kärntner Landesregierung, Zl. 10L-134/8/94 vom 20. September 1994, für den Unterrichtsgebrauch an landwirtschaftlichen Fachschulen, Fachrichtung Landwirtschaft, alle Schulstufen, in den UG „Landtechnik und Baukunde“ bzw. „Landtechnik“ als geeignet erklärt.

Lt. Bescheid des Amtes der Niederösterreichischen Landesregierung, Zl. VI/5-520/14-1993 vom 28. März 1994, für den Unterrichtsgebrauch an landwirtschaftlichen Berufs- und Fachschulen, alle Fachrichtungen und Schulstufen, in den UG „Landtechnik und Baukunde“ bzw. „Landtechnik“ als geeignet erklärt.

Lt. Bescheid des Amtes der Oberösterreichischen Landesregierung, Zl. Bi-120076/68-1994 vom 19. Mai 1994, für den Unterrichtsgebrauch an landwirtschaftlichen Berufs- und Fachschulen, alle Fachrichtungen und Schulstufen, in den UG „Landtechnik und Baukunde“ bzw. „Landtechnik“ als geeignet erklärt.

Lt. Bescheid des Amtes der Salzburger Landesregierung, Zl. 4/02-54/15-1994 vom 17. Mai 1994, für den Unterrichtsgebrauch an landwirtschaftlichen Berufs- und Fachschulen als geeignet erklärt.

Lt. Bescheid des Amtes der Steiermärkischen Landesregierun, Zl. ALS-41 A5/5 vom 3. Mai 1994, für den Unterrichtsgebrauch an land- und forstwirtschaftlichen Berufs- und Fachschulen, alle Fachrichtungen und Schulstufen, im UG „Landtechnik und Baukunde“ als geeignet erklärt.

Lt. Bescheid des Amtes der Tiroler Landesregierung, Zl. IIIc-32/46 vom 5. Mai 1994 für den Unterrichtsgebrauch an landwirtschaftlichen Berufs- und Fachschulen, sämtliche Schulstufen, im UG „Landtechnik und Baukunde“ als geeignet erklärt.

Lt. Bescheid des Amtes der Vorarlberger Landesregierung, Zl. IIa-146-1 vom 5. August 1994, für den Unterrichtsgebrauch an landwirtschaftlichen Berufs- und Fachschulen, Fachrichtung Landwirtschaft, alle Schulstufen, um UG „Baukunde“ bzw. „Landtechnik und Arbeitswirtschaft“ als geeignet erklärt.

ISBN 978-3-7020-0767-6

Buch-Nr. 46-3898

Wirleitner u. a.
Landtechnik II

ISBN 978-3-7020-0767-6

INHALTSVERZEICHNIS

TECHNIK DER AUSSENWIRTSCHAFT

TECHNIK IN DER INNENWIRTSCHAFT

TECHNIK DER AUSSENWIRTSCHAFT

A Traktoren

1. Rechtsvorschriften und Bauarten

Der Traktor ist der Schlüssel zur Mechanisierung der Landwirtschaft. Jährlich erfolgen in Österreich etwa 10.000 Neuzulassungen.

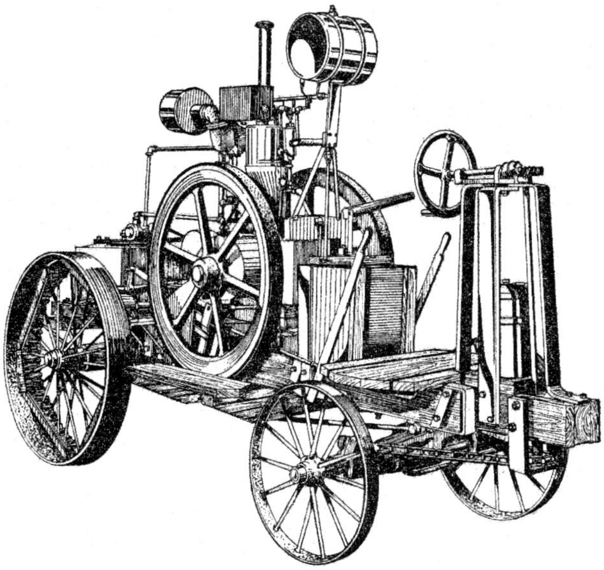

Der erste Traktor, von Fröhlich in Iowa, USA, 1892 gebaut.

Bei der Auswahl von Traktoren sind technische Gesichtspunkte (z.B. die Eignung verschiedener Bauarten), daneben aber auch wirtschaftliche Gesichtspunkte und verkehrsrechtliche Vorschriften zu beachten. Die vorherrschende Bauart ist der **Standardtraktor.** Seine Kennzeichen sind eine ungleich große Bereifung der Vorder- und Hinterräder und die Geräteanbaumöglichkeit an der Heckseite. Mit einem zusätzlichen Anbaurahmen können auch vorne Geräte angebaut werden. Anbaugeräte werden durch ein hydraulisches Hubwerk gehoben und abgesenkt. Zumindest heckseitige Geräte können durch die Zapfwelle mechanisch angetrieben werden.
Hinterachsgetriebene Traktoren setzen bestenfalls 80% ihres Eigengewichtes in Zugkraft um. Bei Allradantrieb kann die Zugkraft dagegen bis zu 110% des Eigengewichtes betragen. Der Allradantrieb bewährt sich besonders am Hang und bei schweren Zugarbeiten auf dem Acker. Am Hang liegt die Einsatzgrenze des Standardtraktors bei einer Neigung von 30 bis 35%. Weitere Bauformen sind der Geräteträger, der Transporter oder Ladepritschenschlepper und der Systemschlepper.

Der **Tragschlepper** eignet sich wegen der großen Bodenfreiheit im Zwischenachsbereich besonders für Pflegearbeiten an Hackfrüchten. Die Hangtauglichkeit ist gering. Beim **Geräteträger** sind Hinter- und Vorderachse durch einen langen Anbaurahmen verbunden. Es können gleichzeitig mehrere Geräte im Zwischenachsbereich und heckseitig angebaut werden. Wegen des langen Radstandes ist die Wendigkeit sehr gering. **Transporter und Ladepritschenschlepper** sind durch gleich große Bereifungen an Vorder- und Hinterrädern sowie durch einen Allradantrieb gekennzeichnet. Anstelle der sonst üblichen Blockbauweise oder Halbrahmenbauweise tritt hier die Rahmenbauweise. Alle Bauelemente sind auf einem Grundrahmen montiert. Geräte werden vor allem heckseitig angebaut. Transporter mit niedriger Schwerpunktshöhe für den Hangeinsatz verkraften in Falllinie bis zu 60% Neigung. In Schichtlinie ist aber der Einsatzbereich kaum größer, als beim Standardtraktor. Bei Systemschleppern sind Merkmale des Standardtraktors und des Ladepritschenschleppers vereint. Typisch sind die im Zwischenachsbereich liegende Fahrerkabine, der serienmäßige Frontgeräteanbau und der Allradantrieb. Die Bereifung der beiden Achsen kann gleich oder unterschiedlich groß sein. Hervorzuheben ist die gute Sicht auf Frontgeräte. Einachstraktoren werden in Österreich fast nur mehr im Gartenbau verwendet. Knickschlepper haben wegen ihrer Wendigkeit in der Forstwirtschaft Bedeutung.

Bauarten von Traktoren
Standardtraktoren, Hackfruchttraktoren, Geräteträger, Ladepritschenschlepper, Systemschlepper, Transporter

Im österreichischen **Verkehrsrecht** werden Traktoren als Zugmaschinen, Transporter jedoch als Motorkarren bezeichnet. Je nach Bauartgeschwindigkeit gelten unterschiedliche Vorschriften:
Bei **Zugmaschinen mit einer Bauartgeschwindigkeit bis zu 25 km/h** sind Anbaugeräte oder zusätzliche Aufbauten mit einer Breite über 2,5 m, zusätzliche Räder und zusätzliche Sitze ohne Ausnahmegenehmigung dann

	Vorschriften für Traktoren mit einer Bauartgeschwindigkeit bis 25 km/h
„Pickerl“	keine wiederkehrende Begutachtung
Reifenprofil	keine Vorschriften
Bremsanlage	nur eine Bremsanlage vorgeschrieben
Bremsleuchte	nicht vorgeschrieben (bei Motorkarren nur bis 3500 kg)
Scheibenwischer	Scheibenwischer erforderlich Scheibenwaschanlage nicht

zulässig, wenn eine Länge von 12 m und eine Breite von 3 m nicht überschritten wird und wenn nur im eigenen Verwaltungsbezirk oder in angrenzenden Bezirken gefahren wird. Über die Zugmaschine seitlich hinausragende Geräte oder Aufbauten (außer Räder) sind mit auffälliger Farbe zu kennzeichnen. Bei Dunkelheit oder sonstiger Sichtbehinderung sind jene Teile, die mehr als 40 cm seitlich über die Leuchtflächen der Zugmaschinenbeleuchtung hinausragen, mit Begrenzungs- und Schlussleuchten auszurüsten. Ragen Geräte oder Aufbauten um mehr als 1,5 m über den hintersten Punkt der Zugmaschine hinaus, so ist rückwärts eine weiße Tafel mit rotem Rand (25 x 40 cm) anzubringen. Diese „Langgutfuhrentafel“ darf sich höchstens 60 cm über der Fahrbahn befinden. Bei Dunkelheit oder sonstiger Sichtbehinderung muss der hinterste Punkt mit einer roten Leuchte und einem roten Rückstrahler gekennzeichnet sein.

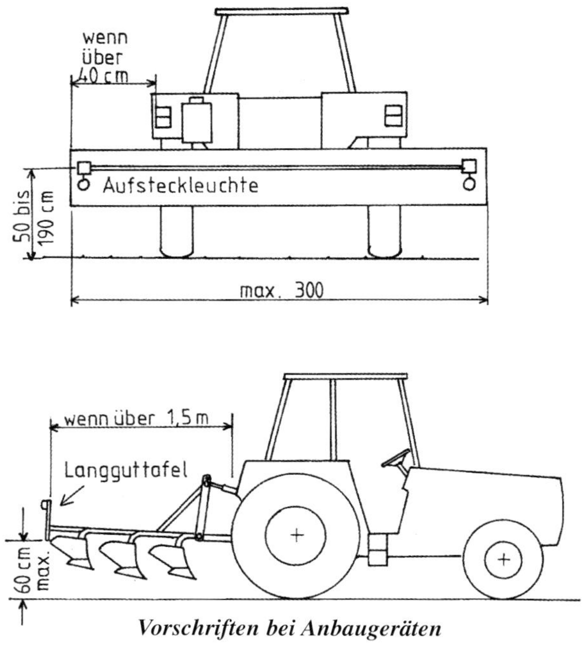

Vorschriften bei Anbaugeräten

Ladeflächen an Zugmaschinen, die nach dem 1. 10. 1975 typgenehmigt wurden, müssen abnehmbar und symmetrisch zur Fahrzeuglängsachse montiert werden. Sie dürfen nicht höher als 1,5 m über der Fahrbahn liegen, die Breite darf jene der Zugmaschine nicht überschreiten. Heck- oder frontseitige Ladeflächen dürfen (gemessen von der nächstliegenden Fahrzeugachse) nicht länger sein als der Abstand von Vorder- und Hinterachse (= „Radstand“).

Liegt die Ladefläche zwischen den Achsen, so darf ihre Länge höchsten die 1,4fache Spurweite betragen.

Zusätzliche Sitze dürfen nicht über die größte Breite der Zugmaschine hinausragen, beim Mitführen von Anbaugeräten jedoch auch nicht über die äußersten Punkte der Zugmaschine nach hinten. Zwischen einem zusätzlichen hinteren Sitz und den vordersten Teilen eines Anhängers (außer der Deichsel) muss ein Abstand von mindesten 1,7 m verbleiben. Auf den Kotflügeln von Zugmaschinen darf nur je ein Sitz für Beifahrer montiert sein. Sitze müssen stets gepolstert oder gefedert und mit Haltegriffen sowie Fußrasten ausgerüstet sein. Kinder unter 5 Jahren dürfen auf Zugmaschinen grundsätzlich nicht mitgenommen werden. Bei Kindern unter 12 Jahren müssen Sitze und Fußrastenabstand der Körpergröße entsprechen.

In allen Fällen von zusätzlichen Aufbauten, Geräten oder Ladeflächen muss die Lenkachse noch durch mindestens 1/5 des Eigengewichtes der Zugmaschine belastet werden.

Bei Zugmaschinen mit einer Bauartgeschwindigkeit über 25 km/h sind zusätzliche überbreite Aufbauten oder Anbaugeräte (über 2,5 m) auf öffentlichen Straßen grundsätzlich nur mit einer Ausnahmegenehmigung des zuständigen Landeshauptmannes zulässig. Beträgt die größte Breite jedoch höchstens 3 m, so entfällt diese Genehmigungspflicht, wenn eine Geschwindigkeit von 25 km/h eingehalten wird und eine entsprechende Aufschrift (25 km) an Traktor oder Gerät vorhanden ist.

	Vorschriften für Traktoren mit einer Bauartgeschwindigkeit über 25 km/h
„Pickerl“	Wiederkehrende Begutachtung vorgeschrieben. Dies gilt auch für Motorkarren, bei selbstfahrenden Arbeitsmaschinen jedoch erst ab 30 km/h.
Reifenprofil	Reifenprofiltiefe mindestens 1,6 mm, bei Gesamtgewicht über 3.500 kg mindestens 2 mm.
Bremsanlage	Es sind zwei Bremsanlagen erforderlich (Ausnahme: Zugmaschinen der ehem. Kl. II, wenn sie vor dem 1. 1. 1981 typengenehmigt wurden). Ab 35 km/h Bauartgeschwindigkeit sind Allradbremsen erforderlich.
Bremsleuchte	Vorschrift!
Scheibenwischer	Scheibenwischer und Scheibenwaschanlage erforderlich (außer Typgenehmigung vor 1. 1. 1972).

Bei allen Zugmaschinen ist an der Rückseite eine Aufschrift mit der Bauartgeschwindigkeit, an der rechten Außenseite eine Aufschrift mit dem Eigengewicht, dem zulässigen Gesamtgewicht und den zulässigen Achslasten anzubringen. Unterlegkeile sind bei einem Gesamtgewicht über 3.500 kg und bei Anhängern über 750 kg Gesamtgewicht vorgeschrieben. Die Mitnahme der Fahrzeugpapiere ist im Umkreis von 10 km vom Betrieb nicht erforderlich, selbst wenn ein festes Fahrerhaus vorhanden ist.

2. Bauelemente

2.1 Kraftübertragung

❑ Motor

Traktoren werden vorwiegend mit Viertakt-Dieselmotoren ausgerüstet. Die Motorleistung soll in einem günstigen Verhältnis zum Traktorgewicht stehen. Bei modernen Traktoren liegt das Gewicht pro Motor-kW (= Leistungsgewicht) bei 50 bis 80 kg/kW. Wichtige Beurteilungskriterien für Motoren sind der Treibstoffverbrauch und das Drehmoment. Das Motordrehmoment bestimmt die Zugkraft. Vorteilhaft sind Motoren, die bereits bei halber Nenndrehzahl ihr höchstes Drehmoment erreichen. Man spricht dann von „elastischen" Motoren, weil bei Belastung trotz sinkender Leistung das Drehmoment und damit die Zugkraft noch zunimmt. Die Kosten für Treibstoff und Schmiermittel machen heute bereits mehr als 1/3 der gesamten Traktorkosten aus. Der absolute Treibstoffverbrauch lässt sich überschlägig (bei etwa halber Motorleistung) mit 1/10 Liter je Motor-Nenn-PS und Stunde abschätzen. Gute Motoren haben einen günstigsten spezifischen Treibstoffverbrauch um 220 g/kWh. Dieser niedrigste Verbrauch tritt aber nur bei einer ganz bestimmten Motordrehzahl (meist knapp über der halben Nenndrehzahl) und bei einer ganz bestimmten Belastung (normalerweise etwa 50 bis 60 % der Nennleistung) auf. Im praktischen Fahrbetrieb kommt es darauf an, die verbrauchsgünstigste Drehzahl mit dem Traktormeter und die Motorauslastung durch die Gaspedalstellung zu überwachen.
Motoren mit Turbo- oder Druckwellenaufladung liegen im spezifischen Treibstoffverbrauch meist etwas besser, als nichtaufgeladene Motoren. Der günstigste Verbrauch liegt bei Abgasturboladung meist annähernd bei voller Leistung. Achtung: Turboladermotoren nie aus hoher Drehzahl abstellen, weil sonst durch fehlende Schmierung Lagerschäden möglich sind!

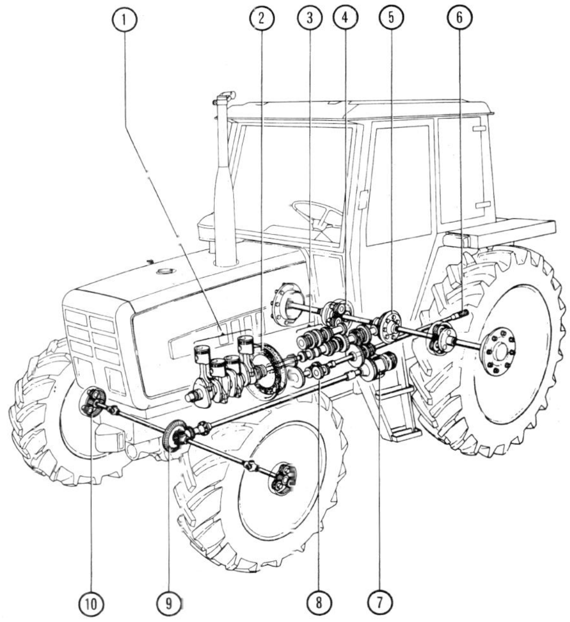

Kraftübertragung eines Traktors

1 Motor
2 Kupplung
3 Schaltgetriebe
4 Reduziergetriebe
5 Differenzial hinten
6 Zapfwelle
7 Allradantrieb
8 Zapfwellenantrieb
9 Differenzial vorne
10 Reduziergetriebe
(Steyr-Daimler-Puch AG)

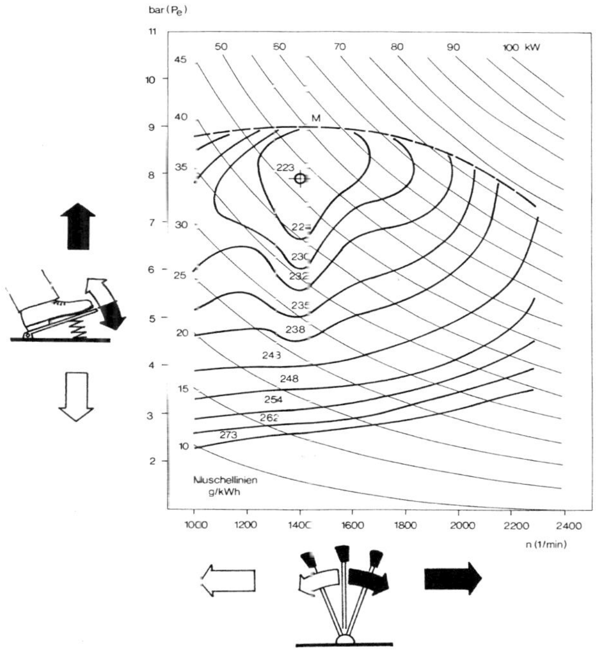

Durch richtige Gangwahl und passende Motorauslastung (Gaspedal!) kann der Treibstoffverbrauch reduziert werden. Dieser Motor erreicht bei 1400 U/min und 45 bis 50 kW den niedrigsten Verbrauch.

Maßnahmen zur Treibstoffeinsparung:

- Durch die Wahl eines geeigneten Ganges oder einer geeigneten Zapfwellendrehzahl den Motor im günstigsten Drehzahlbereich arbeiten lassen. Das ist im Allgemeinen bei etwa 100 Umdrehungen/min über der halben Nenndrehzahl und bei 50 bis 60 (bei Motoren mit Abgasturbolader bis 100) Prozent der Nennleistung der Fall. Keinesfalls die Nenndrehzahl überschreiten! Leichte Zapfwellengeräte mit einer Zapfwellendrehzahl von 1000 U/min betreiben.
- Traktor und Geräte regelmäßig warten und einstellen. Am Traktor besonders das Luftfilter sauber halten.
- Radschlupf bei Zugarbeiten durch geeignete Anhängehöhe, Ballastgewichte, Gürtelreifen oder Allradantrieb verringern.
- Arbeitsorganisation durch die Wahl von Maschinen passender Größe und Flächenleistung sowie durch Kombinieren von Arbeitsgängen bei Feldarbeiten verbessern.
- Maschinen mit niedrigem Leistungsbedarf wählen (z.B. Fingermähwerk statt Rotationsmäher).
- Traktoren mit niedrigem spezifischem Treibstoffverbrauch und einer auf die Maschinen abgestimmten Leistung wählen.

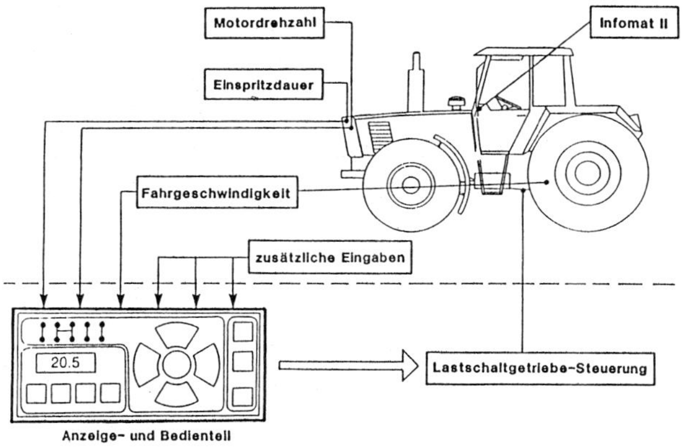

Fahrinformationssystem (Steyr)

Bei Traktoren ist die Motorleistung meist so groß, dass bei Wahl des niedrigsten Ganges die Zugkraft nicht begrenzt wird. Eine Leistungsgrenze gibt es daher nur bei größerer Fahrgeschwindigkeit. Eher ist die Zugkraft vom Durchrutschen der Antriebsräder begrenzt. Diese Schlupfgrenze ist vom Fahrbahnzustand, von der Bereifung, vom Traktorgewicht und von der Bauart abhängig. Bei Hinterachsantrieb ist auch die Höhe des Anhängepunktes entscheidend. Durch Hebelwirkung verursacht die Zugkraft nämlich eine Entlastung der Vorderachse und zugleich eine zusätzliche Belastung der Hinterachse. Ein hoher Anhängepunkt verringert bei Hinterachsantrieb also die Durchrutschgefahr, führt aber zum gefährlichen Aufbäumen!

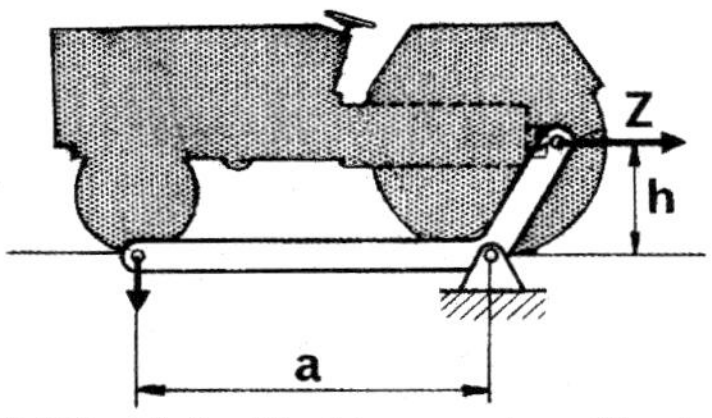

Die Zugkraft führt beim Traktor zu einer Vorderachsentlastung; diese hängt von den Maßen h und a ab.

❑ Kupplung

Verbrennungsmotoren geben erst ab einer Drehzahl von über 500 Kurbelwellenumdrehungen pro Minute nennenswerte Leistungen ab. Beim Anfahren muss daher der Kraftfluss zwischen Motor und Schaltgetriebe allmählich mit Hilfe einer Kupplung hergestellt werden. Ebenso ist die Kupplung beim Schalten des Getriebes zu betätigen.

Traktoren besitzen durchwegs **Ein- oder Mehrscheiben-Trockenkupplungen** (vgl. Band 1, S. 72). In seltenen Fällen ist eine **Flüssigkeitskupplung** vorgeschaltet, die ein besonders weiches Anfahren ermöglicht. Die zweite Kupplungsscheibe dient zum Antrieb der Zapfwelle. Bei der **Doppelkupplung** ist nur ein Ausrücklager vorhanden, sie wird daher nur über das Kupplungspedal betätigt: Bei halb durchgetretenem Pedal unterbricht diese Kupplung den Fahrantrieb, erst bei voll betätigtem Pedal bleibt die Zapfwelle stehen. Die modernere **Zweifachkupplung** erlaubt ein getrenntes Betätigen jeder Scheibe über ein eigenes Ausrücklager. Das Kupplungspedal wirkt auf die Fahrstufe, ein Handhebel mittels Seilzug oder elektrohydraulisch auf die Zapfwellenstufe. Diese Zapfwellenstufe sollte zur Schonung des Ausrücklagers nur kurzzeitig ausgerückt bleiben! Zunehmend werden anstelle von Trockenkupplungen „nasse“ Lamellenkupplungen als Fahrkupplung verwendet. Teilweise werden hydraulische Schwingungsdämpfer vorgeschaltet.

Kupplungsfehler

- Kupplung „rupft“: Belag abgenutzt oder gerissen
- Kupplung rutscht: Belag verölt, Kupplungsfedern lahm, Pedalspiel zu klein (Normalwert 2 bis 3 cm)
- Kupplung trennt nicht voll (= Geräusch beim Einrücken eines Ganges!): Pedalspiel zu groß, ev. Spurlager schadhaft
- Kupplung „singt“ bei durchgetretenem Pedal: Ausrücklager schadhaft.

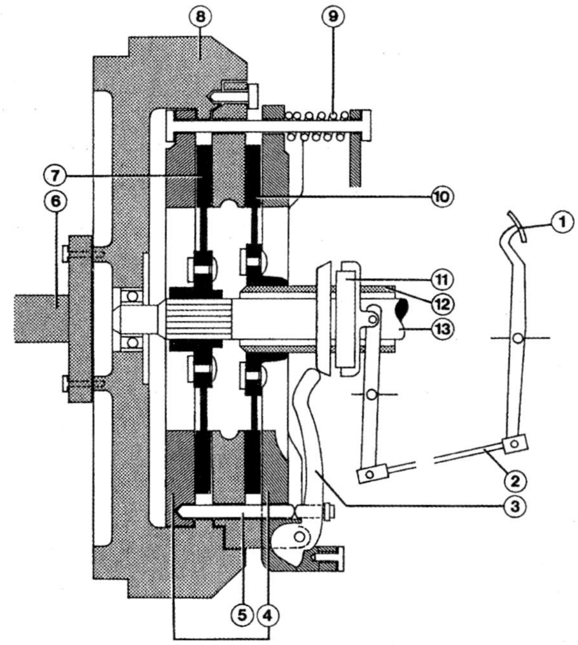

Doppelkupplung

1 Kupplungspdeal	9 Kupplungsfeder
2 Kupplungsgestänge	10 Kupplungsscheibe der Zapfwellenstufe
3 Ausrückhebel	11 Ausrücklager
4 Druckplatten	12 Hohlwelle der Zapfwellenstufe
5 Ausrückbolzen	13 Kupplungswelle der Fahrstufe
6 Kurbelwelle	(Steyr-Daimler-Puch AG)
7 Kupplungsscheibe der Fahrstufe	
8 Schwungmasse	

Zweifachkupplung *(siehe Abbildung Seite 13, links oben)*

1 Scheibe für Fahrstufe	10 und 11 Ausrücklager
2 Druckplatte	12 Ausrückhebel
3 Scheibe für Zapfwelle	13 Gehäuse
4 Ausrückhebel	14 Druckplatte
5 Zapfwellenantrieb	15 Tellerfeder
6 Kupplungspedal	16 Kupplungswelle mit Spurlager
7 Hebel für Zapfwellenstufe	17 Schwungmasse
8 Ausrückgestänge für Fahrstufe	(Steyr-Daimler-Puch AG)
9 Ausrückgestänge für Zapfwellenstufe	

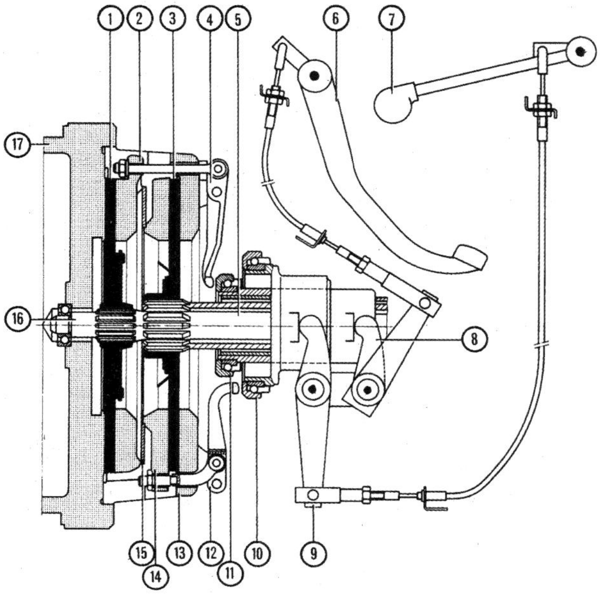

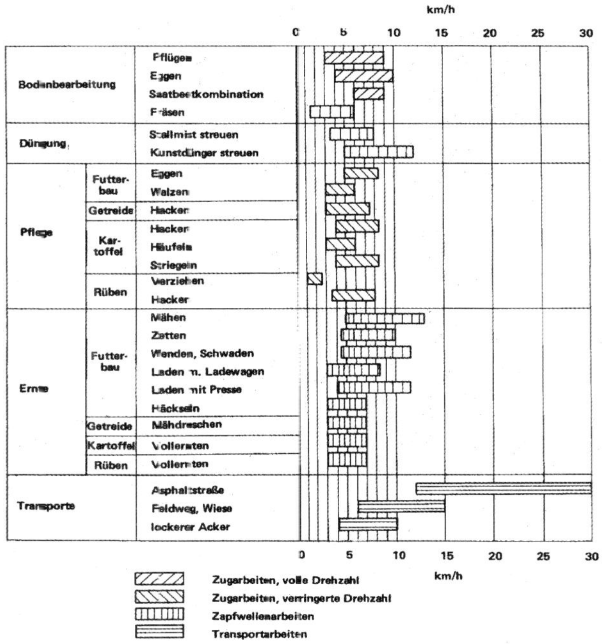

Arbeitsgeschwindigkeiten (Steyr-Daimler-Puch AG)

❑ Schaltgetriebe

Eine Veränderung der Fahrgeschwindigkeit mit Hilfe des Gaspedals verändert gleichzeitig Leistung, Drehmoment und Treibstoffverbrauch des Motors. Nur durch ein Schaltgetriebe ist es möglich, auch bei verschiedenen Fahrgeschwindigkeiten mit annähernd gleichen Motordrehzahlen und -Leistungen zu fahren. Durch die Änderung der Drehzahl ist jedes Schaltgetriebe auch ein Drehmomentwandler. Die verschiedenen, mit dem Traktor mechanisierbaren Arbeitsvorgänge erfordern Fahrgeschwindigkeiten im Bereich von 1,5 bis 25 km/h.

Typische Traktorschaltgetriebe sind Stufengetriebe. Im Gegensatz zu stufenlosen Getrieben kann bei gleich bleibender Motordrehzahl die Fahrgeschwindigkeit nicht gleichmäßig verändert werden. Stufengetriebe sind stets **Zahnradgetriebe.** Sie können mit Schubradschaltung, Klauenschaltung oder Synchronschaltung arbeiten. **Synchronschaltungen** vermeiden Schaltprobleme durch das Herstellen einer Reibverbindung zwischen den zu schaltenden Bauteilen. Wegen der großen Zahl von Geschwindigkeitsabstufungen („Gängen") wird bei Traktoren das Schaltgetriebe meist in mehreren Schaltgruppen ausgeführt (z. B. Acker-, Straßengruppe). Wenn der Kraftfluss Schaltgruppen übergeht, so spricht man von Overdrive-Getrieben. So genannte „Split"-Stufen verdoppeln die Gangzahl eines nachfolgenden Hauptgetriebes. Getriebe, bei denen ein Gangwechsel ohne Betätigung der Fahrkupplung möglich ist, nennt man **Lastschaltgetriebe.** Bei älteren Ausführungen solcher Getriebe sind Schwierigkeiten beim Anschleppen oder bei Talfahrt mit großen Lasten wegen fehlender Motorbremswirkung möglich. **Stufenlose Getriebe** für Traktoren sind hydrostatische oder hydrodynamische Getriebe. Höhere Leistungsverluste sind deren Hauptnachteil.
In letzter Zeit wird für Traktoren oft ein **teilhydrostatisches Getriebe** verwendet: die Kombination eines mechanischen Getriebes mit einem hydrostatischen. Mit Hilfe eines Planetengetriebes lässt sich beispielsweise der mechanische Übertragungszweig mit einem hydrostatischen „summieren" oder in einen mechanischen und einen hydrostatischen Zweig aufteilen. Bei klassischen (nicht elektronisch geregelten) Motoren kann durch das stufenlose Verstellen des Hydrostaten ebenso die Fahrgeschwindigkeit verändert werden wie mit dem Gaspedal. In Verbindung mit einem elektronischen Motormanagement ist zur Wahl der Fahrgeschwindigkeit nur mehr ein einziges „Fahrpedal" erforderlich. Der Motor läuft dabei automatisch im verbrauchsgünstigen Drehzahlbereich.

SCHALTGETRIEBEBAUARTEN

- Stufengetriebe
  - nicht lastschaltbare Stufengetriebe
    - Schubradgetriebe
    - Klauengetriebe
    - Synchrongetriebe
  - Lastschaltgetriebe
- stufenloses Getriebe
  - hydrostatische Getriebe
  - hydrodynamische Getriebe

Getriebe mit Schubradschaltung sind zwar einfach aufgebaut, aber für Fahrzeugschaltgetriebe kaum mehr brauchbar. Der Kraftfluss zwischen einem Zahnradpaar wird durch Verschieben eines der beiden Räder auf einer genuteten Welle hergestellt (siehe Grafik Seite 14).

Getriebe mit Klauenschaltung sind leichter schaltbar als Schubradgetriebe. Alle Zahnräder sind bei der Klauenschaltung ständig im Eingriff. Von einem Zahnradpaar ist immer ein Rad drehbar auf einer Welle gelagert. Die-

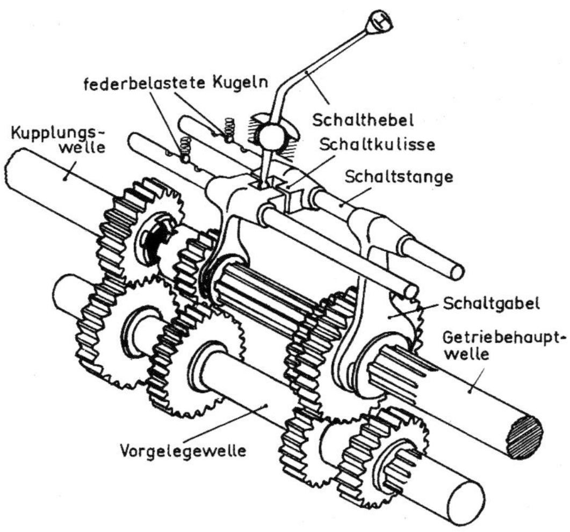

Klassisches Vierganggetriebe mit Schubradschaltung

ses schaltbare Rad besitzt seitlich ein Klauenprofil. Durch das Heranschieben einer Schaltmuffe mit passenden Gegenklauen wird der Kraftfluss hergestellt. Als Vorteile sind kurze Schaltwege, eine geringere Abnutzung zu nennen (weil alle Klauen gleichzeitig tragen). Außerdem ist eine laufruhigere Schrägverzahnung möglich. Nachteilig ist der höhere Bauaufwand und ein schlechterer Wirkungsgrad (weil alle Zahnräder ständig mitlaufen).

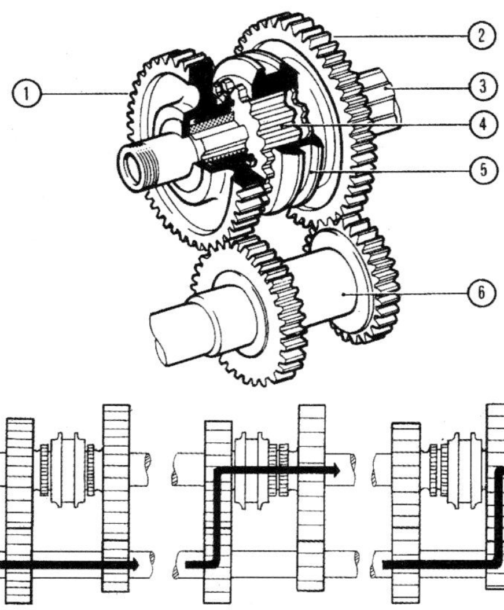

Klauenschaltung
1 und 2 Zahnräder mit seitlichen Klauen
3 Getriebehauptwelle
4 Muffenträger
5 Schaltmuffe
6 Vorlegewelle mit Doppelzahnrad
(Steyr-Daimler-Puch AG)

Synchrongetriebe stellen eine Weiterentwicklung der Klauenschaltung dar. Bevor die Schaltmuffe ganz an die Gegenklauen eines Schaltzahnrades herangeschoben werden kann, drückt ein in der Muffe befestigter Synchronring auf einen Reibkegel des Zahnrades. Bei einem Drehzahlunterschied zwischen Muffe und Zahnrad wird damit der Synchronring geringfügig verdreht. Auf dem Synchronring befindliche Sperrklauen (oder Klemmkörper in der Muffe) verhindern solange das vollständige Einrücken eines Ganges, bis Gleichlauf herrscht. Der Synchronring geht dann wieder in seine Ausgangslage zurück, der Gang kann nun voll durchgeschaltet werden. Synchrongetriebe vermeiden damit Schaltgeräusche und Beschädigungen der Schaltelemente. Ein „Zwischengasgeben" beim Schalten auf niedrigere Fahrgeschwindigkeiten ist nicht mehr erforderlich, verringert jedoch den Verschleiß der Synchronringe.
Um eine möglichst lückenlose Geschwindigkeitsabstufung zu erzielen, wird bei Traktoren dem eigentlichen Schaltgetriebe noch meist eine zusätzliche Zahnradschaltgruppe vor- oder nachgeschaltet. Mit Hilfe solcher Gruppengetriebe erreichen Traktoren meist 16 Vorwärtsgänge. Besonders vorteilhaft ist eine Rückwärts-Vorwärts-Schaltgruppe („Wendegetriebe").

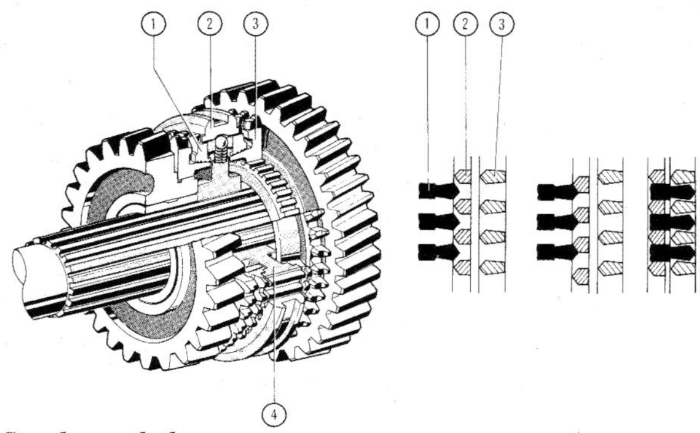

Synchronschaltung
1 Synchronring
2 Schaltmuffe
3 Synchronkörper
4 Muffenträger
(Steyr-Daimler-Puch AG)

Lastschaltgetriebe erlauben einen Gangwechsel, ohne die Fahrkupplung betätigen zu müssen. Aus Kostengründen werden diese Getriebe derzeit überwiegend als Wunschausrüstung angeboten. Im Gegensatz zu stufenlosen Getrieben ist der Leistungsverlust wie bei allen Zahnradgetrieben mit ungefähr 2% je Zahnradeingriff gering. Die folgende Übersicht zeigt einige marktgängige Systeme:

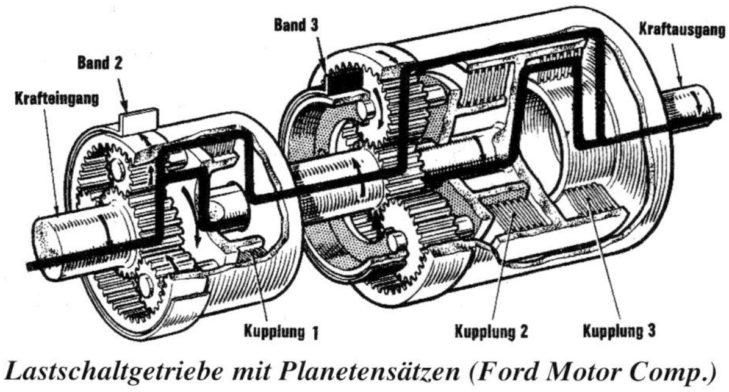

Lastschaltgetriebe mit Planetensätzen (Ford Motor Comp.)

Stufenlose Getriebe stellen einen Idealfall dar, um den Motor bestmöglich auszunutzen. Allerdings muss dabei mit höheren Leistungsverlusten als bei Stufengetrieben gerechnet werden. Außerdem kann damit allein der Geschwindigkeitsbereich von Traktoren kaum abgedeckt werden. Daher sind zur Zeit praktische Anwendungen bei Traktoren selten.
Stufenlose **hydrostatische Getriebe** bestehen stets aus einer Ölpumpe und einem ähnlich gebauten Ölmotor.

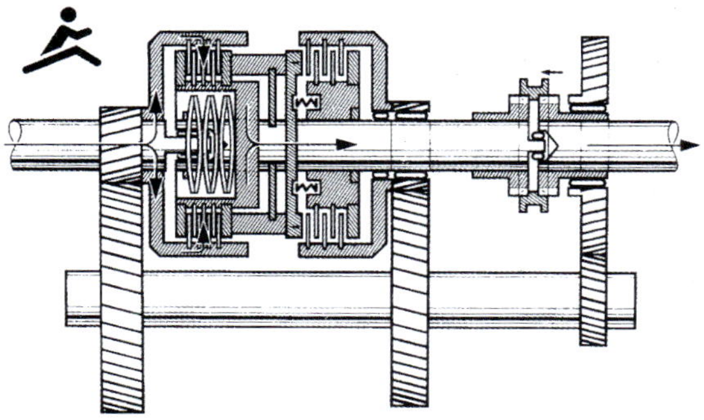

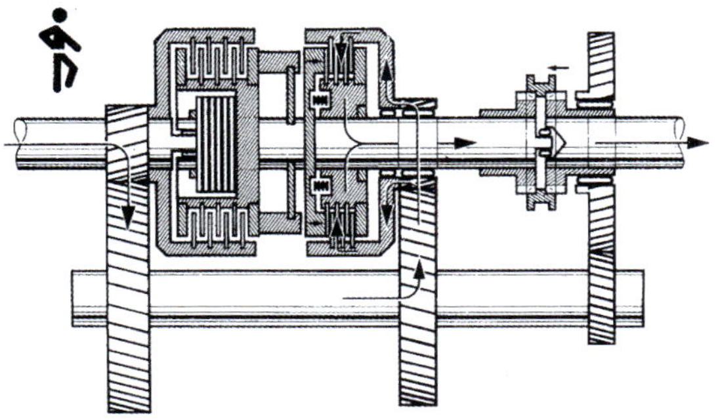

Lastschaltgetriebe mit Vorgelege vor dem Hauptgetriebe in schneller (oben) und langsamer Schaltstellung (unten) – (Klöckner-Humboldt-Deutz AG)

Zumindest die Pumpe muss hinsichtlich ihrer Fördermenge verstellbar sein. Dreht sich die Antriebswelle und mit ihr der Pumpenrotor, so werden durch eine schräg gestellte Lagerscheibe die Pumpenkolben in die Zylinder des Rotors gedrückt. Das darin befindliche Öl gelangt über Verbindungsleitungen im Gehäuse in die Zylinder des Ölmotors. Die Kolben des Ölmotors werden in der Folge durch das Öl aus der Zylinderführung herausgepresst. Dies ist aber nur bei einem Abgleiten an der ebenfalls schrägen Lagerscheibe des Ölmotors möglich, die Abtriebswelle dreht sich daher. Eine Drehzahländerung wird durch Verschwenken zumindest einer Lagerscheibe oder eines Rotors erzielt. Der Wirkungsgrad solcher Getriebe ist auch bei unterschiedlichen Drehzahlen nahezu gleich groß, aber geringer, als bei Zahnradgetrieben. Eine typische Anwendung findet man beim Fahrantrieb größerer Mähdrescher oder bei modernen **teilhydrostatischen Traktorgetrieben** mit Leistungsverzweigung. Ein Planetengetriebe „summiert" bei diesen neuen Getrieben einen üblichen mechanischen Antrieb mit einem hydrostatischen oder teilt den Kraftfluss in einen mechanischen und einen hydrostatischen Zweig auf. Der Wirkungsgrad von teilhydrostatischen Getrieben ist vom jeweiligen Anteil der mechanischen Leistungsübertragung abhängig. Wenn dieser hoch ist, so ist auch der Wirkungsgrad gut.

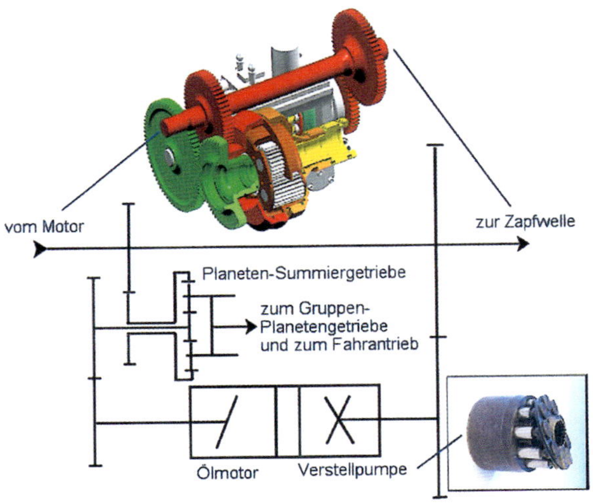

Bei diesem Getriebe wird durch einen Planetenrädersatz ein mechanischer Zweig mit einem hydrostatischen Zweig überlagert (nach CASE-Steyr)

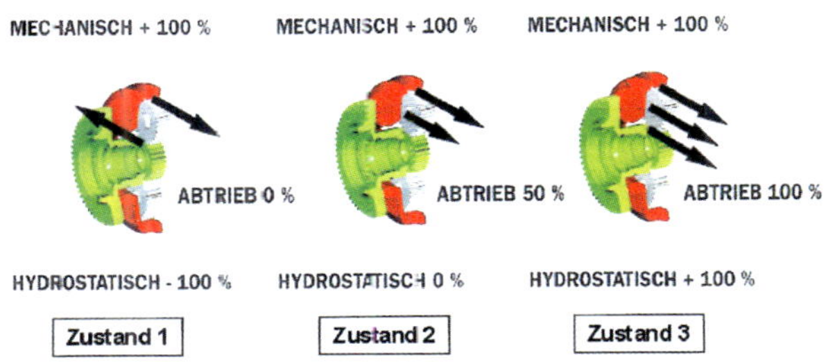

Summier-Planetengetriebe: Der hydrostatische Antrieb liegt am Sonnenrad, der mechanische Außenkranz, der Abtrieb am Planetenträger (CASE-Steyr)

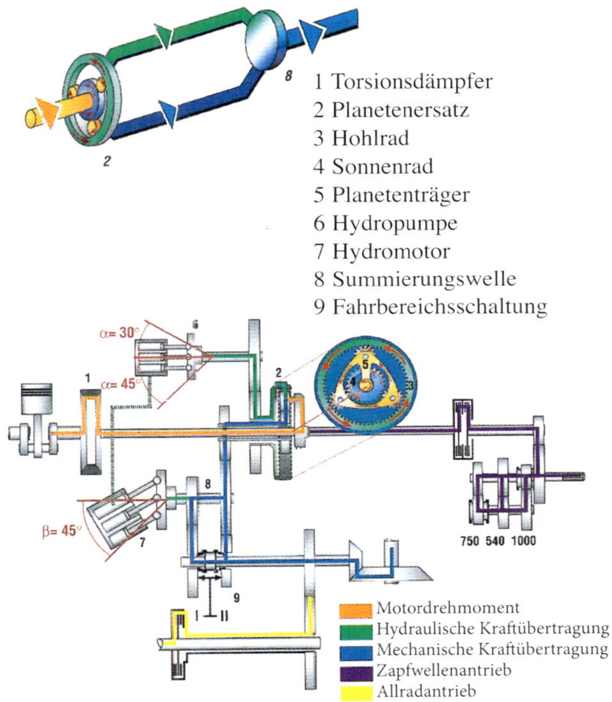

Der vom Motor kommende Kraftfluss wird bei diesem Getriebe in einem Planetenersatz in einen mechanischen und einen hydrostatischen Zweig aufgeteilt. Gesteuert wird nur im hydraulischen Zweig. Beide Kraftflüsse werden an der Summierungswelle wieder zusammengeführt. (AGCO GmbH, Fendt)

Hydrodynamische Getriebe sind hinsichtlich Aufbau und Wirkung eher den Flüssigkeitskupplungen ähnlich. Neben einem Pumpen- und einem Turbinenrad ist aber hier noch ein normalerweise feststehendes Leitrad vorhanden. Bei rotierendem Pumpenrad wird zwischen den Rädern befindliches Öl durch die Fliehkraft nach außen gedrängt. Das stets langsamer laufende Turbinenrad lenkt diesen Ölstrom wieder nach innen um. Das feste Leitrad lenkt mit seinen gekrümmten Schaufeln den Ölstrom

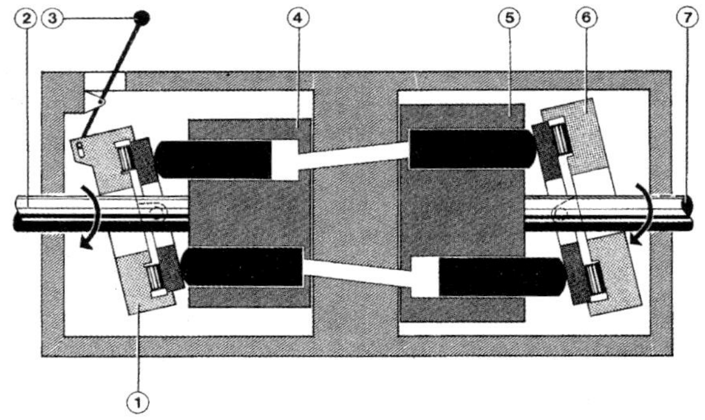

Hydrostatisches Getriebe

1 schwenkbare Lagerscheibe der Verstellpumpe
2 Antriebswelle
3 Drehzahlverstellhebel
4 Pumpenrotor mit Kolben
5 Rotor des Ölmotors mit Kolben
6 schräge Lagerscheibe des Ölmotors
7 Abtrieb (Shell Austria AG)

nicht nur wieder nach außen, sondern zugleich in die Schaufelrichtung des Pumpenrades. Diese Umlenkung an den Leitradschaufeln bewirkt eine Gegenkraft am Turbinenrad und daher eine Änderung von Drehmoment und Drehzahl. Die größte Drehmomentänderung tritt dann auf, wenn die Geschwindigkeit des Ölstromes am größten ist, also wenn sich das Pumpenrad schnell und das Turbinenrad langsam dreht. Das ist beispielsweise beim Anfahren der Fall. Gerade bei der größten Drehmomentänderung ist jedoch durch die Strömungsverluste der Wirkungsgrad gering. Die Abtriebsdrehzahl ist lastabhängig. Mit einem Freilauf zwischen Gehäuse und Leitrad arbeitet ein hydrodynamisches Getriebe bei geringer Belastung wie eine Flüssigkeitskupplung mit gutem Wirkungsgrad.

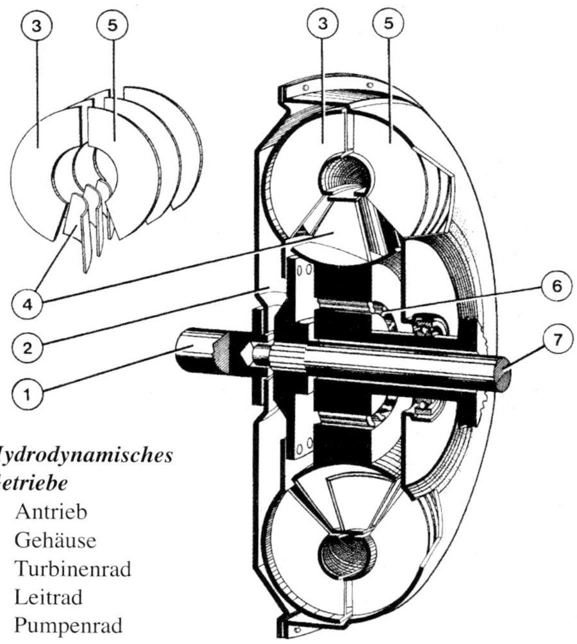

Hydrodynamisches Getriebe

1 Antrieb
2 Gehäuse
3 Turbinenrad
4 Leitrad
5 Pumpenrad
6 Freilauf
7 Abtrieb (Shell Austria AG)

❑ Differenzial und Reduziergetriebe

Bei Kurvenfahrt ist der Weg der beiden Räder einer Antriebsachse ungleich groß. Aus diesem Grund müssen solche Achsen geteilt ausgeführt werden. Die beiden Achshälften erhalten durch ein Ausgleichsgetriebe ihre Verbindung mit dem Schaltgetriebe. Von der Schaltgetriebehauptwelle aus treibt ein kegelverzahntes Rad ein entsprechendes „Tellerrad" und damit das Differenzialgehäuse an. Dieses hat aber nur über einige Ausgleichskegelräder eine kraftschlüssige Verbindung mit den beiden Halbachskegelrädern.

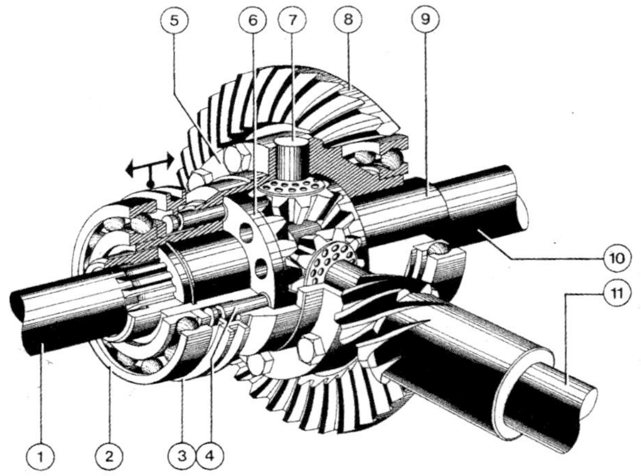

Differenzial

1 und 10 Halbachsen
2 Lager
3 Sperre
4 Sperrbolzen
5 Gehäuse
6 und 9 Halbachskegelräder
7 Ausgleichskegelrad
8 Tellerrad
11 Triebling (Shell Austria AG)

Die Ausgleichswirkung eines Differenzialgetriebes beruht auf dem Abwälzen der beiden Halbachskegelräder auf den, im Diffenzialgehäuse gelagerten Ausgleichske-

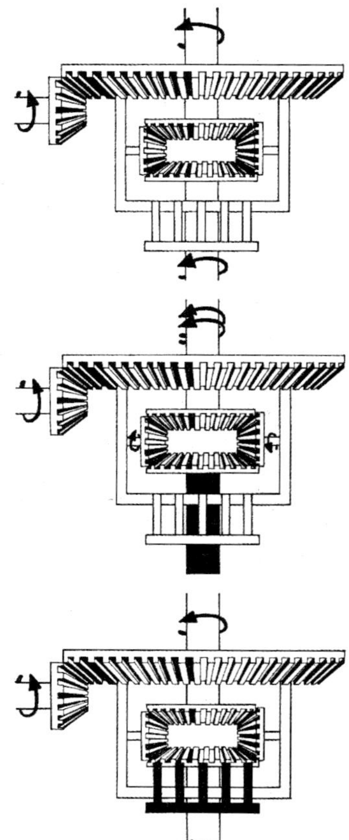

Differenzial bei Geradeausfahrt, Kurvenfahrt und eingerückter Sperre (Shell Austria AG)

gelrädern. Bei Geradeausfahrt führen die Ausgleichskegelräder keine Drehbewegung um ihre eigene Achse aus, wohl aber bei Kurvenfahrt. Zum Nachteil wird diese Ausgleichswirkung dann, wenn etwa durch Nässe ein Rad der Antriebsachse durchrutscht. Dann bleibt unter Umständen das zweite Rad stehen. Traktoren besitzen daher durchwegs eine Differenzialsperre, nämlich eine schaltbare Verbindung zwischen Differenzialgehäuse und einem Halbachskegelrad. Solche Differenzialsperren dürfen nur bei Geradeausfahrt betätigt werden!
Selbstsperrende Differenzialgetriebe heben bei sehr großem Drehzahlunterschied der Antriebsräder durch Reibelemente die Ausgleichswirkung auf. Bei Traktoren werden selbstsperrende Ausgleichsgetriebe besonders in angetriebenen Vorderachsen verwendet. Dabei sind Ausführungen mit Lamellenbremsen im Grünlandeinsatz schonender als jene mit Ausrückklauen, weil dabei nicht die volle Leistung auf ein Rad übertragen wird.

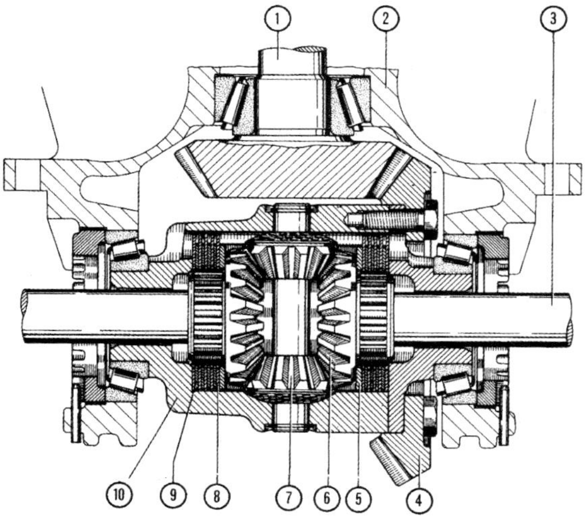

Selbstsperrdifferenzial. Die im Differenzialkorb angeordneten Lamellenbremsen werden bei Geradeausfahrt durch den Zahndruck der Halbachskegelräder wirksam und verbinden den Differenzialkorb mit den Halbachsen.

1 Triebling
2 Achsgehäuse
3 Halbachse
4 Tellerrad
5 Druckscheibe
6 Halbachskegelrad
7 Ausgleichskegelrad
8 Außenlamelle
9 Innenlamelle
10 Differenzialkorb
(Shell Austria AG)

Reduziergetriebe

Eine bestimmte Leistung kann einerseits bei niedriger Drehzahl und hohem Drehmoment oder aber bei hoher Drehzahl und geringem Drehmoment übertragen werden. Ein großes Drehmoment bewirkt aber stets große Kräfte und damit groß dimensionierte Getriebeteile. Aus diesem Grund hält man bei modernen Traktoren die Drehzahl im Schaltgetriebe und meist auch noch im Differenzialgetriebe hoch. Erst zwei, im Achstrichter eingebaute Reduziergetriebe vermindern die Drehzahl. Dazu sind sowohl Stirnradgetriebe, besonders aber Planetengetriebe geeignet. Stirnradreduziergetriebe ermöglichen Portalachsen mit hoher Bodenfreiheit. Mit Planetenuntersetzungen lässt sich wie üblich eine „Zentralachse" bauen. Reduziergetriebe haben meist ein vom Schaltgetriebe und Differenzial getrenntes Ölbad. Bei einem Getriebeölwechsel sind deshalb diese Reduziergetriebe getrennt zu versorgen.

❑ Zapfwellen

Zapfwellen dienen in erster Linie zum mechanischen Antrieb von angebauten oder angehängten Geräten. Bei Standardtraktoren ist an der Heckseite ein genormter Zapfwellenstummel vorhanden. Oft kann eine vordere Zapfwelle nachträglich eingebaut werden. Ist die Drehzahl einer Zapfwelle abhängig vom eingelegten Gang des Schaltgetriebes, so handelt es sich um eine Wegzapfwelle. In allen anderen Fällen sind Drehrichtung und Drehzahl genormt. Bei der veralteten einfachen **Getriebezapfwelle** unterbricht die Fahrkupplung auch den Kraftfluss zum Zapfwellenstummel. Die aufwendigeren **Motorzapfwellen** erlauben den Zapfwellenantrieb auch bei betätigter Fahrkupplung, also bei stehendem Traktor. Eine **Wegzapfwelle** ist dadurch gekennzeichnet, dass ihre Drehzahl und Drehrichtung vom eingelegten Gang, also von der Fahrgeschwindigkeit abhängig sind.
Bei teilhydrostatischen Traktorgetrieben mit elektronisch geregelter Motordrehzahl und direktem Zapfwellendurchtrieb kann die Betriebsart der Zapfwelle durch einen Schalter der Elektronik vorgewählt werden. Auf diese Weise ist über eine konstante Getriebeübersetzung eine „Feldspritzenbetriebsart" ähnlich der Wegzapfwelle möglich. Durch elektronische Konstanthaltung der Motordrehzahl wird bei veränderlicher Getriebeübersetzung eine Motorzapfwelle eingestellt.

ZAPFWELLENSYSTEME

Getriebezapfwelle	Motorzapfwelle	Wegzapfwelle
mit Lamellenkupplung im Fahrantrieb	mit Doppelkupplung	mit Zweifachkupplung (= unabhängige Motorzapfwelle)

Die **Getriebezapfwelle** ist die klassische Form des Zapfwellenantriebes. Der Zapfwellenstummel an der Traktorheckseite stellt in diesem Fall nur eine Verlängerung der Schaltgetriebe-Vorgelegewelle dar. Zum Ein- und Ausschalten dient eine Klauenkupplung. Traktoren aus der Zeit vor dem 2. Weltkrieg sind mit Motornenndrehzahlen um 1700 U/min gelaufen. Bei einem klassischen Übersetzungsverhältnis von Kupplungswelle auf Vorgelegewelle von 3 : 1 ergab sich damit die heute noch genormte Zapfwellendrehzahl von 540 U/min. Beachtenswert ist, dass diese Zapfwellendrehzahl bei Motornenndrehzahl erreicht werden soll. Bei einigen Traktorenherstellern ist dies bereits bei geringeren Motordrehzahlen der Fall. Das hat zur Folge, dass bei Zapfwellennormdrehzahl nicht die ganze Motorleistung zur Verfügung steht. Andererseits lassen sich dadurch Zapfwellengeräte mit niedrigem Leistungsbedarf Treibstoff sparend betreiben. Heute werden deshalb so genannte „Sparzapfwellen“ zusätzlich zur Normdrehzahl angeboten. Bei 540 U/min ist die übertragbare Leistung des Zapfwellenstummels in der Größenordnung um 50 kW begrenzt. Aus diesem Grund rüstet man moderne Traktoren nach einer amerikanischen Norm auch mit einer auf 1.000 U/min umschaltbaren Zapfwelle aus.

Die **Motorzapfwelle** wird im Gegensatz zur Getriebezapfwelle noch vor Schaltgetriebe und Fahrkupplung angetrieben. Anschlussmaße und Drehzahlen entsprechen aber der Getriebezapfwelle. Beim Betätigen der Fahrkupplung läuft damit die Motorzapfwelle noch weiter. Erst durch volles Auskuppeln (bei älteren Doppelkupplungen) oder durch Betätigen einer eigenen Zapfwellenkupplung steht auch die Zapfwelle. Die gängigste Lösung ist heute die Verwendung einer Zweifachkupplung mit zwei Trockenkupplungsscheiben und getrennten Ausrücklagern. Bei älteren Traktoren wurden jedoch handbetätigte Lamellenkupplungen in den Antriebsstrang des Schaltgetriebes eingebaut, um den Fahrantrieb zu unterbrechen. Bei der „unabhängigen“ oder freien Motorzapfwelle wird eine handbetätigte Lamellenkupplung jedoch in den Zapfwellenstrang eingebaut. Zusätzlich ist jedoch immer eine Klauenkupplung vorhanden. Diese soll zum dauernden Abschalten der Zapfwelle benutzt werden. Die Ausrücklager von Zweifach- oder Lamellenkupplungen würden ansonsten unnötig verschleißen.

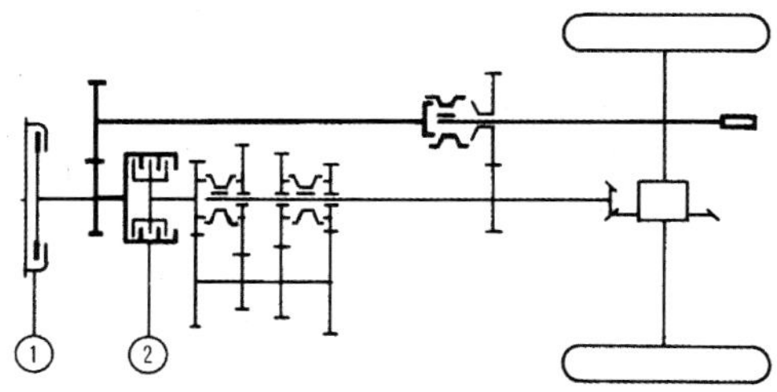

Motorzapfwelle mit Zweitkupplung

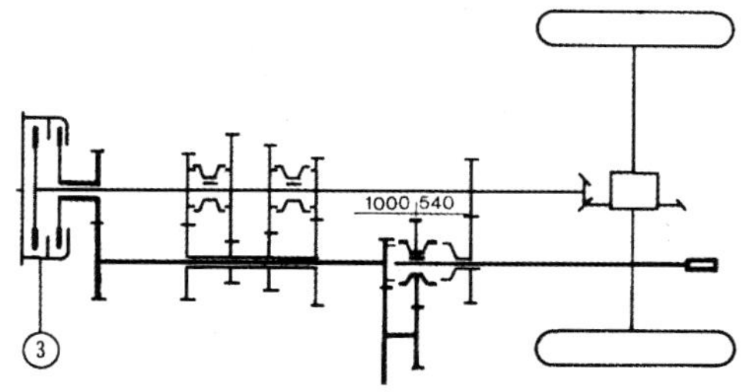

Motorzapfwelle mit Doppelkupplung oder Zweifachkupplung

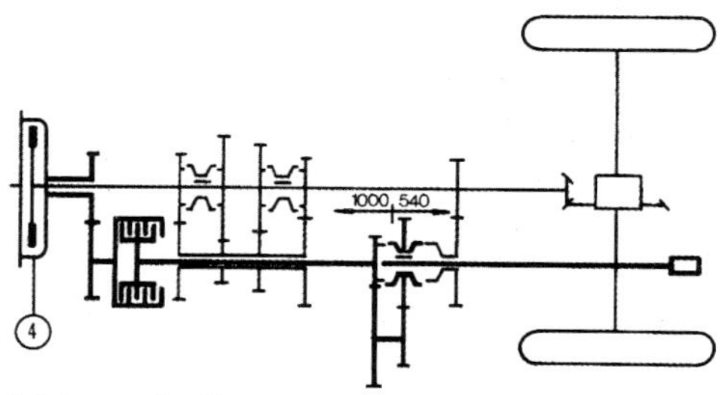

Freie Motorzapfwelle

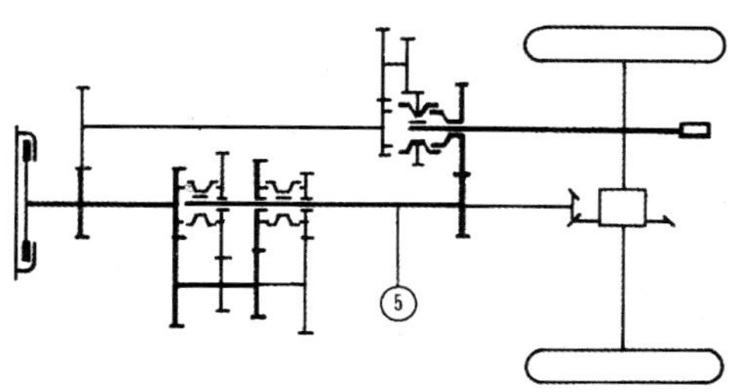

Wegzapfwelle
1 Fahrkupplung, 2 Zweitkupplung, 3 Doppelkupplung, 4 Fahrkupplung, 5 Getriebehauptwelle (Steyr-Daimler-Puch AG)

Die **Wegzapfwelle** unterscheidet sich von den vorgenannten Formen durch das Fehlen einer Normdrehzahl. Der Antrieb erfolgt erst nach dem Schaltgetriebe von der Getriebehauptwelle aus. Damit ist die Drehzahl vom eingelegten Gang abhängig. Sie wird deshalb oft in Umdrehungen je Fahrmeter angegeben. Wegzapfwellen eignen sich besonders zum Antrieb von Triebachsanhängern. Besitzt der Traktor eine Gruppenschaltung mit Neutralstellung, so lässt sich die Wegzapfwelle bei nun ausgeschaltetem Fahrwerk als „Stationärzapfwelle“ benutzen. Dabei sind Drehzahl und Drehrichtung je nach Gang wählbar. Bei Traktoren mit teilhydrostatischem Getriebe und Motorzapfwelle lässt sich durch elektronische Motordrehzahlregelung eine wegabhängige Zapfwelle erreichen. Dabei muss die Getriebeübersetzung konstant bleiben, die Fahrgeschwindigkeit wird über die Motordrehzahl verändert.

2.2 Fahrwerk

❑ Vorderachse und Lenkung

Traktoren werden vor allem bei kleineren Motorleistungen mit einer mechanischen Lenkung ausgerüstet. Im Falle der **Normallenkung** überträgt eine einzige Lenkschubstange die Bewegung des Lenkrades auf die Vorderachse. Eine Spurstange verbindet beide gelenkten Räder. **Einzelradlenkungen** ersetzen die Spurstange durch eine zweite Lenkschubstange. Besonders bei Allradantrieb und schweren Traktoren verwendet man **Servolenkungen.** Diese arbeiten hydraulisch, meist unter Verwendung eines eigenen Lenkhydrauliköls (ATF-Öl!) und eigener Ölpumpen. Vollhydrostatische Lenkungen übertragen die Lenkkräfte nur mehr über Hydraulikschläuche zur Vorderachse. Hier ersetzt ein doppelt wirkender Hydraulikzylinder oft auch die Spurstange. Bei älteren Spindelhydrolenkungen sind jedoch noch mechanische Übertragungsgestänge vorhanden.
Die klassische, ungefederte **Mittenpendelachse** von Traktoren wird bei neueren Traktorbauarten zunehmend durch gefederte Vorderachsen ersetzt. Diese bringen bei hohen Fahrgeschwindigkeiten ein besseres Fahrverhalten und am Hang eine bessere Kippsicherheit.

Radtraktoren aller Bauarten werden mit Achsschenkellenkungen ausgerüstet. Bei diesem Lenksystem sind die Lenkräder (im Gegensatz zur einfachen Drehschemellen-

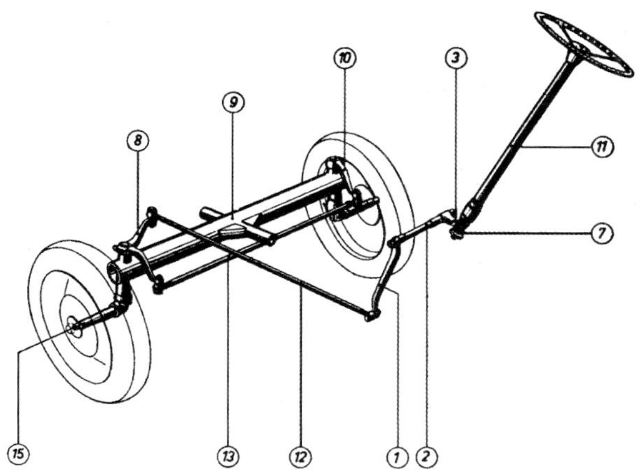

Vorderachse und Lenkung

1 Lenkstockhebel	10 Spurstangenhebel
2 Lenkhebelwelle	11 Lenksäule
3 Lenkfinger	12 Lenkschubstange
7 Lenkschnecke	13 Spurstange
8 Lenkhebel	15 Achsschenkel
9 Vorderachse	(Steyr-Daimler-Puch AG)

kung) um nahezu vertikal stehende Achsschenkelbolzen drehbar gelagert.

Das Lenkgetriebe wandelt die Drehbewegung des Lenkrades in eine Schwenkbewegung des Lenkstockhebels um. Bei allen Lenkgetriebebauarten sitzt dazu am Ende der Lenksäule eine Schnecke. In diese Lenkschnecke greift entweder ein Stahlfinger, eine Schneckenrolle, ein Zahnsegment oder eine passende Mutter ein und betätigt damit Lenkstockhebel und Lenkschubstange. Kugelumlauflenkungen sind durch Stahlkugeln zwischen Schnecke und Mutter besonders leichtgängig und verschleißarm.

Lenkschnecken werden, besonders in ihrer Mittelpartie, durch Lenkkräfte abgenutzt. Damit ergibt sich beim Verdrehen des Lenkrades ein Totgang, das so genannte

Gefederte Vorderachse (CASE-Steyr) mit Einzelradfederung

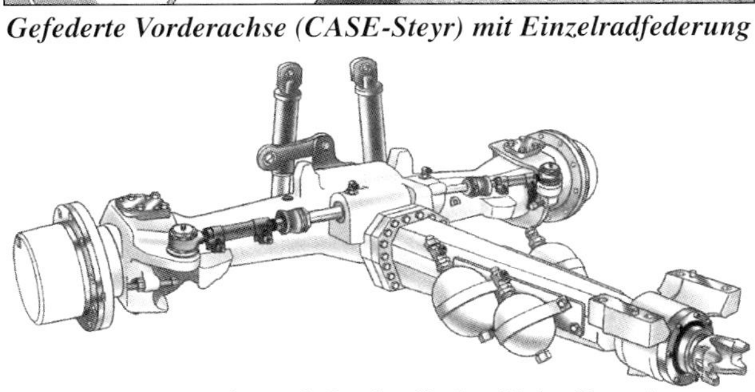

Gefederte Starrachse mit Lenkzylinder (John Deere)

„Lenkspiel". Bei Traktoren soll dieses Lenkspiel maximal der Breite von 3 bis 4 Fingern am Lenkradumfang entsprechen. Ein zu starkes Nachstellen des Lenkspiels könnte bei älteren Traktoren zu einem Verklemmen der Lenkung bei Volleinschlag führen.

Lenkgetriebe sind ölbadgeschmiert. In der Regel ist jedoch ein Ölwechsel nicht vorgeschrieben, wohl aber eine Ölstandskontrolle. Nachgefüllt wird mit Getriebeöl. Bei Verwendung von Hochdruckreinigern sollte darauf geachtet werden, dass kein Wasser in den Oberteil der Lenksäule und damit ins Lenkgetriebe gelangt.

Servolenkungen werden üblicherweise mit ATF-Ölen (meist rote Kennfarbe!) betrieben. Dazu ist in der Regel ein eigener Vorratsbehälter mit Ölfilter und eine eigene Ölpumpe vorhanden. Bei vollhydrostatischer Lenkung muss zur Erhaltung der Lenkfähigkeit ohne laufende Ölpumpe unterhalb der Lenkschnecke eine Notpumpe vorhanden sein. Diese wird von der Lenksäule direkt betrieben, erfordert aber einen hohen Kraftaufwand.

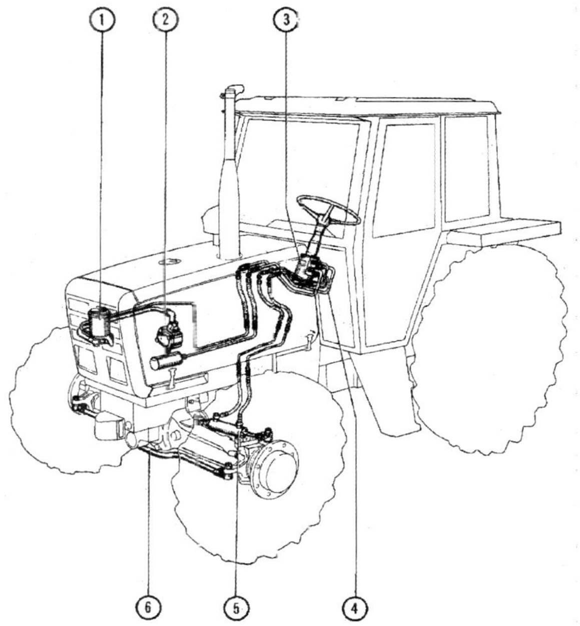

Hydrostatische Lenkung

1 Ölbehälter	5 Lenkzylinder
2 Hydraulikpumpe	6 Spurstange
3 Steuereinheit mit Notpumpe	(Steyr-Daimler-Puch AG)
4 Ölleitungen	

An der Vorderachse von Traktoren sind die Lagerstellen von Achsschenkelbolzen und Radnabe Verschleißstellen. Am aufgebockten Vorderrad lässt sich ein Radnabenlagerspiel, aber auch ein Spiel der Achsschenkelbolzen durch kräftige Schwenkbewegungen feststellen. Das Spiel der Radnabe lässt sich mittels einer Kronenmutter leicht nachstellen. Übermäßiges Spiel im Achsschenkelbolzenlager erfordert dagegen meist den Austausch von Lagerbüchsen. „Flatternde" Vorderräder weisen auf eine solches Spiel hin. Um die Flatterneigung zu vermindern, steht der Achsschenkelbolzen nicht genau lotrecht, sondern leicht nach außen geneigt. (**= Spreizung**). Ebenso soll ein gelenktes Rad nicht senkrecht auf der Fahrbahn stehen, sondern einen leichten **Sturz,** also eine Schräglage in entgegengesetzter Richtung aufweisen. Damit wer-

den einseitige Lagerbelastungen vermieden. Zwischen dem Auflagepunkt eines gelenkten Rades und der bis zur Fahrbahn verlängerten Längsachse des Achsschenkelbolzens ergibt sich ein Hebelabstand, der so genannte **Lenkrollradius.** Dieser ist für die Wirkung von Fahrwiderstands- oder Bremskräften am Lenkgetriebe maßgeblich. Ein kleiner Lenkrollradius verringert die Lenkkräfte, insbesondere bei Kurvenfahrt. Sturz und Spreizung sind für die Größe des Lenkrollradius' maßgeblich.
Ein wichtiges Einstellmaß ist bei gelenkten Rädern die **Vorspur.** Man versteht darunter eine (in Fahrtrichtung) leicht gepfeilte Stellung der Räder zueinander. Die Vorspur wird als Unterschied des Abstandes der beiden Felgenhörner in Achshöhe vorne und hinten gemessen. Vorne sollte der Abstand um 3 bis 4 mm kleiner sein als hinten. Eine richtig eingestellte Vorspur vermindert ebenso die Flatterneigung der Lenkräder. Eine zu große Vorspur führt zu extremem Reifenverschleiß.

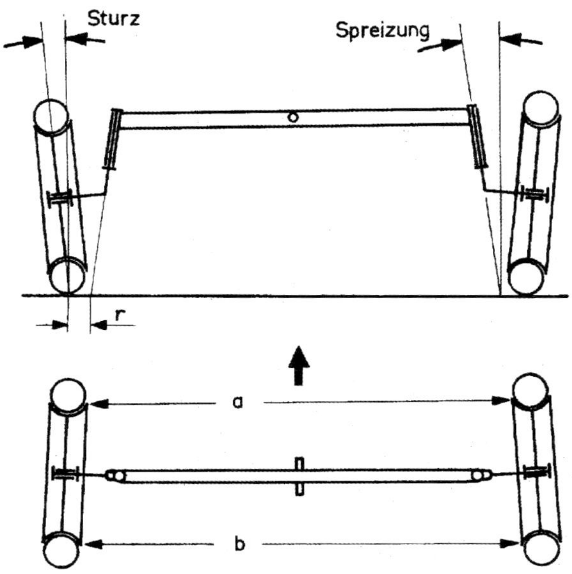

Sturz, Spreizung, Vorspur (= b–a) und Lenkrollradius (r)

Wenn angetriebene Vorderachsen auf fester Fahrbahn oft nur 20% mehr Zugkraft als bei Hinterachsantrieb ergeben, so ist ihre Wirkung im Gelände bei weichem Boden erheblich größer. In schwierigem Gelände beruht die zugkrafterhöhende Wirkung angetriebener Vorderachsen zum Teil auf einer Aufbereitung der Fahrbahn für die Hinterachse. Vorderachsen werden oft mit Selbstsperrdifferenzialen ausgerüstet (siehe Seite 16). Bei **Selbstsperrdifferenzialen mit Ausrückklauen** (z.B. „No Spin") ist zu beachten, dass bei Kurvenfahrt die volle Antriebsleistung auf ein einziges Rad übertragen wird. Dies kann auf Grünland das Aufreißen der Grasnarbe günstig beeinflussen. **Selbstsperrdifferenziale mit Lamellenbremsen** (z.B. „Locomatic") sind in diesem Falle besser geeignet.

Bei längerer Straßenfahrt sollte der Vorderradantrieb bei Standardtraktoren abgeschaltet werden. Dadurch wird ein übermäßiger Reifenverschleiß durch geringe Unterschiede der Reifenumfangsgeschwindigkeit vermieden. Die Reifenprofilrichtung von Vorderradreifen sollte im Hinblick auf Verschleiß besser umgedreht werden.

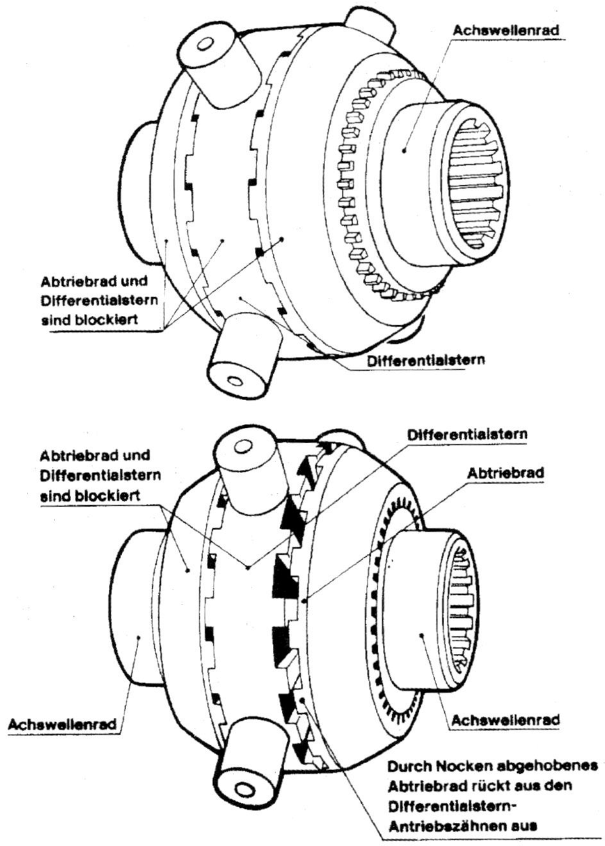

Selbstsperrdifferenzial für Vorderachsen, bei Kurvenfahrt hebt eine Klauenseite durch Nocken ab und unterbricht damit die Sperrwirkung (Klöckner-Humboldt-Deutz AG)

❑ Bremsen

Traktoren besitzen stets eine Handbremse und eine Fußbremse. Dabei entspricht die Fußbremse der im Kraftfahrgesetz genannten **Betriebsbremsanlage,** die Handbremse der **Feststellbremsanlage.** Bei einer Störung der Betriebsbremsanlage erfüllt die Handbremse durch ihre eigene Betätigungsvorrichtung noch die Funktion einer Hilfsbremsanlage.
Das Kraftfahrgesetz verlangt bei Zugmaschinen bis zu einer Bauartgeschwindigkeit von 25 km/h (und bei Motorkarren bis 30 km/h) mindestens **eine** Bremsanlage. Bei höheren Bauartgeschwindigkeiten sind zwei, voneinander unabhängige Bremsanlagen Vorschrift (z.B. getrennte Innenbackenbremsen für Fußbremse und Handbremse). Ausnahme: Traktoren der ehemaligen Klasse II, siehe Tabelle Seite 10. Im Gegensatz zu Straßenfahrzeugen haben Traktoren meist zwei Bremspedale. Je eines wirkt auf das rechte bzw. auf das linke Hinterrad. Durch Betätigung nur eines Bremspedals kann im Gelände auf engem Raum gewendet werden (= Lenkbremse). Bei Straßenfahrt müssen beide Pedale verriegelt werden. Ab einer Bauartgeschwindigkeit von 35 km/h sind Allradbremsen vorgeschrieben.
Die eigentliche Bremseinheit ist bei Traktoren entweder eine Innenbackenbremse oder eine Scheibenbremse. Die Betätigung kann mechanisch, hydraulisch oder durch Druckluft erfolgen.

BAUARTEN DER BREMSBETÄTIGUNG

- mechanische Bremsen
  - Gestängebremsen
  - Seilzugbremsen
- hydraulische Bremsen
  - mit Bremsflüssigkeit
  - mit Ölpumpe
- Druckluftbremsen
  - Einleitungsanlagen
  - Zweileitungsanlagen

BREMSSYSTEME

- Innenbackenbremsen
  - Simplexbauart
  - Duplexbauart
  - Servobauart
- Scheibenbremsen
  - Teilscheibenbremsen
  - Vollscheibenbremsen

● **Innenbackenbremsen**
stellen derzeit noch das gängigste Bremssystem bei Traktoren dar. Zwei mit einem Reibbelag versehene Bremsbacken werden durch das Verdrehen einer Bremsnocke gegen eine umlaufende Bremstrommel gepresst. Bei der einfachen Simplexbauart sind die Bremsbacken gemeinsam an einem Ende an einem Drehzapfen gelagert. Dagegen stützen sich bei der Servobauart die beiden Backen über eine Nachstellschraube nur gegenseitig ohne einen fixen Lagerpunkt ab. Der Vorteil dieser Bauart liegt in einer Selbstverstärkung der Bremskraft in beiden Fahrtrichtungen. Die seltene Duplexbauart ergibt zwar bei Vorwärtsfahrt eine Bremskraftverstärkung, bei Rückwärtsfahrt aber eine Verminderung der Bremskraft.

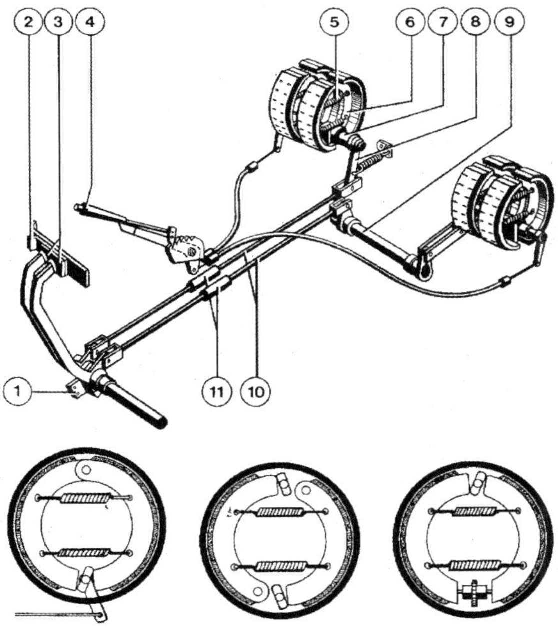

Mechanische Bremsanlage mit getrennten Bremsbacken für Betriebsbremse und Feststellbremse; links unten Simplexbauart, Mitte Duplexbauart, rechts Servobauart (Shell Austria AG)

1 Bremslichtschalter
2 Verbindungslasche
3 Bremspedale
4 Handbremshebel
5 Zugfeder
6 Bremsbacken
7 Bremswelle
8 Bremshebel
9 Bremswelle
10 Bremsgestänge
11 Spannschloss

● **Scheibenbremsen**
finden nun auch bei Traktoren zunehmend Anwendung. Ihr Vorteil liegt in einer während des Bremsvorganges kaum nachlassenden Bremswirkung und in einer guten Wärmeabfuhr. Im Gegensatz zu Straßenfahrzeugen werden Traktoren häufig mit Vollscheibenbremsen in trockener oder nasser Ausführung ausgerüstet. Nasse (im Ölbad laufende) Scheibenbremsen stellen besondere Ansprüche an Getriebeöle, um ein Vibrieren beim Bremsvorgang zu unterbinden. Anstelle der bei trockenen Vollscheibenbremsen üblichen Belagscheiben erfolgt die Bremsung bei der nassen Bauart mittels Stahllamellen. In beiden Fällen werden Scheiben oder Lamellen von zwei Druckplatten gegen das Bremsgehäuse gepresst. Mehrere, in je einer auslaufenden Rille befindliche Stahlkugeln drücken die Platten dann auseinander, wenn sie gegeneinander verdreht werden. Durch die Reibung an den Druckplatten entsteht eine Bremskraftverstärkung.

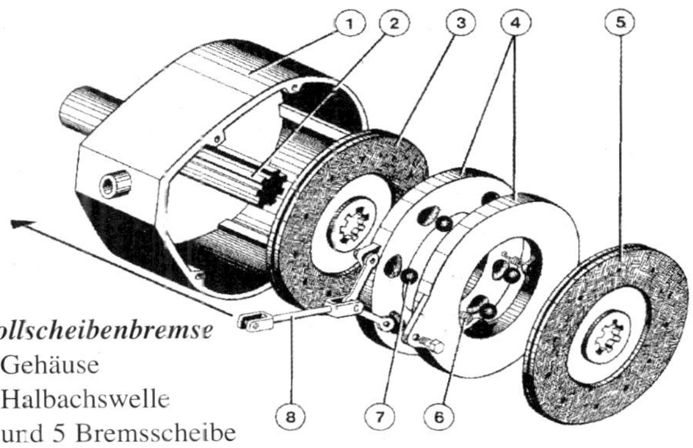

Vollscheibenbremse
1 Gehäuse
2 Halbachswelle
3 und 5 Bremsscheibe
4 Druckplatten
6 Feder
7 Stahlkugel
8 Gestänge (Shell Austria AG)

Teilscheibenbremsen ergeben zwar keine Bremskraftverstärkung, erlauben aber ein besonders einfaches Wechseln der Bremsklötze ohne wesentliche Montagearbeit. Die Betätigung erfolgt nur hydraulisch. Als Feststellbremsen eignen sich jedoch Teilscheibenbremsen wegen relativ hoher Betätigungskräfte weniger gut.

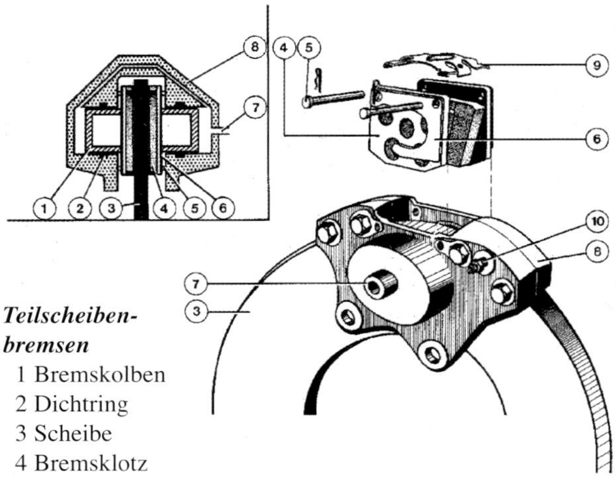

Teilscheibenbremsen
1 Bremskolben
2 Dichtring
3 Scheibe
4 Bremsklotz
5 Haltebolzen
6 Dämmblech
7 Bremsleitung
8 Bremssattel
9 Kreuzfeder
10 Entlüftungsnippel (Shell Austria AG)

● Mechanische Bremsen

Bei mechanischen Bremsen wird die Bremskraft über Gestänge oder auch durch ummantelte Seilzüge („Bowdenzüge“) übertragen. Das richtige Bremsspiel lässt sich durch Verkürzen oder Verlängern eines Spannschlosses oder durch Verstellen des Bowdenmantels einstellen. Bremspedale sollen normalerweise etwa 3 cm Spiel aufweisen. Handbremshebel sollten etwa am 5. Zahn des Feststellsegments greifen. Bei Innenbackenbremsen in Servobauart ist eine Bremsspieleinstellung auch durch Verdrehen eines gezahnten Rädchens an der Einstellschraube zwischen den beiden Backen möglich.
Bei Standardtraktoren wird die Fußbremse als Lenkbremse mit zwei getrennten Pedalen gebaut. Daher sind auch zwei Bremsgestänge vorhanden. Wichtig ist, dass beide Pedale denselben Totgang haben. Bei Straßenfahrt sind die Pedale miteinander zu verriegeln.

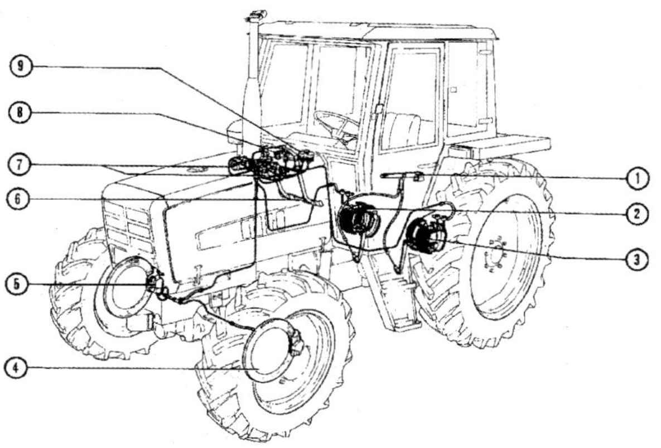

Bremsanlage eines Traktors
1 Handbremshebel
2 Bremsbacken der Handbremse
3 Bremsbacken der Fußbremse
4 Scheibenbremse
5 Bremssattel
6 Bremspedale
7 Hauptbremszylinder
8 Ausgleichsventil
9 Bremsflüssigkeitsbehälter
(Steyr-Daimler-Puch AG)

● Hydraulische Bremsen

Hydraulische Traktorbremsen übertragen die Bremskraft vom pedalbetätigten Hauptbremszylinder über eine synthetische Bremsflüssigkeit mit hohem Siedepunkt zu den Radbremszylindern. Über Druckschläuche ist auch die Bremsung gelenkter Räder leicht möglich. Allradgetriebene Traktoren verwenden daher fast immer hydraulische Bremsen.

Der Aufbau einer hydraulischen Traktorbremsanlage ist meist komplizierter als bei Straßenfahrzeugen, weil die Hinterräder einzeln bremsbar sein müssen. Beim Betätigen beider Bremspedale müssen jedoch auch eventuell gebremste Vorderräder mitgebremst werden. Meist sind zwei, von je einem Bremspedal zu betätigende Hauptbremszylinder vorhanden. Werden beide Pedale betätigt, so öffnet ein gefederter Stößel zwei Ventilsitze im Bremsausgleichsventil. Damit sind beide Hauptbremszylinder verbunden, der Bremsdruck gleicht sich automatisch aus und wirkt jetzt auch auf Vorderradbremsen. In Ruhestellung drückt wenigstens ein Bremspedal den Stößel des Bremsausgleichsventils ins Gehäuse, so dass die Ventilsitze schließen.
Hydraulische Bremsen werden in Verbindung mit Innenbacken- aber auch mit Scheibenbremsen verwendet. Der Stand der Bremsflüssigkeit im Vorratsbehälter ist ständig zu überwachen. Nach längstens 2 bis 3 Jahren ist die Wasser anziehende Bremsflüssigkeit zu erneuern. Wenn sich die Pedale „schwammig“ ohne großen Widerstand durchdrücken lassen, muss entlüftet werden. Dazu wird ein kurzes Schläuchchen vorerst an die Entlüftungsschraube des Bremsausgleichsventils (oder eines Hauptbremszylinders) angeschlossen. Das Schlauchende kommt in ein Glas mit etwas Bremsflüssigkeit. Jetzt wird die Entlüftungsschraube um eine Vierteldrehung geöffnet und das Pedal durchgetreten. Das Pedal wird

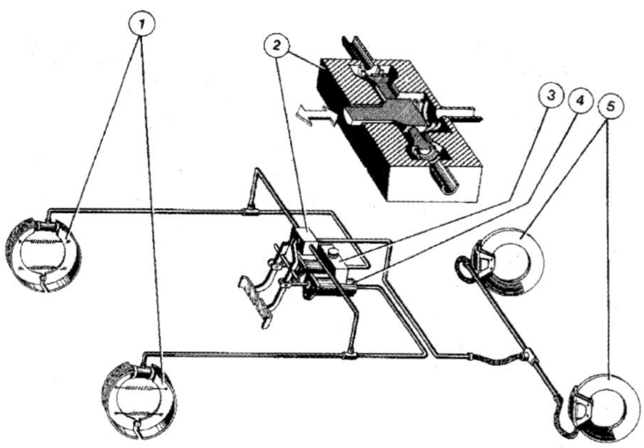

Hydraulische Traktorbremsanlage
1 Bremsbacken
2 Bremsausgleichsventil
3 Vorratsbehälter für Bremsflüssigkeit
4 Hauptbremszylinder
5 Bremsscheiben (Shell Austria AG)

erst nach dem Schließen der Entlüftungsschraube wieder festgezogen. Der Vorgang ist sooft zu wiederholen, bis im Glas keine Luftblasen mehr aufsteigen. Auf dieselbe Weise werden weitere Entlüftungsschrauben am zweiten Hauptbremszylinder und an den Radbremszylindern entlüftet.

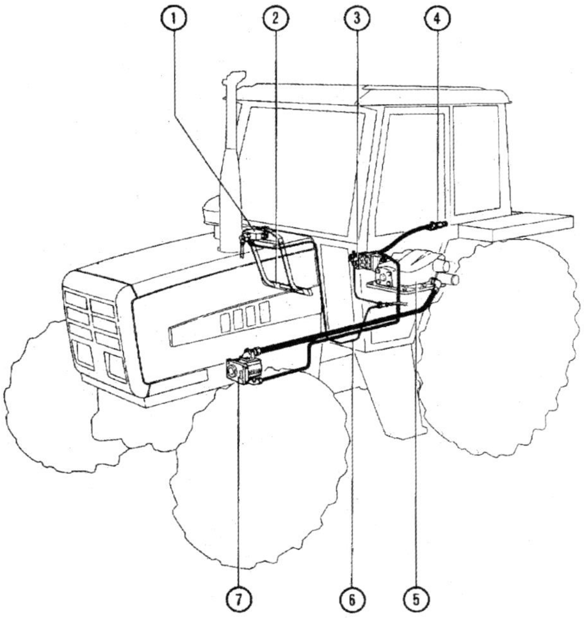

Hydraulische Anhängerbremse

1 Ausgleichsventil
2 Bremspedale
3 Anhängerbremsventil
4 Kupplung
5 hydraulisches Hubwerk
6 Steuerleitung
7 Hydraulikpumpe
(Steyr-Daimler-Puch AG)

Bei hydraulischen Anhängerbremsen wird der Bremsdruck von der Ölpumpe des hydraulischen Traktorhubwerks erzeugt. Bei der Bremsung gibt ein Bremsventil den Druck über die Anhängerbremsleitung an einen Bremszylinder weiter. Beim Abreißen des Anhängers erfolgt über eine Reißleine eine Notbremsung. Es sind aber auch Federspeicherbremsen in Verwendung, bei denen die Bremse hydraulisch gelöst wird.

● **Druckluftbremsen**

Druckluftbremsen wirken bei Traktoren meist nur auf Anhänger, nicht auf das Zugfahrzeug selbst. In Österreich wird beim Ziehen von Anhängern mit einer Bauartgeschwindigkeit über 25 km/h eine „lastkonforme" Bremse vorgeschrieben. Für solche Fälle kommt daher in erster Linie eine Druckluftbremsanlage in Frage. Auch für geringere Bauartgeschwindigkeiten sind Druckluftbremsen empfehlenswert, wenn das Gesamtgewicht über 5.000 kg liegt oder wenn Transporte in steilem Gelände auszuführen sind.

Bei den älteren Einleitungsanlagen wird die Bremsung eines Anhängers durch Druckabfall in der Anhängerbremsleitung ausgelöst. Seit dem 1. 1. 1981 müssen neue Anhänger mit Druckluftanlage nach dem Zweileitungssystem ausgerüstet werden. In diesem Fall erfolgt die Bremsung durch Druckanstieg. Während bei **Einleitungsanlagen** die Druckluftzufuhr zum Anhänger während einer Bremsung unterbrochen ist, bleibt sie bei **Zweileitungsanlagen** aufrecht. Damit ist auch bei langdauernden Bremsungen die Wirkung sichergestellt. Weil für Anhänger mit Einleitungsanlage keine Nachrüstpflicht besteht, werden Traktoren oft mit einer kombinierten Ein-Zweileitungsanlage ausgerüstet.

Ein vom Motor getriebener Kompressor liefert bei Einleitungsanlagen Druckluft von 5,3 bar oder bei Zweileitungs- und kombinierten Anlagen von 7,3 bar. Bei so genannten Hochdruckanlagen kann der Vorratsbehälterdruck sogar 14 bis 18 bar erreichen, so dass kleine Behälter ausreichen. Der Bremsdruck wird aber auch dann über ein Reduzierventil auf 7,3 bar (bei Einleitungsanlagen auf 5,3 bar) vermindert.

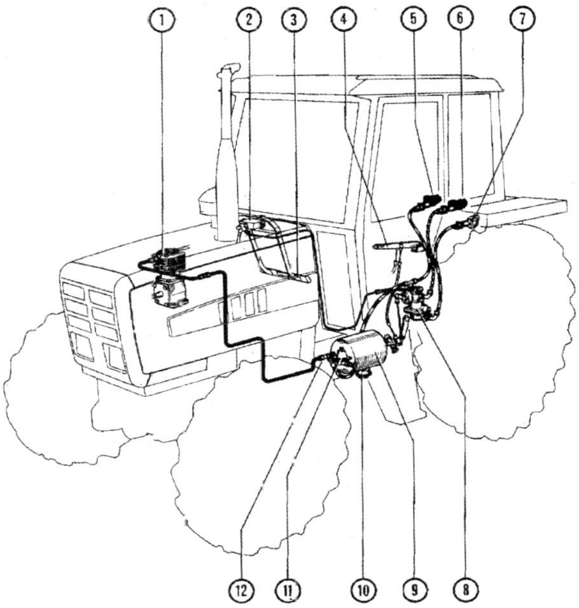

Druckluft-Zweileitungsbremsanlage mit Einleitungsanschluss

1 Kompressor
2 Ausgleichsventil
3 Bremspedale
4 Handbremshebel
5 Vorratsleitung
6 Bremsleitung
7 Einleitungsanschluss
8 Anhängersteuerventil
9 Druckluftbehälter
10 Entwässerungsventil
11 Druckbegrenzungsventil
12 Rückschlagventil
(Steyr-Daimler-Puch AG)

Bei Traktoren mit mechanischer Bremsanlage wird eine Druckluftbremsung eines Anhängers meist über das in einem Bremsgestänge eingebaute „kraftgesteuerte" Anhängersteuerventil ausgelöst. Im zweiten Bremsgestänge muss zum Ausgleich ein Federungskörper eingebaut werden. Steuerventil und Federungskörper können jedoch auch an den Bremspedalen montiert werden. Neuere Traktoren benutzen überwiegend hydraulisch betätigte Anhängersteuerventile. Dabei löst der Druck der Bremsflüssigkeit die Druckluftbremsung des Anhängers aus. Dies ist auch der Fall, wenn bei mechanischen Traktorbremsen ein Hydraulikdruckgeber im Bremsgestänge eingebaut ist. Handbremsen wirken meist mechanisch auf das Anhängersteuerventil und lösen eine Vollbremsung aus.

Ein Anhängerbremsventil mit einem angebauten Bremskraftregler führt bei Zweileitungsanlagen die vom Anhängersteuerventil freigegebene Druckluft direkt in die Bremszylinder. Dagegen gibt bei Einleitungsanlagen das Anhängerbremsventil die Verbindung vom Anhängerdruckluftbehälter zu den Bremszylindern frei. In beiden Fällen löst ein Undichtwerden oder Abreißen der Anhängerbremsleitung eine Notbremsung aus.

Wartung bei Druckluftbremsen:

- Wöchentlich Wasser an Reifenfüllflasche und Druckluftbehältern ablassen.
- Gelegentlich Keilriemenantrieb des Kompressors prüfen und gegebenenfalls nachspannen; Ölstand im Kompressor kontrollieren.
- Anlage öfters auf Dichtheit prüfen. Im intakten Zustand darf der am Manometer angezeigte Luftdruck innerhalb von 10 Minuten bei abgestelltem Motor um weniger als 1/10 bar absinken, bei Zweileitungsanlagen um weniger als 0,25 bar.
- Kompressorfunktion gelegentlich überprüfen. Die Füllzeit bis zum Erreichen des Abregeldruckes soll im Bereich unter 6 Minuten liegen.

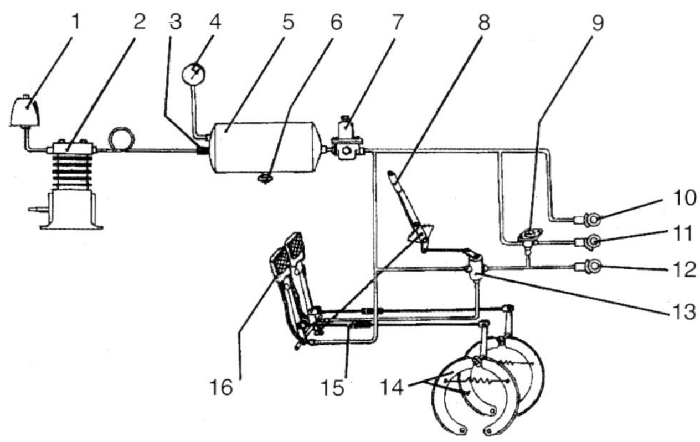

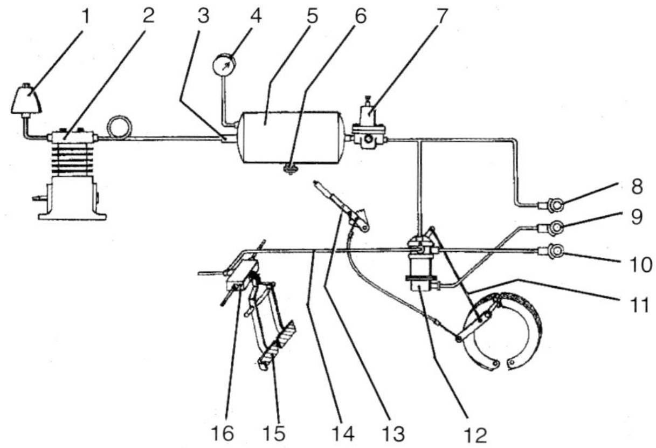

Kombinierte Ein-Zweileitungs-Druckluftbremsanlage mit Trittplatten-Anhängersteuerventil (links) und hydraulisch betätigtem Anhängersteuerventil (rechts).

1 Luftfilter
2 Kompressor
3 Rückschlagventil
4 Manometer
5 Druckluftbehälter
6 Entwässerungsventil
7 Reduzierventil
8 Handbremshebel
9 Anhängersteuerventil für Einleitungsanlage
10 Anschluss Vorrat
11 Anschluss Einleitungsbremse
12 Anschluss Bremse
13 Handbremsventil
14 Bremsbacken
15 Bremsgestänge
16 Trittplattenanhängersteuerventil

1 Luftfilter
2 Kompressor
3 Rückschlagventil
4 Manometer
5 Druckluftbehälter
6 Entwässerungsventil
7 Reduzierventil
8 Anschluss Vorrat
9 Anschluss Einleitungsbremse
10 Anschluss Bremse
11 Handbremsgestänge
12 Kombiniertes Anhängersteuerventil
13 Handbremshebel
14 Bremsflüssigkeit
15 Bremspedal
16 Bremsausgleichsventil

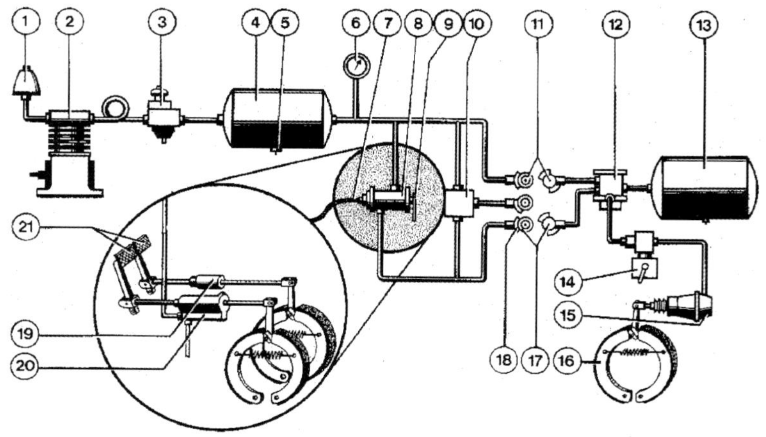

Schema einer Druckluft-Zweileitungsbremsanlage mit Einleitungsanschluss

1 Luftfilter
2 Kompressor
3 Druckregler mit Reifenfüllflasche
4 Druckluftbehälter
5 Entwässerungsventil
6 Manometer
7 Bremsleitung mit Bremsflüssigkeit
8 Anhängersteuerventil
9 Handbremshebel des Anhängersteuerventils
10 Anhängersteuerventil für Einleitungsanlagen
11 Anschlüsse für Vorratsleitung
12 Anhängerbremsventil
13 Anhängerdruckluftbehälter
14 Bremskraftregler
15 Bremszylinder
16 Bremsbacken
17 Anschlüsse für Bremsleitung
18 Vertauschsicherung
19 Federkungskörper
20 kraftgesteuertes Anhängersteuerventil
21 Bremspedale
(Shell Austria AG)

❑ Räder und Bereifung

Für Traktoren sind drei **Spurweiten** genormt: 1.250 mm, 1.350 mm und 1.500 mm. Davon leiten sich die im Hackfruchtbau üblichen Reihenweiten (z.B. 62,5 cm, 41,5 cm) ab. Bei den Hinterrädern lässt sich meist durch unterschiedliche Montage der Felge an der Radnabe die Spurweite verändern. Bei Vorderrädern ist eine Spurverstellung oft auch durch Verlängern oder Verkürzen der Pendelachse möglich. Traktorfelgen sind **Tiefbettfelgen.** Sie haben oft eine große Innenbreite („Maulweite") und werden dann als Breitfelgen bezeichnet. Im Handel werden Felgenabmessungen durch eine Kurzbezeichnung angegeben: 1. Zahl = Maulweite in Zoll, 2. Zahl = Durchmesser des passenden Reifens. Ein Buchstabe vor der Maulweite kennzeichnet die Form (z.B. W = Breitfelge). Eine Felge mit der Bezeichnung W 11 x 28 ist also eine Felge mit 11-Zoll-Maulweite für einen 28-Zoll-Reifen.

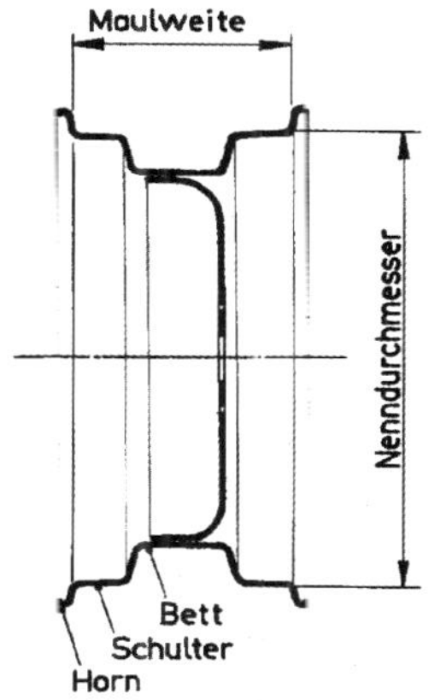

Felgenbezeichnungen

Die Reihenweite ist von der Spurweite abhängig (Steyr-Daimler-Puch AG)

Reifenbreite	Traktorspurweite in cm	Rübe		Kartoffel		Mais	
		Reihenweite in cm	Bleibt Sicherheitsabstand in cm	Reihenweite in cm	Bleibt Sicherheitsabstand in cm	Reihenweite in cm	Bleibt Sicherheitsabstand in cm
8″ = 22 cm z.B. 8.3/8-32 AS	125	42,0	10,6	62,7	20,9	59–73	15,0
	135	45,5	12,7	67,7	23,0	64–83	15,0
	150	50,0	14,0	75,0	26,5	68–98	15,0
10″ = 30 cm z.B. 11.2/10-28 AS	125	–	–	–	–	62–65	15,0
	135	45,6	8,7	67,7	19,0	65–75	15,0
	150	50,0	12,5	75,0	22,5	70–90	15,0
12″ = 36 cm z.B. 13.6/12-36 AS	135	–	–	–	–	67–69	15,0
	150	–	–	75,0	19,5	72–84	15,0

Mindest-Sicherheitsabstand im ebenen Gelände

Rübe	8,0 cm
Kartoffel	18,0 cm
Mais	15,0 cm

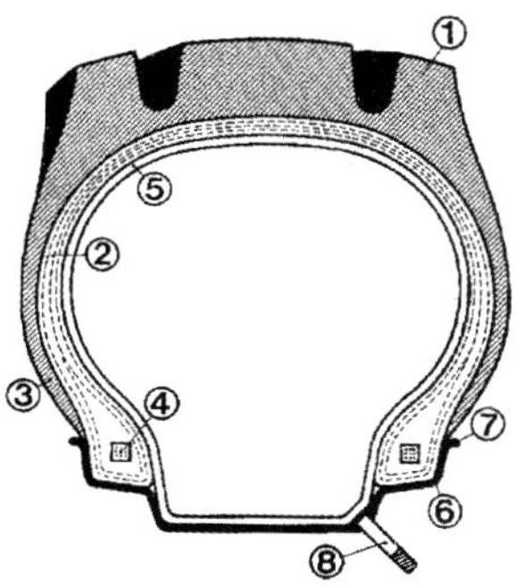

Aufbau einer Luftbereifung
1 Lauffläche
2 Karkasse
3 Seitengummi
4 Wulstkern
5 Schlauch
6 Felge
7 Felgenhorn
8 Ventil
(Semperit AG)

Luftreifen bestehen im Wesentlichen aus dem Gewebeunterbau **(Karkasse)** mit Wulst und Stahlseileinlage und weiters aus der Gummiauflage mit der Lauffläche. Der Wulst sitzt auf der Felgenschulter und wird durch den Luftdruck an das Felgenhorn angepresst. Bei schlauchlosen Reifen muss diese Auflagefläche vollkommen dicht sein. Wegen der Empfindlichkeit gegenüber Schmutz und Felgenschäden haben sich schlauchlose Reifen bei Landmaschinen erst spärlich durchgesetzt.
Klassische Luftreifen haben eine Flankenhöhe, die ungefähr der größten Breite des Reifens entspricht. Solche Reifen heißen wegen ihres kreisförmigen Querschnitts auch **Ballonreifen.** Ist ein Reifen weniger hoch als breit, so bezeichnet man ihn als **Superballonreifen** (Höhe/Breite etwa 0,95) oder

bei noch geringeren Verhältnissen als **Niederquerschnittsreifen.** Je nach dem Verhältnis der Reifenbreite zum Außendurchmesser spricht man manchmal auch von Breitreifen, wenn die Breite mindestens 1/3 des Durchmessers ausmacht. Breitreifen sind damit meist Niederquerschnittsreifen. Wenn die Fäden der Gewebeeinlagen schräg zur Reifenebene liegen, so spricht man von **Diagonalreifen.** Bei **Radialreifen** verlaufen dagegen die Fäden von Wulst zu Wulst. Radialreifen haben dünne, empfindliche Flanken und sind deshalb im Allgemeinen für den Einsatz im Wald und am Steilhang weniger geeignet. Ihr Vorteil liegt in einem geringen Rollwiderstand. Bei nassem, weichem Boden ist der Schlupf geringer. Zusätzlich ist meist noch ein Gewebegürtel mit dazu rechtwinkelig verlaufenden Fäden unterhalb der Lauffläche eingebaut. Deshalb spricht man auch oft von **Gürtelreifen.** Dieser Gürtel beugt nicht nur Verformungen des Reifens durch Fliehkräfte bei hohen Fahrgeschwindigkeiten vor, er bewirkt dazu noch durch seine Steifigkeit eine große Auflagefläche am Boden. Elastische Verformungen bleiben bei solchen Reifen damit eher auf die Seitenwände beschränkt. In seltenen Fällen werden auch Diagonalreifen mit einem Gürtel hergestellt.
Die **Abmessungen von Luftreifen** werden ähnlich wie bei Felgen angegeben: 1. Zahl = größte Reifenbreite in Zoll, 2. Zahl = Durchmesser der Auflagefläche an der Felge. Bei Diagonalreifen steht zwischen den beiden Werten ein Bindestrich, bei Radialreifen ein „R“. Nachfolgende Kennbuchstaben geben einen Hinweis auf die Verwendung (AS = Ackerschlepper, ASFr = Ackerschlepper-Front, IMP = Implementreifen für Wagen oder Maschinen). Die Tragfähigkeit eines Reifens wird durch die PR-Zahl oder neuerdings durch den Load-Index angegeben. Ein Reifen mit der Bezeichnung 14,9 R 28 AS, 6 PR ist beispielsweise ein Ackerschlepper-Radialreifen mit 14,9 Zoll größer Außenbreite und einem Nenn- oder Felgendurchmesser von 28 Zoll, die Karkasse hat eine Festigkeit, die jener von 6 Baumwollcordeinlagen gleichkommt.

Gürtel-Reifen

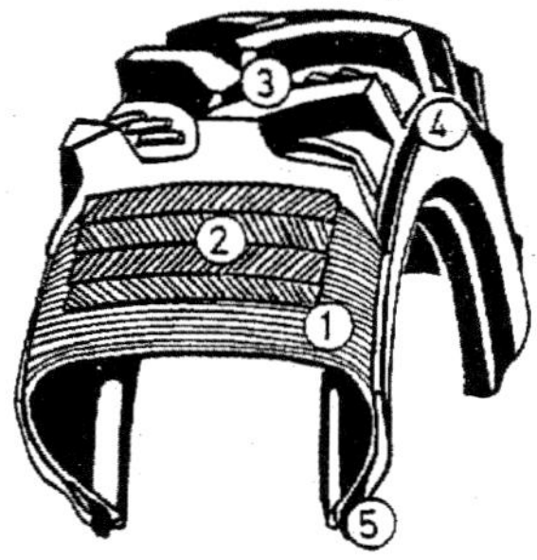

Diagonal-Reifen

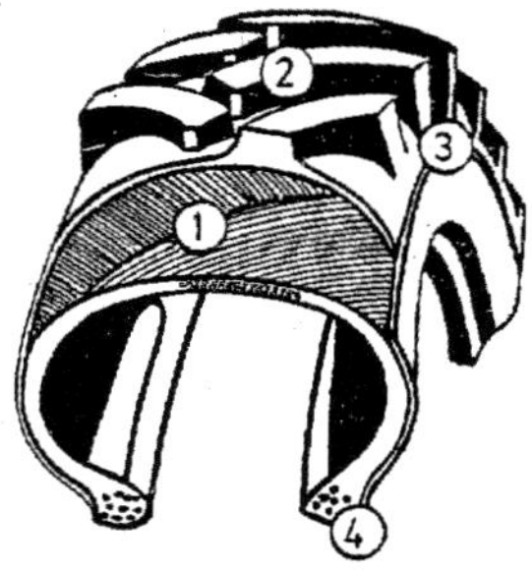

1 Karkasse mit Radial-Aufbau
2 Textilgürtel (mehrlagig)
3 Lauffläche
4 Flanken
5 Reifenwülste mit Drahtkern

1 Karkasse mit Diagonal-Aufbau
2 Lauffläche
3 Flanken
4 Reifenwülste mit Drahtkern
Reifenbauarten (Semperit AG)

Die Tragfähigkeit eines Reifens wird nach den Richtlinien der europäischen Reifennormungsstelle ETRTO bei Diagonalreifen durch die PR-Zahl (= Plyrating), bei Radialreifen jedoch durch den Loadindex in verschlüsselter Form angegeben. Die Nennreifenbreite ist stets die größte Außenbreite eines Reifens im aufgepumpten Zustand ohne Belastung, montiert auf einer typischen „Messfelge“. In Reifentabellen ist diese Messfelge neben anderen möglichen Felgen oft fett gedruckt. Der Nenndurchmesser eines Reifens entspricht stets dem Nenndurchmesser einer passenden Felge.

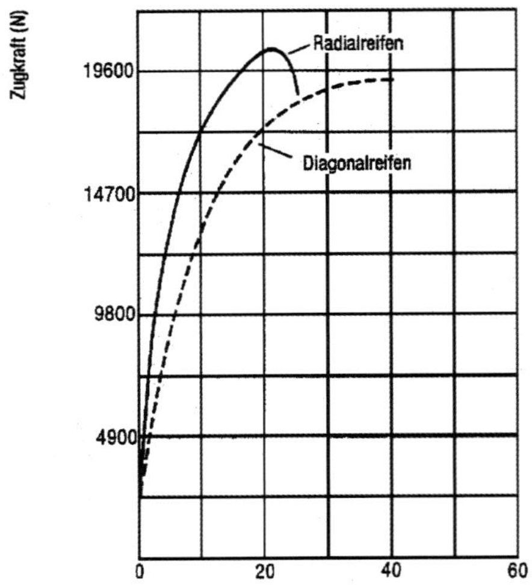

Zugkraftvergleich von Reifen auf dem Acker (Semperit AG)

Ein Reifen mit der Bezeichnung 13,6 – 28 AS, 6 PR ist beispielsweise ein Ackerschlepper-Diagonalreifen mit 13,6 Zoll größter Außenbreite und einem Nenn- oder Felgendurchmesser von 28 Zoll. Die Karkasse hat eine Festigkeit, die jener von 6 Baumwollcordeinlagen gleichkommt. Einige Firmen geben die Reifenbreite nicht in Zoll, sondern in Millimeter an. Steht nach der Reifenbreite ein Schrägstrich, dann gibt die nachfolgende Zahl das Querschnittsverhältnis an. Man versteht darunter das Verhältnis zwischen Flankenhöhe und Reifenbreite. Ein Bei-

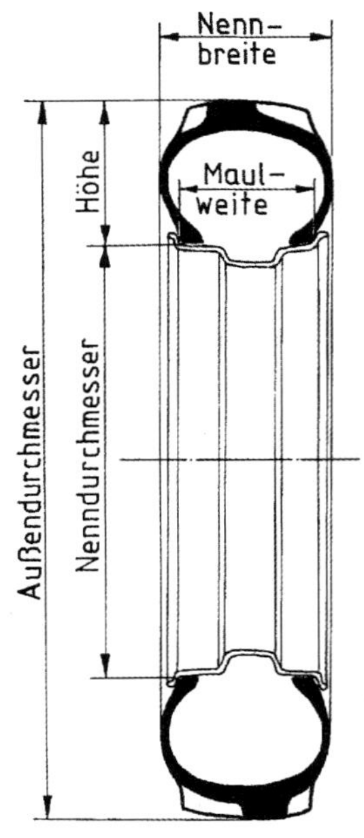

Bezeichnungen bei Reifen

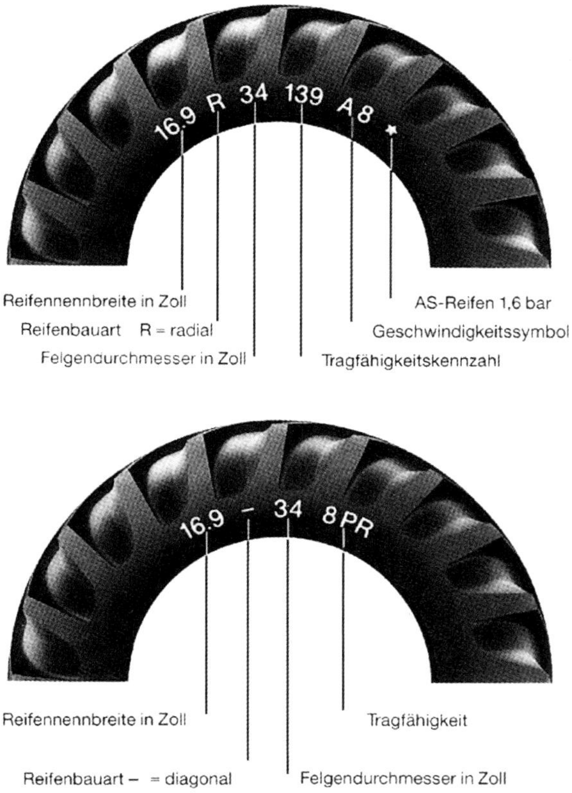

Reifenbezeichnung (Vredestein)

spiel dafür ist die Bezeichnung 380/70 R 28. Ein solcher Reifen hat eine größte Breite von 380 mm, die Flankenhöhe macht 70% der Breite aus. Es handelt sich also um einen Niederquerschnitts-Radialreifen. Neue Reifen kennzeichnen die zulässige Fahrgeschwindigkeit weiters durch einen Geschwindigkeitsindex (Speedindex). Manchmal wird jener Reifendruck, auf den sich Lastindex und Geschwindigkeitsindex beziehen, in Form von Sternchen gekennzeichnet. Ein Stern steht dabei für 1,6 bar, zwei Sternchen für 2,4 bar und drei für 3,2 bar Reifendruck. Das soll nicht zum Irrtum verleiten, dass derart gekennzeichnet Reifen stets mit dem Bezugsluftdruck gefahren werden müssen. In selteneren Fällen steht vor der Reifenbreite noch den Außendurchmesser in Zoll, gefolgt von einem liegenden Kreuz.

Der Luftdruck von Radialreifen kann in weiten Grenzen verändert werden, ohne dass die Reifenlebensdauer drastisch abnimmt. In Extremsituationen kann es aber bei Gürtelreifen bei hohen Zugkräften und geringem Reifendruck zu einem Wandern des Reifens auf der Felge kommen. Radialreifen für extrem geringe Drücke werden daher zweckmäßigerweise als Schlauchlosreifen angeboten. Durch eine stärkere Einfederung der Seitenpartie ergibt sich oft ein besserer Fahrkomfort als bei Diagonalreifen. Bei hohen Fahrgeschwindigkeiten und niedrigem Reifenluftdruck kann dies allerdings auch zu unerwünschten Schaukelbewegungen führen. Wegen der großen Aufstandsfläche am Boden verursachen Gürtelreifen eher geringere Bodenverdichtungen. Die weichen Flanken bringen naturgemäß bei Schichtlinienfahrt am Steilhang wenig Seitenstabilität. Dieser Nachteil lässt sich aber durch Niederquerschnittsprofile (also breite Reifen mit niedriger Flankenhöhe) beheben, wie das bei PKW-Reifen längst üblich ist. Wegen der unnachgiebigen Karkasse können Diagonalreifen nicht vor der Vulkanisierung aus flachen Rohlingen wie bei Diagonalreifen auf den Reifenwickelmaschinen gefertigt werden. Daher ist meist auch der Preis von Gürtelreifen höher.

Das **Reifenprofil** hat entscheidenden Einfluss auf die Zugkraft. Für Triebradreifen von Landmaschinen hat sich das offene Fischgrätenprofil mit einem Stollenwinkel von etwa 45 Grad am besten bewährt. Der pfeilförmige Abdruck der Reifenstollen am Boden soll der Fahrtrichtung entgegen zeigen. Das Umdrehen der Profilrichtung bringt nur in Sonderfällen Vorteile (bei extrem sandigen oder moorigen Böden oder bei Reifen für angetriebene Vorderachsen). Am Acker wirken sich hohe, weit voneinander entfernte Stollen günstig auf die Zugkraft aus, auf Grünland sind jedoch weniger hohe, aber breite Stollen mit engeren Zwischenräumen besser geeignet. Solche Reifen hinterlassen eher weniger Schäden an der Grasnarbe.

Bei Traktoren mit einer Bauartgeschwindigkeit bis 25 km/h gibt es keine Vorschriften über einer Mindestprofiltiefe. Ab 30 km/h Bauartgeschwindigkeit muss die Profiltiefe mindestens 1,6 mm, ab einem Gesamtgewicht von 3.500 kg mindestens 2 mm betragen.

Der **Reifenluftdruck** bestimmt die Lebensdauer eines Reifens, aber auch den Bodendruck. Nach einer Faustregel beträgt der Bodendruck das 1,25fache des Reifenluftdrucks. Ein niedriger Reifendruck schont daher den Boden. Ein höheres Traktorgewicht vermehrt bei gleicher Bereifung oft kaum den Bodendruck, weil sich der Reifen vermehrt abplattet! Radialreifen platten durchschnittlich um 25% stärker als Diagonalreifen ab. Das Absenken des Reifendrucks bringt deshalb bei Diagonalreifen eine höhere Zugkraft, kaum aber bei Radialreifen. Außerdem besteht die Gefahr einer erheblichen Einschränkung der Lebensdauer bei stark vermindertem Luftdruck.

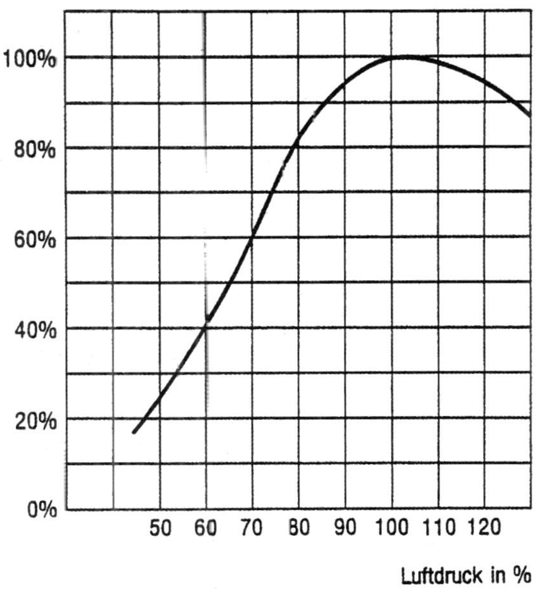

Einfluss des Luftdruckes auf die Lebensdauer des Reifens (Semperit AG)

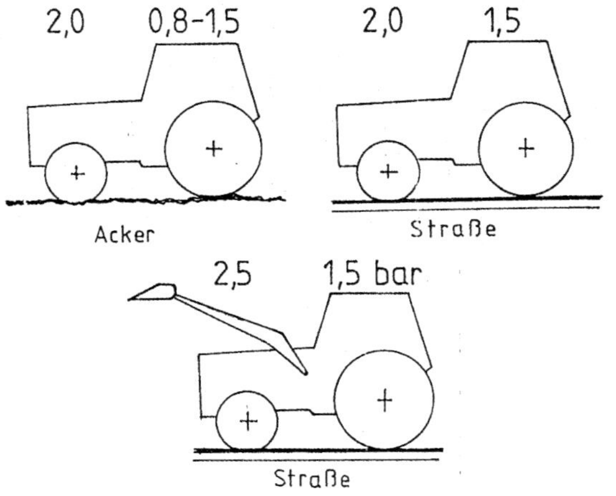

Typische Reifendrücke für Traktoren

Durch **Wasserfüllung** von Luftreifen kann eine Ballastierung und damit eine Zugkrafterhöhung erreicht werden. Dazu nimmt man den Ventilschaft-Oberteil ab und füllt den Reifen mit einem Schlauch zu drei Viertel an. Im Winter kann Chlorkalk oder Magnesiumchlorid als Frostschutz beigemischt werden. Als Luftdruck gilt auch hier der übliche Wert. Zum vollständigen Entleeren des Wassers muss ein Heberschlauch oder besser ein spezielles Reifenfüllventil benutzt werden. Beim Einleiten von Luft ins Füllventil tritt das Restwasser durch eine Bohrung ins Freie.

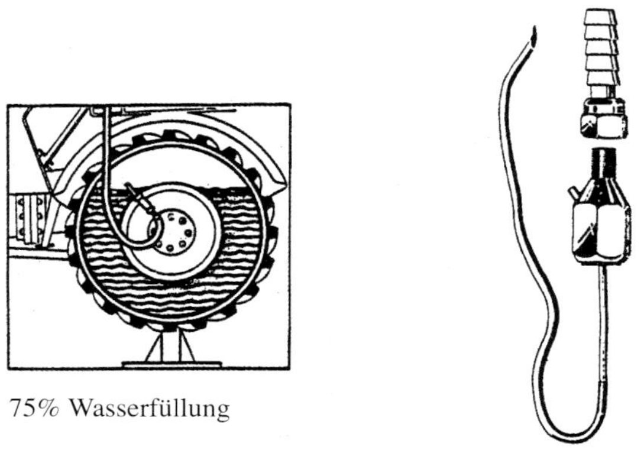

Die Wasserfüllung von Reifen; rechts Reifenfüllventil (Semperit AG)

● Besondere Anforderungen an Landwirtschaftsreifen

Neben üblichen Anforderungen, wie Verschleißfestigkeit, hohe Tragfähigkeit, Geschwindigkeitseignung gelten für Reifen in der Landwirtschaft besondere Auswahlkriterien. Erwähnenswert ist dabei Bodendruck, Triebkraftbeiwert, Schlupf, Schonung der Grasnarbe und die Empfindlichkeit gegenüber mechanischer Verletzung. Bei Pflegereifen für Hackfrüchte oder Fahrgassensaat darf je nach Kulturart, Hangneigung und Reihenabstand die Reifenbreite nicht über 11,2 bis 12,4 Zoll liegen. Beim Ackern ist ähnlich die Reifenbreite meist mit 16,9 bis 18,4 Zoll begrenzt. Die Lebensdauer von Traktor-Triebradreifen sollte 2.000 Betriebsstunden betragen. Reifen von angetriebenen Vorderachsen halten weniger lange. Für deren Lebensdauer ist besonders ein richtig gewählter Vorlauf entscheidend. Angetriebene Vorderachsen sollen etwa um 2 % schneller laufen, als die Hinterachse, um wechselnde Belastungen an den Antriebselementen zu vermeiden. Längere Straßenfahrten bei eingeschaltetem Allradantrieb ruinieren aber bei den üblichen Starrantrieben ohne Ausgleichsdifferenzial jeden Vorderradreifen sehr schnell.

Neuer Grünlandreifen in Radialbauart mit überbauter Schulter und geschütztem Felgenhorn (Michelin GmbH

Im **Forsteinsatz** soll ein Reifen eine möglichst robuste, verletzungsunempfindliche Seitenwand haben. Oft ist ein Felgenhornschutz oder eine überbaute Schulterpartie vorhanden. Typische Forstreifen weisen meist auch eine hohe Karkassenfestigkeit auf, auch stichfeste Reifen werden angeboten. Forstreifen werden oft aus besonders kerbfesten Gummimischungen erzeugt.
Eine besondere Bedeutung hat der **Bodendruck.** Ein gesunder, lockerer Boden ist das wichtigste Betriebskapital des Bauern. Gerade bei Nässe kommt es bei herkömmlichen Landmaschinen immer wieder zu schweren Bodenverdichtungen. Dabei besteht ein klarer Zusammenhang zwischen dem Kontaktflächendruck am Boden und dem Reifenluftdruck. In erster Näherung müssen beide Werte nach dem Gesetz von Aktion und Reaktion gleich groß sein. Wegen der Eigensteifigkeit des Reifens ist tatsächlich der **Kontaktflächendruck** größer. Eine Näherungsformel ist daher:

Kontaktflächendruck = Reifenluftdruck + 0,4 bar
oder:
Kontaktflächendruck = Reifenluftdruck mal 1,25

Bodendrücke von unter 0,8 bis 1 bar sind im Allgemeinen unschädlich. Die erwähnten Faustformeln stimmen dann nicht mehr, wenn Reifen mit extremer Tragfähigkeit verwendet werden. Das ist etwa bei „Flugzeugreifen“ für

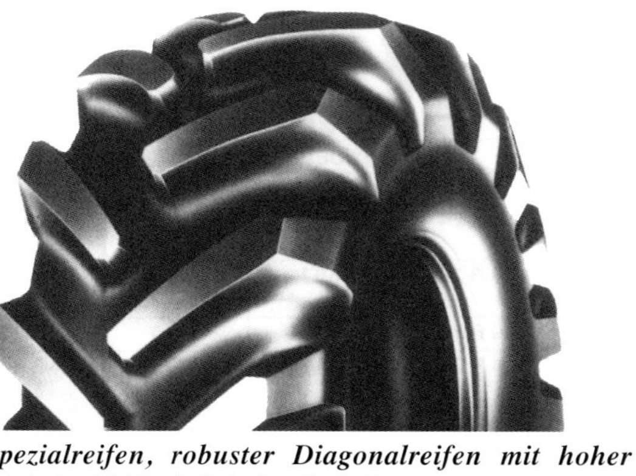

Forst-Spezialreifen, robuster Diagonalreifen mit hoher Tragfähigkeit, 16 PR (Michelin GmbH)

Vakuumfässer der Fall. Solche Reifen mit PR-Zahlen um 20 tragen bereits ohne Luft beachtliche Lasten. Ihre Wirkung, besonders im weichen Ackerboden ist folgenschwer. Hoher Reifenluftdruck und steife Reifen bewirken daher immer einen hohen Bodendruck! Reifen mit gleichem Kontaktflächendruck sinken etwa gleich tief in den Boden ein, unabhängig von der Reifenbreite.
Will man den Bodendruck in Grenzen halten, so ist dies am ehesten durch Verminderung des Reifenluftdruckes möglich. Dabei sinkt aber die Tragfähigkeit. Die Schweizerische Forschungsanstalt Tänikon gibt eine Näherungsformel für die Aufstandfläche eines Reifens mit Reifenbreite · Raddurchmesser : 4 an. Daher ist der logische Ausweg die Verwendung von breiten und großen Reifen, bei denen die größere Aufstandsfläche das Gewicht besser verteilt. Man muss dazu aber deutlich sagen, dass breite Reifen nur dann in Bezug auf den Bodendruck Vorteile bringen, wenn auch der Luftdruck verringert wird! Breite Reifen allein können bei hohem Innenluftdruck sogar mehr zu Bodenverdichtungen in großer Tiefe führen als schmale Reifen. Das lässt sich daraus erklären, dass sich der Auflagedruck eines Reifens in Form von annähernd kreisförmigen Zwiebeln fortpflanzt. In einer Tiefe, die etwa der Reifenbreite entspricht, hat sich nach Messungen der niederländischen Forschungsanstalt IMAS der Bodendruck im Vergleich zur Kontaktfläche auf rund die Hälfte abgebaut. Auch Zwillingsbereifungen haben deshalb nur bei geringerem Innenluftdruck Vorteile. Unterbodenverdichtungen werden demnach auch in erster Linie vom Gewicht eines Fahrzeugs bestimmt.

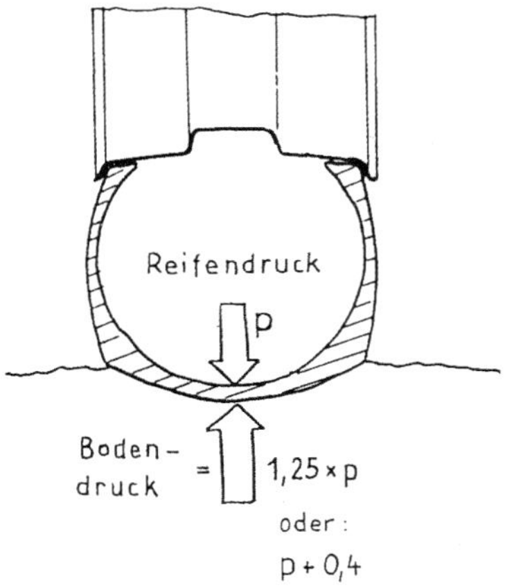

Der Reifendruck bestimmt den Bodendruck

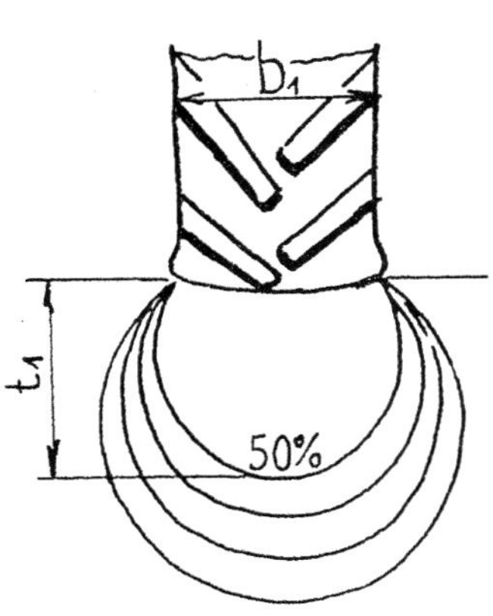

In einer Tiefe vom Ausmaß der Reifenbreite ist der Kontaktflächendruck auf die Hälfte abgebaut.

Radial-Breitreifen mit runder Schulter (Michelin GmbH)

Ein höheres Traktorgewicht vermehrt aber bei gleicher Bereifung oft kaum den Kontaktflächendruck, weil sich der Reifen vermehrt abplattet.

Insgesamt zeichnet sich in letzter Zeit ein Trend zu breiten Bereifungen bei geringem Luftdruck ab, um den Anforderungen auf Acker und Grünland zu entsprechen. Solche Reifen werden dann zum Problem, wenn längere Straßenfahrten zurückzulegen sind. Bei vermindertem Druck kommt es zu einem erhöhten Profilverschleiß. Die Entwicklung von Einrichtungen zur Veränderung des Reifendruckes während der Fahrt oder von **Reifenfülleinrichtungen** mit Schnellanschlussventilen trägt der Forderung nach Anpassung des Reifendruckes an die Beschaffenheit der Fahrbahn Rechnung.

● **Reifenmontage**

Neue Schlauchreifen sollten grundsätzlich auch mit einem neuen Schlauch montiert werden. Dies ist besonders bei den sich an den Flanken stark verformenden Radialreifen wichtig.
Das Montieren von Reifen auf die Felge wird man wegen des oft schwierigen Lösens des Wulstes vom Felgenhorn, aber auch wegen der Beschädigungsgefahr speziell bei Schlauchlosreifen dem Fachmann mit Montagegerät überlassen. Ist dennoch eine Selbstmontage erforderlich, so sind einige Tipps hilfreich:

Abmontieren

1. Reifenwulst mit Hebel vom Felgenhorn abdrücken
2. Wulst an der dem Ventil gegenüberliegenden Seite ins Tiefbett drücken
3. Beginnend links und rechts vom Ventil Reifenwulst mit Montiereisen über das Felgenhorn drücken
4. Schlauch herausnehmen
5. Rad umdrehen und Felge unterlegen
6. zweiten Wulst auf einer Seite ins Tiefbett der Felge bringen
7. Wulst an der gegenüberliegenden Seite mit zwei Montiereisen über das Felgenhorn ziehen

Aufmontieren

1. Felgenschulter entrosten und reinigen
2. Felgenschulter und Reifenwulst mit Montagepaste oder Gleitmittel einstreichen
3. Reifen in passender Laufrichtung auf die Felge legen und einseitig ins Tiefbett drücken

4. zweite Seite mit gebogenen Montiereisenenden über das Felgenhorn ziehen
5. Schlauch passend mit Ventil einlegen
6. Beginnend an der dem Ventil gegenüberliegenden Seite den zweiten Reifenwulst mit zwei Montiereisen über das Felgenhorn bringen
7. Reifen auf 2,5 bis 3 bar aufpumpen, Montagekennlinie nahe dem Felgenhorn beachten
8. Bei schlechtem Sitz Luft ablassen und Vorgang wiederholen
9. Luftdruck auf Normalwert einstellen

● Reifenpflege

Der wichtigste Punkt einer Reifenpflege ist die regelmäßige Kontrolle des Reifenluftdruckes und die Anpassung des Luftdruckes an Fahrbahn und Reifenbelastung. Auch nach einer Wasserfüllung der Reifen ist der vorgeschriebene Luftdruck einzuhalten. Vor allem vermindert ein zu niedriger Reifendruck die Reifenlebensdauer drastisch. Bei Straßenfahrt kommt es dann besonders bei Diagonalreifen zum Walken der Reifenflanken und damit in kurzer Zeit zum Karkassenbruch. Oft äußert sich dieser Schaden vorerst an einem defekten Schlauch, weil dieser von gebrochenen Karkassenfäden durchgescheuert wurde. Von Zeit zur Zeit sollen Reifen auf Fremdkörper untersucht werden. Obwohl heute Reifen nur mehr zum Teil aus ölempfindlichem Naturgummi bestehen, ist der Schutz vor Öl und Treibstoff eine wichtige Maßnahme. Auch zu intensive Sonnenbestrahlung schädigt einen Reifen. In der Landwirtschaft müssen nicht wenige Reifen wegen Beschädigung der Seitenwand repariert oder erneuert werden. Eine übermäßige Abnutzung von Vorderradreifen hat meist ihre Ursache in einer falsch eingestellten Vorspur. Es kann aber auch eine lange Straßenfahrt bei eingeschaltetem Allradantrieb zum gleichen Effekt führen.

❑ Anhänge- und Anbauvorrichtungen

Das übliche Anhängerzugmaul von Traktoren muss einen, gegen Herausfallen gesicherten Bolzen besitzen. Arbeitsmaschinen werden meist nicht am Zugmaul angehängt, sondern an der gelochten Ackerschiene. Diese ist heute nicht mehr fest montiert, sondern Bestandteil des Dreipunktgestänges.

● Dreipunktanbau

Der genormte Dreipunktanbau bringt gegenüber dem Anhängen Vorteile. Einerseits lässt sich in Verbindung mit dem Hubwerk ein angebautes Gerät anheben. Außerdem wird damit je nach Einstellung eine unterschiedliche Belastung von Vorder- und Hinterachse des Traktors erreicht.

Wesentliche Elemente des Dreipunktanbaus bilden die beiden, gelenkig mit der Hinterachse verbundenen Unterlenker und ein längenverstellbarer Oberlenker. Mittels Spannvorrichtungen oder Stützstreben kann der seitliche Pendelweg der Unterlenker eingeschränkt werden.

Die von einem angebauten Gerät auf die drei Lenker übertragenen Kräfte lassen sich am Schnittpunkt der ver-

	Do	Du	S
DIN-Größe 1	19	22	683
DIN-Größe 2	25	28	825
DIN-Größe 3	32	37	965
alte Steyr-Norm	25	25	720
Steyr-Einheitsgestänge	25	28	683

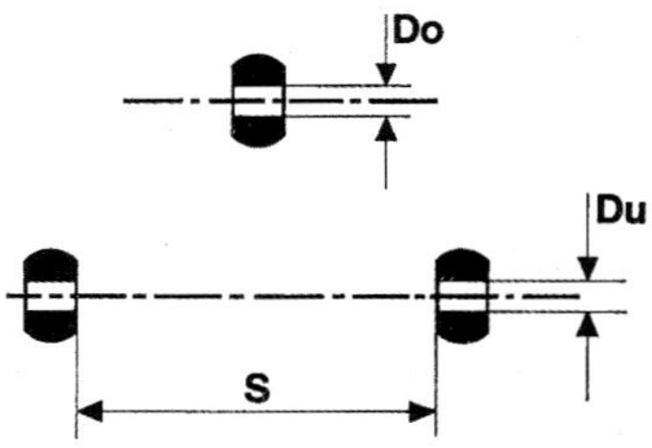

Normmaße für den Dreipunktanbau (Steyr-Daimler-Puch AG)

längerten Ober- und Unterlenker zu einer resultierenden Kraft zusammensetzen. Könnte man an dieser Stelle das Anbaugerät anhängen, so ergäbe sich dieselbe Wirkung wie bei Dreipunktanbau. Man bezeichnet diesen Punkt daher als ideellen Zugpunkt. Bei Bodenbearbeitungsgeräten wirkt der Zugwiderstand schräg nach hinten. Man kann sich diesen Zugwiderstand auch in eine waagrechte und in eine kleinere vertikale Komponente (= Einzugskraft) aufgelöst vorstellen. Beide Kräfte wirken am ideellen Zugpunkt auf den Traktor ein. Je näher der ideelle Zugpunkt an der Hinterachse liegt, umso mehr wird diese

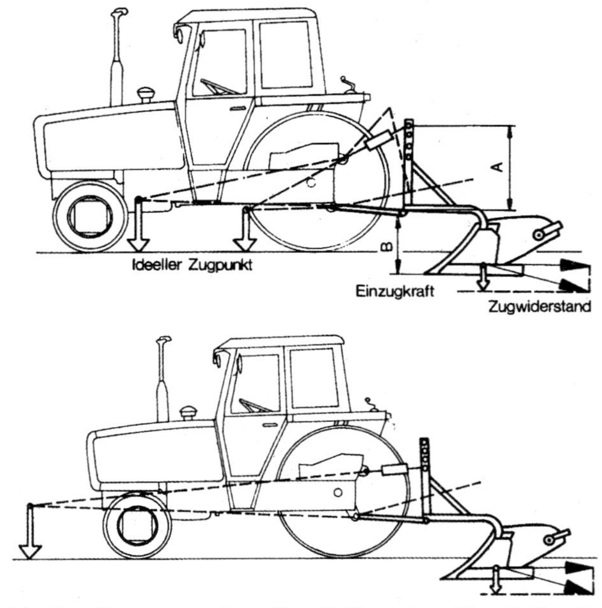

Ideeller Zugpunkt; A = Kopplhöhe, B = Standhöhe des Pfluges (Steyr-Daimler-Puch AG)

von der Einzugskraft belastet. Durch Verstellen der Anbauhöhe des Oberlenkers am Gerät lässt sich auf diese Weise die Achsbelastung regulieren. Der ideelle Zugpunkt ist allerdings nur bei frei schwenkbaren Unter- und Oberlenkern wirksam.

Steil stehende Oberlenker wirken günstig auf die Belastung der Hinterräder aus. Die Pflugführung ist auch im tiefen Bereich einwandfrei. Flache Oberlenker vermindern die Hinterachsbelastung.

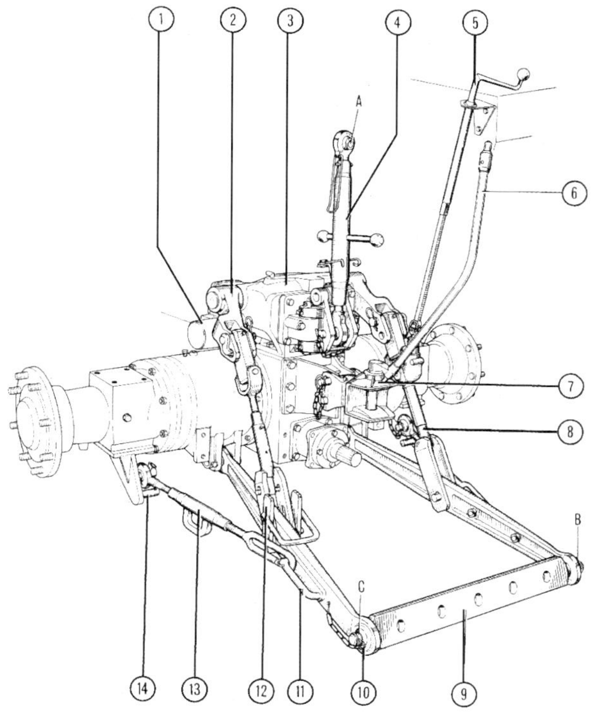

Dreipunkt-Anbaugestänge
1 Ölfilter
2 Hubarme
3 Hubwerk
4 Oberlenker
5 Kurbel zur Verstellung der rechten Hubstange
6 Hebel für Anhängerkupplung
7 Anhängevorrichtung
8 Hubstange
9 Ackerschiene
10 Vorstecker
11 Gleitbügel
12 Kupplungshilfe für Unterlenker
13 Stützstrebe
14 unterer Bolzen für Stützstrebe
(Steyr-Daimler-Puch AG)

● Schnellkuppler

Um das Ankuppeln vor Geräten am Dreipunktgestänge zu erleichtern, wurden Kupplungshilfen oder Schnellkuppler entwickelt. Bei einfachen Kupplungshilfen wird zum leichteren Anstecken der Gerätebolzen einer der Unterlenker entriegelt, sodass er sich etwas vertikal bewegen lässt. Schnellkuppler erlauben sogar das Ankuppeln ohne Absteigen des Fahrers.

Zweiteilige Geräteschnellkupplungen bestehen aus einem traktorseitigen, an den drei Lenkern befestigten Profilrahmen mit Verriegelung. Am Gerät wird ein ähnlich gebauter Fangrahmen montiert. Durch Heranfahren und nachfolgendes Anheben des traktorseitigen Teils kann das Gerät in einem Zug erfasst und angehoben werden. Man spricht deshalb von Einphasenkupplern.

Einteilige Geräteschnellkupplungen besitzen (mit Ausnahme eventueller kleiner Fangbuchsen an den Geräteanschlussbolzen) keinen geräteseitigen Teil. Die Unter- und Oberlenker sind jedoch mit Fangtaschen ausgerüstet, die vom Traktorsitz aus ver- und entriegelt werden. Der Kupplungsvorgang beginnt mit einem Fangen der Gerätebolzen mit den beiden Unterlenkern. Erst nachdem diese leicht angehoben wurden, wird der mit einer Schnell-Längenverstellung ausgestattete Oberlenker in den dritten Gerätebolzen eingeklinkt.

Zweiteilige Geräteschnellkupplung (Weiste)

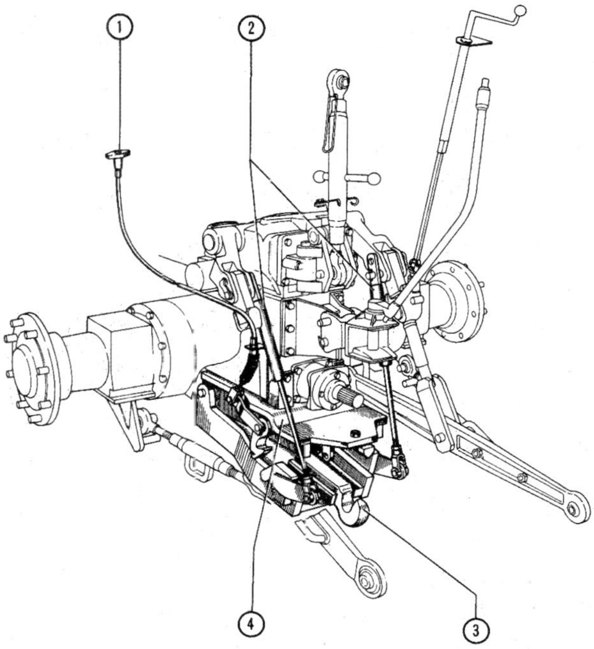

Hitch-Anhängerkupplung
1 Verriegelungshebel
2 Teleskophubstangen
3 Zughaken
4 Grundplatte
(Steyr-Daimler-Puch AG)

Anhängerselbstkupplungen (Hitch) erleichtern das Ankuppeln von Einachsanhängern. Die Deichselöse wird in diesem Fall durch einen Fanghaken erfasst. Durch

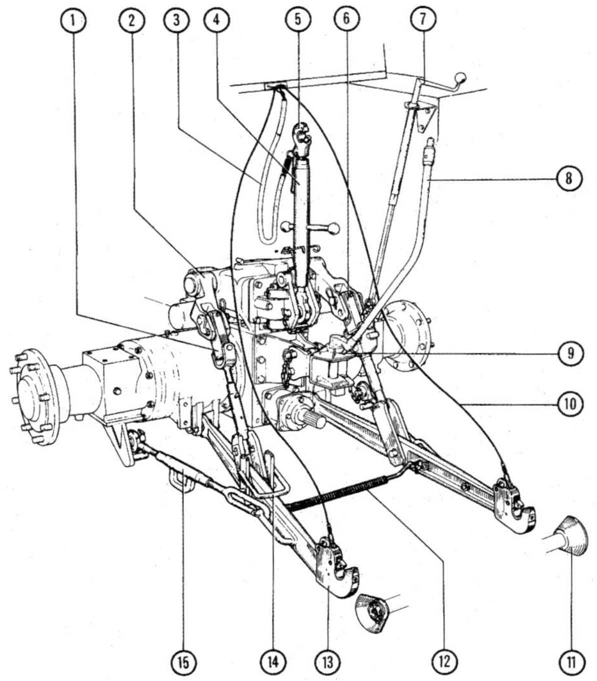

Einteilige Geräteschnellkupplung
1 Gelenk zur Hubstange
2 Hubarm
3 Oberlenker-Fernbedienung
4 Oberlenker
5 Oberlenker-Fanghaken
6 Gelenk
7 Längenverstellung der Hubstange
8 Hebel für Zugmaul
9 Zugmaul
10 Unterlenker-Fernbedienung
11 Fangbuchse
12 Distanzhalter
13 Fanghaken
14 Kupplungshilfe
15 Stützstrebe
(Steyr-Daimler-Puch AG)

Anheben des Dreipunktgestänges wird der Haken geschlossen. An der Deichsel wird ein Gleitschuh montiert.

❑ Hubwerk

Zum Heben und Senken von Anbaugeräten, aber auch zum Antrieb von Fremdaggregaten besitzen Traktoren durchwegs eine Hydraulikanlage: Eine Pumpe fördert Hydrauliköl über ein Steuerventil zu Hubzylindern oder Ölmotoren.
Hydraulische Traktorhubwerke arbeiten in der Regel mit einfach wirkenden Hubzylindern. Seltener werden Hubwerke mit Hub- und Druckhydraulik angeboten, mit denen sich ein Traktor z.B. selbst zum Radwechsel anheben kann. Bei Bodenbearbeitungsgeräten führt die Verwendung der Druckhydraulik jedoch durch die Radentlastung zu unerwünschtem Schlupf der Triebräder.
Traktoren niedrigerer und mittlerer Leistungsklassen benutzen zum Betrieb des hydraulischen Hubwerks meist ein spezielles, dünnflüssiges Hydrauliköl. Einige Hersteller erlauben die Verwendung von Rapsöl. Typische Füllmengen sind 12 bis 25 Liter. Es ist aber auch ein gemeinsamer Ölhaushalt mit dem Schaltgetriebe möglich. Werden Traktoren mit unterschiedlichem Hydrauliköl z.B. beim überbetrieblichen Maschineneinsatz mit gleichen Fremdgeräten (z.B. Kippanhängern) verwendet, so besteht die Gefahr einer unerwünschten Ölvermischung!
Beim vorherrschenden „offenen“ Hydrauliksystem fördert die, meist direkt vom Motor getriebene, Hydaulikpumpe andauernd Öl im Kreislauf. Das „geschlossene“ Hydrauliksystem arbeitet dagegen mit einer Ölpumpe, deren Fördermenge je nach Bedarf stufenlos verstellbar ist. Die meisten Traktorhubwerke arbeiten heute mit einem maximalen Druck von etwa 175 bis 180 bar. Der Volumenstrom sollte über 30 l/min liegen.
Die Steuerung hydraulischer Hubwerke erfolgt bei modernen Traktoren auch selbsttätig (**= Regelhydraulik**). Im Falle der **Lagerregelung** wird durch eine Kurvenscheibe an der Hubwelle das Steuerventil so betätigt, dass jede Steuerhebelstellung einer bestimmten Höhe des Anbaugeräts entspricht. Bei der **Zugkraftregelung** beeinflusst dagegen die Zugkraft die Hubhöhe.

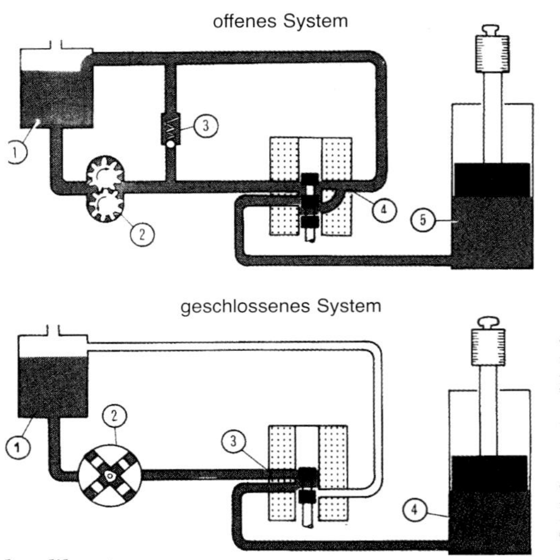

Hydrauliksysteme
1 Ölbehälter
2 Ölpumpe
3 Überdruckventil
4 Steuergerät
5 Arbeitszylinder
(Steyr-Daimler-Puch AG)

● Hubhydraulik ohne Regel- und Drosseleinrichtung

Alttraktoren sind vereinzelt noch mit dieser einfachsten Hubhydraulik ausgerüstet. Typisch dafür sind drei mögliche Stellungen des Steuerhebels (heben, senken, neutral). In der abgesenkten Stellung ist das Hydraulikgestänge frei schwenkbar („Freiganghydraulik“). Ein angebauter Pflug muss deshalb zur Tiefenführung mit einem Stützrad ausgerüstet sein.

● Hubhydraulik mit Raddruckverstärkung

Bei der Hubhydraulik mit Raddruckverstärkung ist in der Rücklaufleitung des Hydraulikölkreislaufs ein

Heckhydraulik
1 Unterlenker/Oberlenker mit Schnellkuppler (Kategorie II/III)
2 Automatische Mittenzentrierung
3 Anhängekupplung mit Einhand-Schnellhöhenverstellung – Automatische Anhängekupplung
4 Kabinenlagerung über Federbeine
5 Zwei doppelt wirkende Hubzylinder
6 Heckbetätigung für das Hubwerk
7 Max. 9 Ölsteckdosen am Heck (max. 4 doppelt wirkende Zusatzsteuer-Ventile und 1 Rücklauf)
(AGRO-GmbH., Fendt)

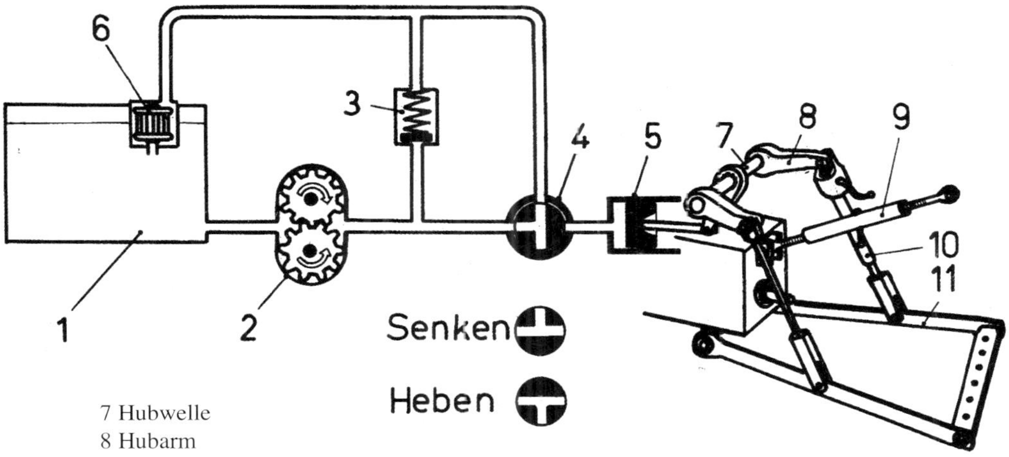

Hubhydraulik ohne Regeleinrichtungen
1 Behälter
2 Zahnrad-Ölpumpe
3 Überdruckventil
4 Steuerventil
5 Hubzylinder
6 Rücklauffilter
7 Hubwelle
8 Hubarm
9 Oberlenker
10 rechte Hubstange
11 Unterlenker

HUBWERKSBAUARTEN

- Hubhydraulik ohne Regel- und Drosseleinrichtungen
- Hubhydraulik mit Raddruckvorverstärker
- Regelhydraulik
  - Lage-regelung
  - Zugkraft-regelung
    - Oberlenker-regelung
    - Unterlenker-regelung
    - Drehmoment-regelung
  - Misch-regelung
  - Tast-regelung

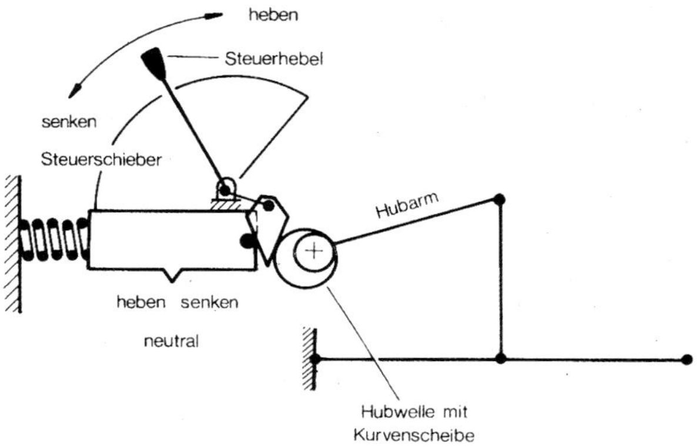

Lagerregelung (Steyr-Daimler-Puch AG)

Drosselventil eingeschaltet, das von Hand aus betätigt werden muss. Dieses Drosselventil verengt den Rücklaufquerschnitt und erzeugt damit am Hubkolben einen geringen Druck. Ein angebauter Pflug wird damit leicht angehoben, die Traktorhinterachse dementsprechend verstärkt belastet. Wegen der Ölerwärmung sollte das Drosselventil nur vorübergehend eingeschaltet bleiben.

● Regelhydrauliksysteme

Neuere Traktoren sind stets mit einer Lageregelung ausgestattet. Jeder Stellung des Steuerhebels entspricht dabei eine bestimmte Stellung des Dreipunktgestänges an der Hubwelle. Dies wird durch eine, an der Hubwelle befestigte Kurvenscheibe erreicht. Diese betätigt den Steuerschieber. Die Lageregelung ist besonders bei Anbietern mit fixer Gerätestellung zum Traktor sinnvoll (Hackgeräte, Pflanzenschutzgeräte).

Bei der **Zugkraftregelung** nützt man die mit steigendem Zugwiderstand zunehmende Druckkraft im Oberlenker, oder die entsprechenden Zugkräfte in einem Unterlenker zur Steuerung aus. Bei der bekannteren Oberlenkerregelung lässt man die Druckkraft über eine starke Messfeder auf das Steuerventil einwirken. Bei übermäßig großem Zugwiderstand hebt damit die Hydraulik leicht an. Dadurch sinkt der Zugwiderstand, gleichzeitig wird die Hinterachse verstärkt belastet. Stark wechselnde Bodenverhältnisse bewirken allerdings eine ungleiche Arbeitstiefe. Bei schweren Traktoren und Pflügen ist wegen oft wechselnder Zug- und Druckkräfte im Oberlenker eher die Unterlenkerregelung zu empfehlen. Bei der **Drehmomentregelung** beeinflusst ein Messwertgeber im Differenzialantrieb auf ähnliche Weise das Steuerventil.

Weitere Regelsysteme arbeiten mit einer Tastregelung durch ein federndes Stützrad oder nach dem Prinzip einer **Radschlupfregelung** mittels Radar-Geschwindigkeitsmessung. Ein häufig verwendeter Kompromiss wird durch die Kombination einer Lageregelung mit einer Zugkraftregelung erreicht (**= Mischregelung**). Beim Pflügen bleibt dabei sowohl Arbeitstiefe als auch die Zugkraft nahezu gleich.

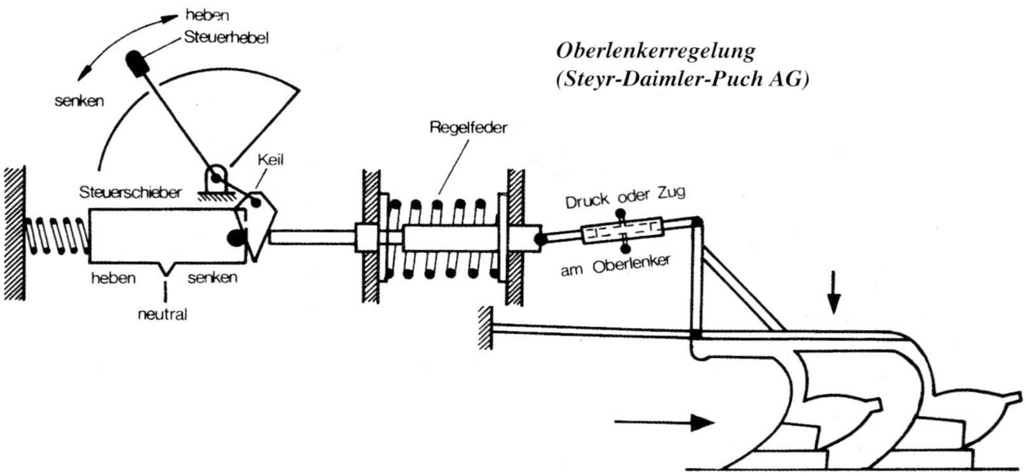

Oberlenkerregelung (Steyr-Daimler-Puch AG)

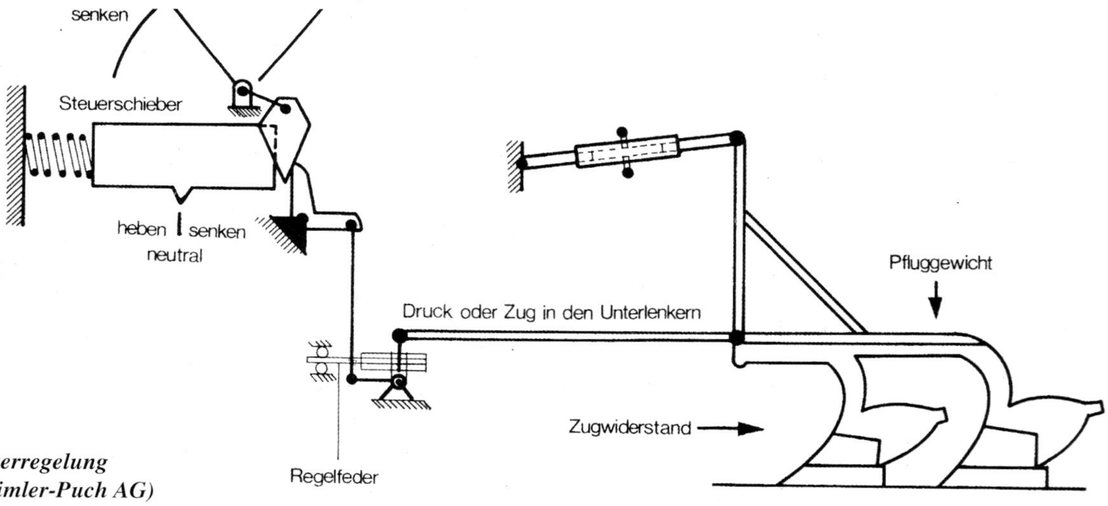

Unterlenkerregelung (Steyr-Daimler-Puch AG)

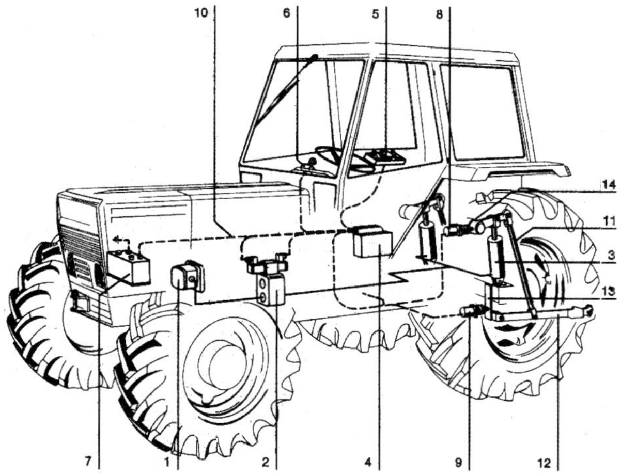

Elektronisch gesteuertes Hydrauliksystem

1 Pumpe
2 Regelventil
3 Hubzylinder
4 Elektronikbox
5 Bedienungsplatte
6 Starterschalter
7 Batterie
8 Messwertgeber für Lageregelung
9 Messwertgeber für Zugkraftregelung
10 Kabelbaum
11 Hubstange
12 Unterlenker
13 Messfeder
14 Hubwelle mit Kurvenscheibe
(Robert Bosch GmbH)

Elektronische Hubwerksregelungen erweisen sich besonders bei schweren Traktoren als vorteilhaft. Meist arbeiten solche Systeme mit Unterlenker-Zugkraftregelung sowie mit Lageregelung. Dabei wird je ein Sensor in Form einer Tauchspule an der Kurvenscheibe der Hubwelle und an einem Unterlenker montiert. Beim Verschieben eines Eisenkerns in die Tauchspulenwicklung (z.B. durch die Kurvenscheibe) ändert sich deren Wechselstromwiderstand. Dieser beeinflusst über einen Mikroprozessor und ein Magnetventil das Hydraulik-Steuergerät. Elektronische Hubwerksregelungen ersparen damit mechanische Verbindungsgestänge zum Steuergerät. Besonders leicht lässt sich auf diese Weise auch eine Mischregelung erreichen.

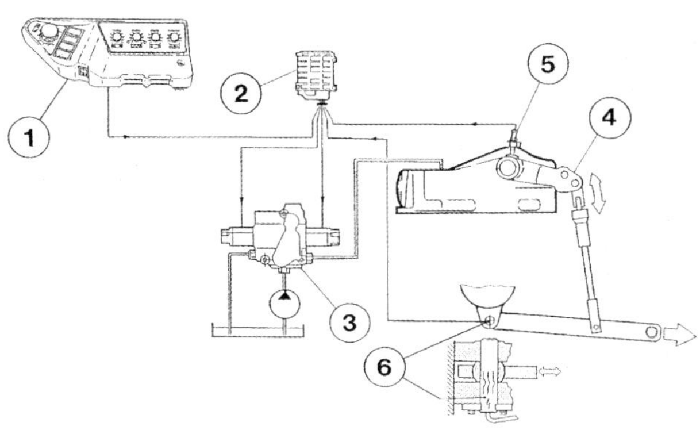

Elemente eines elektronisch geregelten Hubwerks (Steyr)

1 Steuerpult
2 Elektronikbox
3 Magnetventil
4 Hubarm
5 Sensor an Hubwelle
6 Kraftmessbolzen

Wichtig ist bei allen Regelhydrauliksystemen eine Anpassung an den Pflug. Ober- und Unterlenker sollen zueinander fast parallel stehen. Eine Senkdrossel des Steuerventils darf nicht geschlossen sein. Dies könnte bei Zugkraftregelung dazu führen, dass durch Hebeimpulse der Pflug aus dem Boden steigt. Pflüge mit starkem Untergriff und fehlender oder gefederter Schleifsohle sind gut für Regelhydraulik geeignet. Außer bei Bodenbearbeitungsgeräten gibt es aber kaum Anwendungen für die Regelhydraulik.

Fehler bei Hubwerken

- Kreischendes Geräusch: Ölstand zu niedrig oder Überdruckventil spricht (z.B. durch extreme Steuerhebelstellung) an, eventuell auch Pumpenschaden
- Hubwerk hebt unbelastet leicht an, sinkt aber unter Last wieder ab: Rücklauffilter verschmutzt
- Hubwerk hebt und senkt ständig: Fehlendes Spiel am Senkventil des Steuergeräts
- Pflug steigt während der Arbeit aus dem Boden: Senkdrossel geschlossen.

2.3 Elektrische Ausrüstung

Bei Kraftfahrzeugen versorgt eine vom Motor angetriebene Lichtmaschine die elektrischen Einrichtungen. Weil auch beim Stillstand des Motors Verbraucher (z.B. der Starter) zu speisen sind, ist zur Speicherung elektrischer Energie ein Akkumulator nötig.
Akkumulatoren können aber nur mit Gleichspannung betrieben werden. Deshalb verwendet man in der Kraftfahrzeugelektrik grundsätzlich **Gleichspannung** von meist 12 Volt. Wegen dieser niedrigen Spannung besteht (mit Ausnahme von Halbleiterzündungen) keine direkte Unfallgefahr, wohl aber eine Brandgefahr.
Speziell in der Startanlage fließen wegen der geringen Spannung hohe elektrische Stromstärken von einigen hundert Ampere. Im Gegensatz zur Beleuchtungsanlage wird deshalb die Start- und Vorglühanlage nicht durch Sicherungen geschützt!
In der Kraftfahrzeugelektrik ist es üblich, den Minuspol von Akkumulator, Lichtmaschine und aller Stromverbraucher mit den leitenden Fahrzeugteilen (**Masse**) zu verbinden. Man spart damit eine Versorgungsleitung ein. Beim Kontakt von spannungsführenden Leitungen kann es dadurch aber leicht zu einem Kurzschluss kommen! Zum Anklemmen des Akkumulators ist daher stets zuerst die Plusklemme anzulegen, dann erst die Minusklemme. So kann ein Werkzeug beim Festziehen der Klemmen nie einen Kurzschluss verursachen. Beim Abklemmen ist umgekehrt zu verfahren.
Wichtige Anschlüsse werden in der Fahrzeugelektrik mit genormten **Klemmenbezeichnungen** ver-

sehen. Dies erleichtert die Fehlersuche. Meist genügt dazu eine einfache Prüflampe. Zeigt diese keine Versorgungsspannung am defekten Bauteil gegen Masse an, so verfolgt man den „Strompfad“ vom Pluspol des Akkus oder der Klemme 30 (bzw. 15) bis zum nicht funkionierenden Bauteil. Anhängerleuchten überprüft man von der Anhängersteckdose aus. Bei Leuchten ist oft die Masseverbindung schlecht!

Häufige Fehlerursachen:

- schlechter Massekontakt (31)
- Sicherung durchgebrannt oder korridiert
- Strompfad zum Verbraucher unterbrochen
- Bauteil (z.B. Lampe) defekt

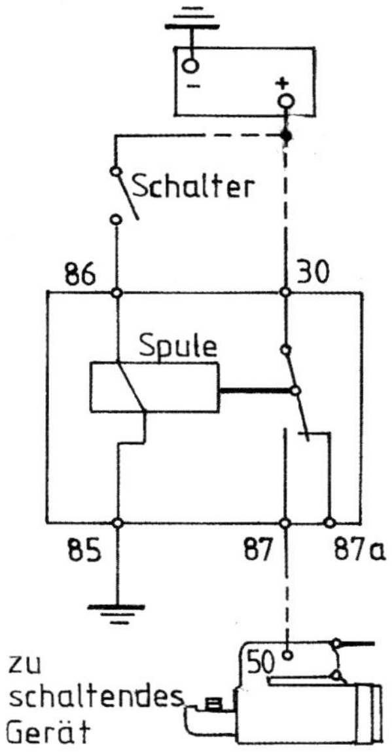

Größere Verbraucher werden heute über Relais geschaltet

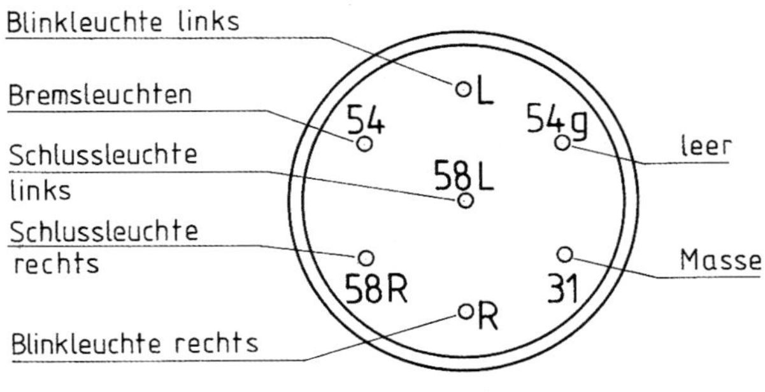

Die Anschlüsse einer Anhängersteckdose

❑ Lichtmaschine

Bei älteren Traktoren ist die Lichtmaschine ein **Gleichstromgenerator.** Bei dieser Bauart dreht sich im fest stehenden Ständer samt Feldwicklung ein Rotor. Dessen Wicklung schneidet dabei die Feldlinien des Restmagnetfelds im Ständer. Dadurch entsteht ein Induktionsstrom, der von einem Lamellenkollektor mit Kohlebürsten abgenommen und dabei gleichgerichtet wird. Ein Teil des erzeugten Stromes speist die dem Rotor parallel geschaltete Ständerwicklung. Um die erzeugte Spannung auch bei wechselnder Motordrehzahl einigermaßen auszugleichen, wird im Stromkreis der Ständerwicklung (Feldwicklung) ein **Spannungsregler** eingeschaltet. Bei hoher Motordrehzahl schwächt dieser Regler den Strom durch die Feldwicklung durch Einschalten eines Widerstandes oder völliges Kurzschließen ab. Der ebenfalls im Reglergehäuse eingebaute **Rückstromschalter** sorgt beim Stillstand der Lichtmaschine dafür, dass diese nicht mit Hilfe des Akkumulatorstroms als Motor laufen kann. Neue Gleichstromlichtmaschinen müssen durch Anlegen einer Gleichspannung erstmalig „polarisiert“ werden. Sonst kann keine Spannung erzeugt werden.

Vereinfachter Schaltplan eines Traktors (LK = Ladekontrolle, FK = Fernlichtkontrolle, GK = Glühkontrolle, BK = Blinkkontrolle)

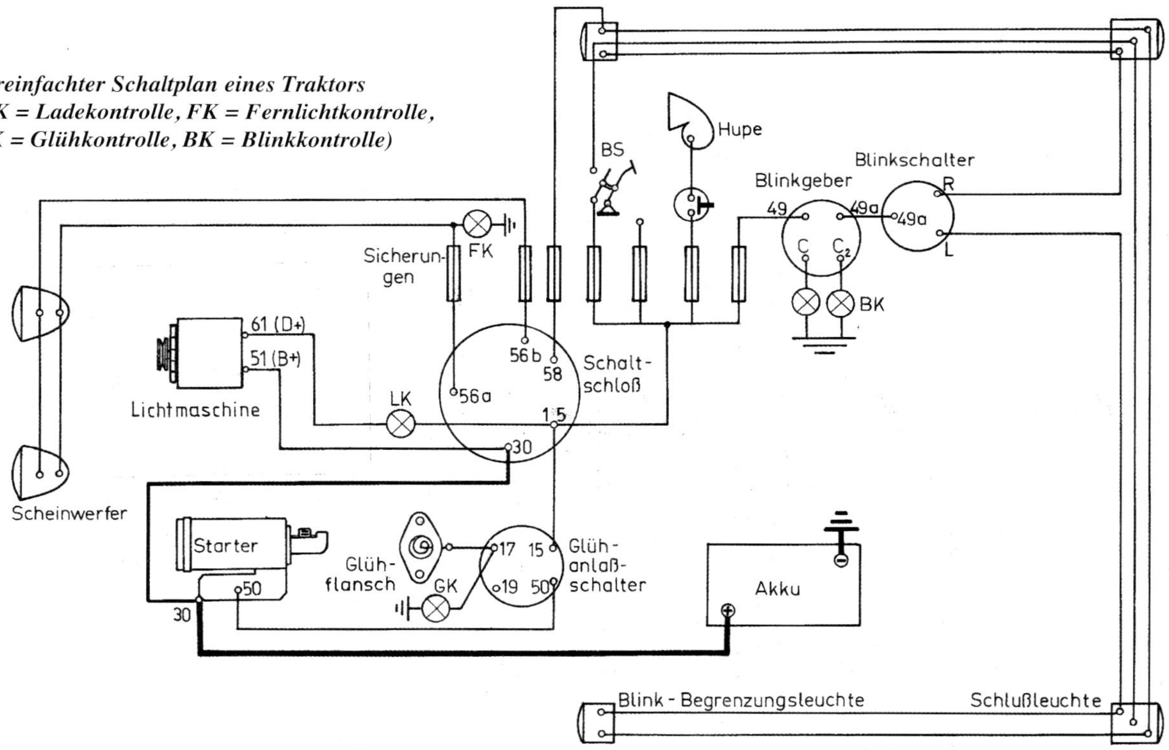

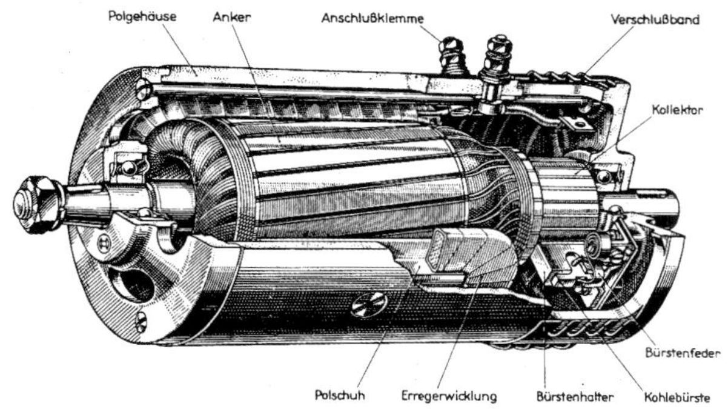

Gleichstromlichtmaschine (Bosch)

Drehstromlichtmaschinen sind durch eine kurze Baulänge bei großem Durchmesser erkennbar. Sie liefern bereits bei niedriger Motordrehzahl genügend Spannung zum Aufladen des Akkumulators. Der Rotor trägt in diesem Fall eine Erregerwicklung zum Aufbau eines Magnetfeldes. Die Erregerwicklung wird über Schleifringe gespeist. Dagegen kann an den drei Ständerwicklungen direkt ein Drehstrom abgenommen werden. Dieser wird sofort über eingebaute Dioden gleichgerichtet. Die Dioden übernehmen auch die Funktion eines Rückstromschalters, weil sie nur in einer Richtung leitfähig sind. Die Spannungsregelung wird durch einen Regler im Erregerstromkreis erreicht.

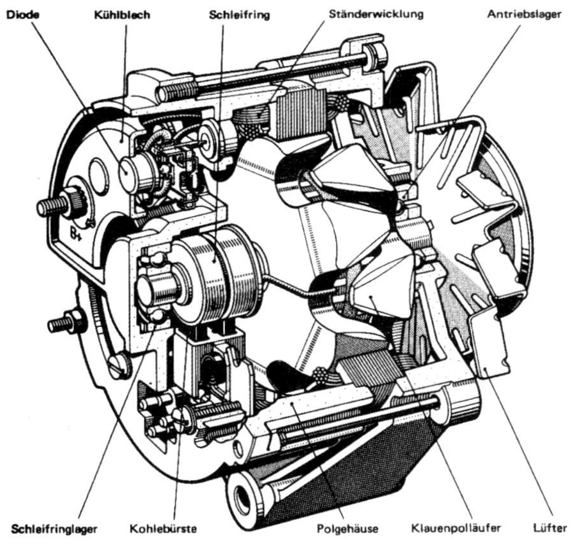

Drehstromlichtmaschine (Bosch)

Beim Betrieb von Drehstromlichtmaschinen sind einige Besonderheiten zu beachten: Wegen der Empfindlichkeit der eingebauten Dioden gegenüber Fremdspannung sollte bei Elektroschweißarbeiten am Fahrzeug stets der Steckanschluss der Lichtmaschine abgezogen werden. Aus demselben Grund soll der Akku nicht im angeklemmten Zustand geladen werden. Der Akku muss bei laufendem Motor stets angeschlossen bleiben. Eine defekte Ladekontrolllampe kann die Funktion einer Drehstromlichtmaschine unterbinden, weil der Erregerstrom beim Starten des Motors über die Ladekontrolle aus dem Akku entnommen wird. Die eingebauten Erregerdioden werden nämlich erst bei 0,6 V leitend. Das Restmagnetfeld im Rotor reicht zur Erzeugung dieser Spannung nicht aus.

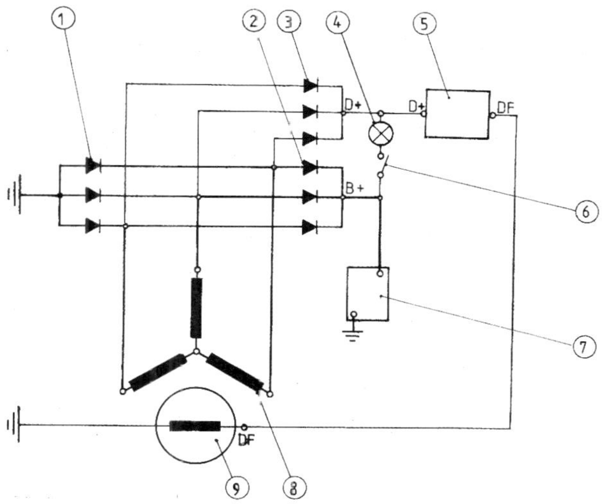

Schaltschema einer Drehstromlichtmaschine

1 Minusdiode
2 Plusdiode
3 Erregerdiode
4 Ladekontrolle
5 Regler
6 Schaltschloss
7 Batterie
8 Drehstromwicklung
9 Läuferwicklung

❑ Akkumulator

Der Akkumulator speichert die von der Lichtmaschine erzeugte elektrische Energie in chemischer Form. Beim Anlegen einer Gleichspannung werden die positiv gepolten Platten des Akkus in braunes Bleioxid, die negativen in metallisches Blei verwandelt. Dabei wird gleichzeitig Wasser verbraucht. Schließt man dagegen an einem auf diese Weise aufgeladenen Akku Stromverbraucher an, so fließt ein Entladestrom. Dabei verwandeln sich die Platten in Bleisulfat, gleichzeitig wird Wasser frei. Die Bildung von Bleisulfat ist durch die in den Zellen enthaltene Schwefelsäure möglich. Pro Zelle liefert ein Bleiakku etwa eine Spannung von 2 Volt. Durch Hintereinanderschaltung mehrerer Zellen wird die übliche Akkuspannung von 12 V erzielt.
Die Speicherfähigkeit (Kapazität) eines Akkus hängt von Größe und Anzahl der Elektrodenplatten ab. Man misst diese Kapazität in Amperestunden (Ah). Ein Akku mit 100 Ah könnte theoretisch 50 Stunden lang 2 A liefern, ebenso 25 Stunden lang 4 A. Genau stimmt das Produkt von Entladezeit mal Entladestrom nur bei Nennbedingungen mit der Kapazität überein (27 °C, Entladezeit 20 h). Bei Kälte nimmt die Speicherfähigkeit eines Akkus rasch ab.

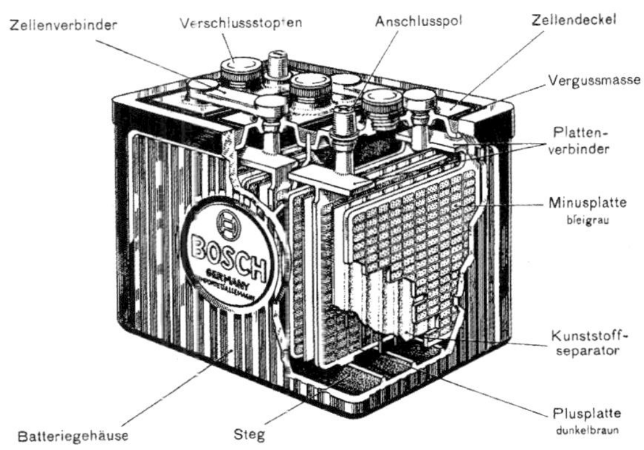

Blei-Akkumulator (Bosch)

Zum Aufladen eines Bleiakkus ist eine Stromstärke zu wählen, die zahlenmäßig höchstens 1/10 der Kapazität entspricht. Ein 100 Ah-Akku darf also z.B. nur mit maximal 10 A geladen werden. Das Ende des Ladevorgangs erkennt man auch ohne Messgerät an der starken Gasblasenbildung. Das sich dabei bildende Knallgas kann durch Funkenzündung zu einer Explosion führen! Deshalb ist beim Abklemmen des Akkus vom Ladegerät zuerst der Strom abzuschalten. Während des Ladevorgangs werden abschraubbare Zellendeckel lose auf die Füllöffnungen gelegt. Beim Laden wird Wasser verbraucht. Deshalb lässt sich mit einer Senkwaage („Säurewaage") oder einem Refraktometer der Ladezustand prüfen. Wichtig ist eine Überprüfung des Säurestandes der Zellen. Der Säurespiegel soll rund 1 cm über die Platten reichen. Nachzufüllen ist mit destilliertem Wasser. Bei „wartungsfreien Akkus nach DIN" ist der Wasserverbrauch stark reduziert. Für kleinere Kapazitäten sind auch bereits absolut wartungsfreie Akkus ohne Nachfüllöffnungen im Handel.
Auch bei Nichtgebrauch entlädt sich ein Akku! Man sollte daher ausgebaute Akkus alle 6 Wochen nachladen. Voll entladene Akkus werden in kurzer Zeit defekt. Die Korrosion der Bleipole lässt sich durch Bestreichen mit säurefreiem Polfett in Grenzen halten. Auch bei sorgfältiger Pflege haben Bleiakkus nur eine begrenzte Lebensdauer von etwa 4 bis 8 Jahren. Der Fachmann kann mit einem Zellenprüfer den Zustand objektiv beurteilen.

❑ Starter

Der Starter ist durchwegs ein Gleichstrommotor. Der Aufbau gleicht dem einer Gleichstromlichtmaschine. Allerdings sind Rotor- und Ständerwicklung hintereinander geschaltet. Wegen der hohen Starterstromstärken ist ein Einschalten des Starters nicht direkt vom Armaturenbrett aus möglich. Beim Betätigen des Startschalters wird vorerst Spannung an eine, am Startermotor montierte Hubmagnetwicklung angelegt. Dadurch wird ein Eisenkern in die Wicklung gezogen, gleichzeitig aber auch das Starterritzel in den Zahnkranz der Motorschwungmasse geschoben und der Startermotor durch Schließen eines massiven Kontaktpaares am Eisenkern eingeschaltet. Ein Steilgewinde an der Starterwelle schraubt das Ritzel voll in den Zahnkranz ein. Bei bereits laufendem Motor verhindert ein Rollenfreilauf Überdrehzahlen am Rotor.

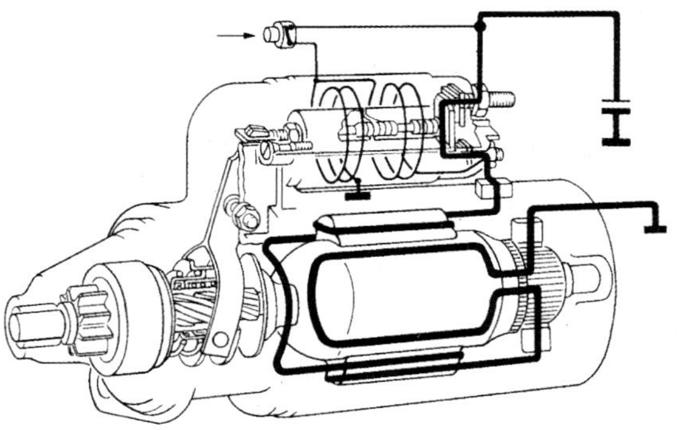

Schub-Schraubtriebanlasser (Bosch)

Starterschäden liegen häufig an schlechten Batterieanschlüssen, teilweise aber auch an abgenutzten Kohlebürsten oder Schäden am Hubmagnet.

Funktioniert der Starter nicht, so lässt sich durch Überbrücken der Klemme 30 mit dem darunter liegenden Startereingang überprüfen, ob der Hubmagnet die Ursache ist.

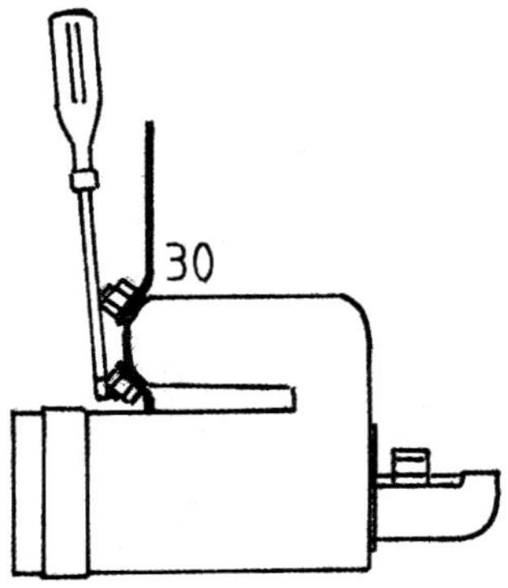

❑ Vorglühanlage

Zur Starterleichterung werden Dieselmotoren meist mit einer Vorglühanlage ausgerüstet. Bei Vor- und Wirbelkammermotoren benutzt man dazu Glühkerzen zur Erwärmung dieser Hilfsbrennräume. Bei Direkteinspritzung wird dagegen oft ein Heizflansch im Ansaugkanal montiert. Glühkerzen werden in den Zylinderkopf eingeschraubt. An einer Glühkontrollleuchte oder einer Kontrollspirale kann deren Funktionstüchtigkeit überwacht werden. Alte zweipolige Glühkerzen wurden hintereinander geschaltet. Sie verbrauchen nur eine Spannung von 1,7 V. Neuere einpolige Kerzen werden dagegen an die volle Akkuspannung gelegt. Bei leistungsstarken Motoren werden auch Flammglühkerzen im Saugrohr verwendet. Dabei wird die Wärmeentwicklung durch Entzündung einer geringen, durch ein Magnetventil eingespeisten Treibstoffmenge gesteigert.

❑ Beleuchtungseinrichtung

Traktoren sind nach den Vorschriften des Kraftfahrgesetzes mit 2 Scheinwerfern, 2 Standleuchten (+ ev. 2 Begrenzungsleuchten), 2 Rückleuchten, einer Kennzeichenbeleuchtung, 2 Bremsleuchten (bei Bauartgeschwindigkeit über 25 km/h), einer Blinkanlage und Lichthupe (ab Zulassung nach dem 1. 1. 1968) auszurüsten.

3. Wartung von Traktoren

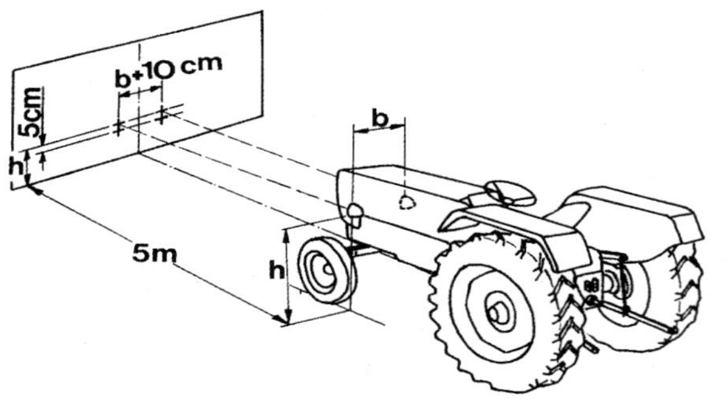

Die Einstellung der Scheinwerfer überprüft man an einer senkrechten Wand. Bei Fernlicht sollten die Leuchtkegelmitten mit den oberen Maßkreuzen übereinstimmen. Bei Abblendlicht soll die Hell-Dunkel-Grenze 5 cm darunter liegen.

Die Betriebsanleitung gibt Auskunft über die vorgeschriebenen Wartungsarbeiten. Im Allgemeinen handelt es sich jedoch um folgende typische Maßnahmen:

- **Täglich**
  Motorölstand und Kühlwasserstand prüfen und gegebenenfalls ergänzen. Beim Tanken Wasser am Treibstoffvorfilter (bei Motoren mit Verteilereinsspritzpumpe) ablassen
- **Wöchentlich**
  Reifenluftdruck überprüfen; Nippelschmierstellen an Vorderachse, Lenkung, Hubgestänge, Bremspedal, Kupplungspedal abschmieren; Ölstand im Ölbadluftfilter kontrollieren, Füllung spätestens bei 1 cm Schlammschicht wechseln.
- **Alle 50 Betriebsstunden, spätestens aber monatlich**
  Ölstand bei Drehkolbeneinspritzpumpen kontrollieren; Spannung des Ventilatorkeilriemens prüfen und gegebenenfalls nachspannen (Riemen soll sich etwa 1 cm durchdrücken lassen); Säurestand im Akku prüfen, eventuell destilliertes Wasser nachfüllen.
- **Alle 200 bis 400 Betriebsstunden**
  Motoröl (und gegebenenfalls Öl im Einspritzpumpengehäuse) wechseln; Ölstand in Ölbadgetrieben (Schaltgetriebe, Reduziergetriebe, Vorderradantrieb) prüfen und ergänzen; Entlüftungsschrauben an Ölbadgetrieben reinigen; Treibstoffvorabscheider säubern; Ölstand von Servolenkungen prüfen.
- **Alle 400 bis 500 Betriebsstunden**
  Motorölfilter wechseln; Hydraulikrücklauffilter reinigen; Treibstoff-Vorfilter wechseln (Zweitfilter nie gleichzeitig wechseln!); Ventilspiel kontrollieren; Ölstand im Lenkgetriebe prüfen.
- **Alle 600 Betriebsstunden**
  Bei gemeinsamem Ölhaushalt in Schaltgetriebe und Hubwerk Ölwechsel durchführen; Treibstoff-Zweitfilter wechseln.
- **Alle 1.000 bis 1.200 Betriebsstunden, mindestens aber einmal in 2 Jahren**
  Öl in Schaltgetriebe, in den Reduziergetrieben und Vorderachse sowie im Hubwerk wechseln; Hydraulik-Saugfilter wechseln; Bremspedal- und Kupplungspedalspiel prüfen und gegebenenfalls nachstellen bzw. Beläge erneuern; Radnabenlager abschmieren; Lenkspiel prüfen; Polklemmen am Akku reinigen und mit Polfett konservieren; bei hydraulischen Bremsen Bremsflüssigkeit im Vorratsbehälter prüfen.

Siehe Bilder Seite 40.

Traktor-Wartung
1 Lenkgetriebe, 2 Bremshebel, 3 Vorabscheider, 4 Treibstofffilter, 5 Öleinfüllstutzen, 6 Wasserpumpe, 7 Luftfilter, 8 Kühlerkontrolle, 9 Zyklonfilter, 10 und 24 Achsschenkel, 11 und 15 Radnabe, 12 Keilriemen, 13 Vorderachslagerzapfen, 14 Getriebe- und Hinterachsentlüftung, 20 Reduziergetriebe, 21 Schaltgetriebe und Differenzial, 22 Zwischengehäuse, 23 Motorölfilter (Steyr-Daimler-Puch AG)

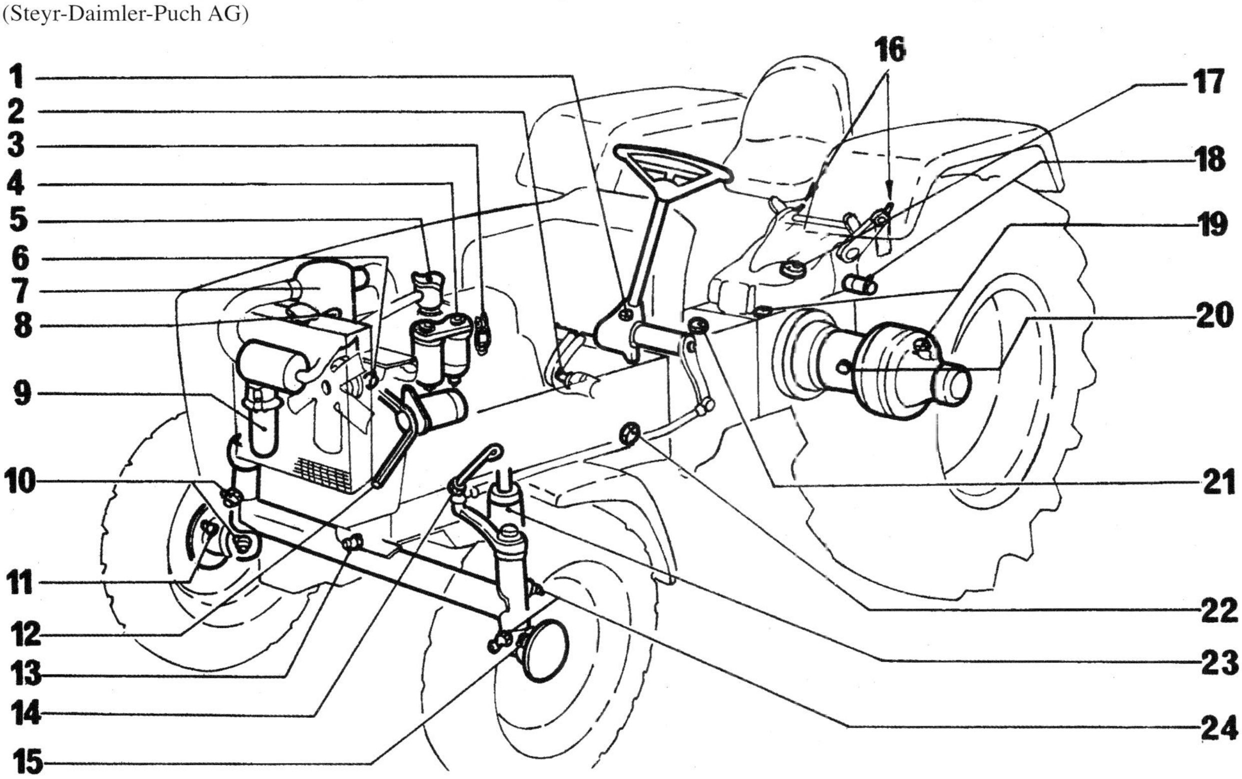

Eine hochklappbare Motorhaube erleichtert die Wartung

Luftfilter und Kühlwasserkontrolle

Einfüllöffnung und Füllstandskontrolle für Motoröl

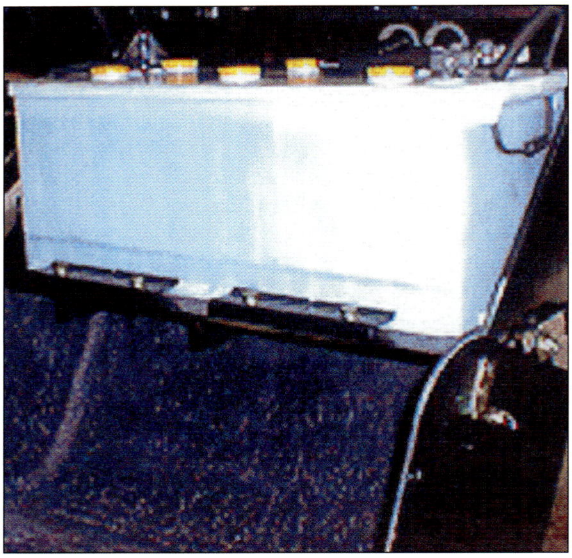

Batteriekontrolle

Wichtige Wartungsarbeiten am Traktor

(CASE-Steyr)

Gut zugängliche Wasser- und Ölkühler

4. Unfallschutz

30% aller Traktorunfälle sind auf ein Umkippen des Traktors zurückzuführen. Im Jahresdurchschnitt sterben in Österreich 1 bis 2 Traktorlenker pro Woche durch Traktorsturz! Stürze ereignen sich vor allem an ungefährlich erscheinenden Stellen, besonders Böschungen oder Kurven. Beim Befahren enger Kurven ist die Fahrgeschwindigkeit rechtzeitig zu vermindern, um das Kippen durch nachschiebende Anhänger zu vermeiden. An zweiter Stelle der Traktorunfälle stehen Stürze vom Traktor. Kinder unter 5 Jahren dürfen am Traktor nicht mitgeführt werden. Beifahrer sind oft durch Quetschstellen der Hubwerksarme gefährdet. Bei schweren Zugarbeiten ist eine Anhängehöhe zu wählen, die das Aufbäumen vermeidet (vgl. S. 30 rechts oben). Zum vorbeugenden Unfallschutz zählt auch die richtige Einstellung der Federung des Gesundheitssitzes. Seit dem 1. 10. 1973 müssen alle Traktoren bei einer Typgenehmigung geprüfte Gesundheitssitze aufweisen, bei einer Typgenehmigung nach dem 1. 10. 1974 auch ein geprüftes Sturzverdeck. Eine Nachrüstung ist nicht vorgeschrieben.

Beachte weiter

- Sichere einen abgestellten Traktor vor unbefugter Inbetriebnahme!
- Traktoren nie vom Boden aus starten!
- Nie bei eingerücktem Gang starten!
- Beim Bergabfahren rechtzeitig zurückschalten, nie ohne Gang fahren!
- Achte auf sichere und gleichmäßig wirkende Bremsen, Handbremshebel müssen verlässlich einrasten!
- Bremspedale bei Straßenfahrt stets miteinander verriegeln!
- Beim Ankuppeln von Anhängern wegen der Gefahr eines Deichselschlages möglichst mit dem Traktor an den Anhänger heranfahren!
- Traktorpflege ist eine wichtige Maßnahme zum Unfallschutz

B Technik bei der Bodenbearbeitung

Ziel der Bodenbearbeitung ist es, die Struktur des Bodens zu erhalten und zu verbessern. Mit den Geräten für die Bodenbearbeitung werden:
- Dünger und Ernterückstände eingebracht,
- Unkräuter mechanisch bekämpft und
- ideale Keimbedingungen für die Kulturpflanze hergestellt.

Es ist daher auf schonende Bearbeitung des Bodens zu achten. Durch die in unserer Ackerkultur verwendete Technik kommt es nicht selten zu schweren Bodenverdichtungen, wodurch langfristig mit schweren Schäden im Wasserhaushalt, in der Bodenstruktur und in der Bodenfruchtbarkeit zu rechnen ist.
Vorraniges Ziel muss es also sein, die gewünschte Arbeitsqualität mit möglichst wenigen Arbeitsgängen zu erreichen.
Aus ökologischer Sicht stellt sich zunehmend die Forderung nach flexiblen Bearbeitungssystemen, die den jeweiligen Anforderungen des Standortes und der Fruchtfolge entsprechen.

Verfahren	Arbeitsabschnitte: Grundbodenbearbeitung (G)	Saatbettbereitung (SB)	Saat (S) 1)	Arbeitsgänge 2)
Konventionelle Bodenbearbeitung (Bodenbearbeitung mit Pflug) Jährlich wiederkehrende Vollwendung der Ackerkrume.		oder		getrennt
		oder		reduziert (SB+S kombiniert)
				reduziert (G+SB+S kombiniert)
Konservierende Bodenbearbeitung (Bodenbearbeitung ohne Pflug) Verzicht auf wendende Grundbodenbearbeitung, je nach Bedarf Einsatz alternativer Lockerungsgeräte oder Verzicht auf die Grundbodenbearbeitung.	oder	oder		getrennt
	oder	oder		reduziert (SB+S kombiniert)
				reduziert (G+SB+S kombiniert)
	oder	oder		getrennt
	oder	oder		reduziert (SB+S kombiniert)
				reduziert (G+SB+S kombiniert)
		oder		reduziert (Verzicht auf G)
Direktsaat (keine Bodenbearbeitung.)				reduziert (Verzicht auf G+SB)

1) Gegenüber der Saat auf pflanzenrestfreier Oberfläche wird die Saat in verbleibende Pflanzenreststoffe (z.B. Stoppel- oder Strohreste, oder abgefrorene Zwischenfruchtdecken), ob mit oder ohne vorhergehende Saatbettbereitung, als Mulchsaat bezeichnet, unabhängig von dem Bodenbearbeitungsverfahren (ob mit oder ohne Pflug).
2) Vermindern der Arbeitsgänge durch Kombination oder Verzicht=Reduzierte Bodenbearbeitung.

Übersicht: Einordnung unterschiedlicher Bodenbearbeitungs- und Bestellverfahren (DLG-Merkblatt 258)

Aus ökonomischen Gründen kann diese Forderung meist nur mit überbetrieblichen Mechanisierungsformen realisiert werden.
Die Bodenbearbeitung kann heute in drei Gruppen eingeteilt werden:

- **die konventionelle Bearbeitung mit dem Pflug**
- **die pfluglose konservierende Bearbeitung**
- **die minimale Bearbeitung**

Durch die **konventionelle Bearbeitung** – die jährlich wiederkehrende Wendung mit dem Pflug – werden viele Bodenverdichtungen verursacht (z.B. Pflugsohle).
Die **pfluglose konservierende Bearbeitung** mit Hilfe von Grubbern und rotierenden Arbeitsgeräten hinterlässt eine raue, mit organischer Masse durchsetzte Oberfläche, die Wasser- und Winderosion verringert.
Bei der **minimalen Bearbeitungsform** werden mehrere Geräte zusammengefasst (z.B. Direktsaat).

1. Pflüge

Pflugbauarten

Scharpflüge
- Beetpflüge
- Kehrpflüge
  - Volldrehpflüge
  - Winkeldrehpflüge
- Schwenkpflüge

Pflüge mit rotierenden Werkzeugen
- Scheibenpflüge
- Spatenpflüge

❑ Scharpflüge

Nach der Verbindung Traktor-Pflug unterscheidet man

Anbaupflüge | Aufsattelpflüge | Anhängepflüge

Die Teile eines Pflugkörpers

1 Streichblech
2 Stütze
3 Streichschiene
4 waagrechte Richtebene
5 senkrechte Richtebene
6 Sohlenrolle
7 Anlage
8 Schleifsohle
9 Anlagenplatte
10 Rumpf
11 Schar
12 Untergriff
13 Seitengriff
14 Arbeitsbreite
15 Arbeitstiefe

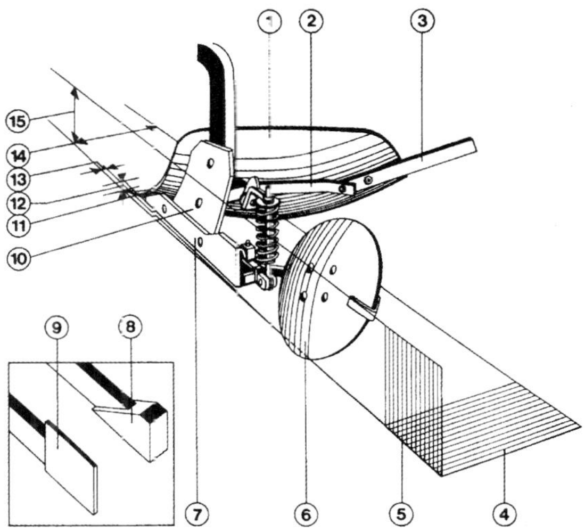

❑ Das Pflugschar

Verschiedene Pflugscharformen

- **Spitzschar oder Normalschar:**
  für leichte Böden

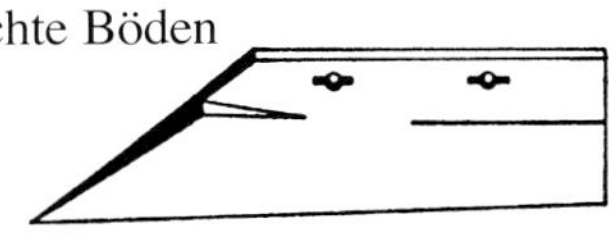

- **Schnabelschar:**
  Universalschar für mittlere bis schwere Böden

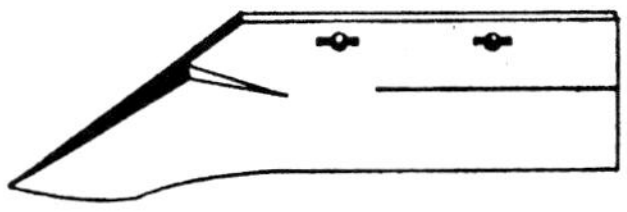

- **Meißelschar:**
  für schwere, trockene und steinige Böden – die Scharzspitze kann man umdrehen und austauschen.

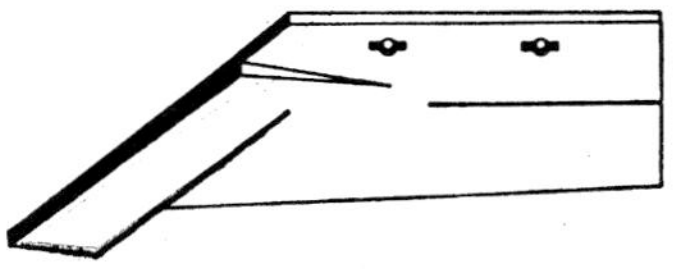

Das **Pflugschar** schneidet den Boden horizontal durch und hebt ihn leicht an. Dabei entstehen starke Seitenkräfte, die durch die Anlage ausgeglichen werden. Pflugschare und Anlagen (= Landseiten) unterliegen einem starken Verschleiß und sollen – wenn notwendig – erneuert werden.
Selbstschärfende Schare sollten nicht erhitzt werden, da es sonst zu einer Deformation des Schares kommen kann.

❑ Das Streichblech

Verschiedene Bauformen

	Steile Form	*Universalform*	*Normalform*	*Schraubenform*
Boden:	*leicht*	*mittel*	*schwer*	*Grünland*

Die Form des Streichbleches bestimmt mit dem Anstellwinkel des Schares die Wirkung des Pflugkörpers. Leichte Böden vertragen sehr steile und kurze Streichblechformen. Kurze und steile Streichblechformen krümeln gut, aber wenden schlecht und lassen sich nur mit relativ niedrigen Fahrgeschwindigkeiten einsetzen. Schwere Böden lassen sich mit langen Streichblechformen gut wenden. Lange Streichblechformen eignen sich auch für höhere Fahrgeschwindigkeiten.
Streichblechmaterial:

- **Dreilagenstahl**
  (harte Außenschichten, weicher Kern)
- **Kunststoff**

Streichblechsonderform: der Streifenkörper
Beim Streifenkörper ist das Streichblech geteilt. Der Einsatz des Streifenkörpers ist dort von Vorteil, wo es sich um stark klebende Böden handelt. Als Nebeneffekt wird meist eine bessere Zerkleinerung bei geringerem Zugkraftaufwand beobachtet.

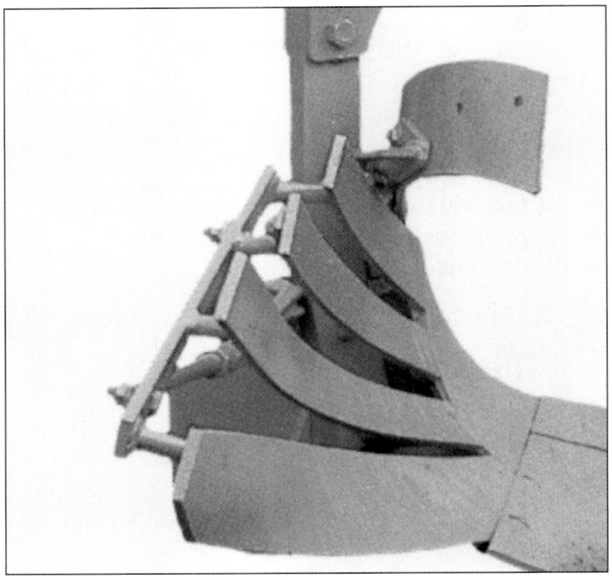

Streifenkörper

❑ Vorwerkzeuge zum Pflugkörper

Das Messersech: Das Messersech wird heute nur mehr selten verwendet. Diese billige Bauform neigt gern zu Verstopfungen. Scheiben- und Messerseche schneiden den Boden vertikal und vermindern dadurch die Zugkraft. Seche ergeben allgemein eine saubere Furchenkante.

Das Scheibensech: Diese Sechform ist heute sehr verbreitet. Es werden glatte, gezackte oder geriffelte Scheibenseche angeboten. Große Scheibenseche können knapp über die Scharspitze gesetzt werden, wodurch eine besonders saubere Furchenkante entsteht.
Glatte Scheibenseche schneiden Ernterückstände schlechter durch und neigen zum Verstopfen.

Scheibensech

Einlegebleche: Diese werden oberhalb des Wendebleches montiert und legen Ernterückstände in die neben liegende Pflugfurche.
Einlegebleche werden bei starker Strohauflage gerne verwendet.

Vorschäler bzw. Düngeregler: Diese sind kleine Pflugkörper, die am Grindel bzw. am Pflugrahmen montiert werden. Sie werden 5 bis 8 cm tief eingestellt und werfen Ernterückstände, Grasnarben, Festmist oder Stroh in die daneben liegende Pflugfurche.

Einlegescheiben

Anbaubeetpflug

Steinsicherung

Untergrundlockerer

Kehrpflug mit Tastrad und Scheibensech

Scheibenpflug

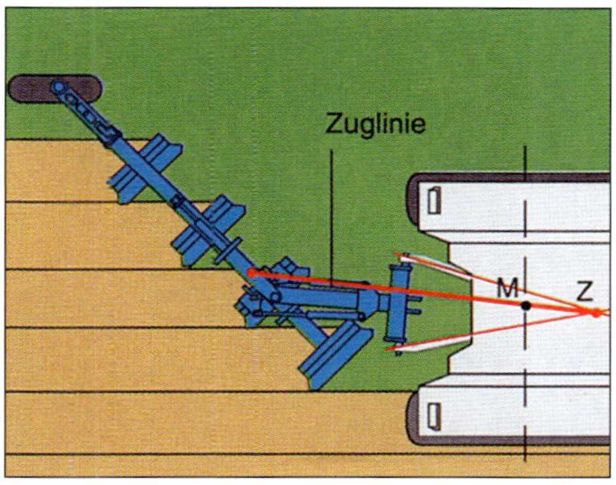

Arbeitsweise Schwenkpflug

Spatenpflug

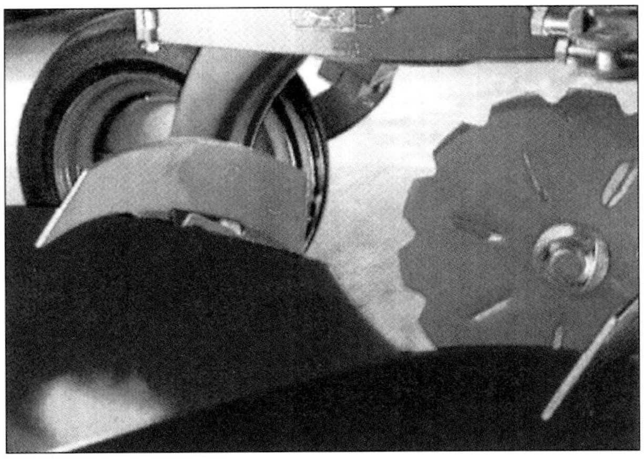

Einlegeblech

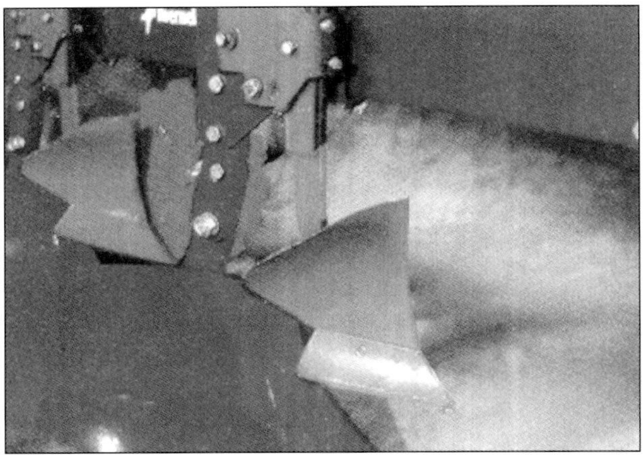

Vorschäler

Einlegescheiben: Einlegescheiben werden gerne zum Einpflügen diverser Ernterückstünde verwendet.

❑ Zusatzausrüstung

Steinsicherung: Um den Pflugrahmen vor einem Totalschaden bei sehr steinigen Böden zu schützen, gibt es Pflugkörper mit automatischen Überlastsicherungen. Hiebei wird der Pflugkörper meist durch Plattfedern in die Ausgangslage zurückgebracht.
Als serienmäßige Steinsicherung werden in der Regel Scherbolzen angeboten.

Untergrundlockerer: An den Pflugkörpern werden so genannte Torpedos (Untergrundlockerer) angebracht. Diese arbeiten ca. 15 bis 20 cm tiefer als die Schare und lockern den Unterboden auf. Die für die Pflanzenentwicklung nachteilige Pflugsohlenverdichtung wird somit verringert.

Transportrad: Für längere Straßenfahrten ist bei Mehrscharpflügen wegen der unzulässigen Vorderachsenlastung und der enormen Zugkräfte am Oberlenker ein Straßentransportrad empfehlenswert (besonders 4-, 5- und 6-Schar-Wendepflüge).

Fangarm für Packer: Für die raschere Bodenabsetzung werden bei leichteren Böden Untergrundpacker verwendet. Diese Geräte können schon beim Plügen direkt neben dem Pflug am frisch geackerten Boden gezogen werden.

Transportrad

1.1 Scharpflüge

❑ Der Beetpflug

Für den Einsatz im Flachland sind Beetpflüge besonders geeignet. Es handelt sich dabei um Pflüge, die nur nach einer Seite wenden. Bei mehr als fünf Scharen zieht man aber wegen der starken Vorderachsentlastung sowie starker Zugkräfte am Oberlenker die Aufsattel- bzw. Anhängeversion vor.

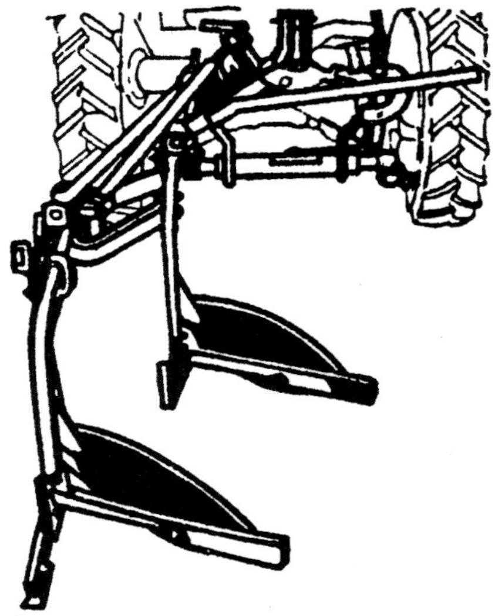

Zwei- und dreischarige Beetpflüge werden auch mit Grenzpflugeinrichtung angeboten. Damit lässt sich der Pflugrahmen so weit gegen das linke Traktorhinterrad verschieben, dass kein unbearbeiteter Boden mehr zurückbleibt.

Vorteile der Beetpflüge: billigere, leichtere Bauform.

❑ Der Kehrpflug oder Wendepflug

Dieser besitz spiegelbildlich gleiche, also rechts- und linkswendende Pflugkörper. Kehrpflüge legen Furche an Furche und ersparen das Rundumfahren sowie den Zusammen- und Auseinanderschlag. Dadurch entsteht ein ebenes Feld. Kehrpflüge eigenen sich besonders für unregelmäßig geformte Felder sowie für Hanglagen (alles

Bauteile des Beetpfluges

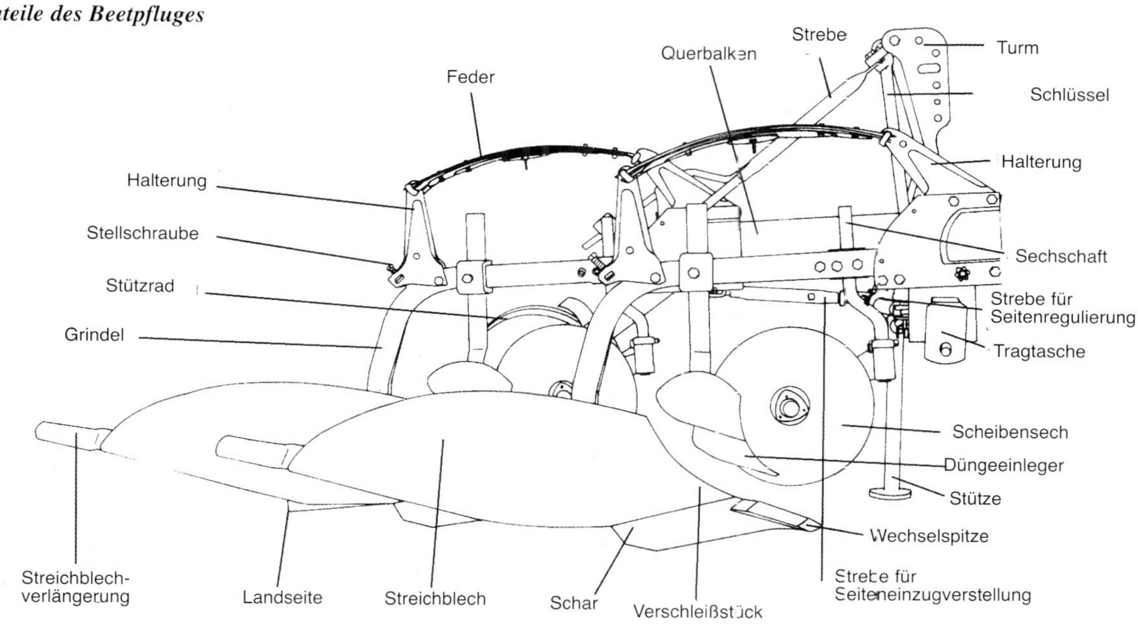

kann hinaufgeackert werden). Eine sehr verbreitete Kehrpflugart ist der Volldrehpflug. Bei dieser Bauart sind die links- und rechtswendenden Pflugkörper genau gegenüberliegend am Pflugrahmen montiert. Beim Ausheben am Furchenende führt eine Wendevorrichtung eine Drehung des Pflugrahmens um 180° aus.
Durch diese damit verbundene schwere Bauform haben Volldrehpflüge einen besseren Einzug.
Der **Winkeldrehpflug** ist eine billigere Bauform und wird ein- oder zweischarig angeboten.
Dieser hat zwei Grindel, an denen die Pflugkörper so montiert sind, dass zwischen ihnen ein Winkel von rund 90° entsteht. Auch hier wird die Drehung des gesamten Pflugrahmens automatisch oder von Hand durchgeführt. Der Winkeldrehpflug wird heute nur mehr selten verwendet, da er nur mit maximal zwei Scharen angeboten wird und leicht zu Verstopfungen neigt (geringer Durchgang).

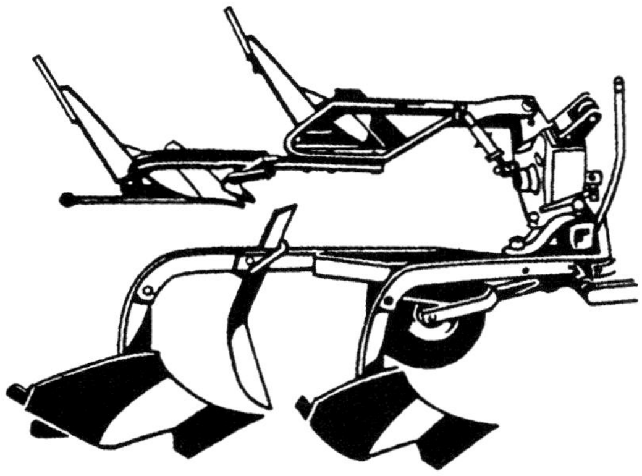

Winkeldrehpflug

❑ Der Schwenkpflug

Dieser stellt eine neuere Bauform dar. Optisch besteht eine Ähnlichkeit mit dem Beetpflug. Der Pflugrahmen (meist starkes Formrohr) lässt sich nach links bzw. rechts schwenken. Der Pflugkörper stellt eine sehr steile Form dar und ist symmetrisch ausgebildet. Durch die steile Form bedingt wird dieser Pflug vorrangig bei leichten Böden eingesetzt.

Schwenkpflug

1.2 Pflüge mit rotierenden Werkzeugen

❑ Der Scheibenpflug

Scheibenpflüge verwenden als Arbeitswerkzeuge selbstschärfende, gewölbte Stahlscheiben, die Schar und Streichblech ersetzen. Da diese Pflüge Hindernisse im Boden, wie Steine und Baumwurzeln, überrollen, sind sie unter diesen Voraussetzungen Scharpflügen überlegen. Scheibenpflüge haben eine gute Mischwirkung, geringen Materialverschleiß und keine Pflugsohlenbildung. Nachteilig ist die ungenügend Wendung und unregelmäßige Furchenbildung. Zur Tiefenregulierung und Seitenführung ist ein Stützrad notwendig. Der oft ungenügende

Tiefgang kann mit Ballastgewichten bzw. einer Druckhydraulik verbessert werden.

❑ Spatenpflug

Zapfwellengetriebene Pflüge haben in Österreich derzeit eine geringe Bedeutung. Bei diesen Geräten steht die Mischwirkung im Vordergrund. An einer rotierenden Welle sind spatenartige Werkzeuge angebracht. Damit ist die Wirkung der Arbeit des Handspatens ähnlich. Als Leistungsbedarf wird mit etwa 15 kW pro Meter Arbeitsbreite gerechnet. Die Fahrgeschwindigkeit ist mit ca. 2 km/h niedrig.

1.3 Einstellen der Pflüge

❑ Die Kontrolle des Traktors vor dem Pflügen

Hydraulik: Der Oberlenker und die rechte Hubstange müssen in Ordnung sein. Die Unterlenker sollen um ca. 30 cm unter die Tragachse des Pfluges abgesenkt werden können und freie Bewegung nach beiden Seiten haben.

Spurweite: Soll die Pflugarbeit zufrieden stellend sein, ist es eine absolute Voraussetzung, dass die Spurweite des Traktors das richtige Verhältnis zur Arbeitsbreite der Pflugkörper hat. Eine falsche Spurweite ergibt schlechtes Pflügen, mehr Verschleiß und erhöhten Zugkraftbedarf. Die Spurweite wird zwischen den Innenseiten der Hinterräder gemessen (= Lichte Weite).

Empfehlungsmaß:

Arbeitsbreite der Pflugkörper	Spurweite des Traktors
30 cm (12 Zoll)	ca. 105 cm
35 cm (14 Zoll)	ca. 115 cm
40 cm (16 Zoll)	ca. 125 cm

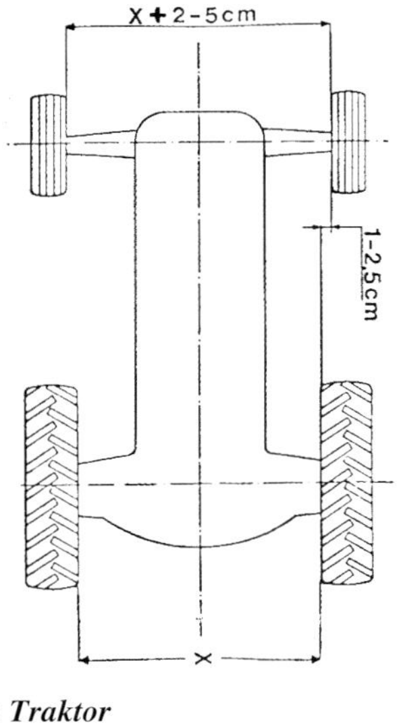

Spurweite beim Traktor

Die Spurweite des Traktors ist unabhängig von der Anzahl der Pflugkörper (d.h. 2-mal 14 Zoll und 5-mal 14 Zoll erfordern dieselbe Spurweite).
Die Spurweite der Vorderräder soll niemals kleiner sein als die Spurweite der Hinterräder. Sie darf aber max. um 5 cm größer sein.

Luftdruck: Bei normaler Bereifung kann der Luftdruck der Hinterräder um ca. 0,5 bar abgesenkt werden (1,8 bar – 0,5 bar = 1,3 bar). Beim Beetpflug soll der Luftdruck des linken hinteren Rades um ca. 0,3 bar geringer sein als der des rechten Hinterrades.

❑ Die Kontrolle des Pfluges vor dem Pflügen

Konservierung: Bei neuen Pflügen ist es unbedingt notwendig, dass Lacke am Schar, Streichblech und an den Anlagen (Landseiten) entfernt werden. Dies geschieht am zweckmäßigsten mit Lackbeize oder Schaber.
Einstellung der Pflugkörper: Bei mehrscharigen Pflügen ist es sehr wichtig, dass die Pflugkörper parallel sind. Sollte dies nicht der Fall sein, kann mit der Strebe des Streichbleches nachjustiert werden.

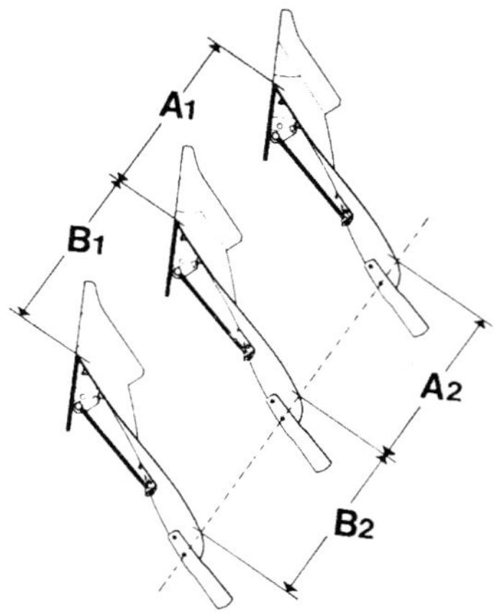

Richtige Einstellung der Pflugkörper

Pfluggröße zur Traktorgröße: Es sollte der Anbaubock gewählt werden, der beim Pflügen ca. waagrechte Unterlenker am Traktor ermöglicht. Wird mit der Regelhydraulik gepflügt, sollte eine möglichst waagrechte Position des Oberlenkers gewählt werden. (Pos. 2). Wird ohne Regelhydraulik gepflügt, sollte der Oberlenker pflugseitig schräg nach oben zeigen (Pos. 1).

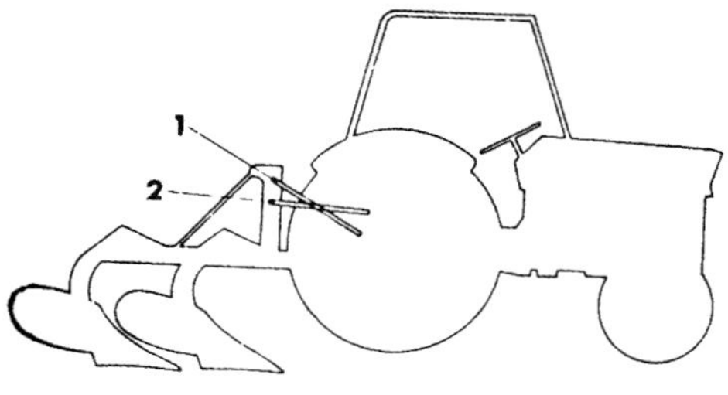

Oberlenkereinstellung

❑ Die Einstellung des Pfluges

Bei allen Scharpflügen sind drei wichtige Einstellungsmöglichkeiten zu beachten:
Es sind dies:
- Breiteneinstellung
- Tiefeneinstellung
- Sturzeinstellung

❑ Die Breiteneinstellung

Normalerweise kann man bei den meisten Scharpflügen nur die Arbeitsbreite des ersten Schares verstellen. Grundsätzlich wird diese Einstellung beim Scharpflug durch ein Schwenken des Pflugrahmens (Spindel oder Hydraulikzylinder) erreicht. Wird die Spindel verlängert, arbeitet das 1. Schar breiter. Bei der ersten Grundeinstellung wird die Arbeitsbreite des 1. Schares durch ein Verschieben des Pflugrahmens am Anbaubock eingestellt (Bolzen oder Spindel). Bei teureren Pflügen kann grundsätzlich auch die Arbeitsbreite des 2., 3., 4. usw. Pflugschares rasch geändert werden.
Hier wird durch eine stufenlose Parallelverschiebung der optimale Zugpunkt des Pfluges automatisch nachgestellt. Der Regelbereich beträgt ca. 30 bis 50 cm/Pflugschar.

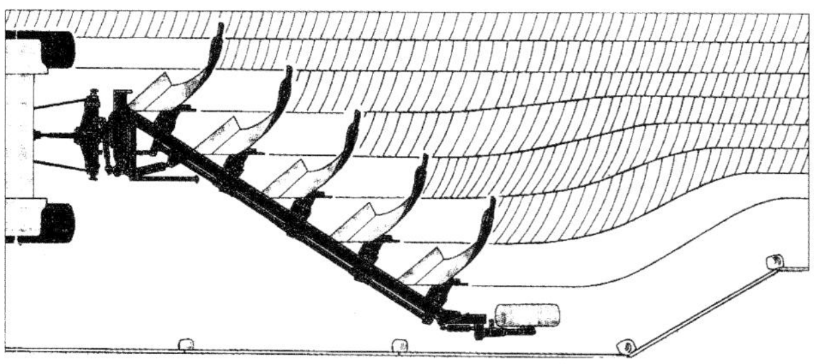

Arbeitsweise Schnittbreitenverstellung

Bei Winkeldrehpflügen ist eine Arbeitsbreitenverstellung duch je eine Schraubspindel an den beiden Grindeln möglich. Wesentlich ist, dass bei Anbaupflügen die beiden Unterlenker des Traktors seitlich auspendeln können. Beim Anbaubeetpflug wird die Einstellung der Arbeitsbreite mit der Tragachse durchgeführt.

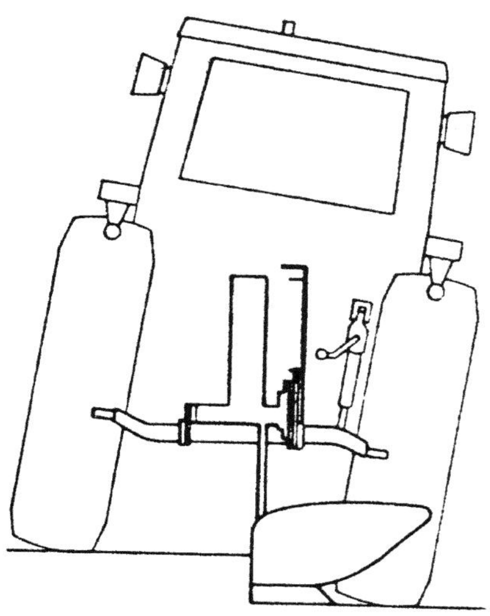

Gekröpfte Tragachse

❑ Die Tiefeneinstellung

Bei Anbaupflügen wird die Arbeitstiefe des 1. Schares mit dem Oberlenker begrenzt (Oberlenker länger – 1. Schar ackert seichter und umgekehrt). Die Arbeitstiefe des letzten Schares bestimmt die Stellung des Tastrades.
Bei Aufsattelpflügen wird die Arbeitstiefe der ersten Pflugschare durch die Stellung der Unterlenker bestimmt

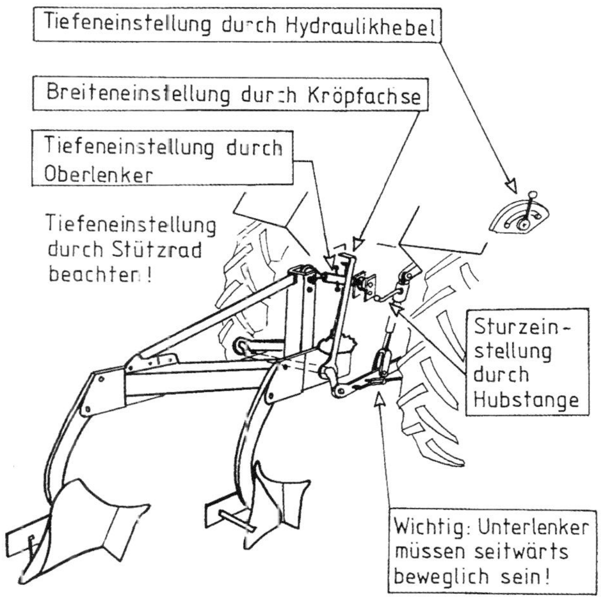

Die Einstellung von Anbaupflügen

und die Arbeitstiefe der letzten Schare durch die Stellung des hydraulisch gesteuerten Nachlaufrades. Die Pflugtiefe soll das richtige Verhältnis zur Arbeitsbreite der einzelnen Pflugkörper haben.

Arbeitsbreite	Arbeitstiefe
30 cm	20 cm
35 cm	24 cm
40 cm	28 cm

Ein ausreichender Untergriff (2 bis 3 cm) der Schare und nicht zu tief eingestellte Scheibenseche sind für die Tiefeneinstellung günstig.
Bei gezogenen Anhängepflügen wird die Tiefeneinstellung ausschließlich über die am Pflug befestigten und hydraulisch verstellbaren Räder durchgeführt.

● Die Sturzeinstellung

Bei Anbaubeetpflügen wird die Sturzeinstellung mit der rechten Hubstrebe (rechter Unterlenker) der Hydraulik eingestellt.
Eine kurze Hubstrebe bedeutet weniger und eine längere Hubstrebe mehr Sturz.

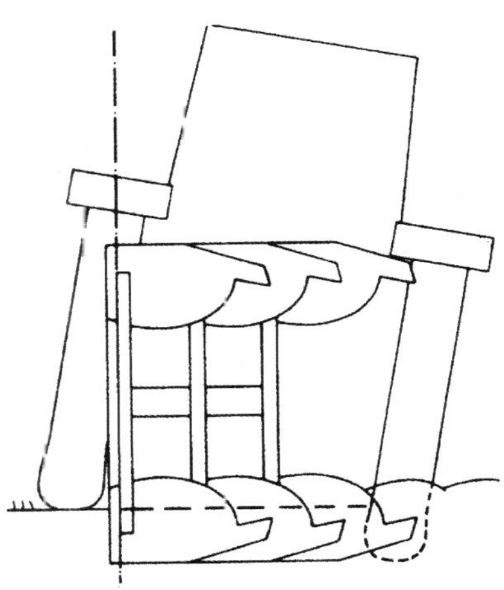

Gekröpfte Tragachse

Arbeitsbreitenverstellung des ersten Schares mit Spindel

Zentrale Sturzeinstellung

Oberlenker-Tiefeneinstellung: 1. Schar

Tiefeneinstellung Tastrad

Hydraulische Tiefeneinstellung beim Anhängepflug

Bei Beginn und Ende der Arbeit mit dem Beetpflug (Zusammen- und Auseinanderschlag) werden in der Regel die Arbeitstiefe und der Sturz mehrfach umgestellt. Beim Anbaukehrpflug gibt es zwei verschiedene Möglichkeiten der Sturzverstellung:

1. Links und rechts am Anbaubock zwei symmetrisch angebrachte Sturzbolzen als Anschlag für den sich drehenden Pflugrahmen.

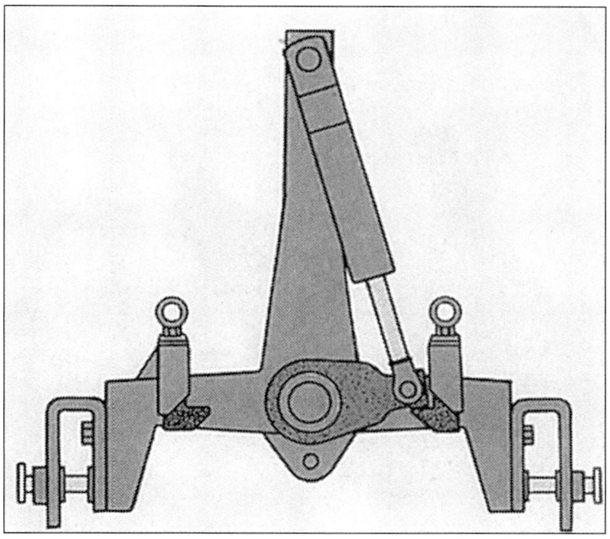

Sturzeinstellung mit Sturzbolzen

2. Zentrale Sturzverstellung vor dem Turm als Anschlagbegrenzung für den Wendearm.

Bei Aufsattelpflügen ist die Sturzeinstellung im Wesentlichen gleich wie bei der Anbaubeet- und Anbaukehrpflügen.

Beim Anhängebeetpflug wird eine Sturzeinstellung auch grundsätzlich hydraulisch durchgeführt.

❑ Leistungs- und Arbeitsbedarf beim Pflügen

Als Richtwerte für den Leistungsbedarf sind bei einscharigen Pflügen 7 bis 13 kW, bei zweischarigen Pflügen 11 bis 26 kW und bei dreischarigen Pflügen 20 bis 40 kW anzunehmen.

Bei Fahrgeschwindigkeiten von 4 bis 8 km/h liegt die Flächenleistung bei ein- bis dreischarigen Pflügen etwa im Bereich von 0,1 bis 0,35 ha/h.

Arbeitsbedarf (Werte für Anbaubeetpflüge mit einer Arbeitsbreite von 30 cm/Schar)	
2-scharig, 15 cm Tiefe	4,6 AKh/ha
2-scharig, 25 cm Tiefe	6,0 AKh/ha
3-scharig, 15 cm Tiefe	2,4 AKh/ha
3-scharig, 25 cm Tiefe	3,4 AKh/ha
4-scharig, 15 cm Tiefe	2,0 AKh/ha
4-scharig, 25 cm Tiefe	2,6 AKh/ha
5-scharig, 15 cm Tiefe	1,2 AKh/ha
5-scharig, 25 cm Tiefe	1,8 AKh/ha

❑ Unregelmäßigkeiten beim Pflügen und deren Behebung

Störung	**Behebung**
Pflug erreicht nicht gewünschte Tiefe	wechseln der Schare nachschleifen oder nachschmieden der Schare Oberlenker verkürzen Ballastgewichte Stützrad höher stellen Hubwerk tiefer stellen eventuell Druckhydraulik
Pflug zieht nicht ein	wechseln der Schare nachschleifen oder nachschmieden der Schare Oberlenker verkürzen Sturz verringern am Feldende Querfurchen ziehen Ballastgewichte eventuell Druckhydraulik
Pflug weicht seitlich aus	ideellen Zugpunkt neu vermessen (= Arbeitsbreite der 1. Schar) eventuell Oberlenker verändern eventuell Sturz verändern
Vorderer Pflugkörper arbeitet zu schmal	den Winkel Pflugrahmen/Anbaubock vergrößern (Spindel auseinander) ideeller Zugpunkt neue Anlagen – alte Schare eventuell Sturz vergrößern
Pflugkörper arbeiten ungleich tief	Sturz korrigieren Oberlenker korrigieren Stützrad korrigieren

Störung	Behebung
Pflug wendet schlecht	Sturz verstärken Wendebleche an die Bodenart anpassen Fahrgeschwindigkeit erhöhen Vorschäler und Düngereinleger seichter stellen Schere nachstellen (ca. 2 cm ins Land) Schare und Streichbleche entrosten bzw. entlacken

2. Gezogene Bodenbearbeitungsgeräte

Hiezu zählen vor allem Schlepper,
Grubber,
Eggen und Walzen
sowie diverse Kombinationsmöglichkeiten

2.1 Schleppen

Ackerschleppen dienen zum Einebnen des geackerten Feldes. Dieser Vorgang führt zu gleichmäßigerem Abtrocknen des Feldes sowie zum Auflaufen der Unkrautsamen. Abgeschleppte Felder sind besonders bei der kombinierten Minimalbodenbearbeitung (Kreiselegge und Sämaschine oder Rotortiller und Sämaschine usw.) vorteilhaft. Schlecht eingearbeitete Ernterückstände verursachen öfters Verstopfungen.

Ackerschleppe

Elastische Gliederschleppe

2.2 Grubber

Früher auch als Kultivator bezeichnet, werden die Grubber – bedingt durch stärker werdende Traktoren und durch die Möglichkeit des überbetrieblichen Maschineneinsatzes – in immer größerem Umfang in der Primärbodenbearbeitung eingesetzt. Um Energie, Kosten und Arbeitszeit zu sparen, hat die pfluglose Bodenbearbeitung unter

Grubber mit starren Zinken

bestimmten Voraussetzungen an Bedeutung zugenommen. Dennoch sollte auf den Pflug nicht ganz verzichtet werden. Es ist sinnvoll, wenn Pflug und Grubber einander abwechseln und ergänzen. Mit starren oder gefederten Zinken wird der Boden gelockert, gekrümelt, gemischt und organische Masse oberflächlich eingearbeitet. Der so genannte Schwergrubber hat besonders durch seine höhere Flächenleistung bei leichteren bis mittleren Böden den Schälpflug ersetzt. Für die Saatbettherstellung werden Grubber mit Nachlaufgeräten (z.B. Wälzeggen) kombiniert. Seltener werden Grubber mit zapfwellengetriebenen Bodenverarbeitungsgeräten direkt für Saatkombinationen eingesetzt.

Optimale Fahrgeschwindigkeit: 8 bis 10 km/h
Flächenleistung: 0,5 bis 0,75 ha/m Arbeitsbreite
Leistungsbedarf: 25 bis 30 kW/m Arbeitsbreite
Leistungsbedarf beim Schwergrubber: 50% höher

Grubber mit elastischen Zinken

Bauteile des Grubbers

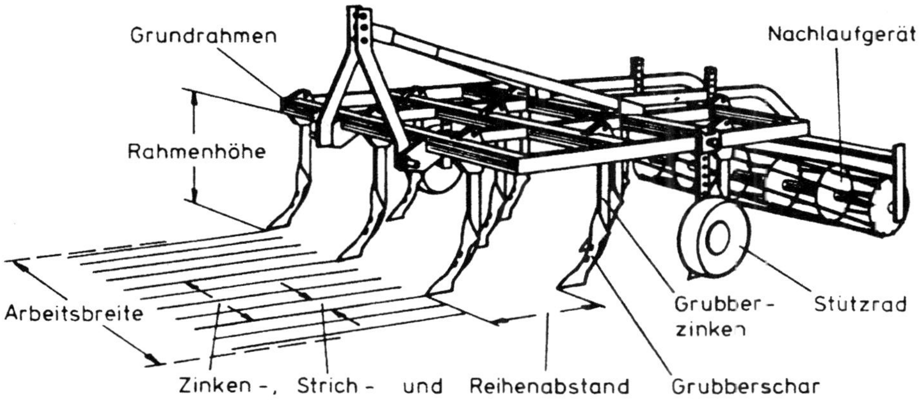

Bauteile Grubber

Beispiele für technische Daten							
Type	Breite Arbeit	Transp.	Zinkenabst.	Strichabst.	Reihenabst.	KW	Gewicht
	3,00	3,00	42	22	60	70	960
	2,80	2,90	44	23	70	136	1780
	4,60	2,90	44	23	70	147	1880

Scharformen:
Grundsatz: Schmale Schare (ca. 6 bis 7 cm) zum Tiefgrubbern, breite Schare (bis 40 cm) zum Seichtgrubbern. Häufig verwendete Scharformen sind:

Verschiedene Scharformen:

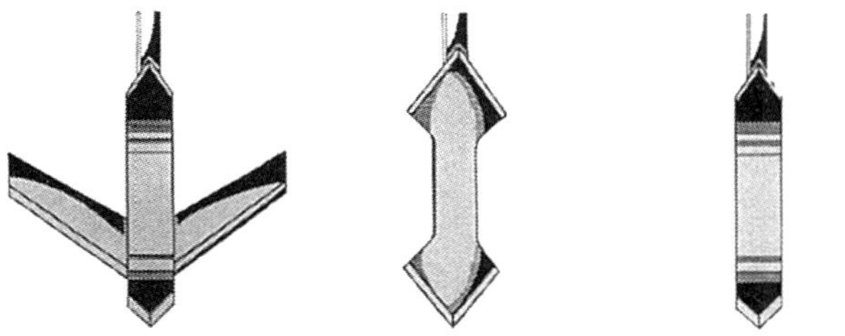

Flügelschar Arbeitsbreite 40 cm — Doppelherzschar Arbeitsbreite 13 cm — Schmalschar Arbeitsbreite 7 cm

Alle Schare sind auswechselbar und doppelseitig verwendbar

Wichtige Anforderungen für den praktischen Betrieb:

- ausreichende Rahmenhöhe: ca.75 cm
- Abschersicherung bei allen starren Zinken
- Nachlaufwerkzeuge mit möglichst großem Durchmesser (ca. 45 cm)
- verkehrstaugliche Transportbreite
- Anbaumöglichkeit für verschiedene Nachlaufwerkzeuge

2.3 Hubschwenklockerer

Sonderbauform für die Tiefenlockerung. Die Auflockerungswerkzeuge werden durch den Zapfwellenantrieb bewegt.
Arbeitstiefe: 70 bis 100 cm
Arbeitsgeschwindigkeit: ca. 3 km/h

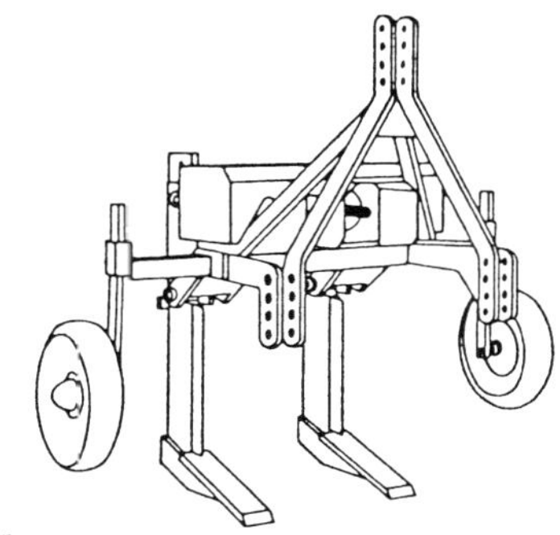

Hubschwenklockerer

2.4 Wippscharlockerer

Bei dieser Sonderbauform werden die beweglichen Schare durch die Zapfwelle angetrieben und auf und ab bewegt. Arbeitstiefe und Arbeitsgeschwindigkeit wie beim Hubschwenklockerer.

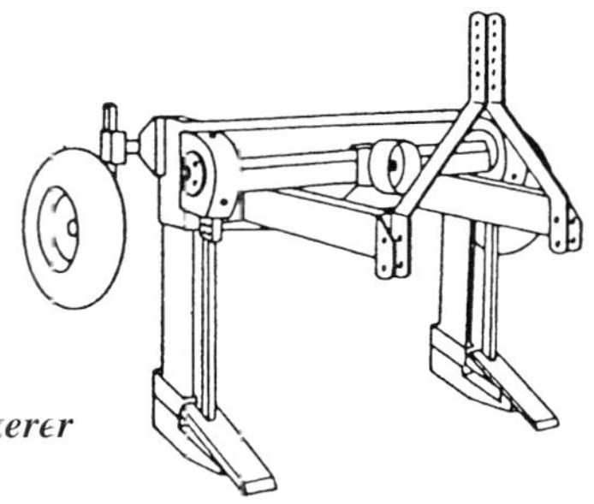

Wippscharlockerer

2.5 Starrer Tiefenlockerer (Drainagepflug)

Der Drainagepflug eignet sich zur Untergrundlockerung bis ca. 95 cm. Der Boden wird wieder luft-, wasserauf-

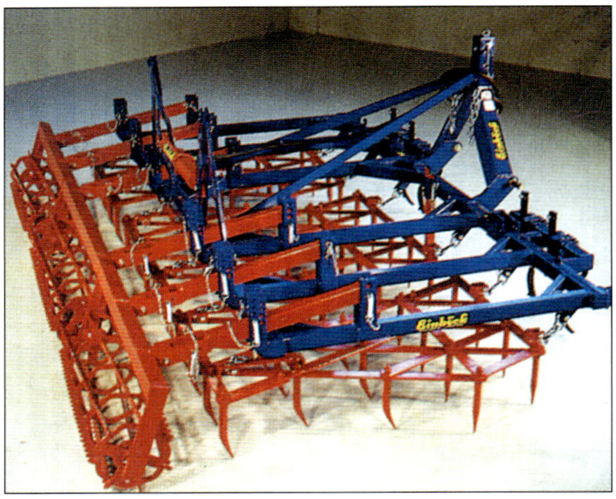

Starregge mit Zahnkrümler

Hochegge mit Federzinken

Scheibenegge

Zahnpackerwalze

Schrägstabwalze

Sternwälzegge

Eggen und Walzen

Spiral-Ringelwalze

nahmefähig und ertragreicher gemacht und Staunässe wird beseitigt.

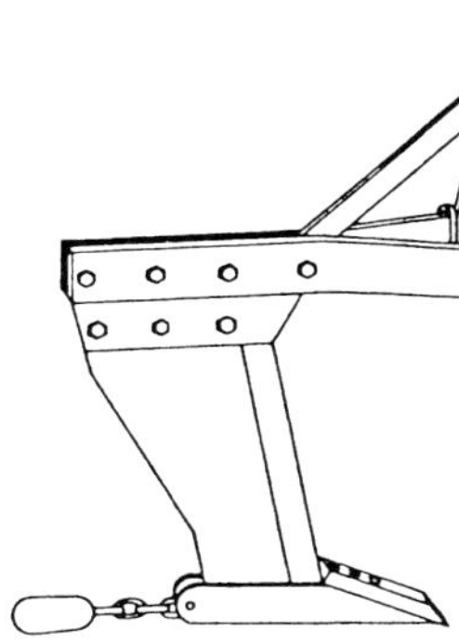

Drainagepflug

2.6 Der Chiselpflug

Der Chiselpflug ist ausgerüstet mit flach stehenden Meißelzinken und kann bei einer entsprechenden Rahmenhöhe bis ca. 45 cm tief arbeiten.
Aufgrund seiner Bauform ist er vielseitig einsetzbar (Stoppelbearbeitung, Einarbeiten von organischer Substanz, Tiefenlockerung).

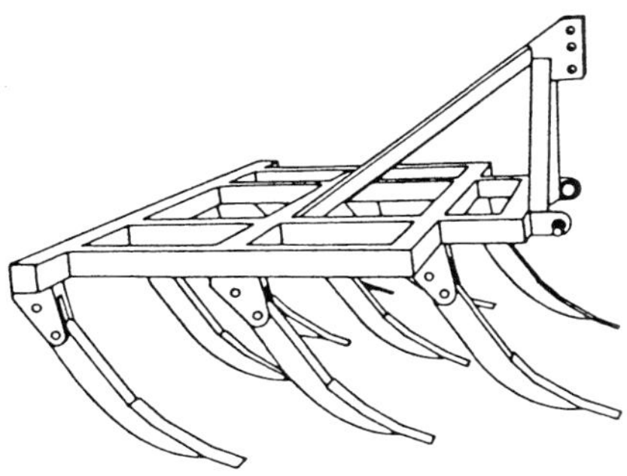

Chiselpflug

2.7 Eggen

Eggen werden zum Schollenbrechen, Lockern, Mischen des Bodens sowie zum Einarbeiten von Dünger und zur Unkrautbekämpfung verwendet. Die Arbeitstiefe ergibt sich aus der Zinkenbelastung und Zinkenform.
Verschiedene Zinken- und Scharformen:

2.8 Starreggen

Starreggen bestehen meist aus Eggenfeldern, die mit starren Stahlzinken besetzt sind. In der Form der Faltegge können die Felder an die Hydraulik angebaut und zum Transport aufgeklappt werden.
Starreggen werden in der Regel als Eggenkombination verwendet. (Krümler, Sternwalzen usw.).

2.9 Hackeggen

Diese haben seitlich verstellbare Zinkenreihen und werden zur mechanischen Unkrautbekämpfung verwendet. Diese Geräte werden gerne kombiniert mit Düngerstreuer, Bandspritze usw.

2.10 Gliedereggen

Diese sind vor allem in Form der Netzegge und Wiesenegge bekannt. Gliedereggen haben eine gute Bodenanpassung und werden vorwiegend für Pflegearbeiten und Unkrautbekämpfung sowie zum Abschleppen der Felder verwendet.
Leistungsbedarf: 3 bis 4 kW/m Arbeitsbreite

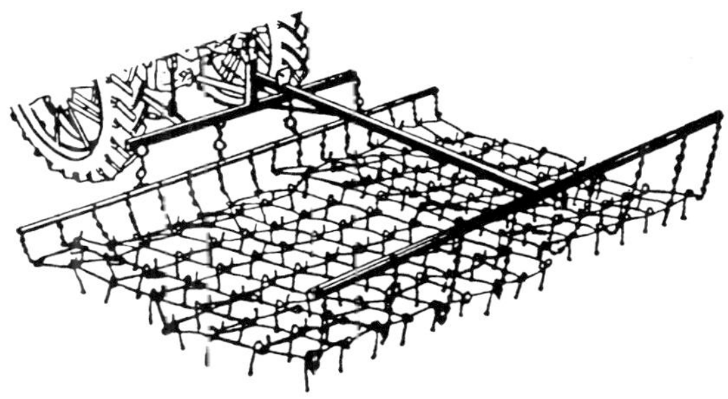

Starregge mit Zahnkrümler

2.11 Scheibeneggen

Diese bestehen aus mehreren nebeneinander bzw. hintereinander liegenden Scheibengruppen. Auslegerscheiben-

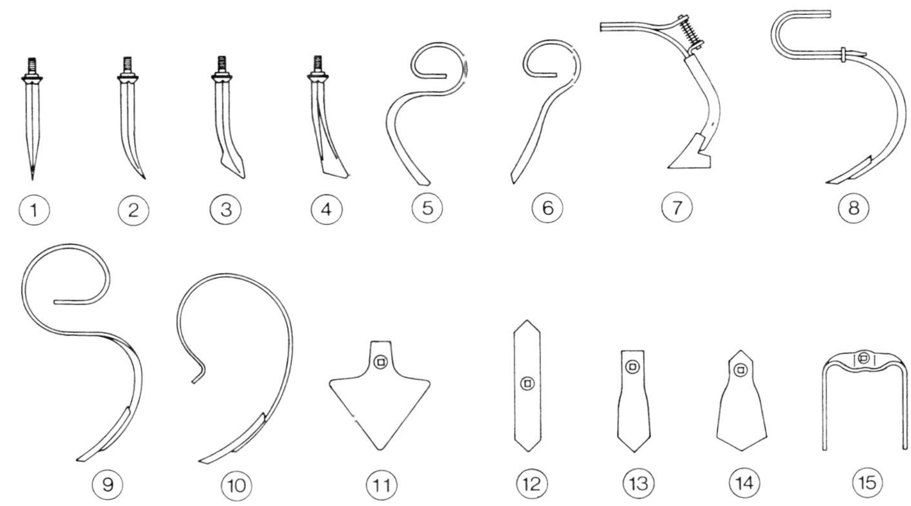

Zinkenformen, Schare
1 Spitzzahn gerade
2 Spitzzahn gebogen
3 Löffelzinken
4 Messerzinken
5 Garezinken hinten
6 Garezinken hinten
7 Kultivatorzinken
8 Federzinken
9 Federzinken einfach
10 Federzinken leicht
11 Reihenkulturschar
12 Schmalschar doppelt
13 Meißelschar
14 Gänsefuß-Schar
15 Zwillingsschar (Regent)

eggen können außerhalb der Traktormitte gefahren werden, was sich besonders in Obstanlagen bewährt.
Scheibeneggen lassen sich sowohl zur Saatbeetaufbereitung als auch zum Einarbeiten von organischen Stoffen verwenden. Hiebei eignen sich besonders gezackte bzw. ovale Scheiben. Durch die unterschiedliche Schrägstellung der Scheibengruppen tritt eine krümelnde, mischende oder schneidende Wirkung ein.
Leistungsbedarf: bei Flacharbeit 0,8 kW/Scheibe
2-reihig/Meter: 10 bis 15 kW

2.12 Spatenrolleneggen

Diese sind für die Stoppelbearbeitung auf leichten bis mittelschweren Böden gut geeignet.

2.13 Wälzeggen

Diese sind besonders für die Saatbeetvorbereitung gut geeignet. Sie sollen einen großen Durchmesser und keine Mittelachse haben.
Dabei entsteht eine 2 bis 5 cm starke Krümelschichte über leicht verdichtetem Boden, in den der Samen abgelegt wird. Dies ist die Voraussetzung für eine verfeinerte Sätechnik und bildet das Schlussglied in fast allen Gerätekombinationen.
Wälzeggen werden in verschiedenen Bauformen angeboten und angewendet, je nachdem, ob eine mehr lockerkrümelnde oder mehr verdichtende, festigende Wirkung gewünscht wird.

> **Merke:** Je schmäler und schärfer die Walzenkanten, umso stärker ist die krümelnde Wirkung. Je breiter und stumpfer, umso größer ist die verdichtende Wirkung.

Wälzeggenformen:
- Schrägstabwälzeggen
- Zahnwälzeggen
- Sternwälzeggen

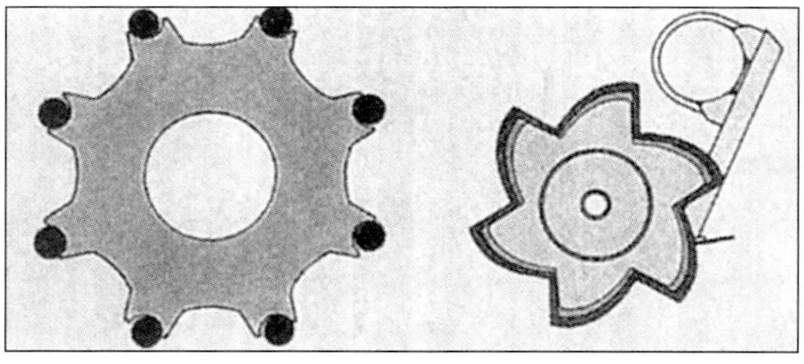

Stabwälzegge mit Zahnpacker

Schrägstabwälzeggen haben als Arbeitswerkzeuge meist runde Stahlstäbe. Gute Eignung für mittelschwere Böden.

Zahnwälzeggen gibt es mit verschiedenen Zahnformen und -abständen. Zahnkrümler mit großem Durchmesser neigen weniger zu Verstopfungen.
Sternwälzeggen erzeugen bei einer sehr rauen Oberfläche eine gute Bodenverdichtung.

Eine optimale Arbeit mit Wälzeggen wird erst bei einer ausreichenden Geschwindigkeit (8 bis 12 km/h) erreicht. Als Nachläufer bei Saatbeetkombinationen haben Wälzeggen auch die Aufgabe, die vorgebauten Geräte in einer bestimmten Arbeitstiefe zu führen.

2.14 Walzen

Walzen haben je nach Form verdichtende, einebnende oder auch zum Teil krümelnde Wirkung. Walzen haben Einfluss auf optimale Kapillarverhältnisse und zerdrücken die Schollen an der Oberfläche.
Walzen haben in den Ackerbaugebieten in den vergangenen Jahren an Bedeutung zugenommen.

Walzenbauarten
Glattwalzen
Profilwalzen (Ringel-, Stern-, Zahn-und Prismenwalzen)
Untergrundpackerwalzen

❑ Glattwalzen

Diese werden vorwiegend im Grünland und nach Feldfutteranbau eingesetzt. Hiebei handelt es sich in der Regel um glatte Stahlgliederwalzen, die die oberflächlichen Schollen nach der Saat zerdrücken, um so die Futterverschmutzung bei den nachfolgenden Heuwerbegeräten gering zu halten. Gliederwalzen legen sich an Bodenunebenheiten besser an. Der Walzeneinsatz ist sinnvollerweise mit einer Breitbereifung (oder Zwillingsbereifung) am Traktor verbunden, da es sonst zu den ungewollten Spurvertiefungen kommt.

Schleppe mit Glattwalze

❑ Profilwalzen

- **Die Ringelwalze**

Ist die älteste Profilwalzenform und wurde von der Cambridgewalze verdrängt. Sie ist nur mehr wenig in Verwendung.

- **Die Cambridgewalze**

Bei dieser Walzenform sind Stern- und Keilringe nebeneinander lose auf einer Welle aufgefädelt.
Sie wird für folgende Arbeiten gerne verwendet:
- Anwalzen von Winterungen

- Anwalzen eines frisch bestellten Feldes
- Schollen brechen und einebnen

Cambridgewalze

● Die Prismenwalze

Die Prismenwalze erfreut sich derzeit stark zunehmender Bedeutung. Prismenwalzen werden einachsig (mit Ausräumern) und zweiachsig (auf Lücke versetzt) im Heck- und Frontanbau angeboten. Durch den schräg abstrahlenden Druck wird ein besonders gleichmäßiger Saathorizont erreicht. Prismenwalzen werden als Einzelgeräte oder auch in der Kombination verwendet. Die paarweise angeordneten Ringe haben verschiedene Durchmesser – wodurch es zu einer hervorragenden Selbstreinigung kommt.

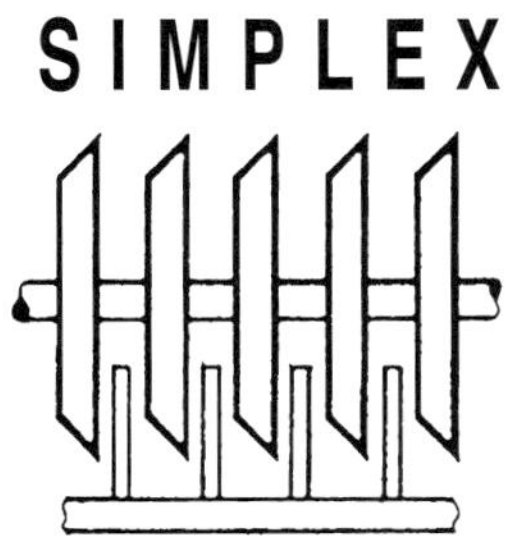

Prismenwalze einreihig mit Abstreifer

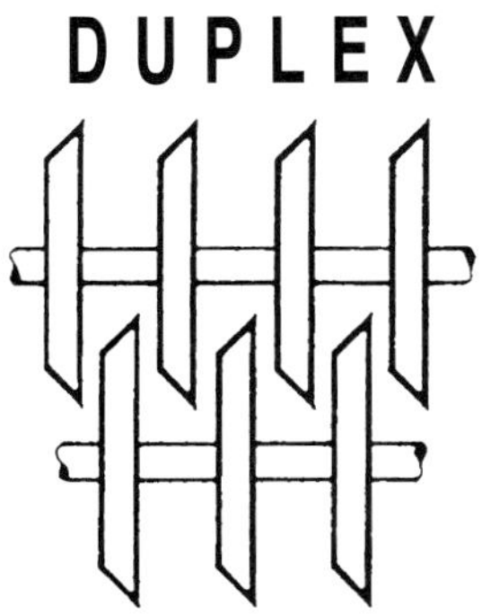

Prismenwalze zweireihig

❑ Untergrundpackerwalzen

Diese werden oft als unmittelbare Pflugnachläufer eingesetzt und sollen rasch ein abgesetztes Saatbeet herstellen. Die Keilringe (70 bis 90 cm Durchmesser) dringen tief in den frisch geackerten oder gegrubberten Boden ein und verdichten durch ihre Form besonders die untere Bodenschicht.

Untergrundpacker

● Die Crosskillwalze

Diese hat einen Durchmesser von ca. 45 cm. Sie wird gerne in der Kombination mit Packerwalzen sowie Saatbeetkombinationen verwendet.

Die Crosskillwalze hat einen engeren Ringdurchmesser und Abstand und ist für mittlere bis schwere Böden gut geeignet.

Crosskillwalze

● Die Nockenringwalze

Die Nockenringwalze hat einen Durchmesser von ca. 55 cm und einen weiteren Ringabstand als die Crosskillwalze. Durch die größere Bauform ist diese Walze für leichtere Böden gedacht, da es mit anderen Walzen nicht zur notwendigen Verdichtung (Absetzung) kommt.

● Frontreifenpacker

Beim Frontreifenpacker kann die Vorderachslast des Traktors vollständig auf den Reifenpacker übertragen werden. So erreicht man eine gleichmäßige Rückverfestigung des Bodens über die gesamte Traktorbreite. Frontreifenpacker sind hydraulisch gelenkt, sodass auch bei ausgehobener

Untergrundpacker am Fangarm

Frontreifenpacker

Rohrstabwalze

Front- und Heckgerätekombination

Kreiselegge und Flachgrubber

Zahnpackerwalze

Starrzinkenegge mit Sternwälzegge

Elastische Packerwalze

Vorderachse der Traktor fahrtüchtig bleibt. Eine stufenlose Druckverstellung mit der Fronthydraulik ist möglich.

● **Die Rohrstabwalze**

Diese wird hauptsächlich für die Rückverfestigung des Bodens als Nachlaufgerät beim Grubber oder bei zapfwellengetriebenen Bodenbearbeitungsgeräten verwendet. Die schwere Rohrstabwalze hat einen Durchmesser von ca. 55 cm und ist eher für leichte Böden geeignet.

● **Zahnpackerwalzen**

Diese werden meist einreihig und mit Abstreifern bei schweren Böden eingesetzt.
Häufig in der Kombination mit zapfwellengetriebenen Bodenbearbeitungsgeräten.

● **Elastische Packerwalzen**

Selbstreinigend, gute Bodenanpassung

3. Zapfwellengetriebene Bodenbearbeitungsgeräte

dazu gehören: Fräsen
Eggen
Zinkenrotoren
Scheiben- und Spatenpflüge

Immer mehr Bodenbearbeitungsgeräte sind zapfwellengetrieben. Dies deshalb, weil heute stärkere Traktoren eingesetzt werden und die Leistung dieser Motoren schwerer in Zugleistung umzusetzen ist. Vor allem in Verbindung mit anderen Geräten ist eine merkliche Zeit- und Kosteneinsparung zu erzielen.

Merke: Eine intensive Bearbeitungswirkung wird bei geringer Fahrtgeschwindigkeit und hoher Werkzeuggeschwindigkeit erreicht.

3.1 Bodenfräse

Sie ist ein vielseitig einsetzbares Bodenbearbeitungsgerät für schwierige Bedingungen. Eine waagrecht angeordnete Fräswelle kann mit verschieden geformten Messern bestückt werden. Die Arbeitsqualität wird beeinflusst von:

- der Fahrgeschwindigkeit
- Geschwindigkeit der Fräswelle
- Stellung der Abdeckhaube
- Form und Verschleiß der Arbeitswerkzeuge
- Arbeitstiefe

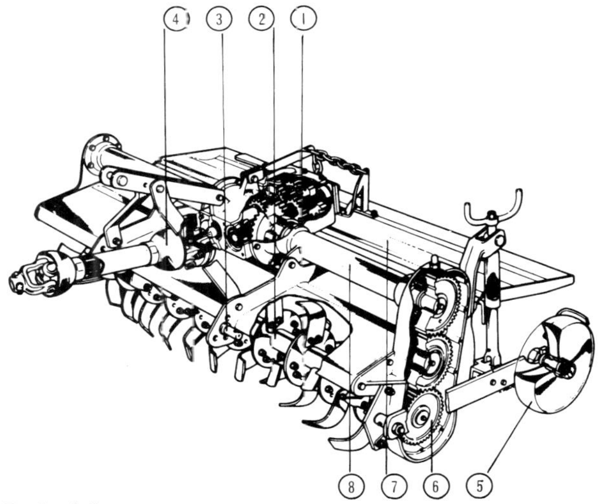

Bodenfräse
1 Schaltgetriebe für verschiedene Geschwindigkeiten
2 Fräswelle mit Winkelmessern, austauschbar gegen eine Welle mit Zinken
3 Anbaubock
4 Gelenke, überlastgesichert
5 Stützrad mit Spindeleinstellung
6 Stirnradgetriebe-Seitenantrieb
7 Abdeckhaube, höhenverstellbar
8 zweifach gelagerte Hauptantriebswelle
(Regent, Heger & Co, Vogel & Noot)

Nachteile sind:
hoher Leistungsbedarf
relativ geringe Flächenleistung
Verschlämmungsgefahr
relativ großer Verschleiß
Wurzelunkräuter können vermehrt werden

Arbeitsbedarf (angegeben bei 15 cm Arbeitstiefe)	
1,2 m Breite	2,3 AKh/ha
1,4 m Breite	1,8 AKh/ha
1,6 m Breite	1,3 AKh/ha

Beim kombinierten Drillfräsen können die Saatbeetvorbereitung und die Saat in einem Arbeitsvorgang erledigt werden.
Bei 15 cm Arbeitstiefe und einer Geschwindigkeit von 5 bis 7 km/h ist die Flächenleistung je m Arbeitsbreite mit ca. 0,4 ha/h und m Arbeitsbreite anzunehmen. Leistungsbedarf: 25 bis 30 kW/Meter Arbeitsbreite.

3.2 Zapfwellengetriebene Eggen

Verschiedene Bauformen: Kreiselegge
Rüttelegge
Taumelegge

❑ Kreiseleggen

Diese besitzen senkrechte Achsen mit zwei Zinken rotierender Kreiselgruppen, die paarweise in entgegengesetzter Drehrichtung arbeiten.
Kreiselegge – Bauteile:

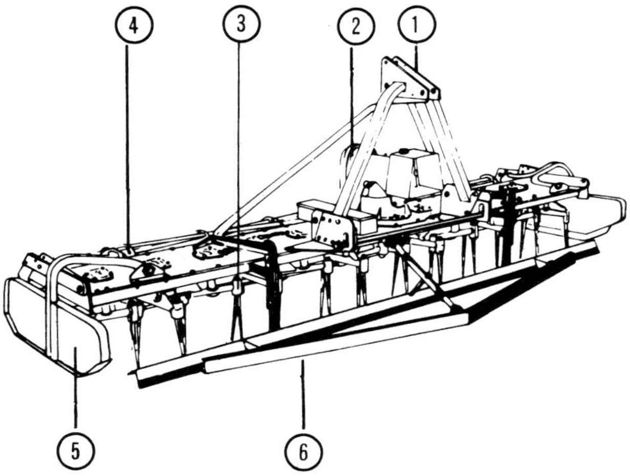

Kreiselegge
1 Dreipunkt-Anbaubock
2 Getriebe mit wechselbaren Zahnrädern
3 Kreiselelement
4 Krümelwalze
5 Seitenplatte
6 Planiervorrichtung
(Pöttinger-Landsberg)

Arbeitstiefe: 15 bis 25 cm
Fahrgeschwindigkeit: 5 bis 7 km/h
Leistungsbedarf: 25 kW/Meter Arbeitsbreite

Getriebe, Kreiselegge

❑ Rütteleggen

Rütteleggen besitzen mehrere Zinkenbalken. Die Zinken führen eine pendelnde Bewegung quer zur Fahrtrichtung aus. Sie durchmischen den Boden gut, und es werden Wurzelunkräuter an die Oberfläche gebracht (z.B. Quecke usw.)

Arbeitstiefe: 15 bis 25 cm
Fahrgeschwindigkeit: 4 bis 5 km/h
Leistungsbedarf: bis 25 kW/Meter Arbeitsbreite
Rütteleggen sollen nicht auf zu schweren Böden eingesetzt werden.

❑ Taumeleggen

Taumeleggen bearbeiten den Boden mit Doppelzinken, wobei die unteren Bodenschichten intensiver als die oberen bearbeitet werden. Dies bewirkt ein schnelleres Absetzen des Bodens und entgegnet der Verschlämmung des Bodens.

Arbeitstiefe: 8 bis 20 cm
Fahrgeschwindigkeit: 5 bis 7 km/h
Leistungsbedarf: bis 25 kW/Meter Arbeitsbreite

3.3 Zinkenrotoren

Zinkenrotoren arbeiten organische Masse (Stallmist, Gülle, abgeformte oder zerkleinerte Gründüngung) sehr gut in die oberste Bodenschicht ein, und deshalb gibt es relativ

Zinkenrotor mit Flachgrubber

wenig Verstopfungen bei den Nachfolgegeräten. Zinkenrotoren werden (wie die Kreiselegge auch) sehr gerne in der kombinierten Bodenbearbeitung eingesetzt und werden seit einigen Jahren vermehrt verwendet.

Arbeitstiefe: 15 bis 20 cm
Fahrgeschwindigkeit: 6 bis 8 km/h
Leistungsbedarf: ca 20 kW/Meter Arbeitsbreite

3.4 Rotorspatenpflug

Eine horizontal liegende, zapfwellengetriebene Welle bewegt die Spaten durch den Boden. Durch Verwendung der Zapfwelle wird die Motorleistung auch bei schwierigsten Bedingungen (sehr harter, ausgetrockneter Boden) voll ausgenützt. Sehr gute Vermischung beim Einbringen organischer Substanz. Relativ kleine Schollen durch Drehbewegung des Rotors.

Technische Daten:
Arbeitsbreite: 1,8 bis 2,5 Meter
Spatenrad: 74 cm Durchmesser
Anzahl der Spaten: 30 bis 42
Leistungsbedarf: ab 70 kW
Gewicht: ca. 2.000 kg
Arbeitstiefe: bis 28 cm

Rotorspatenpflug

3.5 Rotorscheibenpflug

Die Rotorscheibenausführung eignet sich besonders zum Pflügen feuchter oder aufgeweichter Böden. Es kommt dabei zu keiner Pflugsohlenbildung, da die an den Scheiben montierten kleinen Spaten den Boden abheben. Der Einlegerabstreifer unterstützt die leicht wendende Wirkung der Scheiben und verhindert das Verstopfen bei sehr feuchten Verhältnissen.

Rotorscheibenpflug

4. Gerätekombination

Gerätekombinationen werden hauptsächlich für die Saatbettbereitung verwendet. Hiebei handelt es sich um verschiedene, sich in ihrer Wirkung ergänzende Bodenbearbeitungsgeräte, die kombiniert zum Einsatz kommen. Ihre Aufgabe ist vielfältig, sie sollen den Boden einebnen, fein krümeln, lockern, oft aber auch festigen.
Ebenso wird eine große Flächenleistung verlangt, kombiniert mit guter Arbeitsqualiät. Je nach Bodenart und Witterungsverhältnissen soll ein Saatbett mit gewünschter Feinheit und Struktur, wie es den Bedürfnissen der anzubauenden Pflanzenart entspricht, hergestellt werden.

> **Merke:** In einer Gerätekombination müssen solche Geräte zusammengestellt werden, die die Arbeit möglichst in einem Arbeitsgang erledigen, ihre optimale Wirkung bei etwa gleicher Fahrgeschwindigkeit erzielen und deren Einzelgeräte unabhängig voneinander bei Bedarf belastet werden können. Diese Kombinationen sind dem Zugkraftbedarf des Traktors anzupassen.

Die Arbeitsgeräte in Gerätekombinationen
Gerätekombinationen bestehen in der Regel aus 2 bis 3 hintereinander liegend angeordneten Geräten. Als Vorlaufgeräte werden meist Zinkengeräte verwendet (Feingrubber, Eggen usw.) die den Boden

- einebnen,
- lockern,
- mischen,
- vorkrümeln.

Die **Nachlaufgeräte** sind meist Wälzeggen mit verschiedenen Arbeitswerkzeugen, die den Boden

- fein krümeln und auch
- verfestigen (Prismenwalzen usw.).

Aushebevorrichtung für Sämaschine

Zinkenrotor, Sämaschine, Zahnpacker

Zinkenrotor, Zahnpacker, Reihendüngerstreuer, Einzelkornsämaschine

Saatbeetkombination (Front), Prismenwalze, Sämaschine, Striegel

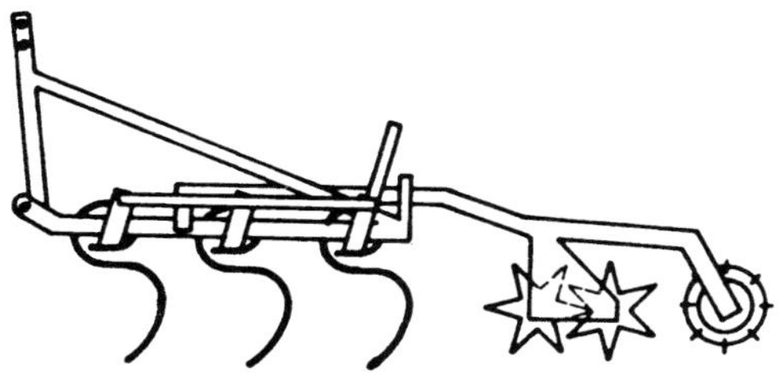

Feingrubber mit Sternwalze und Einwalzenkrümler

Gerätekombinationen

mit Tragrahmen — ohne Tragrahmen

Die einfachsten und auch billigeren sind jene **ohne Tragrahmen,** wobei der Geräterahmen als Traggestell dient. Der Tiefgang der Zinkengeräte wird mit der nachlaufenden Wälzegge und Traktorhydraulik eingestellt.

Gerätekombinationen **mit Tragrahmen** sind teurer und werden deshalb auch seltener verwendet. Am Tragrahmen sind über einen Zugbalken die Vorlaufgeräte angehängt oder auch fest angebaut. Die Nachläufer werden oft mit Ketten an die Vorlaufgeräte angehängt. Die Arbeitstiefe der Vorläufer ist meistens einstellbar. Über Schraubspindel oder Hydraulikzylinder kann der hintere Teil des Tragrahmens stufenlos angehoben und belastet werden.

Merke: Es ist stets besser, mit einer Kombination geringerer Arbeitsbreite und höherer Arbeitsgeschwindigkeit das Feld zu bearbeiten als umgekehrt.

Leistungsbedarf: ca 18 kW/Meter Arbeitsbreite
Flächenleistung: ca. 0,5 ha/Stunde und Meter Arbeitsbreite

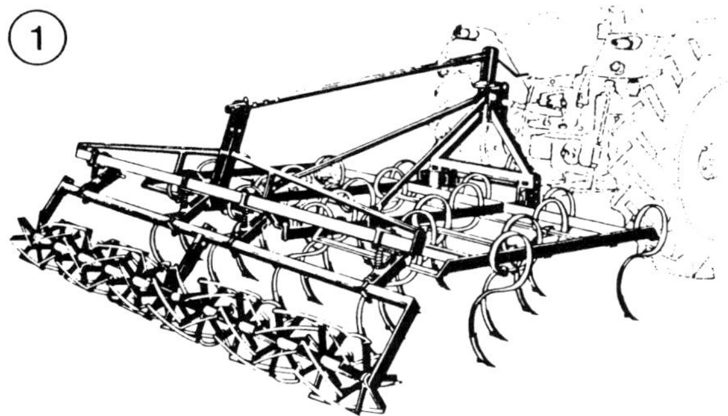

Gerätekombinationen
1 ohne Tragrahmen und 2 mit Tragrahmen (AID)

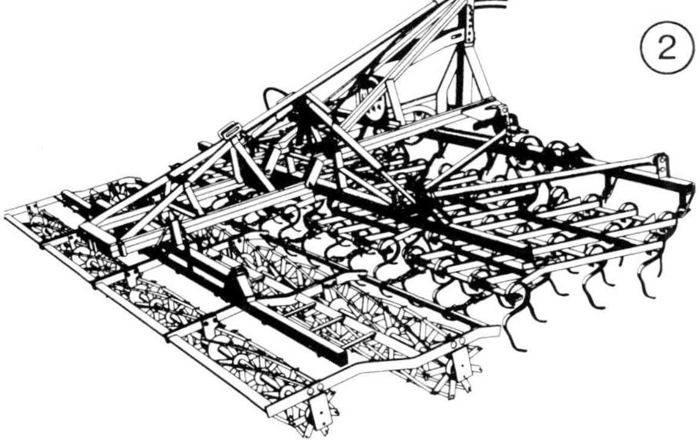

5. Minimalbodenbearbeitung

Darunter versteht man die Verringerung von Arbeitsgängen bei der Bodenbestellung. Dies geschieht meist durch die Kombination von Saatbeetkombination und Anbau. Gerätekombinationen für die Minimalbodenbearbeitung sind in der Regel sehr kostenaufwendig und eignen sich deshalb eher für den überbetrieblichen Maschineneinsatz. Folgende Arbeiten sind kombiniert möglich:

- Düngen
- Pflanzenschutz
- Bodenbearbeitung
- Anbau
- Saatstriegel

In der Praxis kommen immer stärker zapfwellengetriebene Bodenbearbeitungsgeräte (Kreiselegge oder Zinkenrotoren usw.) bei der Minimalbodenbearbeitung zum Einsatz.

Bestellsaat mit Pflugfurche

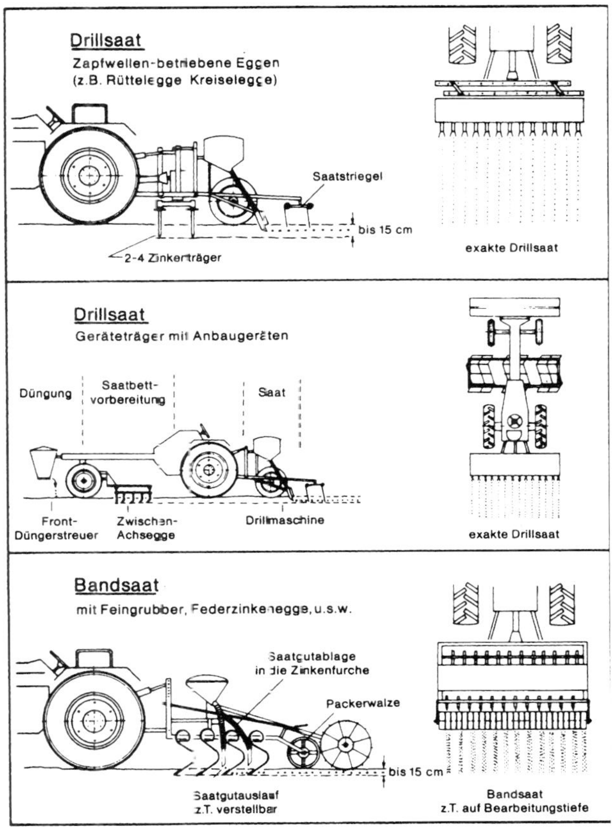

❑ Wartungsarbeiten bei Bodenbearbeitungsgeräten

- Sicherheitsvorschriften ständig überprüfen
- stumpfe Arbeitswerkzeuge austauschen oder reparieren
- Lager nach Betriebsanleitung warten
- Vorwerkzeuge exakt einstellen
- bei zapfwellengetriebenen Geräten Ölstand kontrollieren
- Antriebsketten spannen

Bestellsaat ohne Pflugfurche

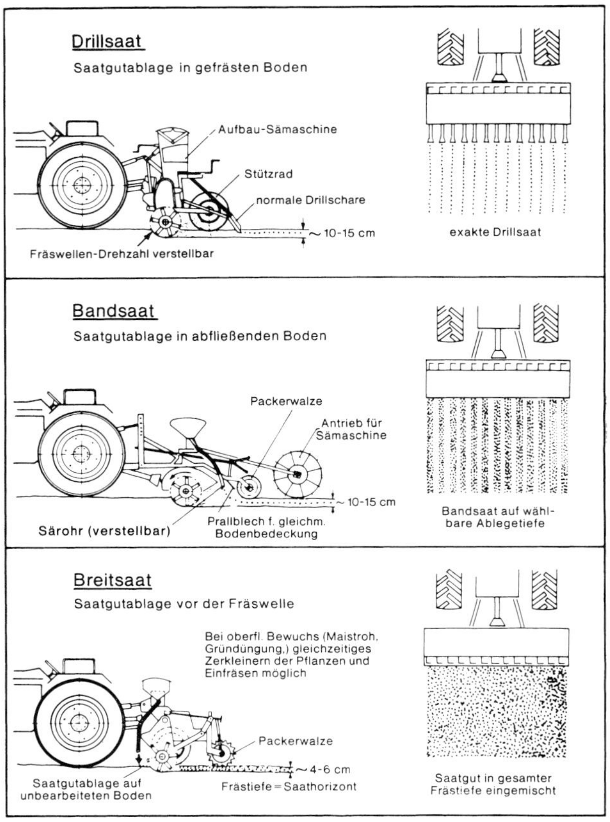

❑ Unfallschutz

Scharfe, kantige und rotierende Arbeitswerkzeuge sind stets Gefahr bringend. In der Maschinenhalle sind die Geräte so aufzustellen, dass sie nicht umkippen können. Besondere Vorsicht beim An- und Abkuppeln der Geräte ist geboten. Die Geräte nie einstellen, wenn sie in Betrieb sind.

6. Transport- und Fördertechnik

6.1 Anhänger

● Zweiachsanhänger

Der Bedeutung nach stehen **Zweiachsanhänger** an erster Stelle. An Lenksystemen findet man neben der einfachen Drehscheibenlenkung auch Achsschenkellenkungen. Bei der Drehschemellenkung wird durch die Zugdeichsel die gesamte Vorderachse verschwenkt. Bei Kurvenfahrt können solche Anhänger daher leicht kippen. Bezüglich der Spurweiten gelten die Normen für Traktoren. Die kleine Normspur von 1.250 mm ist bei Anhängern bis 3 t Tragkraft üblich, darüber hinaus sind größere Spurweiten zweckmäßig.

● Einachsanhänger

Sie belasten mit einem Teil ihres Gewichtes die Traktorhinterachse. Ihre Tragkraft ist aber durch die Reifentragfähigkeit mit 1,5 bis 3 t beschränkt und kann erst durch Tandemachsen erhöht werden. Anhänger mit Tandemachse gelten auch verkehrstechnisch als Einachsanhänger, wenn der Abstand der Achsen unter 1 m liegt. Einachsanhänger werden im Gegensatz zu Zweiachsern ungefedert gebaut. Mit Hilfe des hydraulisch zu schließenden traktorseitigen Zughakens (Hitch) ist ein leichtes Ankuppeln ohne Absteigen des Fahrers möglich. Ansonsten dient ein höhenverstellbares Stützrad zum Ankuppeln.

Einachsanhänger werden besonders als Spezialanhänger mit Entladevorrichtung gebaut. Dieses Bauprinzip findet auch bei Häckselwagen, Stallmiststreuern und Ladewagen Anwendung.
Der Hubzylinder von Dreiseitkippern wird vom Hydrauliksystem des Traktors bestätigt. Die Hydraulikfüllung ist daher dem Traktor anzupassen. Beim Betrieb von solchen Kippanhängern mit verschiedenen Traktoren besteht die Gefahr der Vermischung verschiedener Ölsorten! In schwierigem Gelände können Einachsanhänger mit Triebachse Vorteile bringen. Die Anhängertriebachse hat gegenüber der des Traktors eine Voreilung bis zu 10%. Bei Straßenfahrten ist daher der Antrieb auszuschalten, um übermäßigen Reifenverschleiß zu vermeiden. Zum Betrieb von Triebachsanhängern eignet sich die Wegzapfwelle.

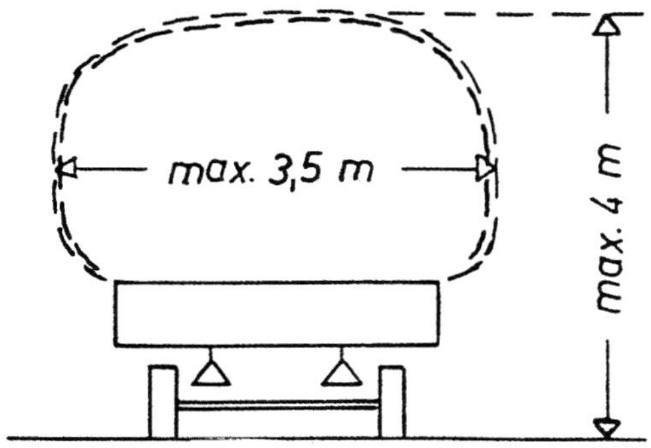

Maximale Ladebreite

Anhängerbordwände werden an den Seiten und hinten klappbar ausgeführt. Zusätzliche Aufbauten in Form von Ladegatter an der Vorder- und Rückseite oder Rundumvergitterungen sind bei der Futterernte nützlich.
Bei Feldhäcksleraufbauten ist die Vorderwand wegen des Auswurfkrümmers niedriger, als es die Seitenwände sind. Der Luftdruck üblicher Ackerwagenluftreifen bewegt sich um Werte von rund 3 bar.

● **Tandemfahrzeuge**
sind meist Einachs-Dreiseitkipper. Sie sind für einen gewissen Fahrkomfort auch mit einer Ausgleichsschwinge mit Federung bzw. Einzelradfederung ausgerüstet. Solche Anhänger sind leicht manövrierbar.

● **Container**
sind Wechselbehälter, die Fahrzeuge und Wartezeiten einsparen. Sie konnten sich noch nicht in der Landwirtschaft durchsetzen.

❑ Verkehrsrechtliche Bestimmungen für Anhänger

Nur schwere Anhänger (über 750 kg Gesamtgewicht) mit Fremdkraftbremsanlage und solche mit über 25 km/h Bauartgeschwindigkeit unterliegen der wiederkehrenden Überprüfung. Die Bremse kann bei einer Bauartgeschwindigkeit bis 25 km/h eine Auflaufbremse oder eine unabhängig von der Betriebsbremse des Traktors zu betätigende Bremse (z.B. Seilzugbremse oder Handbremshebel für Bremser) sein. Ab einer Bauartgeschwindigkeit von 30 km/h müssen Anhänger, die ab dem 1. 1. 1981 typengenehmigt wurden, bei einem zulässigen Gesamtgewicht von über 3.500 kg eine lastkonforme Bremse besitzen. Wenn die Bauartgeschwindigkeit über 25 km/h oder das zulässige Gesamtgewicht über 5.000 kg liegt, müssen alle Räder gebremst werden. Ansonsten sind Vorderachsbremsen üblich.
Für Anhänger ist eine Reifenprofiltiefe erst ab einer Bauartgeschwindigkeit von über 25 km/h vorgeschrieben. In diesem Fall gelten dieselben Richtlinien wie bei Zugmaschinen.
Das **Ziehen von zwei Anhängern** ist zulässig, wenn Zugmaschine und beide Anhänger Druckluftbremsen oder andere gleichwertige Bremsen haben. Sind keine derartigen Bremsen vorhanden, dann darf der erste Anhänger keine Auflaufbremse haben, und es muss auf jedem Anhänger ein Bremser mitfahren. Ein Bremser auf dem zweiten Anhänger genügt, wenn beide Anhänger leer sind oder der erste Anhänger vom Traktor aus gebremst werden kann. Am zweiten Anhänger muss eine Tafel mit der Aufschrift „20 km/h" angebracht sein.
Ein **Personentransport** von maximal 8 Personen ist auf Anhängern im Umkreis von 10 km vom Betrieb zulässig. Die Geschwindigkeit darf beim Personentransport mit nicht zugelassenen Anhängern 10 km/h, bei zugelassenen Anhängern jedoch 20 km/h nicht überschreiten.
Die Ladung von Anhängern und Motorkarren darf nach den Bestimmungen für Wirtschaftsfuhren über die äußersten Punkte des Fahrzeugs hinausragen, wenn die Breite unter 3,5 m und die Gesamtbelastung unter 12 m bleibt. In solchen Fällen muss bei Dunkelheit oder sonstiger Sichtbehinderung seitlich der äußerste Rand der Ladung mit einer Begrenzungsbeleuchtung ausgerüstet sein. Diese Ladung darf die größte Länge des Fahrzeugs nicht um mehr als 1/4 überragen. Bei einer nach hinten oder vorne über das Fahrzeug hinausragenden Ladung ist deren äußerster Punkt mit einer Langgutfuhrentafel (rechteckige Tafel mit rotem Rand) zu kennzeichnen. Bei Dunkelheit oder sonstiger Sichtbehinderung ist auch hier eine Beleuchtung erforderlich.
Weitere verkehrsrechtliche Vorschriften für Anhänger zeigt die folgende Übersicht:

Nicht zugelassene Anhänger	**Zugelassene Anhänger bis 25 km/h Bauartgeschwindigkeit**
Gesamtgewicht bei Einachsanhängern höchstens 8.000 kg, bei Zweiachsanhängern 16.000 kg, bei Dreiachsanhängern 22.000 kg. Das Gesamtgewicht darf aber nie größer sein als das 4fache Eigengewicht des Zugfahrzeugs (bei Auflaufbremsen nicht größer als das 2fache Eigengewicht, wenn Anhängergesamtgewicht über 3.000 kg beträgt). Länge mit Deichsel 12 m, Höhe 4 m, Breite 2,5 m (3,5 m samt Ladung bei Wirtschaftsfuhren).	Maße und Gewichte wie bei nicht zugelassenen Anhängern, jedoch nicht mehr als im Typenschein angegeben. Bei Auflaufbremsen darf das Gesamtgewicht nicht größer sein als das Eigengewicht des Zugfahrzeuges.
sind nötig, wenn: Gesamtgewicht des Anhängers über 6.000 kg oder Gesamtgewicht des Anhängers größer ist als das doppelte Eigengewicht des Zugfahrzeugs (bei Allradtraktoren größer als das 3fache Eigengewicht des Zugfahrzeugs).	sind nötig, wenn: Gesamtgewicht des Anhängers über 1.500 kg oder Gesamtgewicht des Anhängers größer ist als das Eigengewicht des Zugfahrzeugs.

Nicht zugelassene Anhänger	Zugelassene Anhänger bis 25 km/h Bauartgeschwindigkeit
hinten 2 rote, dreieckige Rückstrahler, vorne 2 weiße, runde Rückstrahler, wenn Anhänger breiter als das Zugfahrzeug ist, an den beiden Längsseiten je ein gelbroter Rückstrahler, wenn Länge des Anhängers mit Deichsel 6 m übersteigt.	hinten 2 rote, dreieckige Rückstrahler, 2 rote Schlussleuchten, 2 Blinkleuchten, eine Kennzeichenleuchte, vorne 2 weiße, runde Rückstrahler, an den beiden Längsseiten je ein gelbroter Rückstrahler, wenn die Länge des Anhängers mit Deichsel 6 m übersteigt. Bremsleuchten werden erst bei einer Bauartgeschwindigkeit von über 25 km/h vorgeschrieben. Sie sind aber trotzdem empfehlenswert, weil sonst der Bremsvorgang durch Handzeichen angekündigt werden muss!
hinten eine 10-km-Tafel	hinten eine 25-km-Tafel (bei Personentransport und beim Ziehen von 2 Anhängern eine 20-km-Tafel), rechts seitlich eine Tafel mit dem zulässigen Gesamtgewicht, dem Eigengewicht, der Nutzlast und den zulässigen Achslasten.

Wartungsarbeiten

- Drehschemel kontrollieren und abschmieren
- Radnabenlager auf Spiel prüfen und gegebenenfalls Fett nachfüllen
- Bremsen kontrollieren
- Reifendruck monatlich prüfen (Normalwerte 2,5–3,5 bar)
- Vorschriftsmäßige Ausrüstung kontrollieren: Beleuchtung, Rückstrahler, Aufschrift, 10-km- oder 20-km-Tafel

Abstellfrontlader

6.2 Front- und Hecklader

In beiden Fällen handelt es sich um Traktorzusatzgeräte, mit denen verschiedene Transportarbeiten mechanisiert werden können, vorausgesetzt, die Ladestelle ist befahrbar.

Die am Traktor montierte Anbaukonsole trägt eine Ladeschwinge, die hydraulisch durch zwei Hubzylinder gehoben und gesenkt werden kann. Durch entsprechenden Einbau der Hubzylinder ist die Hubkraft in der untersten Stellung der Schwinge größer als die Durchhubkraft bei weiterem Anheben.

Auf den Schwingen können verschiedene Arbeitswerkzeuge montiert werden (Erdschaufel, Dunggabel, Leichtgutschaufel, Palettengabel, Planierschild, Silagezange, Polterschild, Silageballenzange, Silageschneidzange, Rübenkorb, Reisiggabel usw.). Die einzelnen Arbeitsgeräte werden durch Abkippen (hydraulisch oder mechanisch) entleert.

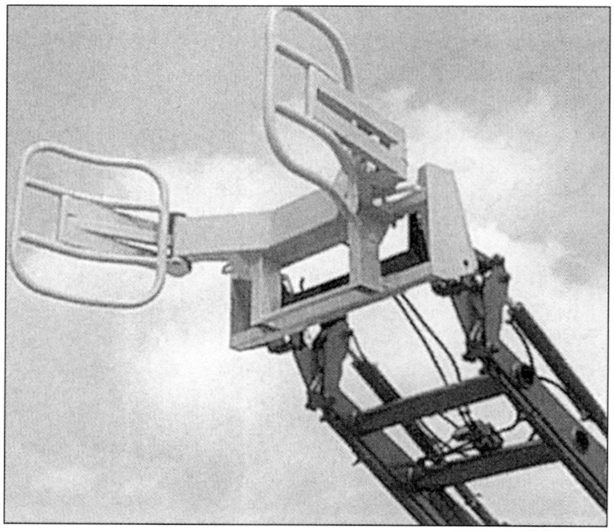

Silageballenzange

❑ Frontlader

Als Zusatzgerät wird der Frontlader an den Hydraulikkreislauf des Traktors angeschlossen. Dazu ist meist ein zweites Steuerventil notwendig. Für die Frontladearbeit wäre ein Traktor wünschenswert, der ein Wendegetriebe und eine leistungsfähige Hydraulikpumpe mit 30 bis 45 l/min Förderleistung besitzt. Die Vorderradbereifung sollte eine Tragfähigkeit von 8 bis 10 ply besitzen, der Luftdruck auf rund 3 bar erhöht werden. Zum Ausgleich der Hinterradachsentlastung ist ein massives Heckgewicht aus Beton geeignet.

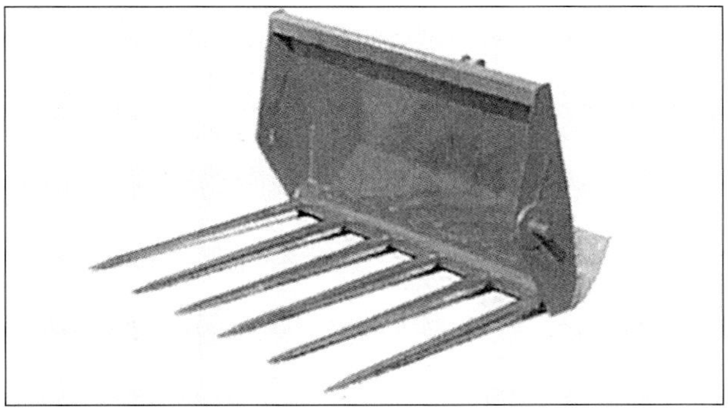

Dunggabel

Silageschneidezange

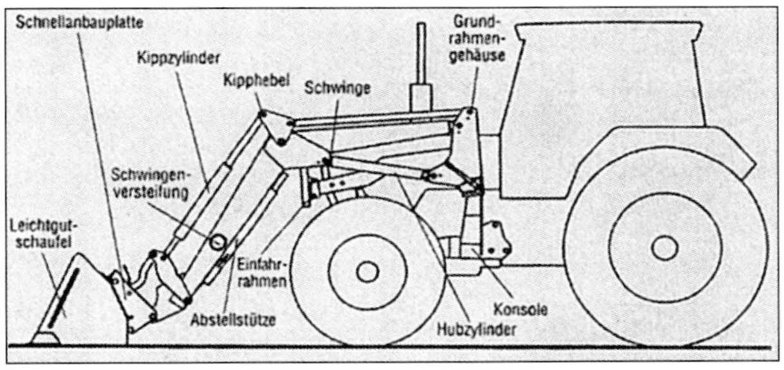

Wichtige Begriffe am Frontlader

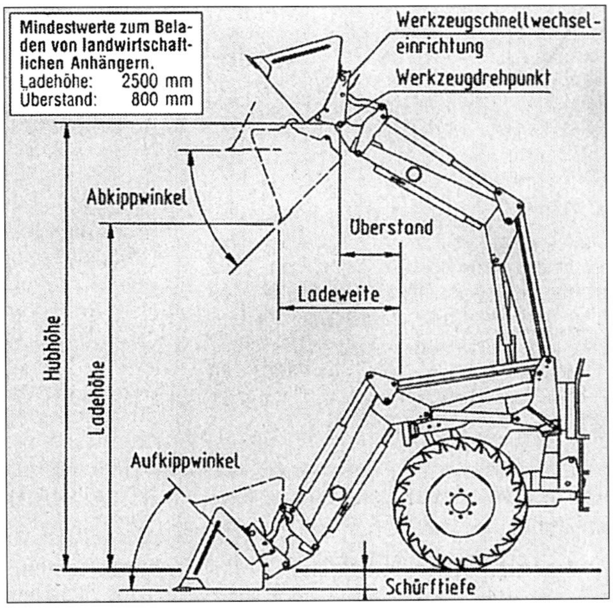

❑ Hecklader

Der Hecklader gleicht bezüglich der Arbeitsgeräte dem Frontlader. Der Anbau der Ladeschwinge erfolgt aber hinten am Traktor. Gehoben wird mit Hilfe des Traktorhubwerks oder eines zusätzlichen Hubzylinders. Wegen der starken Vorderachsentlastung sind der Leistungsfähigkeit des Heckladers enge Grenzen gesetzt. Die Bedienung ist umständlicher, die Hubhöhe geringer als beim Frontlader. Als einfacher und billiger Lader ist er für Traktoren niedriger Leistungsklassen geeignet.

Ladeleistung (t/h)	Frontlader	Hecklader
Stallmist oder Rüben laden	15 bis 20	8 bis 15

❑ Hydraulische Heckgreiferlader und Anhängeschwenklader

Grundelement dieser leistungsfähigen Geräte ist ein nahezu um eine volle Drehung schwenkbarer Auslegearm, dessen Länge durch Abknicken oder Ausfahren von Teleskoprohren bis auf 4 m veränderlich ist. Heckgreiferlader werden an den Traktor angebaut. Anhängeschwenklader laufen auf einem eigenen Fahrgestell. Heckgreiferlader besitzen zwei höhenverstellbare Stützfüße. Huborgane sind durchwegs hydraulische Hubzylinder. Die eingebaute Hydraulikpumpe wird meist durch die Zapfwelle getrieben. Die Selbstgreiferzange ist ebenfalls hydraulisch gesteuert.
Heckgreiferladern werden oft an ausrangierten Traktoren angebaut, da der häufige An- und Abbau Zeit erfordert Der Hauptvorteil des Geräts liegt darin, dass Rangierfahrten während derArbeit wegfallen. Bei Stallmist lassen sich Ladeleistungen von 20 bis 25 t/h erreichen.

6.3 Drehkräne

Drehkräne in ortsfester oder fahrbarer Ausführung kommen vor allem als Stallmistladegeräte in Frage. Die Kransäule lässt sich um eine volle Drehung schwenken Die Reichweite ist durch eine steile oder flache Lage des Auslegearmes bis zu 6 m veränderlich. Ein Drehkreuz ermöglicht ein selbsttätiges Schwenken. Der Greifer wird mittels Seilwinde gehoben und gesenkt.

6.4 Greiferanlagen

Fahrbare Greiferanlagen
Stationäre Greiferanlagen
Greiferaufzug
(Seilgreiferanlage)
Laufkrananlagen
Brückenkrananlage
Altbaukrananlage
(Drehkran)

Es sind sowohl durch ein drittes Schließseil betätigte Selbstgreifer als auch normale Greiferzangen üblich, die in das Ladegut eingetreten werden müssen. Zum Antrieb eignen sich besonders Elektromotoren. Die Lebensdauer des Hubseils ist mit rund 200 Betriebsstunden begrenzt. Fahrbare, hängende Drehkrananlagen mechanisieren die Einlagerung und Entnahme von Heu oder Silage in herkömmlichen Gebäudeformen, bei denen der Einbau eines Brückengreifers auf Schwierigkeiten stößt.

❑ Fahrbare Greiferanlagen

Diese Anlagen werden in der Landwirtschaft meist in zapfwellengetriebener und gezogener Version verwendet. Eine traktorbetriebene Hydraulikpumpe erzeugt den notwendigen Betriebsdruck von ca. 180 bar. Der Drehkran ist mit einem Teleskoparm ausgestattet, der eine Reichweite von 8 bis 10 m hat. Durch die fahrbare Version ist er vielseitig verwendbar.

Fahrbare Greiferanlage

❑ Stationäre Greiferanlagen

● Greiferaufzüge

Der Laufwagen mit der Greiferzange wird, um fahrbar zu sein, auf einer Hängeschiene von einer Seilwinde gezogen. In begrenztem Umfang sind auch Kurven in der Greiferbahn möglich. Im Bedarfsfall ist der Greifer am Laufwagen nicht arretiert und kann durch die Seilwinde bis zu einem Abladebock gezogen werden. Hier öffnet die Greiferzange. Nach dem Umschalten der Winde auf Leerlauf zieht ein Gegengewicht über das Rückholseil den Laufwagen zur Ladestelle zurück. Durch das Auflaufen auf einen Hemmschuh an der Schiene bleibt der Laufwagen stehen, während sich der Greifer löst und durch das Eigengewicht herabsinkt. Am Boden wird er in das zu fördernde Gut eingestochen und durch Anheben mit der Seilwinde wieder im Laufwagen arretiert.

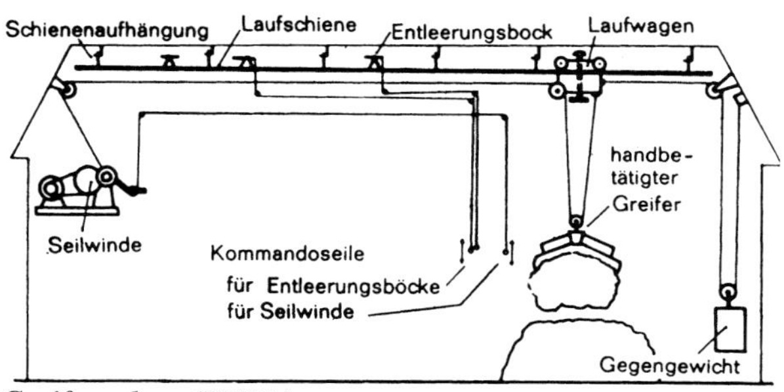

Greiferanlage (KTBL)

Greiferaufzüge eignen sich zum Fördern von ungehäckseltem Raufutter und Silage. Förderleistung bei Heu 3.000–4.000 kg/h. Antriebsquelle ist ein Elektromotor von 1,5 bis 3 kW Leistung. Verschleiß tritt vor allem an den Seilen auf. Eine Pflege mit Seilfett lohnt sich.

❑ Laufkrananlagen

● Brückenkrananlagen

Sie haben in den letzten Jahren als universelles Förderorgan innerhalb von Gebäuden Bedeutung erlangt. Bauliche Voraussetzung ist allerdings eine stützenfreie Hallenkonstruktion mit möglichst großer Höhe. Auf einer fahrbaren Brücke kann eine Laufkatze mit Greiferzange quer bewegt werden. Die Greiferzange wird bei Betätigung eines Schalters selbsttätig geöffnet oder geschlossen. Der Antrieb erfolgt mittels Elektromotoren. Zum Einbau der Kranbrücke sowie zum Öffnen und Schließen der Greiferzange ist mit einer Verlusthöhe von rund 2 m zu rechnen. Der Brückengreifer mechanisiert nicht nur die Einlagerung von Erntegütern, sondern lässt sich auch zur Entnahme von Silofutter oder Heu verwenden. Hohen Ladeleistungen (5.000 kg/h bei Raufutter, 10.000–30.000 kg/h bei Grünfutter) steht ein bescheidener Bedarf an Antriebsleistung gegenüber (2–7 kW).

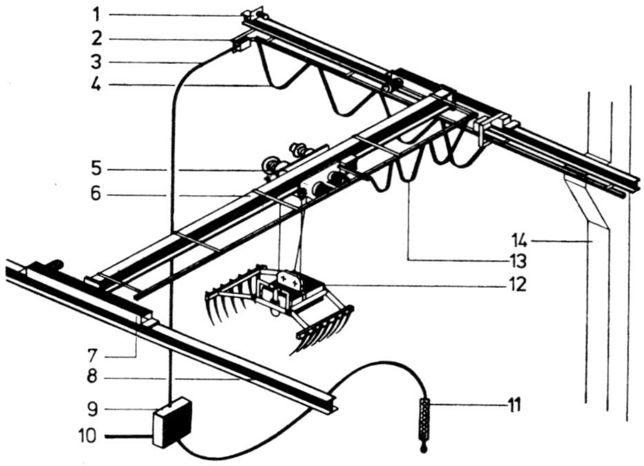

Laufkrananlage (Doubrawa KG)
1 Endschlag mit Endschalter
2 Klemmkasten
3 elektrische Zuleitung
4 Kabelschleppe
5 Laufkatze
6 Kranbrücke
7 Kopfträger
8 Kranbahn
9 Steuerschrank
10 Hauptzuleitung
11 Schaltbirne
12 Hydraulikselbstgreifer
13 Kabelschlepper, Querrichtung
14 Kranbahnstütze

● Altbaukrananlagen (Drehkrananlagen)

Der Laufschienenabstand beträgt bei dieser Form nur ca. 2,5 m, und deshalb kann dieser Kran gut in Altgebäude eingebaut werden.

Auf dem fahrbaren Drehkranz ist ein Auslegearm mit der Greiferzange montiert. Altbaukräne werden mit Fahrerkabine oder mit Fernsteuerung angeboten. Die Kosten sind in der Regel höher als beim Brückenkran. Schema einer Altbaukrananlage:

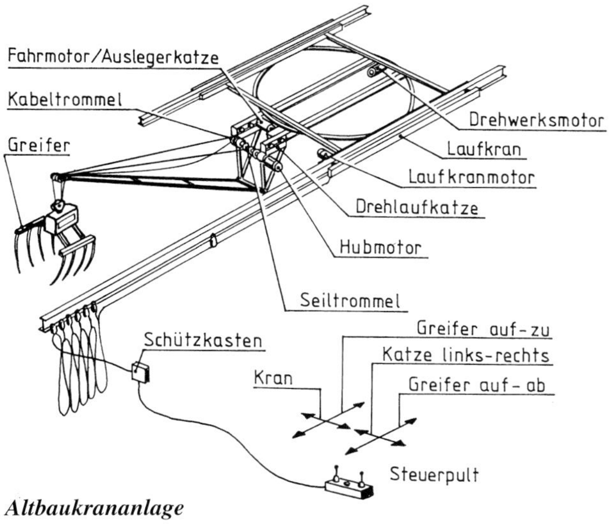

Altbaukrananlage

Wartung von Greiferanlagen

- Steigrollen, Greiferschloss, Scheiben und Rollen abschmieren
- Kupplung auf guten Griff einstellen
- Bremsbeläge nötigenfalls erneuern und von Öl freihalten

6.5 Höhenförderer

Sie sind fest eingebaute oder häufiger fahrbare Schrägfördereinrichtungen. In einem 40 bis 60 cm breiten Fördertrog läuft entweder ein Gummiband oder eine Kratzkette (mit Querleisten versehene Doppelkette) endlos um. Der Fördertrog besitzt oft verstellbare Seitenteile. Die Fördergeschwindigkeit liegt bei 0,4–1 m/s.
Bei Gummiförderbändern sind in Abständen von rund 1 m Gummirippen aufvulkanisiert. Auf den Gummirippen sowie auf den Querleisten von Kettenförderern lassen sich Zinken befestigen. Förderlängen von 8 bis 15 m sind möglich. Der Leistungsbedarf liegt bei 1 bis 2 kW. Zur Förderung von Pressballen werden leichte Kettenhochförderer in Rohrkonstruktion angeboten. Hochförderer eignen sich besonders zum Beschicken von Hochsilos und zum Einlagern von Heu. Zur Beschickung von Heubelüftungsanlagen wurden automatische Futterverteileranlagen, bestehend aus einem Hochförderer mit Querfördereinrichtung und Endverteiler, entwickelt.

6.6 Förderschnecken

Sie werden zum Transportieren von Getreide oder anderem Schüttgut verwendet. In einem Rohr dreht sich eine durch einen Elektromotor getriebene Schnecke. Nasses Getreide und Feuchtmais mit über 25% Wassergehalt führen zu Schwierigkeiten. Bei Senkrechtförderung darf man allgemein nur mit einem Viertel bis zur Hälfte der bei Waagrechtstellung möglichen Förderleistung rechnen.

Pro Meter Länge rechnet man mit einem Leistungsbedarf von 0,4 kW. Die Förderleistung erreicht Werte bis zu 7.500 kg/h.
Das Einlaufende der Schnecke muss vor Beschädigung und Berührung gesichert sein. Mit einem Schiebestück lässt sich am Einlauf die Förderleistung verstellen.

Zweirilliger Keilriemenantrieb

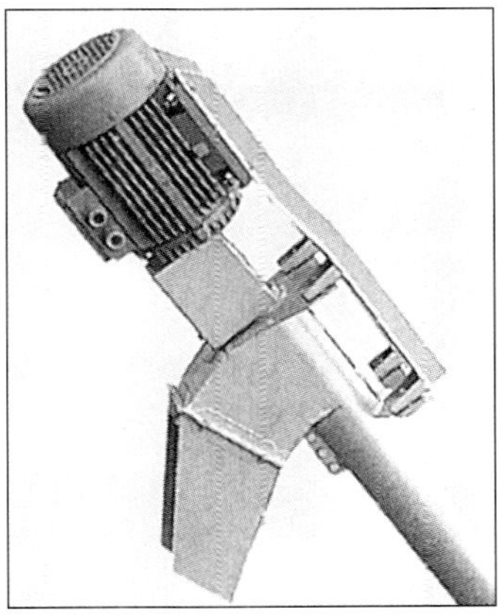

Direktantrieb mit elastischer Kupplung

Becherelevatoren fördern mit einem senkrecht arbeitenden Bechergurt meist aus einem Körnersumpf. Sie sind dort zu empfehlen, wo es sich um höhere und klar gegliederte Gebäude handelt.
Der Kraftbedarf liegt je Meter Förderhöhe bis etwa 0,3 kW.

6.7 Gebläseförderanlagen

Sie dienen zum Fördern von Heu, Stroh, aber auch Getreide. Im Gegensatz zu rein mechanischen Förderanlagen ist mit einem hohen Leistungsbedarf und, je nach Anwendung, mit einem oft beträchtlichen Arbeitsaufwand zum Verlegen der Rohrleitungen zu rechnen.

Schleusengebläse arbeiten sehr schonend. Das Fördergut wird bei Gebläsen für Heu und Stroh durch den Unterdruck in einer Rohrverlegung angesaugt. Eine Rückstauklappe am Boden des Einlauftrichters vermin-

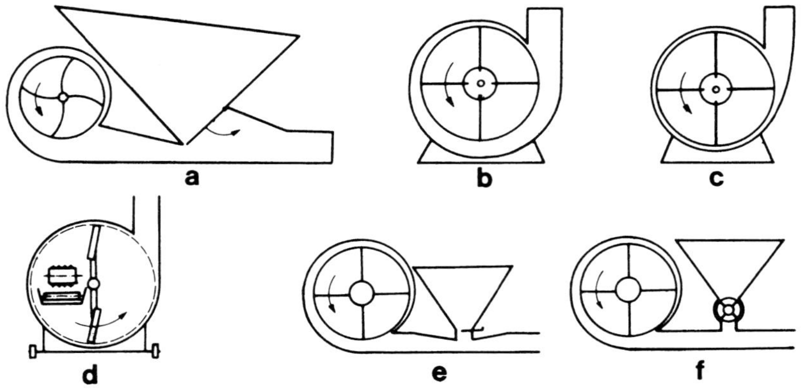

Gebläseförderanlagen
a Schleusengebläse für Heu und Stroh
b Fördergebläse
c Wurfgebläse
d Gebläsehäcksler
e Injektorenschleusengebläse
f Zeilenradschleusengebläse

dert die Verstopfungsgefahr. Die Klappe öffnet selbsttätig, wenn die Förderleitung leer ist.

Bei **Wurfgebläsen, Fördergebläsen und Gebläsehäckslern** passiert das Fördergut im Gegensatz zum Schleusengebläse das Gebläserad. Wurfgebläse (konzentrisches Gehäuse!) sind eher für Grüngut, Fördergebläse (exzentrisches Gehäuse!) eher für Heu und Stroh geeignet. Bei Dürrfutter ist aber mit Bröckelverlusten und Staubentwicklung zu rechnen. Durch Ausrüstung mit einer Einzugsgosse (Schneckenzubringer oder Kratzkettenzubringer) wird jeder Gebläseförderer zu einem Abladegebläse. Mit einem Abladegebläse lässt sich besonders Ladewagengut durch Zuteilentleerung ohne Zwischenlagerung weiterbefördern. Zum Beschicken von Heubelüftungsanlagen werden Futterverteilanlagen mit teleskopartig ineinanderschiebbaren Rohren sowie Endverteiler angeboten. Einzugsöffnungen von Gebläseförderanlagen müssen entsprechend den Bestimmungen des Unfallschutzes so abgedeckt sein, dass das Laufrad nicht mit der Hand oder der Gabel erreicht werden kann.

Übersicht über Gebläseförderer für Grüngut und Heu

Benennung	Schleusengebläse	Fördergebläse	Wurfgebläse	Gebläsehäcksler
Eignung für übliche	Heu, Stroh	Heu, Stroh	Grüngut	Grüngut (Heu)
Rohrweite (mm)	500 (570, 630)	380, 400, 450	250, 310	250
Leistungsbedarf (kW)	4 bis 18	6 bis 18	6 bis 18	bis 18
Förderleistung (kg/h)	3.000–8.000	bis 6.000	10.000 bis 30.000	8.000 bis 20.000
Förderweite	bis 60 m (20 m hoch)	10 bis 40 m	bis 12 m hoch	bis 12 m hoch

In Bezug auf Antriebsleistung sind bei der Förderung von Heu oder Anwelkgrüngut der senkrechte und waagrechte Förderweg gleichzusetzen. Bei Getreideförderung entspricht dagegen 1 m senkrechter Förderweg 2 m waagrechtem. Ein rechtwinkeliger Rohrkrümmer entspricht einer waagrechten Rohrlänge von 6 bis 8 m!

Übersicht über Gebläseförderer für Getreide

Benennung	Injektorenschleusengebläse	Zellenradschleusengebläse
übliche Rohrweite (mm)	150, 250	150
Leistungsbedarf (kW)	4,5 bis 7,5	3 bis 7,5
Förderleistung (kg/h)	1.000 bis 7.000	1.000 bis 6.500
Förderweite (m)	bis 60	bis 120

Wartung

- Lager schmieren
- Vorgeschriebene Drehzahl einhalten
- Vorhandene Schneideeinrichtung nachschärfen
- Rohrleitungen auf Dichtheit kontrollieren
- Förderketten nachspannen

C Technik der Düngung und Beregnung

Wirtschaftseigene Düngemittel reichen in den meisten Betrieben nicht aus, die von den Pflanzen entzogenen Nährstoffe zu ersetzen. Es ist daher erforderlich, zusätzlich Materialdünger auszubringen. Diese Düngemittel werden vorwiegend gekörnt (granuliert), daneben auch staubförmig oder auch in flüssiger Form angeboten. Aus wirtschaftlichen und ökologischen Gründen sollen Mineraldünger nur im unbedingt notwendigen Ausmaß eingesetzt werden. Stickstoffdünger sollen zur Verhinderung von Auswaschung möglichst auf bewachsenen Böden angewendet werden.

Mineraldüngerstreuer haben die Aufgabe, die Düngenährstoffe möglichst gleichmäßig auf dem Feld zu verteilen. Die durchschnittlichen Abweichungen dürfen nach den DLG-Prüfungsrichtlinien nur ± 10% (maximal ± 30%) betragen. An die Düngerstreuer sind folgende Forderungen zu stellen:

- Gleichmäßiges Ausbringen und Verteilen des Düngers längs und quer zur Fahrtrichtung, bei vollem oder nur teilweise gefüllten Vorratsbehälter, bei unterschiedlichen Fahrgeschwindigkeiten sowie bei geringen und hohen Streumengen,
- ausreichendes Fassungsvermögen des Dünger-Vorratsbehälters
- Möglichkeit zum Anpassen an unterschiedlich hohe Pflanzenbestände
- einfaches und sicheres Regeln der Düngergaben,
- Unempfindlichkeit gegen Korrosion, leichtes Reinigen,
- hohe Flächenleistung
- angemessener Anschaffungspreis.

Düngerstreuer für feste Mineraldünger sollen darüber hinaus für unterschiedlich streufähige Düngerarten geeignet sein.

Der Dünger gelangt aus einem Vorratsbehälter (meist mit Unterstützung eines Rührwerkes) zu der Dosiervorrichtung. Sie ist mit verstellbaren Auslauföffnungen und Austragvorrichtungen ausgestattet und bewirkt, dass eine genau dosierbare Düngermenge dem Streuorgang zugeführt wird. Dieses übernimmt dann das Verteilen des Düngers. Beim mechanischen Auslegerstreuer und beim Schneckenstreuer liegt eine über die gesamte Arbeitsbreite gleichmäßige Düngerverteilung vor, die Streubreite entspricht der Arbeitsbreite. Dagegen zeigen Schleuderstreuer und pneumatische Streuer ein Streubild, welches außen nach beiden Seiten abflacht. Deshalb muss bei Anschlussfahrten überlappt werden, um eine gleichmäßge Düngerverteilung auf der gesamten Fläche zu erreichen. Die Wurfweite ist bei diesen Streusystemen größer als die eigentliche Arbeitsbreite. Die verschiedenen Düngerstreuer-Bauarten weisen wesentliche Merkmale auf.

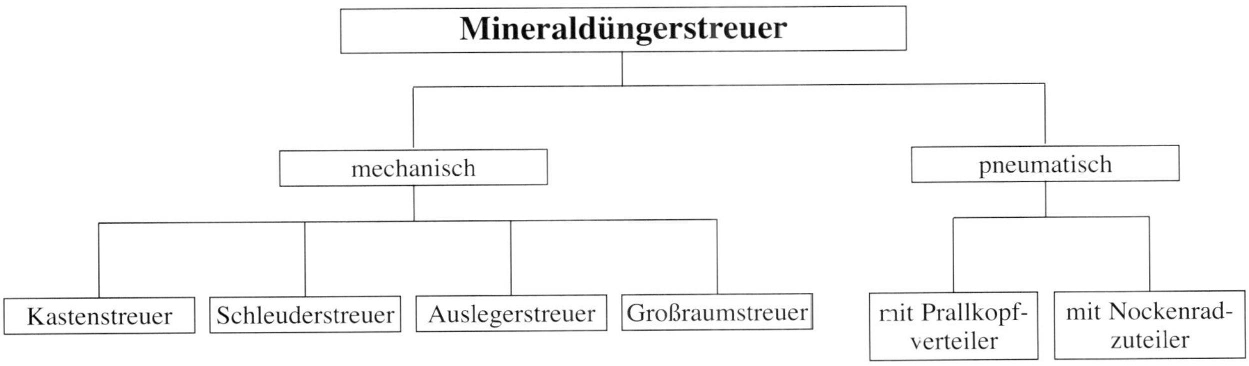

1. Handelsdüngerstreuer

Mineralische Düngemittel werden in einer Vielzahl von Handelsformen angeboten. Die physikalischen Eigenschaften der Düngemittel sind daher auch sehr unterschiedlich, desgleichen die Ausbringmengen.
Während für die Kopfdüngung bis zu 50 kg/ha genügen, müssen in anderen Fällen 1.200 kg/ha und mehr gegeben werden.

1.1 Kastenstreuer

Die Anwendung beschränkt sich auf Spezialzwecke. Die Streugenauigkeit ist in den meisten Fällen gut, die Arbeitsbreite mit Rücksicht auf den Transport geringer.

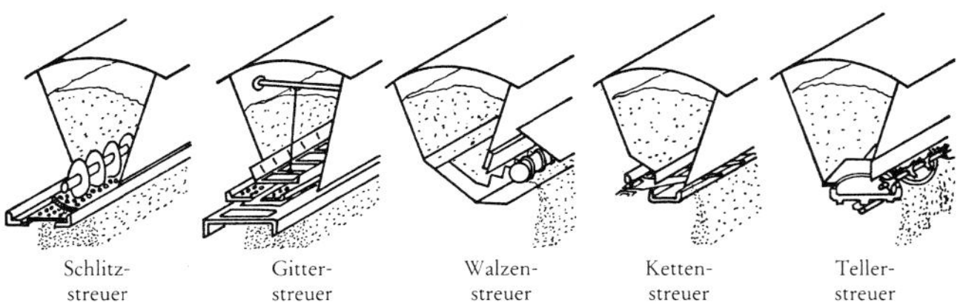

Bauarten von Kastendüngerstreuern

1.2 Schleuderstreuer

Das System der rotierenden Streuscheiben hat die Kastenstreuersysteme weitgehend verdrängt. Früher war der Einscheibenstreuer Stand der Technik. Er hat den Nachteil eines ungleichmäßigen Streubildes.
Mit der Entwicklung der Zweischeibenstreuer hat sich dieser Nachteil weitgehend gebessert. Bei Schleuderstreuern ist die Wurfweite größer als die Arbeitsbreite. Die Streudichte nimmt zu den Rändern ab und muss durch eine Überlappung ausgeglichen werden.

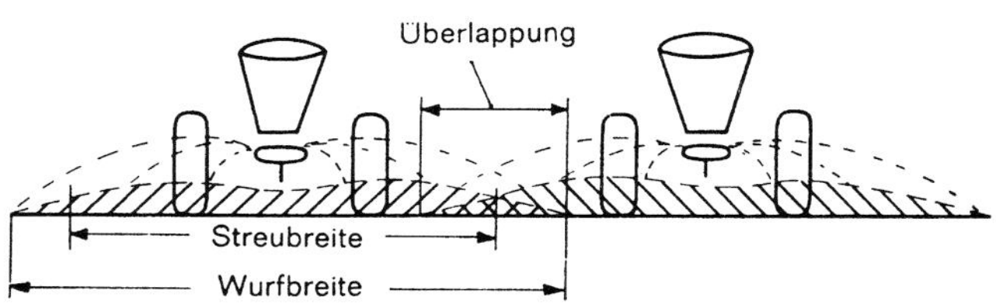

Bei Schleuderstreuern ist die Streubreite geringer als die Wurfbreite

Mineraldünger sind zumeist aggressive Salze. Die Bauteile der Streuer sollen daher aus korrosionsbeständigem Material (rostfreier Stahl, Kunststoffe) sein. Für einen kontinuierlichen Zulauf des Düngers ist ein langsam laufendes Rührwerk erforderlich. Die Streuscheiben brauchen hingegen eine hohe Drehzahl. Die Streumengeneinstellung muss einfach und verlässlich sein. Kabinentraktoren erfordern fernbedienbare, mechanische, elektrische oder hydraulische Systeme, die auch das einseitige Abschalten des Düngerzulaufs für Grenz- oder Randstreuen ermöglichen. Arbeitsbreiten von über 30 Metern sind kein technisches Problem für gute Streuer.
Das wichtigste Element für die Düngerausbringung sind die Streuteller. Für die unterschiedlichen Dünger werden die Wurfflügel auf den Scheiben entweder getauscht oder verstellbar gebaut. Es werden Fabrikate mit bis zu vier getrennt angetriebenen Streuscheiben angeboten, die in Verbindung

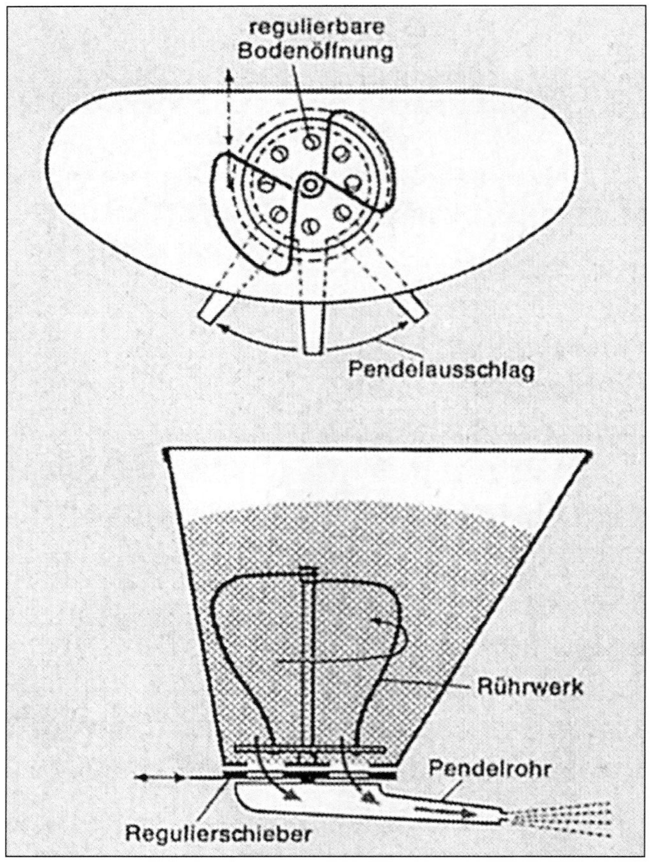

Aufbau und Arbeitsweise des Pendelrohrstreuers

mit einem geteilten Düngebehälter auch zwei unterschiedliche Dünger streuen können. Neben Zapfwellenantrieben sind auch häufig hydraulische Antriebe der Streuorgange gebräuchlich. Die Einstellung der Streumenge nach der Streutabelle bringt oft nur annähernde Werte und sollte daher durch eine „Abdrehprobe" überprüft werden. Elektronische Regelsysteme, auch in Verbindung mit Computern und Satellitennavigation, sind in Entwicklung.

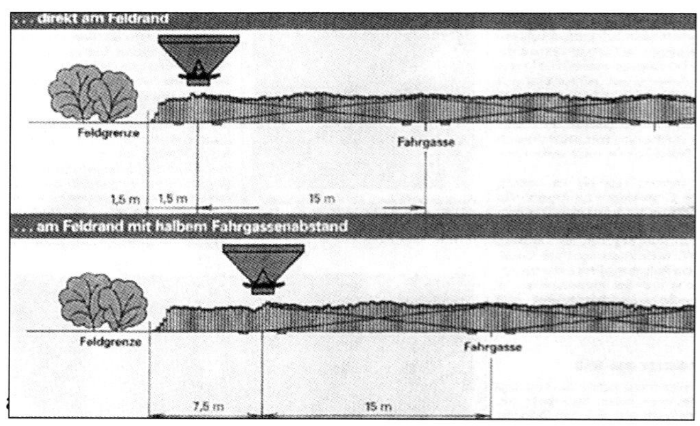

Sauberer Anschluss beim Grenzstreuen

Zu den Schleuderstreuern wird auch der Pendelrohrstreuer gezählt, der mit Streurohren unterschiedlicher Länge angeboten wird. Arbeitsbreiten bis 12 m sind möglich.

1.3 Pneumatische Düngerstreuer

Pneumatische Düngerstreuer fördern den Dünger in einem Rohrsystem vom zentralen Vorratsbehälter aus zu den gleichmäßig über die Arbeitsbreite angeordneten Endverteilern, welche die Breitverteilung vornehmen. Die Verteilgenauigkeit ist exakter, der Dünger sollte allerdings möglichst staubfrei sein. Für die notwendige Luftmenge ist die Motordrehzahl konstant einzuhalten.

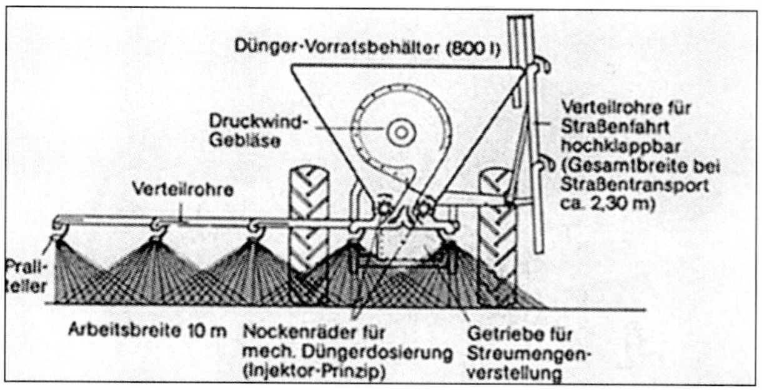

Aufbau und Arbeitsweise von pneumatischen Düngerstreuern

Nach Art der Einspeisung des Düngers in die Rohrleitungen gibt es Systeme mit zentraler und separater Einspeisung. Bauarten mit zentraler Einspeisung dosieren den Dünger über eine Injektorschleuse in den Hauptluftstrom. Ein Verteilerkopf besorgt die Verteilung auf die Nebenverteilerleitungen. Bauarten mit separater Einspeisung dosieren den Dünger direkt in die Nebenrohrleitungen.

1.4 Großflächenstreuer

Diese Streusysteme sind mit mechanischer Querförderung und einklappbaren Auslegern ausgestattet, in denen Schnecken oder Bänder den Dünger vom Vorratsbehälter aus seitwärts fördern. Sie sind für gekörntes und staubförmiges Streugut geeignet. Ein Überlappen ist nicht erforderlich, dafür ist ein sorgfältiges Anschlussfahren notwendig. Die Großflächenstreuer sind meist mit Tandemachse ausgestattet und weisen Nutzlasten bis zu 5 t auf. Ihre Eignung ist auf überbetrieblichen Einsatz, Lohnunternehmer und Großbetriebe beschränkt.

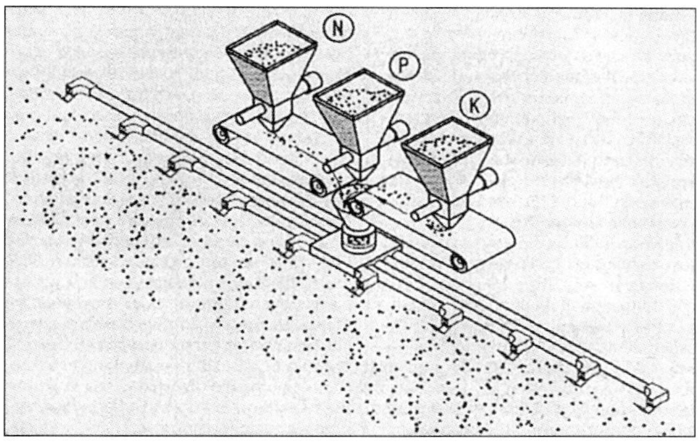

Prinzip eines Mehrkammerdüngerstreuers

1.5 Düngerstreuer für Spätdüngung

Für die Spätdüngung liefern viele Hersteller Anbauböcke, mit denen der Düngerstreuer bis zu 100 cm angehoben werden kann. Da dadurch das Befüllen vom Kipper aus unmöglich wird, gibt es auch Ausführungen, wo der Dünger aus dem Vorratsbehälter über eine Steilförderschnecke zu der erhöht angebrachten Streuscheibe gebracht wird.

Desgleichen werden manche Schleuderstreuer mit Schwenkschaufeln ausgestattet, wodurch die Wurfrichtung des Düngers nach oben gerichtet wird.

Vor dem Kauf von Düngerstreuern sollten folgende Punkte beachtet werden

- Fassungsvermögen des Düngerstreuers (100 l sind ca. 100 kg Dünger)
- Ist der Streuer niedrig genug, um aus dem Kipper übernehmen zu können?
- Lässt sich die Streumenge gut einstellen? (Möglichst stufenlos und unkompliziert?) Ist die Streutabelle ausführlich?
- Ist das Rührwerk wirksam genug?
- Ist der Streuer auch für Spät-(Kopf)düngung (geringe Mengen) geeignet?
- Wie ist das Düngerverteilungsbild (Prüfbericht)?
- Ist die Arbeitsbreite veränderbar?
- Reicht die Hubkraft des Traktors?
- Lässt sich der Streuer leicht reinigen?
- Preis?

1.6 Arbeitsbedarfswerte

Arbeitsmittel: Vierradtraktor mit Hinterradantrieb, Anbauschleuderstreuer.
Bedingungen: Ladegewicht 400 kg, Fahrgeschwindigkeit 8 km/h, Feldlänge 300 m, Hangneigung 0 bis 10%, Feld-Hof-Entfernung 0 km, Dünger in Säcken.

Arbeitszeit in h/ha

Arbeitsbreite in mm	Düngermenge in kg/ha 200	400	600	800	1.000	1.200	1.400
3,00	0,3	0,5	0,7	0,9	1,1	1,3	1,5
7,00	0,3	0,5	0,7	0,9	1,1	1,3	1,5
11,00	0,3	0,5	0,7	0,9	1,1	1,3	1,5
15,00	0,2	0,4	0,6	0,8	1,0	1,2	1,4

Bedienungsfehler sind vermeidbar:

- Wechselnde Anbauhöhe: Die in der Bedienungsanleitung angegebene Höhe soll eingehalten werden (Hubgabelhöhe und Reifendruck kontrollieren)
- Systemhebel der Hydraulik auf „Lagesteuerung" stellen, sonst wechselt die Anbauhöhe bei Gewichtsveränderung
- Anschlussfahrfehler vermeiden
- Zapfwellendrehzahl einhalten
- Vorgeschriebene Fahrgeschwindigkeit einhalten

Die einfachste Methode zur Ermittlung der Geschwindigkeit ist das Durchfahren von 100 m Streckenlänge mit fliegendem Start.

Beispiel: 100 m, Zeit 50 sec

$$\text{Geschwindigkeit} = \frac{\text{Weg}}{\text{Zeit}} = \frac{100}{50} = 2 \text{ m/s}$$

1 m/s = 3,6 km/h (= 3.600 m/Std.)
2 m/s = 7,2 km/h (= 7.200 m/Std)

Modernere Düngerstreuer ermöglichen die Kontrolle der Streuleistung durch Überprüfung der Auslaufmenge im Standbetrieb.

Beispiel: Lt. Tabelle werden 400 kg eines Düngemittels bei einer bestimmten Einstellung ausgebracht. Die nutzbare Arbeitsbreite beträgt 8 m, die notwendige Arbeitsgeschwindigkeit lt. Tabelle 6 km/h. Wieviel Dünger werden je Minute ausgebracht?

$$\text{Ausbringmenge kg/min} = \frac{\text{Menge/ha} \cdot \text{Arb.Breite (m)} \cdot \text{Geschw. (km/h)}}{600}$$

$$\text{kg/min} = \frac{400 \cdot 8 \cdot 6}{600}$$

Wieviel kg/ha werden ausgebracht, wenn je Minute 40 kg auslaufen und die Arbeitsbreite 10 m bei 7 km/h Arbeitsgeschwindigkeit beträgt?

$$\text{kg/ha} = \frac{\text{kg/min} \cdot 600}{\text{Arb.Breite (m)} \cdot \text{Fahrgeschw. (km/h)}}$$

2. Lose-Dünger-Kette

Die Vorteile der Lose-Dünger-Kette liegen im Wegfall der Handarbeit, der Sackkosten und in der Arbeitsverminderung. Die Umstellung erfordert jedoch entsprechende Lager-, Beschickungs- und Entnahmeeinrichtungen sowie eine entsprechende Organisation. Für die Zwischenlagerung im Betrieb ohne entsprechende bauliche Einrichtungen bewährt sich die Verwendung von großvolumigen Plastikschläuchen. Die Einlagerung erfolgt hier am besten pneumatisch, zur Entnahme können Frontlader und Förderbänder eingesetzt werden. Der Transport vom Lager zum Feld erfolgt in der Regel mit Zwei- oder Dreiseitenkippern und Einachsanhängern. Daneben gibt es auf normalen Plattformwagen auch Schrägbodenbehälter zur direkten Befüllung des Düngerstreuers. Zur Befüllung hoher Anbaustreuer und Anhängerstreuer sind Frontlader, Hochkipper, Überladeschnecken oder Überladebänder einsetzbar.

3. Flüssige Mineraldüngung

Die flüssige Mineraldüngung hat vor allem im Ausland bei der Stickstoffdüngung Bedeutung. Es wird entweder mit Ammoniakwasser, wasserfreiem Ammoniak, N-Lösungen oder Volldüngerlösungen gearbeitet.
Das wasserfreie Ammoniak (NH_3) ist bei hohem Druck flüssig, als Gas flüchtig und ätzend. Es wird durch Injektorzinken in den Boden gebracht und erfordert Spezialgeräte.
Ammoniakwasser ist flüssig und druckfrei, jedoch ebenfalls sehr korrosiv. Es wird ebenfalls in den Boden eingebracht. Für die Dosierung werden Kolbenpumpen mit Bodenantrieb bevorzugt, da sie genauer dosieren. Für die Bodeneinbringung werden Injektorzinken oder Scheibenseche verwendet.
Die größte Verbreitung der Flüssigdüngung ist mit Ammonnitrat-Harnstoff-Lösung (AHL), die auch in Kombination mit Herbiziden und zum Teil mit Fungiziden und Insektiziden zur Anwendung kommt.
N-Lösungen und Volldüngerlösungen können oberflächlich auf den Boden und bedingt auch auf Pflanzen ausgebracht werden. Dazu können normale Pflanzenschutzspritzen verwendet werden; die Lösungen sind sehr korrosiv, weshalb die Teile der Spritze, welche mit der Lösung in Berührung kommen, besonders geschützt sein müssen.

Pflege und Wartung bei Handelsdüngerstreuern

- Sofort nach der Arbeit Behälter und Streuorgan reinigen! Zuerst Druckluft oder einen Besen verwenden, dann, wenn nötig, Wasser. Blanke Teile, besonders Absperrschieber, mit Außenkonservierungsöl behandeln.
- Öl in den Untersetzungsgetrieben fallweise kontrollieren und nach ca. 500 Betriebsstunden wechseln.
- Regelmäßig Gelenkwelle abschmieren. Streuscheiben auf Lagerspiel prüfen.

4. Festmistkette

In einer ökologisch gesinnten Landwirtschaft haben Festmist und Kompost zunehmende Bedeutung.
Der Dünger ist ein Nebenprodukt der tierischen Produktion. Pro GVE fallen an: bei Rindern 25 kg Kot und 15 kg Harn, bei Schweinen 17 kg Kot und 18 kg Harn. Je nach Streumenge ergibt dies pro GVE 28-32 kg Festmist pro Tag. Um für das Laden entsprechende Geräte, wie Frontlader, Heckschwenklader oder Greifer, einsetzen zu können, ist es wichtig, dass genügend Rangierflächen und ebene Zufahrten zur Miststätte vorhanden sind.

4.1 Stallmiststreuer

Die Stallmiststreuer erleichtern, verbessern und beschleunigen die schwere und zeitaufwendige Arbeit der Stallmistausbringung.

Folgende Anforderungen werden an den Stallmiststreuer gestellt:

- Feinstufig regelbare Ausbringmenge (5.000–50.000 kg/ha)
- Gleichmäßige Verteilung
- Große Transport- und Flächenleistung
- Sichere und bequeme Bedienung
- Vielseitige Verwendbarkeit
- Erfüllung der Bestimmungen der StVO und des KFG

Mistmengen genau abschätzen

Bezeichnung		Um diese Menge an Stallmist auszubringen...			
Streuer*	**Arbeitsbreite**	**100 dt/ha**	**200 dt/ha**	**300 dt/ha**	**400 dt/ha**
		...müssen Sie diese Fahrstrecke abfahren			
Normalstreuer	2,00 m	2.000 m	1.000 m	667 m	500 m
Breitstreuer	6,00 m	667 m	333 m	222 m	167 m
Exaktbreitverteiler	12,00 m	333 m	167 m	111 m	83 m

*Angenommenes Ladegewicht: 40 dt/Streuer

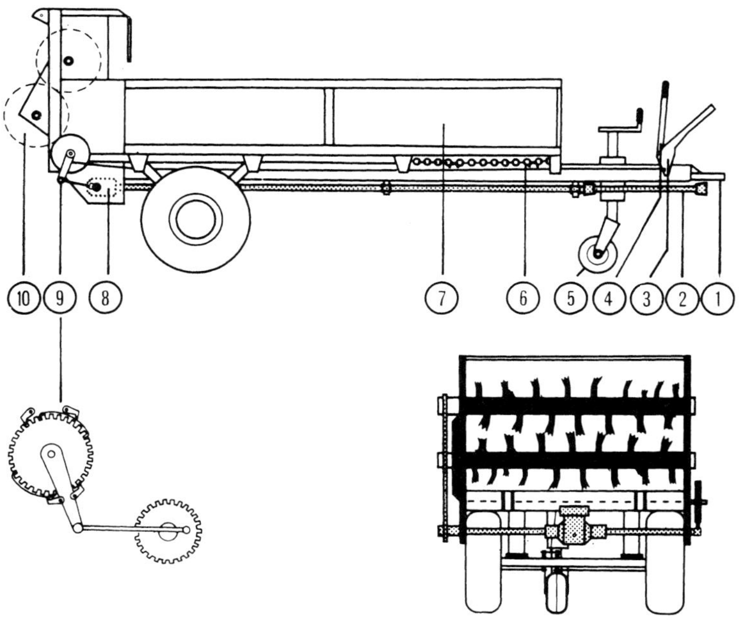

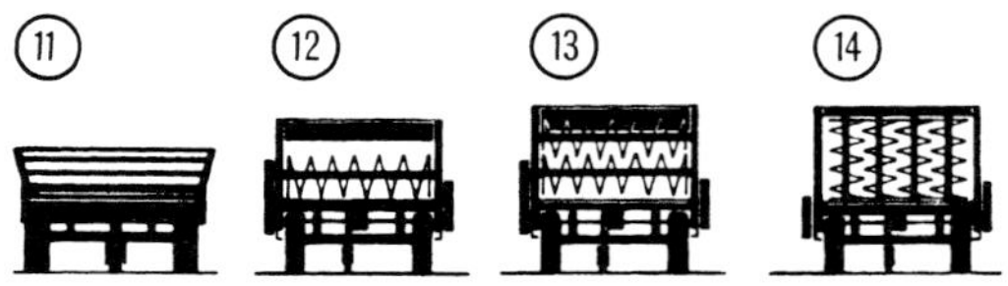

Stallmiststreuer
1 Anhängevorrichtung
2 Gelenkwelle
3 Bremse
4 Streumengeneinstellung
5 Stützrad
6 Kratzboden
7 Klappbare Bordwände
8 Antrieb für Streuvorrichtung
9 Klinkengetriebe für Kratzboden
10 Streuwerk
11 Stallmiststreuer als Transporter
12 Stallmiststreuer mit 1 liegenden Streuwalze
13 Stallmiststreuer mit 2 liegenden Streuwalzen
14 Stallmiststreuer mit 4 stehenden Streuwalzen
(Pöttinger)

Das **Fahrgestell** kann aus ein- und mehrachsigen Ausführungen bestehen, in Österreich überwiegt das Einachsfahrgestell. **Tandemachsen** ermöglichen die Vorteile des Einachswagens bei hoher Tragfähigkeit. Bei besonders schwierigen Betriebsbedingungen ist die Triebachse empfehlenswert.

Das Streuwerk besteht aus schnelllaufenden Trommeln, die entweder als zylindrische Walzen, besetzt mit Reiß- und Wurfzinken, oder als Schneckenwalzen ausgeführt sind. Die Streuwalzen können liegend und stehend ausgeführt sein, eine zusätzliche Bewegung der Streuwalzen steigert die Fräs- und Streuwirkung.

Der Streuwerkantrieb erfolgt über die Gelenkwelle und mit Hilfe von Winkel-, Stirnrad-, Ketten- oder Keilriemenantrieben.

Hinsichtlich der **Streubreite** wird zwischen Schmal- und Breitstreuern unterschieden. Die größte Breite erreichen Streuer mit stehenden Walzen, die sich paarweise entgegengesetzt drehen. Liegende Streuwalzen können durch zusätzliche Wurfteller oder Schnecken mit links- und rechtsgängigen Streuwendeln Breitstreuwirkung erzielen. **Heckstreuer** überwiegen zumeist, es gibt jedoch auch Ausführungen als **Seitenstreuer**. Eine Ausführung des Seitenstreuers fördert den Stallmist durch einen in der Mitte der Streuwanne liegenden, mit Schlegelketten besetzten Rotor.

Die **Fördereinrichtung** zur Zuführung des Stallmistes zum Streuwerk kann bei der vorhin erwähnten Ausführung entfallen, alle anderen Streuerbauarten besitzen als Fördereinrichtung entweder den **Rollboden** oder den **Kratzboden.** Gezogene oder geschobene **Schubwände** sind kaum mehr anzutreffen.
Der Kratzboden besitzt im Abstand von 0,3 bis 0,5 m quer liegende Kratzleisten, die auf 2 oder 3 nebeneinander liegenden und in Führungsrillen laufenden Kettensträngen montiert sind. Der **Kratz- und Rollbodenvorschub** beeinflusst die Streudichte. Als technische Lösung für den Antrieb dienen zumeist Klinken- (Ratschen-) oder Klemmrollenantriebe. Die Streudichte lässt sich wie folgt errechnen:

$$\text{Streudichte in kg/ha} = \frac{\text{Ladegewicht (kg)} \cdot 10.000}{\text{Nutzbare Streubreite (m)} \cdot \text{Streulänge je Fuhre (m)}}$$

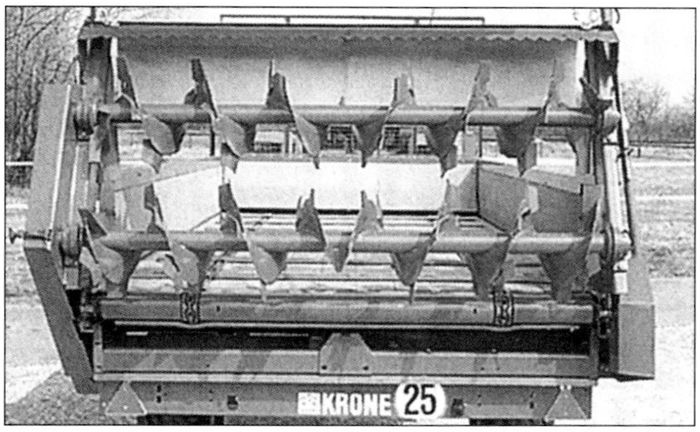

Düngerstreuer mit liegenden und stehenden Streuwalzen

Beste Streugenauigkeit durch Fräswalzen in Kombination mit einem Tellerstreuerwerk Arbeitsbreite ca. 12 m

Seitenstreuer bestechen durch hohe Arbeitsbreiten und gute Verteilung. Anfällig gegenüber Fremdkörpern

Der **Leistungsbedarf** richtet sich nach dem Zustand der Fahrbahn, der Geländeneigung, der Größe des Streuers, der Bereifung und der Fahrgeschwindigkeit.
Durchschnittswerte:
2-t-Einachswagen........................15 kW
3-t-Einachswagen........................20 kW
4-t-Einachswagen........................25 kW

❑ Arbeitsbedarfswerte

Arbeitsmittel: Vierradtraktor mit Frontlader, Stallmiststreuer.
Bedingungen: Stallmist, gut verrottet, Ladeleistung 10.000 kg/h, günstige Fahrverhältnisse am Feld, Hangneigung 0 bis 10%, Feld-Hof-Entfernung 0 km, Feldlänge 300 m, Fahrgeschwindigkeit 4 km/h, Streumenge 10.000 bis 30.000 kg/ha.

Ladegewicht in kg	Arbeitsbreite in m	Arbeitszeit (h/ha)
2.000	3	2,8 bis 5,9
	4	2,5 bis 5,7
3.000	3	2,7 bis 5,7
	4	2,4 bis 5,4
4.000	3	2,6 bis 5,5
	4	2,3 bis 5,2

Starker Antrieb für den Kratzboden. Hochbelastbare Stahlwellen und Taschenräder. Die Stabilität des Kratzbodens wird durch hochvergütete Rundstahlketten gewährleistet.

❑ Pflege und Wartung

- Unmittelbar nach der Arbeit reinigen, abschmieren, nochmals laufen lassen und mit Außenkonservierungsöl behandeln
- Kratzbodenkette so spannen, dass sie sich etwa 8 bis 10 cm aus der Führungsrille ziehen lässt
- Gelenkwelle abschmieren, Öl in den Ölbadgetrieben kontrollieren, jährlich einmal wechseln
- Luftdruck der Reifen kontrollieren, Bremsen und Radnabenlager prüfen
- Holzteile imprägnieren
- Kratzboden und Vorschubeinrichtung nach 10 Betriebsstunden abschmieren

Unfallschutz

Nie bei laufendem Streuwerk und umlaufender Kratzkette den Wagen betreten. Steine im Stallmist schaden den Streuorganen und werden während des Ausstreuens zu gefährlichen Geschossen. Schutzvorrichtungen nicht entfernen.

5. Kompostierung

Die Ziele der Kompostierung sind die Wiederverwertung der organischen Rohstoffe und das Gewinnen eines hochwertigen Dünge- und Bodenverbesserungsmittels. Für Pflanzenabfälle und Reststoffe aus der Landwirtschaft kommt in der Regel das Mietenverfahren in Frage; Bioabfälle werden häufig durch Intensivrotteverfahren in Rotteboxen oder Rottetrommeln aufbereitet. Für die Kompostierung nichtlandwirtschaftlicher Produkte sind wasserrechtliche Genehmigungen einzuholen bzw. die vorgesehenen Auflagen einzuhalten, um Grundwasserbeeinträchtigungen zu verhindern.

Kompostmieten werden meist in Form lang gestreckter Dreiecksmieten (Trapezmieten) mit einer Basisbreite von 1 bis 1,5 Metern angelegt. Der Rotteverlauf wird vom Nährstoffgehalt des Materials, der Abbaubarkeit der Bestandteile, dem Wassergehalt und der Durchlüftung bestimmt.
Günstig wirkt sich eine Zerkleinerung (Schreddern) des Ausgangsmaterials aus. Geräte dazu sind:

Messerhacker, Schlegelhacker (Messer bzw. Schlegel zerkleinern das Häckselgut)

Schneckenhacker (zwei gegenläufig arbeitende Schnecken zerfasern u. zerkleinern das Material)

Mit der Zeit vermindert sich der Sauerstoffgehalt der Miete, weshalb regelmäßiges Umsetzen erforderlich wird. Die Häufigkeit des Umsetzens ist abhängig vom Ausgangsmaterial und vom Wassergehalt.

Geräte dazu sind:
- **Stationäre Kompostumsetzer**
- **Mobile Kompostumsetzer** (siehe Abb. S. 81; große Fräswalzen mischen das Gemenge der Miete, lockern es auf und legen es zu einer neuen Miete ab)

Vor der Ausbringung soll der Kompost gesiebt werden, wenn sich nichtabbaubare Stoffe darin befinden. Die Ausgangsfeuchte des Kompostes sollte dabei 35 bis 40 Prozent betragen.
Geräte dafür haben:
- Spannwellensiebe
- Trommelsiebe

Aufsetzen, Mischen und Umsetzen der Kompostmieten ist auch mit Frontlader und Stallmiststreuer möglich. Der Zeitaufwand dafür ist wesentlich größer als bei Spezialmaschinen.
Das Ausbringen des reifen Kompostes ist mit den meisten handelsüblichen Stallmiststreuern möglich. Es ist zu beachten, dass krümeliger Kompost ein anderes Streuverhalten als Stallmist aufweist.

6. Flüssigmist

Der Dünger lässt sich als Flüssigmist billiger vom Tier zum Feld bringen als in fester Form. Weitere Vorteile sind: kein Streuproblem, geringster Arbeitsaufwand für Streu, Entmistung und Ausbringung. Weitgehend verlustlose Lagerung.

6.1 Flüssigmist und Umweltschutz

Die Anzahl der Flüssigmistbetriebe steigt aus den vorhin erwähnten Gründen und damit auch der Prozentsatz der Betriebe, die begründet oder schuldlos als Umweltverschmutzer bezeichnet werden.

In einigen Ländern sind bereits Gesetze und Verordnungen beschlossen, die zu einer Reihe von Veränderungen technischer und organisatorischer Art in Flüssigmistverfahren führen werden. Das Problem liegt dabei nicht in der Technik, sondern in den bei den auferlegten Verfahren entstehenden Kosten.
Alle Maßnahmen haben das Ziel, den Flüssigmist **umweltfreundlich** als Dünger zu verwerten. Frühere Maßnahmen waren fast ausschließlich auf das Verringern der Geruchsemission gerichtet, heute stehen Verfahren im Vordergrund, die eine Überdüngung vermeiden, die Düngung mit Flüssigmist verbessern und eine Geruchsmilderung bewirken.
Vor allem gibt es im Ackerbaubetrieb Probleme, die Ausbringzeit mit einer günstigen Nährstoffaufnahme durch die Pflanze zu verbinden. Zur Verbesserung sollte in den Betrieben die **Lagerkapazität** auf sechs Monate ausgeweitet werden, die **Fruchtfolge** auf Flüssigmistausbringung und eine Verwendung als Kopfdünger angestrebt werden.
Es treten aber auch im Grünlandbetrieb Probleme auf: Feststoffe an Pflanzenteilen behindern die Futteraufnahme; hohe Flüssigmistgaben erzeugen einen, das Wachstum der feinen Gräser und Kräuter behindernden, Feststofffilz.
Flüssigmistbehandlung erfolgt in der Regel
- durch Verdünnen mit Wasser,
- maschinelles Abtrennen der Feststoffe durch Separatoren und Zentrifugen (kostenintensiv),
- biologische Behandlung durch Eintrag von Luftsauerstoff.

Flüssigmist-Umspülverfahren
1 Spülkanal
2 Staunase
3 Dungbehälter
4 Umwälzbelüfter
5 Pumpe für Umspülung
6 Spülleitung
(Alfa-Laval)

Güllekalender

Ausbringzeiten und -mengen von Milchviehgüllen bei guten Ertragsvoraussetzungen

Früchte	Maximale Aufwandmenge m³/ha und Jahr	Juli	August	September	Oktober	November	Dezember	Januar	Februar	März	April	Mai	Juni
Silomais	60										30-40		20-30 (3)
Futterrüben (Zuckerrüben)	50									20-50			
Kartoffeln	30									20-30			
Winterraps (Kornnutzung)	50		20-30 (4)			20-30 (2)				20-40 (5)			
Winterweizen	40					20-30 (2)					20-30 (5)		
Wintergerste	40			20 (4)		20-30 (2)					20-25	(5)	
Sommerweizen	40										20-30 (5)		
Sommergerste (Futternutzung)	20									20			
Hafer	30										20-30 (5)		
Kleegras (50 % Grasanteil)	40	15-25								15-25			15-25
Feldfutterbau (überwinternde Arten)	80	20-25			20-25 (1)					20-40			20-25
Zwischenfrucht mit Strohdüngung	30	20-30											

[grey bar] mögliche Ausbringzeit

[grey box] 20-30 mögliche Ausbringmenge bei Milchviehgülle (m³/ha) mit 7,5 % TS, bei anderer Gülle entsprechend dem N-Gehalt weniger oder mehr

[grey bar] (1) bis (5) nebenstehende Hinweise zur Ausbringung beachten

(1) nur wenn im Herbst nicht umgebrochen wird
(2) nur in Kombination mit Nitrifikationshemmstoff, wenn Gülleausbringung im Herbst wegen zu geringen Lagerraumes nötig
(3) mit Schleppschläuchen zwischen die Reihen, möglichst einarbeiten
(4) auf Standorten, wo Herbst-Stickstoffgabe erforderlich
(5) auch zweimalige Gabe möglich

Landesgesetzliche Vorschriften können manche Angaben verändern.

Merke: Der Güllekalender ist eine wertvolle Hilfe bei der Planung der Ausbringzeiten und Ausbringmengen von Gülle.

6.2 Rühr- und Mixgeräte

Bei der Lagerung von Flüssigmist in Gruben oder Hochbehältern tritt eine mehr oder weniger starke Entmischung ein; an der Oberfläche bilden sich Schwimmdecken, am Grubenboden Sinkschichten. Vor dem Ausbringen muss daher der Grubeninhalt homogenisiert (homogenisieren = Flüssigkeiten verschiedener Schwere so gut vermischen, dass eine Trennung sehr spät oder überhaupt nicht eintritt) werden. Dies kann pneumatisch, hydraulisch oder mechanisch erfolgen. Fix in die Güllegrube eingebaute Rührwerke werden nur selten verwendet.

Pneumatische Rührwerke arbeiten mit Hilfe von Pressluft. Da keine Schneideeinrichtungen verwendet werden können, ist der Effekt gering.

Hydraulische Rührwerke arbeiten mit einem Flüssigmiststrahl, der vorher mittels einer Pumpe der Grube entnommen wurde und mit entsprechendem Druck wieder in die Grube geleitet wird.

Mechanische Mischer besitzen an ihrem Ende einen Propeller, der mit hoher Drehzahl läuft. Das den Propeller umgebende Gehäuse kann durch Schneidkanten auch eine Schneidwirkung erzielen. Es gibt mechanische Mischer mit E-Motor und Zapfwellenantrieb. Zapfwellengetriebene Geräte werden durch den Dreipunktanbau leichter beweglich. Eine entsprechend große Grubenöffnung ist für den Einsatz erforderlich.

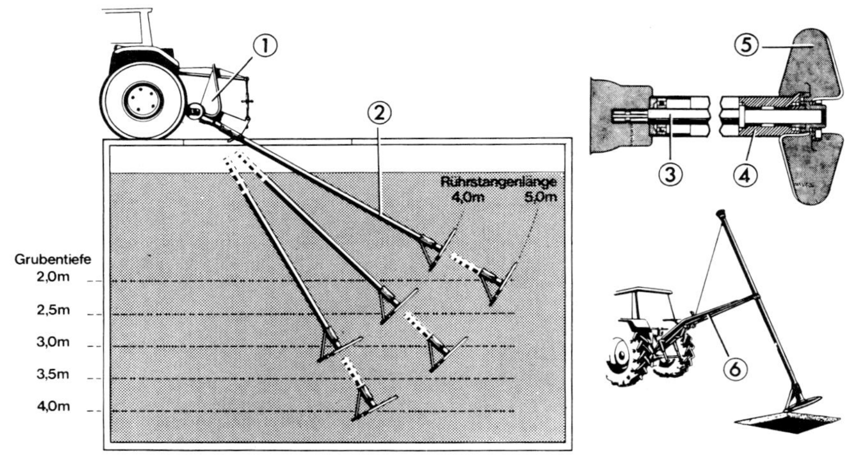

Traktor-Güllemixer
1 Anbaurahmen
2 Rührstange
3 Antriebswelle
4 Lagerkörper
5 Rührflügel
6 Anbaurahmen für kleine Grubenöffnungen (Bauer)

6.3 Flüssigmistpumpen

An die im Flüssigmist arbeitenden Pumpen werden hohe Anforderungen gestellt. Sie sollen:
- Frischmist in die Lagerbehälter pumpen;
- homogenisieren, d.h. Durchmischen der Sink- und Schwimmschichten mit der sich absetzenden Flüssigkeit;
- hohe Schlagkraft bei der Befüllung erreichen.

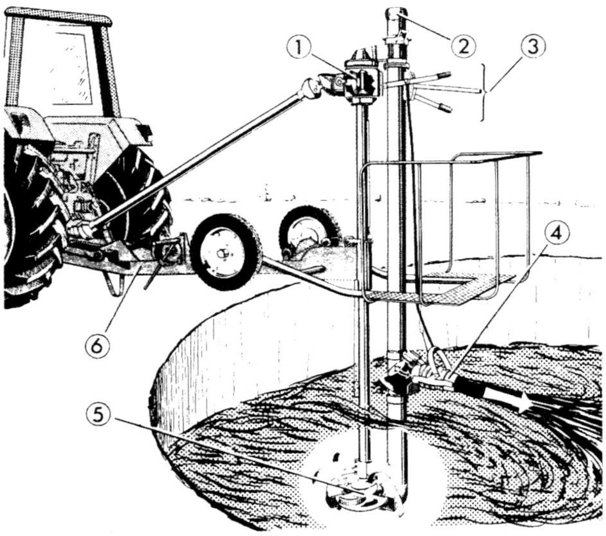

Traktor-Tauchpumpe
1 Kegelradgetriebe
2 Steigrohrleitung
3 Schalt- und Schwenkhebel für die Rührdüse
4 Rührdüse
5 Gehäuse mit Zuführschnecke
6 Hubgestell (Bauer)

Die **Pumpenleistung** ist wieder von verschiedenen Faktoren abhängig:
- Reibung und Konsistenz des Mistes (möglichst wenig Bögen, richtige Rohrdurchmesser),
- Ansaughöhe (über 5 m deutlicher Leistungsabfall),
- Trockenmassegehalt des Mistes (nicht über 10%),
- Anteil von langfasrigem Futter.

Die angegebene Pumpenleistung bezieht sich zumeist auf die Förderung von reinem Wasser und muss für Flüssigmist um bis zu 50-60% gemindert werden.
Die bei Aufrühren von Flüssigmist freigesetzten Schwefelwasserstoffgase können bei Mensch und Tier Vergiftungserscheinungen bewirken.
Kolbenpumpen ermöglichen hohe Drücke (um 20 bar). Der Leistungsbedarf ist gegenüber anderen Pumpen geringer, sie sind dickeren Stoffen gegenüber jedoch störungs- und verstopfungsanfälliger.
Kreiselpumpen haben keine Ventile und erzeugen geringere Drücke als Kolbenpumpen. Sie sind entweder Saugdruckpumpen oder Druck-(Tauch-)Pumpen. Saugdruckpumpen arbeiten außerhalb der Grube, nur die Saugleitung reicht in diese hinein. Sie sind auch leichter umsetzbar als Tauchpumpen. Zapfwellengetriebene Tauchpumpen mit Schneideinrichtungen eignen sich auch unter schwierigen Verhältnissen zum Homogenisieren, Zerreißen und Pumpen von Flüssigmist.

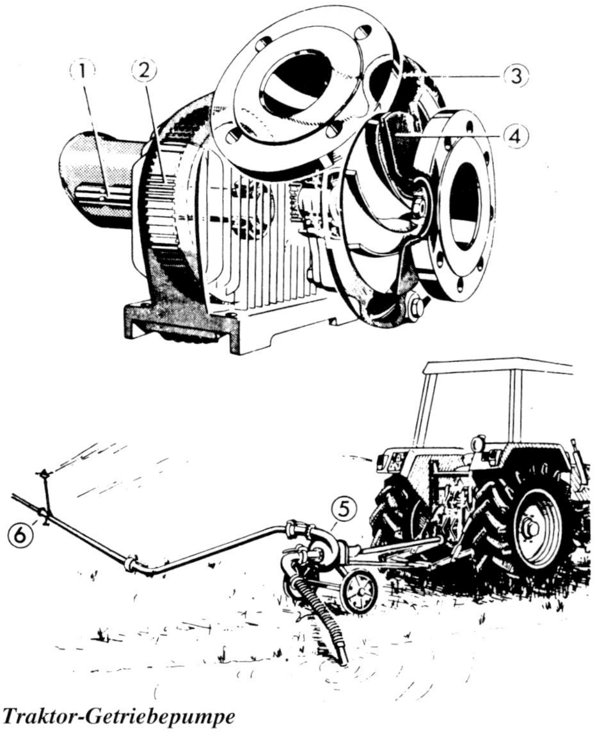

Traktor-Getriebepumpe
1 Antriebswelle
2 Antriebsrad
3 Spiralgehäuse
4 Laufrad
5 Pumpe mit Pumpenwagen
6 Schnellkupplung
(Bauer)

Der Klinkenrad-Vorschub gewährleistet eine präzise Einstellung der gewünschten Streumenge. Die Ausrüstung für Vor- und Rücklauf des Kratzbodens ist besonders zweckmäßig.

Bei gezogenen Kompostwendemaschinen ist zum Teil ein Superkriechgang des Schleppers notwendig, da die Arbeitsgeschwindigkeit oftmals unter 800 Meter in der Stunde liegt.

Beim Güllewerfer schwenkt die Düse hin und her. Dadurch erhöht sich die Arbeitsbreite auf 20 bis 25 cm. Die meisten Verteilautomaten sind während der Fahrt leicht auf Handbetrieb umstellbar.

Güllefass mit geschwindigkeitsabhängiger Dosierung und Breitverteilung

Flexible Schläuche lassen sich auf kleine Haspeln aufwickeln und Platz sparend abstellen.

Einfache Prallbleche haben als Verteiler ausgedient. Gewölbte Prallbleche mit Seitenbegrenzung sind als Mindestausstattung für Tankwagen anzusetzen.

Mit Gülledrillgeräten kann der Flüssigmist nahezu geruchsfrei und ohne nennenswerte Ammoniakverluste ausgebracht werden.

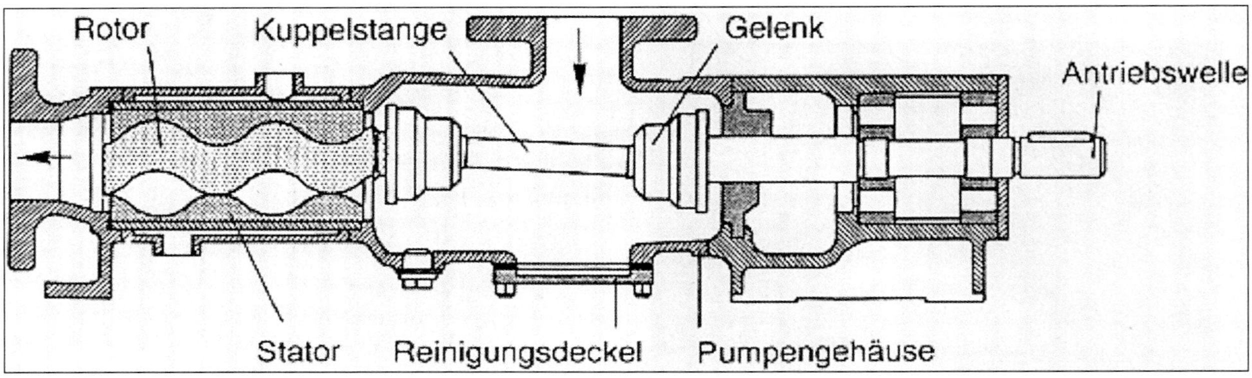

Exzenterschneckenpumpe (nach Van den Weghe, 1981)

Exzenterschneckenpumpen besitzen einen schneckenartig gewundenen Stahlkörper, der sich in einer Hülse aus elastischem Werkstoff dreht. Die erzeugten Hohlräume verändern sich ständig, sodass eine Saug- und Druckwirkung entsteht. Exzenterschneckenpumpen können auch breiartige Flüssigkeiten störungsfrei ausbringen, sie dürfen jedoch nicht trocken laufen. Fremdkörper, besonders scharfkantige, sind von der Pumpe möglichst fernzuhalten.

Drehkolbenpumpen sind selbstansaugend und können Drücke bis zu 10 bar erzeugen, außerdem sind sie in der Lage, Faseranteile zu zerkleinern. Sie können sowohl zum Aufrühren wie auch zum Umpumpen und Fassfüllen eingesetzt werden. Durch einfache Umkehr der Drehrichtung können eventuelle Verstopfungen bei der Ansaugseite leicht beseitigt werden. Kurzzeitigen Trockenlauf und kleinere Fremdkörper verkraften sie besser.

6.4 Transportgeräte

Die Gülle-Wagenbauarten lassen sich in Wagen mit eigener Befülleinrichtung (Pumpen- und Kompressortankwagen) und solche, die ohne eigene Pumpe zum Befüllen (Schleuder- und Druckpumpwagen) ausgestattet sind, unterscheiden.
Bei der Flüssigmistausbringung soll eine möglichst hohe Ausführleistung erzielt werden.
Das Material der Fässer kann aus Stahl, Kunststoff (glasfaserverstärkt) oder Holz bestehen, Kompressorgüllewagen werden zumeist aus Stahl (möglichst feuerverzinkt) gebaut.
Mit zunehmender Wagengröße kann der große Bodendruck ein Problem werden. Großvolumige Reifen, Doppel- oder Tandemachsen können das Problem mildern.
In Betrieben mit arrondierter Grundstückslage ist die Rohr- oder Schlauchleitung wirtschaftlich verwendbar. Hebelschnellverschlüsse, die eine Abwinkelung bis 30° zulassen, ermöglichen eine rasche Verlegung. Güllerregner am Ende der Rohrleitung besorgen die Verteilung. In Betrieben mit Streulage müssen Flüssigmistfässer den Transport besorgen.

Folgende Bauarten sind im Handel erhältlich:

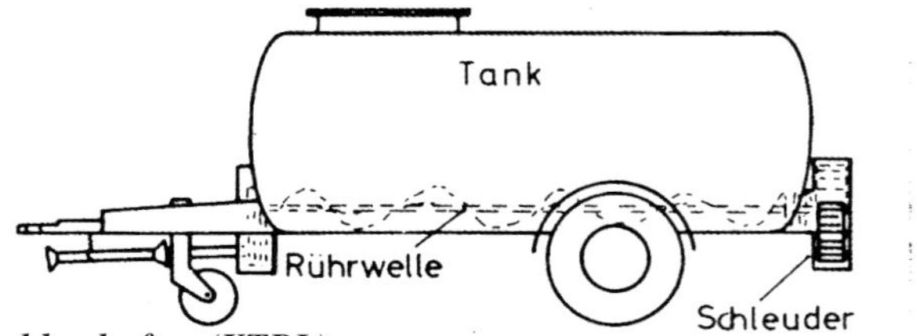

Schleuderfass (KTBL)

Schleuderfass: meist mit Polyestertank bis 4.000 l Inhalt. Die durch das Fass gehende Rührwelle trägt außerhalb des Fasses ein Schleuderrad, das bis zu 12 m streuen kann.

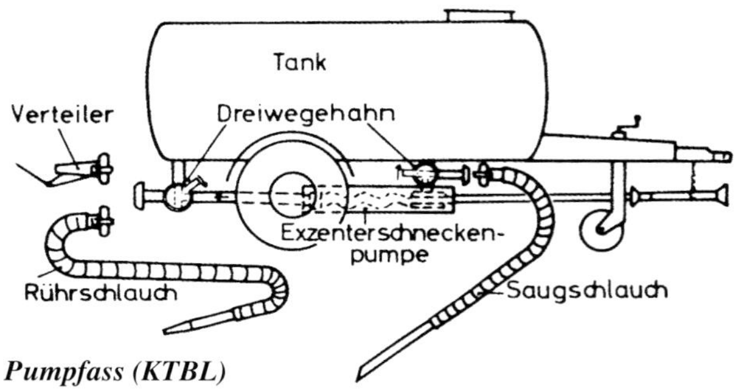

Pumpfass (KTBL)

Pumpenfass: oft mit Exzenterschneckenpumpe ausgerüstet, kann es sowohl an eine im Gelände verlegte Rohrleitung angeschlossen werden als auch direkt von der Grube über die Pumpe des Fasses Gülle ausbringen. Ein Seitenverteiler kann bis zu 50 m streuen.

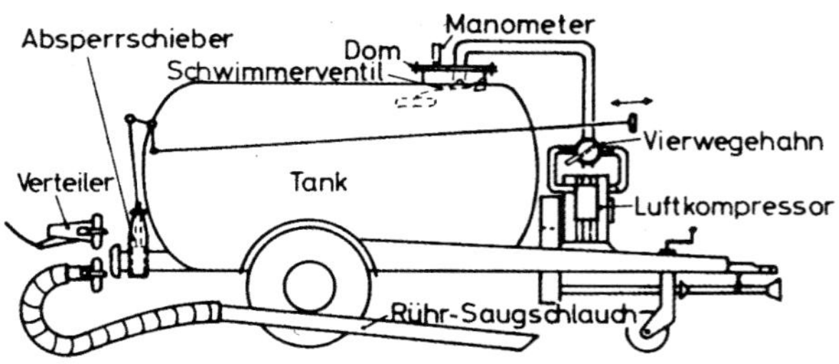

Pumpfass (KTBL)

Das Vakuumfass besteht aus einem selbsttragenden Fasskörper aus Stahlblech. Im Dom befindet sich ein Kugelventil, das ein Ansaugen der Gülle in den Kompressor verhindert. Der Fassboden ist ausschwenkbar. Zwischen Dom und Kompressor liegt ein Siphon. Der

Betriebsdruck beträgt 0,5 bis 1,0 bar. Füllzeit für 3.000 l ca. 2 bis 4 Minuten. Zum Füllen wird durch den Kompressor Luft aus dem Fass angesaugt, beim Entleeren jedoch Luft zugeführt. Wegen des begrenzten Druckes ist auch die Verteilbreite mit 10 bis 12 m gering. Größere Verteilbreiten sind durch eine zusätzliche Kreiselpumpe möglich.

6.5 Gülleverteilung

Aus wirtschaftlichen und aus Gründen des Umweltschutzes ist eine gute Längs- und Querverteilung des Flüssigmistes wichtig.
Als Verteilorgane kommen in Frage:
- starre und pendelnde Pralltellerdüsen
- Prallscheibenverteiler
- Schleuderscheiben und
- Pendeldüsen
- Schleppschläuche
- Flüssigmistdrilleinrichtung

Ausgangspunkte bei der Planung der Gülleverteilung sind die
- anfallende Menge
- mögliche Lagerzeit
- günstigen Ausbringzeiten und -mengen (siehe Güllekalender)

Ergebnis
- ein Plan zur optimalen Verteilung der Gülle nach Zeitpunkt und Menge

Über eine Schneckenpumpe und einen flexiblen Gülleschlauch kommt die Gülle zum Güllewerfer

Checkliste für den Kauf

Von den vielen Gesichtspunkten, die beim Kauf eines Flüssigmisttankwagens von Bedeutung sind, sind die folgenden besonders zu beachten:
- Einfache Schleudertankwagen sind für eine gezielte Düngung mit Flüssigmist ungeeignet.
- Die Spurweite des Tankwagens soll mit der Spurweite des Traktors übereinstimmen.
- Tankwagen über 6 m³ Inhalt sind nur vorteilhaft, wenn große Mengen über weite Strecken transportiert werden.
- Neuartige Verteilsysteme – insbesondere die Schwenkdüsen – ermöglichen eine ausreichend genaue Verteilung und machen sich dank des verhältnismäßig geringen Mehrpreises gegenüber Pralltellern in der Regel schnell bezahlt.
- Mitgelieferte Dosiertabellen oder -diagramme erleichtern die Dosierung der Flüssigmistabgaben und gehören heute zur Bedienungsanleitung.
- Tankwagen mit Auflaufbremse, die mit einem Tankvolumen von 7.000 l angeboten werden, sollte man nicht kaufen, da das zulässige Gesamtgewicht bei vollständig gefülltem Fass überschritten wird.
- Möglichst großvolumige Reifen mit geringer PR-Zahl (10-12) auswählen. Derartige Reifen fordern in der Regel auch bei hoher Tragfähigkeit einen relativ geringen Luftdruck.

Bodenschonende Gülleverschlauchung – Bodennahe großtropfige Ausbringung verringert die Windanfälligkeit und Stickstoffverluste

Hochgeklappter Schleppschuhverteiler

6.6 Leistungsbedarf

E-Mixer .... 8 kW
(bis 180 m³ Grubeninhalt)
Traktormixer .... 20 kW
Traktortauchpumpen .... ab 35 kW
(Grubeninhalt bis 300 m³)
Exzenterschneckenpumpen .... ab 25 kW
Schleuder-, Pump- und Vakuumfässer .... ab 20 kW

Arbeitsbedarf einschließlich Befüllen
4 m Breite .... 5,7 bis 9,0 AKh/ha
6 m Breite .... 5,8 bis 7,4 AKh/ha
8 m Breite .... 7,0 bis 9,3 AKh/ha

7. Beregnungsanlagen

Die Feldberegnung zur Ertragssicherung und zur Erzielung von Mehrerträgen ist auf beregnungswürdigen Standorten zu einem wichtigen Betriebsmittel geworden.
Beregnungsanlagen werden unterschieden in:

- ortsfeste Anlagen (alle Anlagenteile sind fest installiert und somit orts- und flächengebunden) überwiegend im Obst- und Weinbau
- teilortsfeste Anlagen (Brunnen, Pumpe und Wasserleitungen mit Hydranten sind fest installiert, während die Wasserverteilung ab Feldrand durch bewegliche Anlageteile erfolgt)
- bewegliche Anlagen
- 1 mm Wasser oder Niederschlag = 1 l Wasser pro m^2 = 10.000 l pro ha = 10 m^3

7.1 Berechnung und Planung

Bevor eine Beregnungsanlage in Betrieb genommen werden kann, muss die wasserrechtliche Genehmigung vorliegen.
Der Antrag muss bei der zuständigen Bezirkshauptmannschaft eingebracht werden.
Für den Antrag sind folgende Unterlagen erforderlich: technische Beschreibungen von Pumpe, Regner, Wasserentnahmestelle, Wasserbedarf, Lageplan.
Bei der Berechnung der Beregnungsanlage wird zunächst die Gesamtförderhöhe (H3) der Pumpe ermittelt.

Hges = Saughöhe + Höhenunterschied + Rohrreibungsverlust + Betriebsdruck an der Düse

Die Saughöhe ist der Höhenunterschied zwischen Saugwasserspiegel und Saugstutzen der Pumpe (in m), der Höhenunterschied ist die senkrechte Höhe vom Saugstutzen der Pumpe bis zum höchsten Geländepunkt. Die Rohrreibungsverluste sind anhand von Tabellen feststellbar, der erforderliche Betriebsdruck an der Regnerdüse ist typenbedingt.

Beispiel:

Saughöhe	5 m
Höhenunterschied	20 m
Rohrreibungsverlust	18 m
Betriebsdruck der Düse	35 m
H_{ges} = manometrische Förderhöhe	78 m

Für die Berechnung der Pumpenleistung sind Gesamtförderhöhe und Wasserbedarf erforderlich.

$$\text{Wasserbedarf in } m^3/h = \frac{Fb \cdot rv \cdot 10}{tv \cdot 10}$$

Erklärung:
Fb ......zu beregnende Fläche in ha
rv ....geforderte Zusatzregenmenge in mm während der Vegetation
tv ....Anzahl der Arbeitstage in der Vegetationsperiode
T ....Anzahl der Arbeitsstunden je Tag

Beispiel:

30 ha sollen 100 mm Zusatzregen im Lauf von 100 Tagen bei täglich zehnstündiger Beregnung erhalten.

$$Q = \frac{30 \cdot 100 \cdot 10}{100 \cdot 10} = 30\ m^3/h, \text{ bei 10 Stunden } 300\ m^3.$$

7.2 Pumpen, Rohrleitungen und Regner

An eine Beregnungspumpe werden folgende Anforderungen gestellt: einfacher Aufbau, Betriebssicherheit und Verschleißfestigkeit, leichte Handhabung und Wartung, Anpassungsfähigkeit an verschiedene Betriebsverhältnisse.

Gut geeignet sind Kreiselpumpen, die der erforderlichen hohen Drehzahlen wegen direkt an E-Motoren gekuppelt werden können. Für Zapfwellenbetrieb ist ein Getriebe erforderlich. Die manometrischen Förderhöhen erreichen 40 bis 50 m. **Elektroantriebe** sind einfach, umweltfreundlich und wirtschaftlich.

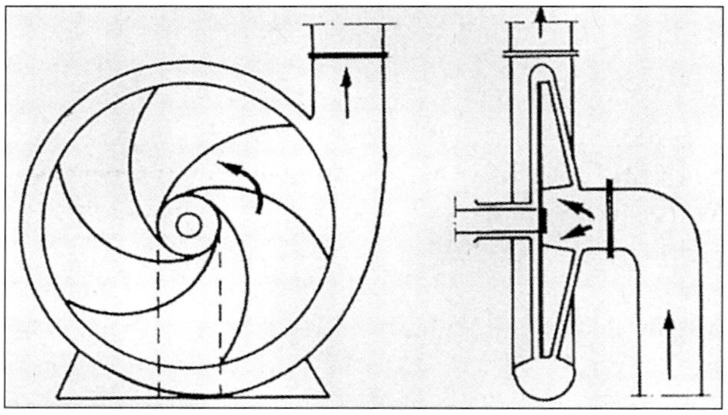

Kreiselpumpe (einstufig)

Wesentliche Kenndaten einer Kreiselpumpe sind:

- Fördermenge Q (in m^3)
- Förderhöhe H (in m WS)
- Leistungsbedarf P (in kW) Der Leistungsbedarf für die Pumpe (P) in kW wird mit folgender Formel errechnet:

$$P = \frac{Q \cdot H_{ges}}{3{,}7 \cdot \eta}$$

Erklärung:
3,7 .....konstanter Faktor
n ....Wirkungsgrad der Pumpe in %

Beispiel:
Q = 30 m^3/h
H_{ges} = 78 m
η = 70%

$$P = \frac{30 \cdot 78}{3{,}7 \cdot 70} = 9{,}05\ kW$$

Für Saughöhen über 6 m sind Pumpen mit Tiefsaugeinrichtung oder Bohrlochwellenpumpen bzw. Tauchmotorpumpen erforderlich.
Wird der **Traktor als Antriebsquelle** benutzt, so bietet sich die 1.000er- oder 750er-Zapfwelle bei entsprechender Leistung als Treibstoff sparende Maßnahme an,

wenn die Leistungsreserve genügend groß ist. Die zulässige Pumpendrehzahl laut Typenschild darf jedoch nicht überschritten werden.

Motor- oder Dieselwächter die ihre Kenndaten entweder über den Öldruck oder die Öl- oder Kühlwassertemperatur beziehen, sind zweckmäßig, da sie Motorschäden durch frühzeitige Abschaltung verhindern.

Fixe **Rohrleitungen** können oberirdisch und unterirdisch verlegt werden. Dafür werden Stahlmuffenrohre, Asbestzementrohre oder PVC-Rohre verwendet. Rohre für bewegliche Leistungen werden aus Leichtmetall, Kunststoff oder Bandstahl gefertigt. Neuartige Beregnungsanlagen mit weitgehender Automatisierung des Regnervorschubes verwenden Rohrleitungen und Schläuche (Schlauch-Rohrsystem). Auf einem Wagen werden Schlauchtrommeln und Großflächenregner transportiert. Das Aufspulen, Auslegen und der Transport erfolgen über die zapfwellengetriebene Schlauchhaspel vom Traktor aus. Ein mit Beregnungswasser gespeister Hydraulikzylinder treibt über ein Klinkenrad die Seiltrommel, auf welcher das am gegenüberliegenden Ende befestigte Seil kontinuierlich aufgespult und dadurch das Gerät langsam und gleichmäßig zum Feldende gezogen wird. Regenmaschinen besitzen Schlauchtrommeln, die durch Turbinen- oder Kolbenmotoren angetrieben werden und den Regner langsam über das Feld ziehen.

Großflächenregner beregnen Breiten bis 110 m bei einem Wasserverbrauch von 45 bis 120 m³/ha. Schwachregner werden vornehmlich für Frostberegnung eingesetzt und verbrauchen bis 5 m³/ha. Die Frostschutzberegnung nutzt die Tatsache aus, dass beim Gefrieren genau die Wärmemenge frei wird, die man zum Schmelzen des betreffenden Stoffes aufwenden muss. Auf diese Weise kann man kurzfristig Temperaturen bis -8° C überbrücken.

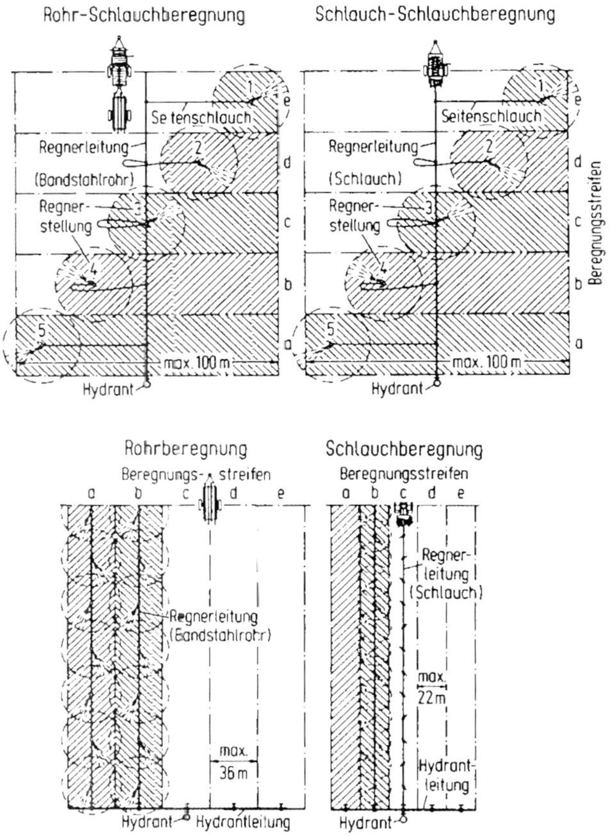

Verfahrensablauf der Reihenregnerverfahren

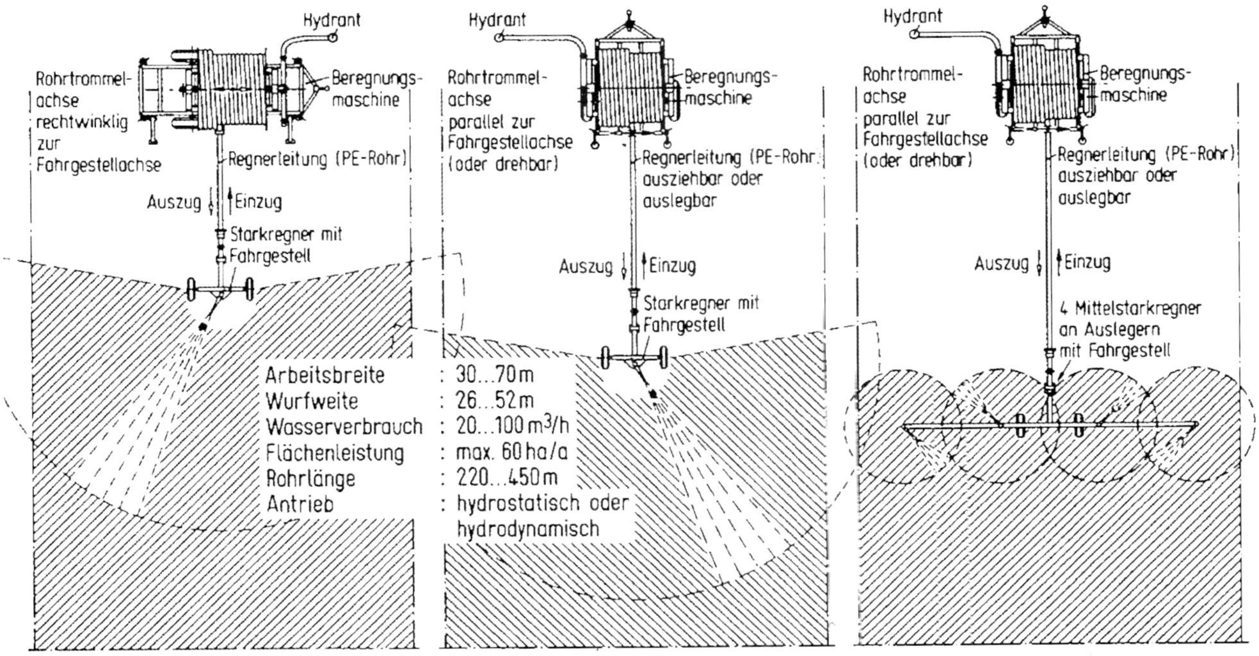

Verfahrensablauf der Beregnungsmaschinen mit Regnereinzug

Die **Regner** sind zumeist **Kreisregner**. An öffentlichen Straßen wird es mitunter erforderlich sein, **Sektorenregner** einzusetzen. **Mittelstarkregner** bringen pro Stunde 5 bis 17 m³ Wasser aus. Der Bauweise nach sind Schwach- und Mittelstarkregner Schlagpendelregner. Die Wurfweiten schwanken zwischen 10 und 20 m.

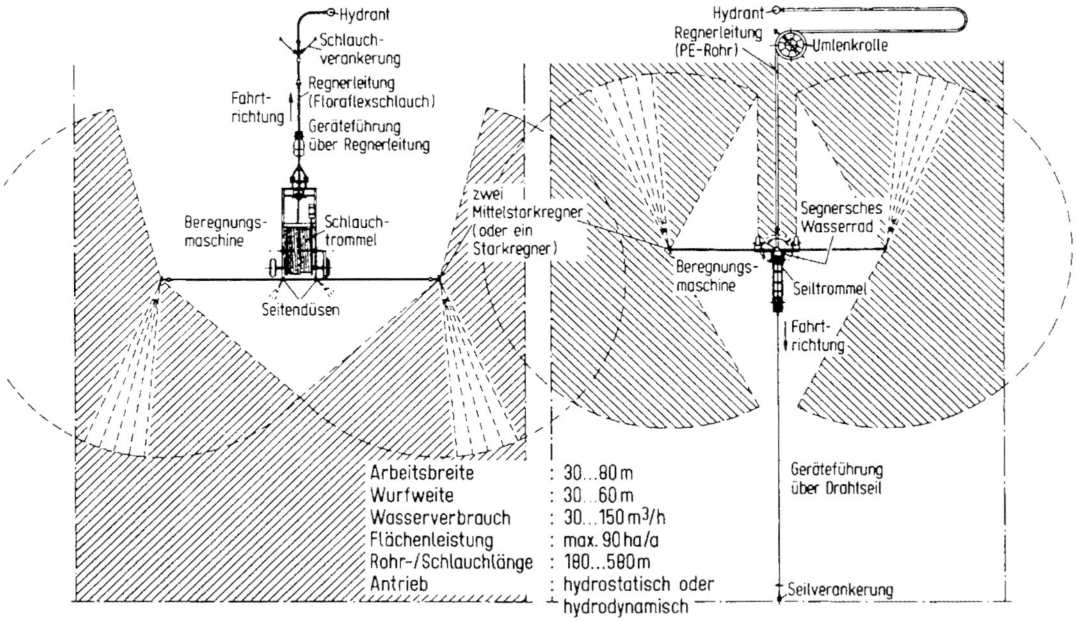

Verfahrensablauf der Beregnungsmaschinen mit Maschinenvorschub

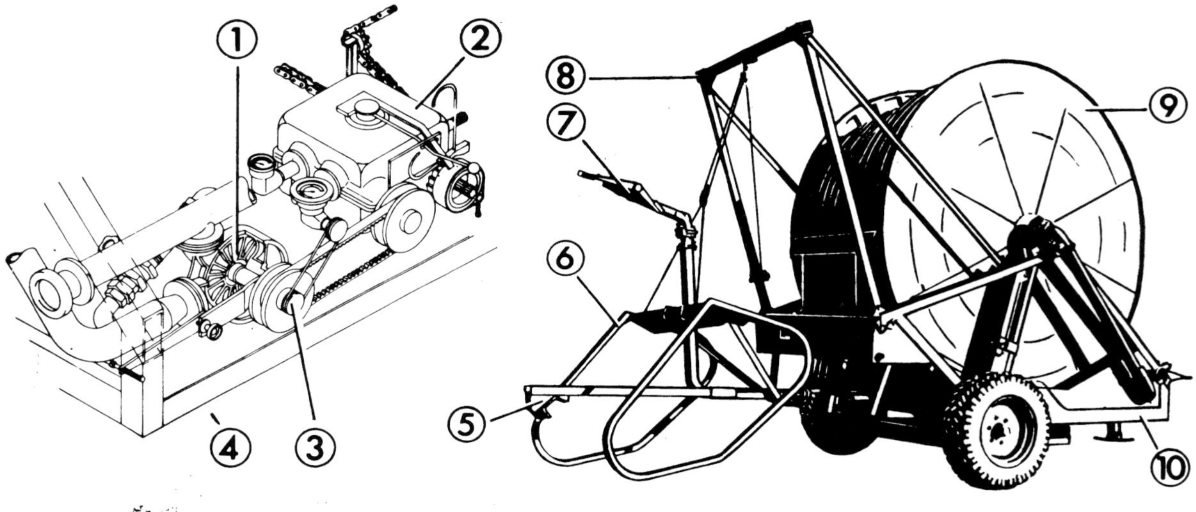

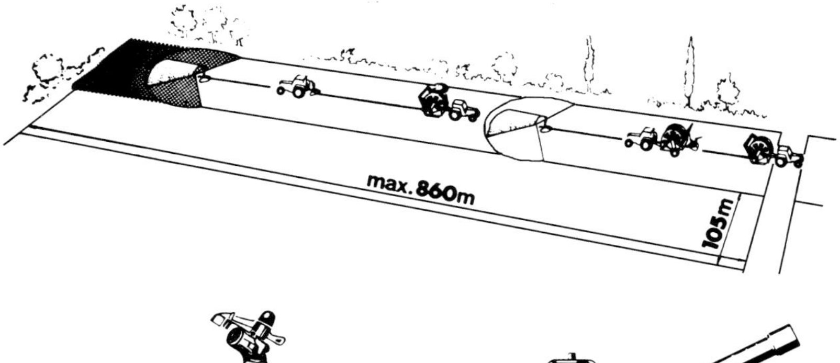

Regenmaschine mit Turboantrieb
1 Turbine
2 Untersetzungsgetriebe
3 Varioantrieb
4 ByPass-Leitung
5 Ausziehkasten
6 Stativ
7 Weitstrahlregner,
8 Stativlift
9 Haspel
10 Fahrgestell mit Rahmen
(Bauer)

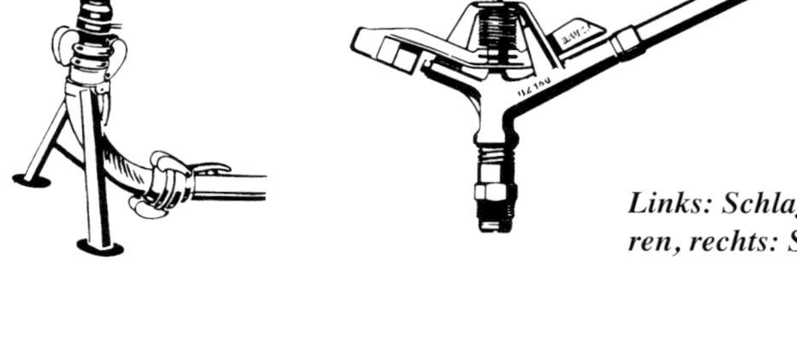

Links: Schlagpendel-Gülleregner mit Schnellkupplungsrohren, rechts: Schlagpendelregner mit Doppeldüse (Bauer)

7.3 Arbeitsverfahren

Die einfachste Form ist die **Turnusberegnung,** bei der weder Rücksicht auf Bodenverhältnisse noch auf die Kultur genommen wird. Diese Methode verursacht die höchsten Betriebskosten. Die **Anbotsberegnung** strebt einen optimalen Wasservorrat im Boden an.
Die **gezielte Anbotsberegnung** wird dem Bedarf der einzelnen Kulturpflanze gerecht und verlangt ständige Bestimmung der Bodenfeuchte. Dies kann durch Trocknung oder durch Messgeräte (Irro- oder Tensiometer) erfolgen. Dieses Beregnungsverfahren ist das wirtschaftlichste. Eine häufig verwendete Messmethode ist die Gipsblockmessung.

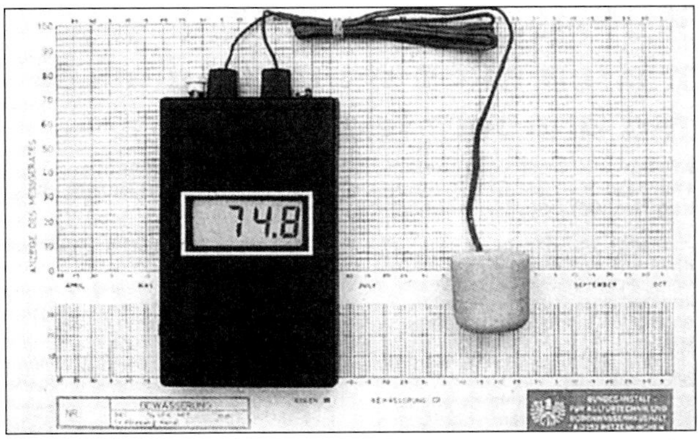

Gipsblockmessgerät mit Gipsblock und Formular für die Eintragung der Messwerte.

Für Spezialkulturen ist die **Tröpfchenberegnung** ein Wasser und Energie sparendes Beregnungssystem. Aus einer Rohrleitung mit eingeschraubten Düsen tritt das Wasser nur tropfenweise aus und kommt damit ohne Verdunstungsverlust in den Boden. Der Druck beträgt konstant 1 bar, der Wasserverbrauch pro Düse 2,8 bis 3,0 l/h. Eine Abart dieses Systems ist die **Unterflurberegnung,** bei der Kunststoffschläuche mit eigener Wasseraustrittskammer in einer Bodentiefe von 30 bis 40 cm verlegt sind. Der Wasserverbrauch ist gleichfalls so gering wie bei der Tröpfchenberegnung.

Die **Kosten der Beregnung** liegen zwischen € 4,4 und € 5,8 je mm Regen und hängen neben den Fixkosten und variablen Kosten der Beregnungsgeräte auch von den Brunnenkosten ab. Der Mehrertrag müsste daher beim Zuckerrübenanbau bei oben angeführten Kosten 1–1½ Waggon betragen, um die Kosten abzudecken. Bei Einsatz der Beregnungsanlage auch auf anderen Kulturen verringern sich die Fixkosten und damit auch die Kosten je mm Zusatzregen.

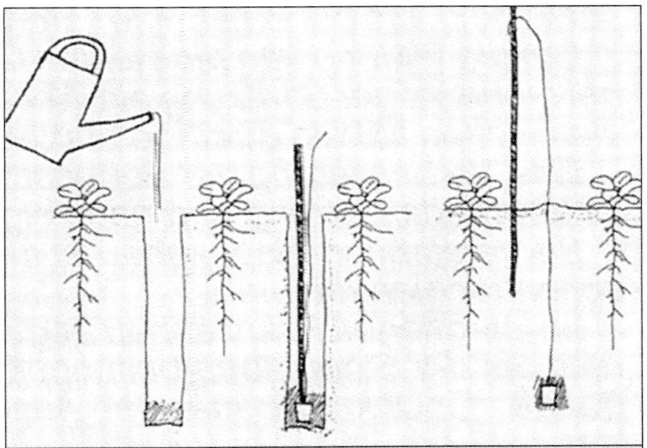

1. Herstellen des Bohrloches; einfüllen und anfeuchten von Feinboden als Kontaktmaterial
2. Eindrücken des Gipsblockes in den Bodenschlamm
3. Wiederverfüllung des Bohrloches und Kennzeichnung der Messstelle

Gipsblockmethode; Anlegen der Messstellen

Tröpfchenberegnungsanlage (Prochaska & Cie)

Checkliste zum Kauf einer Beregnungsanlage

Problem	Denkansätze	Arbeitsschritte
Kontrolle	Welche Ziele sollen erreicht werden?	● Problemformulierung, Erarbeitung von (vorläufigen) Planungszielen
Realisierung	Wie sind die natürlichen Standortverhältnisse?	● Ermittlung der unternehmensinternen Daten zur Beurteilung der Beregnungsbedürftigkeit des Standortes, Analyse des Ist-Zustandes und eventuelle Korrektur der Planungsziele
	Welche Entwicklung tritt ein? Welche Daten werden wirksam?	● Erfassung und Schätzung externer Daten (Wasserbeschaffung, Wasserrecht, Energiepreise); Möglichkeiten der Produktion, des Absatzes sowie deren Entwicklung ohne und mit Beregnungseinsatz
	Welche Möglichkeiten bietet der Beregnungseinsatz?	● Ermittlung der Beregnungswürdigkeit verschiedener Kulturen; Erarbeitung von Planungsvarianten (technische Verfahren)
Entscheidung	Welche Vor- und Nachteile bringt die Einführung? Welches Beregnungsverfahren wird gewählt?	● Wertung der verschiedenen Beregnungsverfahren für den Betrieb ● Auswahl der besten Variante
Planung	Wie und wann kann das Planungsziel erreicht werden? Wird das Ziel durch die Maßnahme erreicht?	● Erarbeitung eines Einsatzplanes für die Beregnungsanlage ● Realisierung eines optimalen Beregnungsplanes nach den Vorgaben des Einsatzplanes
Ziel	Wie und in welchem Umfang weichen die Kontrollergebnisse von den Planungsdaten ab? Welche Konsequenzen sind zu ziehen?	● Vergleich der Ist-Daten mit den Soll-Daten ● Korrektur des Beregnungsplanes

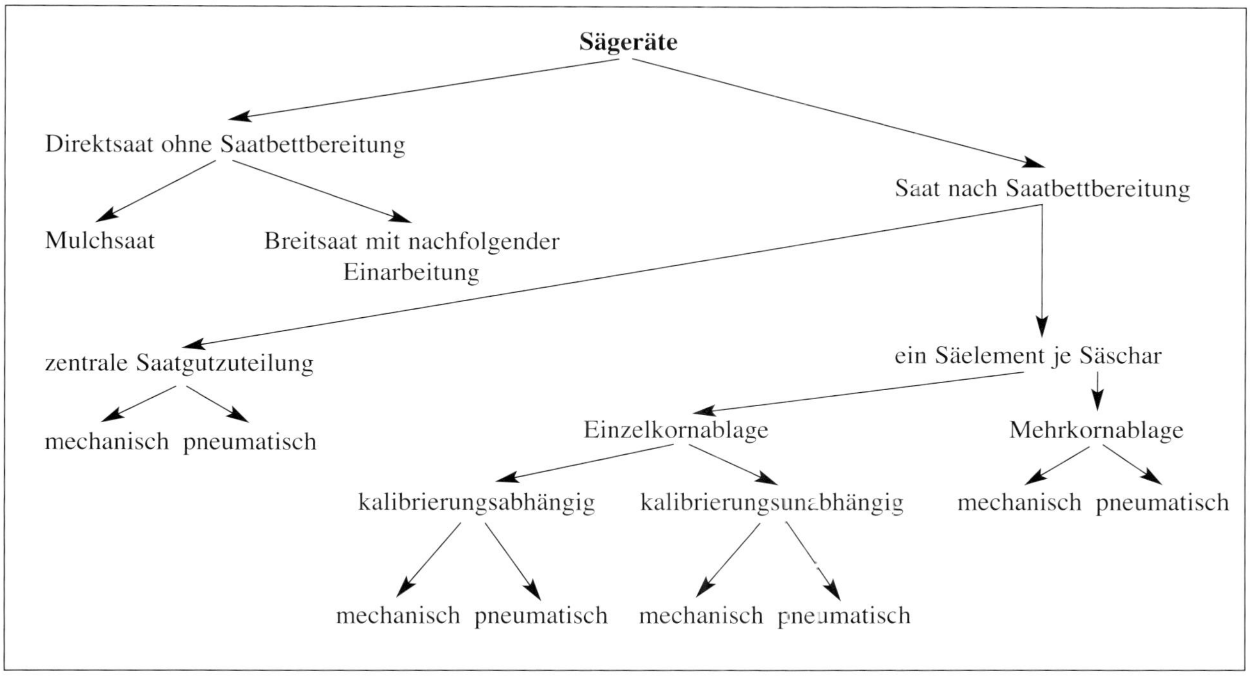

Ein gleichmäßiger Pflanzenbestand und Reifezustand lassen sich nur erreichen, wenn die Wachstumsbedingungen der Pflanzen gleich sind. Eine Voraussetzung dazu ist ein gleichmäßiger Standraum jeder Pflanze und das Einhalten einer bestimmten Sätiefe. Bei Hackfrüchten ist die Reihensaat Voraussetzung für die Mechanisierung der Pflege- und Erntearbeiten.
Im Getreidebau ist die Zubemessung eines optimalen Standraumes pro Einzelpflanze wichtig. Es entwickelten sich daher zu allen bisherigen Sätechniken in den letzten Jahren verschiedene Verfahrenslösungen:

- **Engreihen-Drillsaat** mit Sämaschinen, bei denen die Schare in 3–4 Reihen hintereinander angeordnet sind. Ein Reihenabstand von ca. 6 cm wird dadurch möglich.
- **Bandsaat** mit verschiedenen Scharvarianten (Räum-, Roll-, Schwalbenschwanzschare), die zumeist mit Ausnahme der Rollschare nur bei guter Saatbettvorbereitung einsetzbar sind.
- **Breitsaat** bietet die günstigsten Voraussetzungen für eine gleichmäßige Saatverteilung, sofern auch die gleichmäßige Tiefenablage möglich ist.
- **Einzelkornsaat,** die zumeist einen hohen finanziellen und technischen Aufwand erfordert.
- **Mulchsaat**
  Die gebietsweise hohe Erosion erfordert Geräte für die Saat auf nicht rückstandsfreien Flächen.
  Betriebssichere Ablagekontrollen (vor allem bei Einzelsägeräten), Schardruck- und Saatmengenverstellung vom Fahrersitz aus sind Entwicklungstrends der letzten Jahre.

1. Pfluglose Bestellverfahren (Direktsaatgeräte)

Diese Bestellverfahren kombinieren die Arbeitsgänge für die Saatbettbereitung und die Saat, wodurch Arbeitszeit und Traktorspuren sowie Treibstoffkosten eingespart werden können.

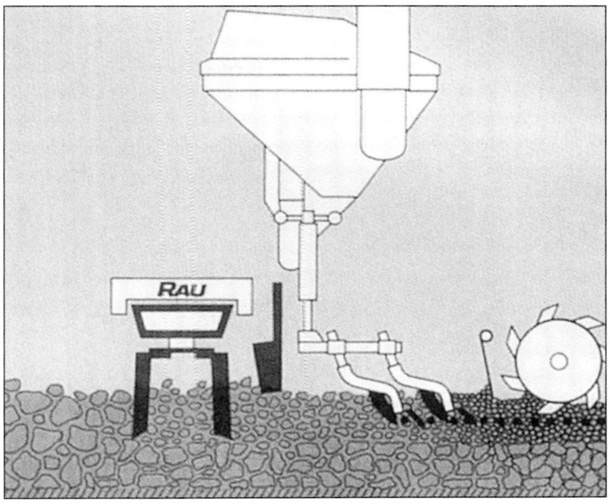

Bestellsaatkombination mit Packerwalzen

Im Wesentlichen werden dazu schon behandelte Bodenbearbeitungsgeräte, wie Fräse, Zinkenrotor, Kreiseleggen mit Breit- und Drillsämaschinen, kombiniert. In der Regel werden die Verfahren der Direktsaat vor allem bei späträumenden Feldfrüchten angewendet, die extremen Verfahren der Direktsaat, wie Traktorspursaat, Pflugsaat und Frässtreifensaat, haben jedoch keine große Bedeutung erlangt.

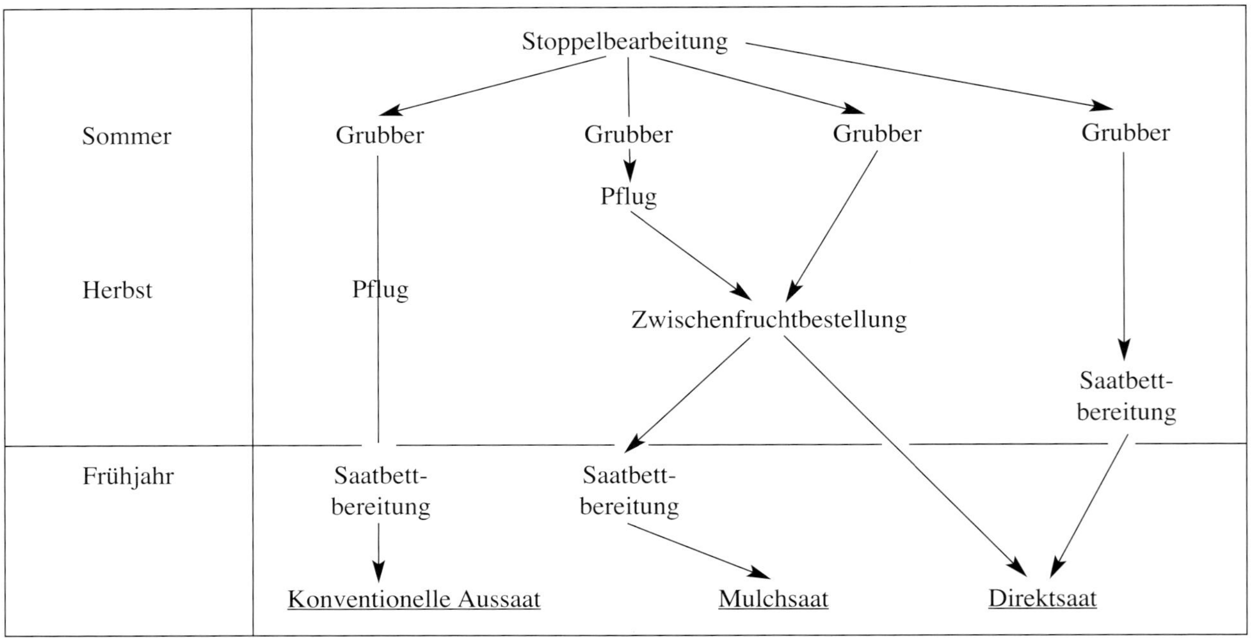

Ablaufschema: Bodenbearbeitungssysteme

2. Drillsämaschinen

Sämaschinen sollen in der Lage sein, Saatgut verschiedener Korngrößen in einer stufenlos veränderbaren Menge möglichst gleichmäßig in gleicher Tiefe abzulegen. Grundsätzlich lassen sich Sämaschinen, je nach Anbau an den Traktor, in **Anbau-, Anhänge-, Aufsattel-, Zwischenachssämaschinen** unterscheiden.
Nach der Art der Saatgutzuteilung kennt man **mechanische** und **pneumatische** Systeme.
Ein weiteres Unterscheidungsmerkmal wird durch die Art des Vorratsbehälters bestimmt: **Kastensämaschinen** oder **Tanksämaschinen.**
Kombinationen von Sämaschinen mit Bodenbearbeitungsgeräten und/oder Düngerstreuern sind bei entsprechenden Traktoren möglich.

Drillsämaschinen werden hauptsächlich für die Getreidesaat verwendet, obwohl die Verbesserung der Kornverteilung ständige Neuentwicklungen erwarten lässt. **Einzelkornsämaschinen für Getreidesaat** sind derzeit erst in geringen Stückzahlen in Verwendung; ihr technischer Aufbau entspricht dem Sämechanismus bisher üblicher Einzelkornsämaschinen für Rüben, jedoch ist ein zentraler Saatgutbehälter vorhanden.
Breitsämaschinen für Getreide haben meist Probleme mit der gleichmäßigen Tiefenablage. Eine Type verwendet über Tasträder geführte Gänsefußschare. Das Saatgut wird unter der angehobenen Erdschicht über ein Prallblech pneumatisch breit verteilt. Bandsägeräte arbeiten meist nur auf unkrautfreiem, feinkrümeligem Saatbett störungsfrei. Moderne Drillmaschinen sind Anbaugeräte, die vom Boden aus durch Stützräder angetrieben werden. Drillmaschinen herkömmlicher Bauart besitzen einen Vorratskasten, der sich über die gesamte Arbeitsbreite erstreckt. Für jede Reihe ist ein Säelement mit eigener Saatleitung und eigenem, pendelnd aufgehängtem Säschar vorhanden.

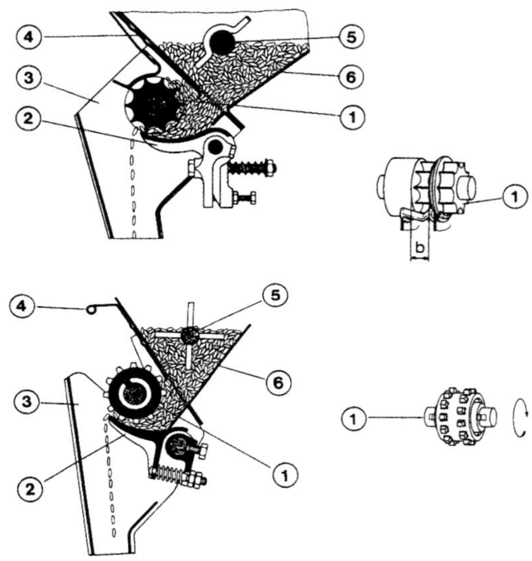

Säradarten, oben Schuhradsystem, unten Nockenrad (Reform)

Als Säelemente dienen Nockenräder oder mit Zahnkämmen versehene Schubräder. Die Saatstärke wird durch Verstellen der federnden Bodenklappe des Säelements, aber auch durch Ändern der Antriebsdrehzahl der Säelemente eingestellt. Dazu eignen sich Nortongetriebe, ergänzt durch Wechselräder. Die Saatleitung muss wegen der Pendelaufhängung der Schare flexibel sein. Durch das fortgesetzte Aufprallen der Saatgutkörner an der Wand der Saatleitung ergibt sich eine zufallsbedingte Verteilung der Reihe. Exakte Einzelkornsäelemente hätten demnach bei Drillmaschinen keinen Sinn. Bei neuen Maschinen sind die Säschare nicht mehr gewichts-, son-

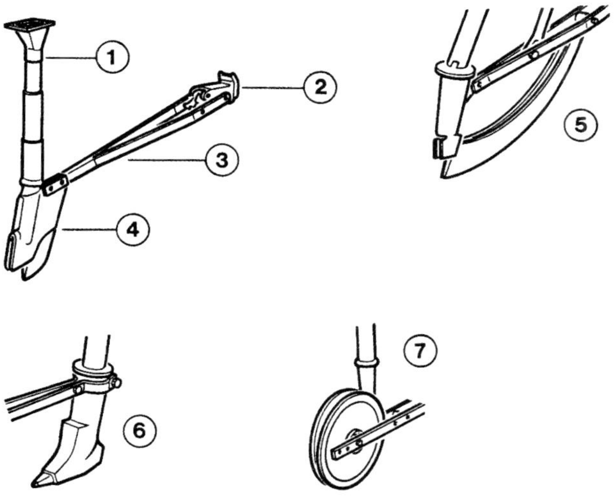

Säschare
1 Saatleitung
2 Scharkopf
3 Scharhebel
4 Schleppschar für normale Säbedingungen
5 Säbelschar für verunkrautete, steinige und schollige Böden
6 Stiefelschar für harte Böden
7 Doppelscheibenschar für schwere, feuchte, steinige Böden (Reform)

dern federbelastet, um eine einfache Tiefeneinstellung zu erreichen. Das übliche Drillschar für saubere Böden ist das Normalschar. Für steinige, schollige Böden sind die flacheren Säbelschare von Vorteil, bei harten Böden spitze Stiefelschare. Bei besonders hartem oder unsauberem Boden verwendet man auch Scheibenschare.

Zum Einhalten der genauen Anschlussspur dienen Spurreißer. Beim Visieren über die Traktorvorderräder muss

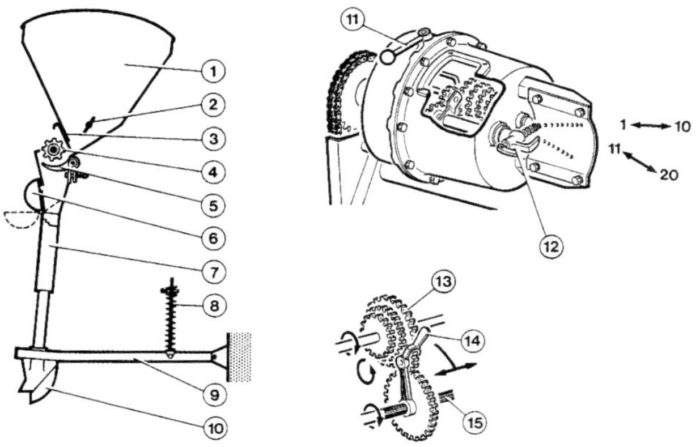

Säraddrillmaschine
1 Saatleitung
2 Rührwelle
3 Absperrschieber
4 Särad
5 Bodenklappe
6 Abdrehwanne
7 Saatleitung
8 Schardruckfeder
9 Scharhebel
10 Schar
11 Gruppenschalthebel für Nortongetriebe
12 Schwingenschalthebel
13 Nortonblock (Räderkegel)
14 Nortonschwinge mit Zwischenrad
15 Profilwelle (Reform)

der Abstand des Spurreißers vom Außenschar so groß sein wie der Abstand der Traktorspur vom Außenschar zuzüglich einer Reihenweite.
Als Traktorspur ist in diesem Fall die Spurweite der Vorderräder zu verstehen. Bei symmetrischer Anordnung der Sämaschine ergibt sich der Abstand der Traktorspur bis zum Außenschar aus dem halben Abstand der äußersten Säschar, zuzüglich der halben Spurweite.

Beispiel für Spurreißereinstellung:
Sämaschine, 21 Reihen, Arbeitsbreite 2,5 m, Reihenweite = 11,9 cm; Traktor-Vorderradspur S = 125 cm.
Abstand der Außenschar A = 238 cm (gemessen).
Abstand der Traktorspur bis Außenschar D = 56,5 cm (gemessen). Der Wert D kann auch errechnet werden.

$$D_2 = \frac{A-S}{2} = \frac{238-125}{2} = \frac{113}{2} = 56{,}5 \text{ cm}$$

Spurreißerabstand E = D + r = 56,5 + 11,9 = 68,4 cm

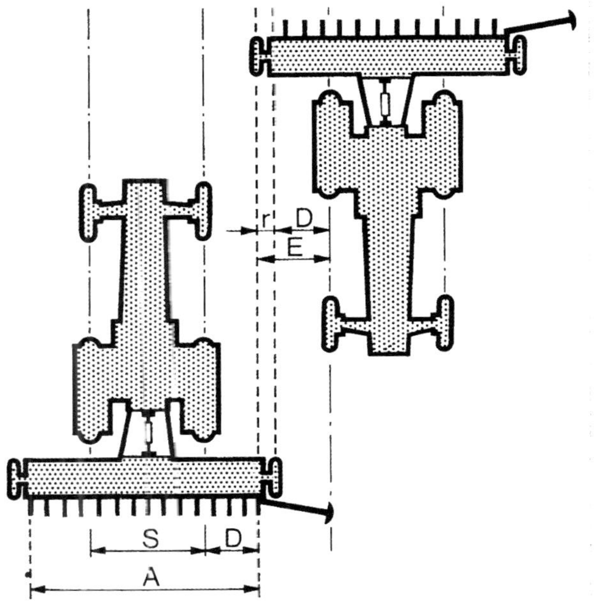

Einstellung der Spurenreißer
A = Abstand der Außenschare
S = Traktor-Vorderradspur
D = Abstand Traktorspur zu Außenschar
r = Reihenabstand (Scharabstand)
E = Spurreißerabstand, gemessen vom letzten Säschar zur Vorderradspur (Reform)

Bei Einzelkornsämaschinen kommt es öfter vor, dass asymmetrisch gearbeitet werden muss, d.h. es sind von der Traktormitte aus gesehen eine unterschiedliche Anzahl von Säscharen aktiv. In diesem Fall kann der Wert D aus der oben stehenden Formel nicht errechnet, sondern muss ausgemessen werden (Traktorspur – Letztes Säschar). Wird rundum gesät, muss das Maß E (E = D + r), das für die linke Maschinenseite gemessen wurde, rechts am Spurreißer eingestellt werden. Für die rechte Maschinenseite ist das Spurreißermaß in diesem Falle links einzustellen.

Die erforderliche Saatmenge kann mit folgender Formel bestimmt werden:

$$\text{Saatmenge (kg/ha)} = \frac{\text{Bestandesdichte} \cdot \text{TKG}}{\text{Feldaufgang in \%}}$$

Die **Saatmengeneinstellung** ist nach der vom Hersteller mitgelieferten Sätabelle möglich. Eine genaue Einstellung erfordert zusätzlich noch eine Abdrehprobe. Dazu schiebt man die Abdrehwanne unter die Säelemente und dreht an einer Kurbel mit einer in der Betriebsanleitung angegebenen Anzahl von Umdrehungen. Die Umdrehungen entsprechen einer Säfläche von 100 m^2 oder 500 m^2. Der 100fache oder 20fache Wert des abgedrehten Saatgutgewichtes gibt die Saatstärke pro Hektar an. Fehlt die Kurbel oder die Betriebsanleitung, so hilft nur ein Aufbocken der Maschine und Abdrehen am Antriebsrad. Errechnet man sich aus Arbeitsbreite mal Radumfang die Fläche pro Radumdrehung, so ergibt sich die Zahl der zur Abdrehprobe nötigen Radumdrehungen für 500 m^2 aus 500, dividiert durch die Fläche pro Radumdrehung.

$$\text{Anzahl Radumdrehungen} = \frac{500}{\text{Radumfang} \cdot \text{Arbeitsbreite}}$$

Beispiel zur Abdrehprobe:
Gefordere Saatstärke 160 kg/h
Radumfang 4 m
Arbeitsbreite 2 m

$$\text{Radumdrehungen} = \frac{500}{4 \cdot 2} = 62{,}5$$

Zur Abdrehprobe muss das Antriebsrad also 62½-mal gedreht werden. Bei richtig gewählter Einstellung muss das 20fache Gewicht des abgedrehten Saatgutes die geforderten 160 kg pro Hektar ergeben.

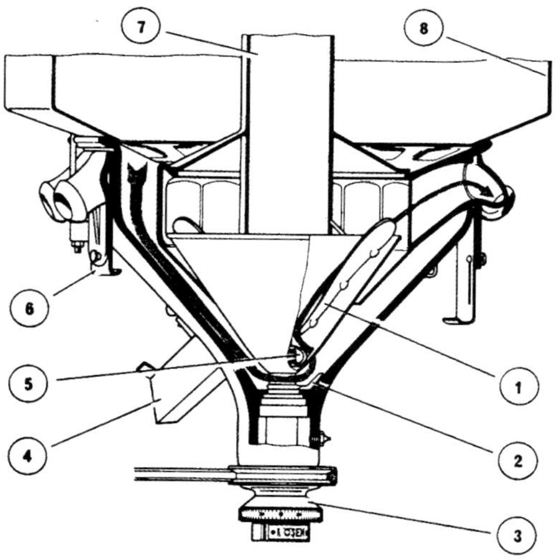

Zentrifugal-Drillmaschine
1 Wurftrichter
2 Rührfinger
3 Regulierrad
4 Entleerungstrichter
5 Zulauföffnung
6 Schieber
7 Lufttrichter
8 Saatgutbehälter (Reform)

Drillmaschinen mit zentraler Saatgutzuteilung sind in zwei Ausführungen bekannt. Bei **Zentrifugalsämaschinen** wirft eine trichterförmige, rasch rotierende

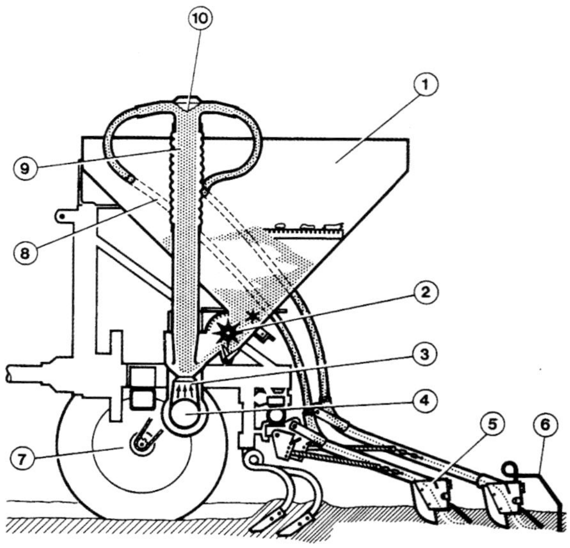

Pneutmatische Drillmaschine
1 Saatgutbehälter
2 Zellenrad zur Saatmengenregelung
3 Injektorschleuse
4 Gebläse zur Saatgutförderung
5 Säschare
6 Saatstriegel
7 Bodenrad mit Antrieb für Zellenrad
8 Saatschläuche
9 Wellrohr
10 Saatgutverteiler (Reform)

Auswerferschale das Saatgut in rundum liegende Mündungen von Plastiksaatleitungen aus. Eine Saatmengeneinstellung ist durch Verstellen der Zulauföffnung des Auswurftrichters möglich.

Beizeinrichtungen werden vereinzelt als Zusatzeinrichtungen bei Sämaschinen angeboten. Zum Teil werden aber die geforderten Qualitätsnormen nicht erreicht.

Pneumatische Sämaschinen bringen das Saatgut durch eine unterhalb des Saatgutbehälters befindliche Schubrad Dosiereinrichtung in den Luftstrom und von diesem in einen Verteilerkopf mit Wellrohrdiffusor auf die einzelnen symmetrisch angeordneten Saatleitungen. Bei relativ geringem Maschinengewicht sind große Arbeitsbreiten möglich. Zur Erleichterung der nach dem Ausbau notwendigen Düngungs- und Pflanzenschutzarbeiten werden **Fahrgassen** bei der Saat angelegt. Voraussetzung ist, dass die Arbeitsbreite der Folgegeräte ein ganzzahliges Vielfaches der Säbreite beträgt.

Verstärkt werden Fahrgassenschaltungen mit Automatik angeboten. Elektronische Lösungen betätigen dabei auch Spuranzeiger und Vorlaufmarkierer. Anstatt der Schieber werden bei den automatischen Ausführungen die Saatrohre über Magnetklappen geschlossen oder die Säräder über Kupplungen abgeschaltet.

Mulchsaat mit Einzelkornsämaschine

Drillmaschinen im Feldeinsatz

Rotierende Bodenbürsten bringen Boden schonende Pflege

Eignung der einzelnen Ablagetechniken

Schare / Kriterium	gezogene Schare			Saatgutablage im Erdstrom		
	Schlepp.	Ein-scheiben.	Zwei-scheiben.	Bandsaat	Breitsaat	Doppel-scheiben
Anzahl Scharreihen	2—4	2—3	2	1—2	1	1—2
Säbreite/Schar in cm	2—5	2—4	3	5	25	3
engster möglicher Reihenabstand cm	7,9	9,4	12,5	12	25	12,5
Beschickung des Säorgans	mech./pneum.	mech./pneum.	mech./pneum.	mech./pneum.	pneum.	pneum.
Getreidestroh	bedingt geeignet	geeignet	geeignet	geeignet	geeignet	gut geeignet
Maisstroh	ungeeignet	geeignet	geeignet	geeignet	geeignet	gut geeignet
feuchte tonige Böden	ungeeignet	bedingt geeignet	geeignet	bedingt geeignet	bedingt geeignet	geeignet
steinige Böden	ungeeignet	geeignet	geeignet	geeignet	geeignet	geeignet
wechselnde Böden	ungeeignet	geeignet	geeignet	bedingt geeignet	bedingt geeignet	gut geeignet
Verstellung der Ablagetiefe	geeignet	bedingt geeignet	bedingt geeignet	geeignet	geeignet	geeignet

(rosa)	(grün schraffiert)	(blau kariert)	(schwarz)
gut geeignet	geeignet	bedingt geeignet	ungeeignet

Das Anlegen der Fahrgassen: Fahrgassen sind bereits bei der Saat freigelassene Fahrspuren für die Traktorreifen. Nachfolgende Dünge- und Pflegearbeiten lassen sich damit sehr exakt ausführen, ohne dass mit Ertragseinbußen zu rechnen ist. Voraussetzung ist stets, dass die Arbeitsbreite der Folgegeräte ein ganzzahliges Vielfaches der Säbreite beträgt.

❑ Anlegen in einer Fahrt

Normalerweise wird eine Fahrgasse durch das Schließen von je einem oder zwei Säscharen hinter den Traktorrädern, also während einer einzigen Fahrt, gebildet. Der Randstreifen einer Parzelle muss dabei immer so breit sein wie der halbe Fahrgassenabstand (F) abzüglich der halben Säbreite (B), weil die Sämaschine bei der zweiten oder der vorletzten Fahrt um die halbe Arbeitsbreite über die Fahrgassenmitte hinausarbeitet:

$$R = F/2 - B/2$$

Beträgt der Fahrgassenabstand (= Arbeitsbreite der Folgegeräte) ein ungeradzahliges Vielfaches der Säbreite, so können die Randstreifen bei voller Ausnutzung der Sämaschinenbreite gebildet werden.
Anders ist dies jedoch bei einem Fahrgassenabstand, der ein geradzahliges Vielfaches der Säbreite darstellt.
Beträgt beispielsweise bei einer Säbreite von 3 m der Fahrgassenabstand 6 m, so ergibt sich ein Randstreifen von R = 6/2 - 3/2 m = 1,5 m Breite. Man müsste in solchen Fällen beim Randstreifen eine Hälfte der Sämaschine absperren, wenn die Fahrgassen in einer einzigen Fahrt gebildet werden sollen. Dabei wird für die erste Fahrt der Spurreißer der Sämaschine so eingestellt, dass der Abstand der Spurreißerscheibe vom (geschlossenen) Außenschar (E,) gleich der halben Spurweite der Schleppervorderräder (S) zuzüglich der halben Reihenweite (r) ist: E, = S/2 + r/2.

Anlegen in Hin- und Rückfahrten

Bei geradzahligen Vielfachen der Säbreite kann man die Fahrgassen auch in zwei aufeinander folgenden Arbeitsgängen bilden. Dann wird beim Randstreifen mit voller Sämaschinenbreite gefahren. Die Spurweite ist allerdings dann weniger exakt.

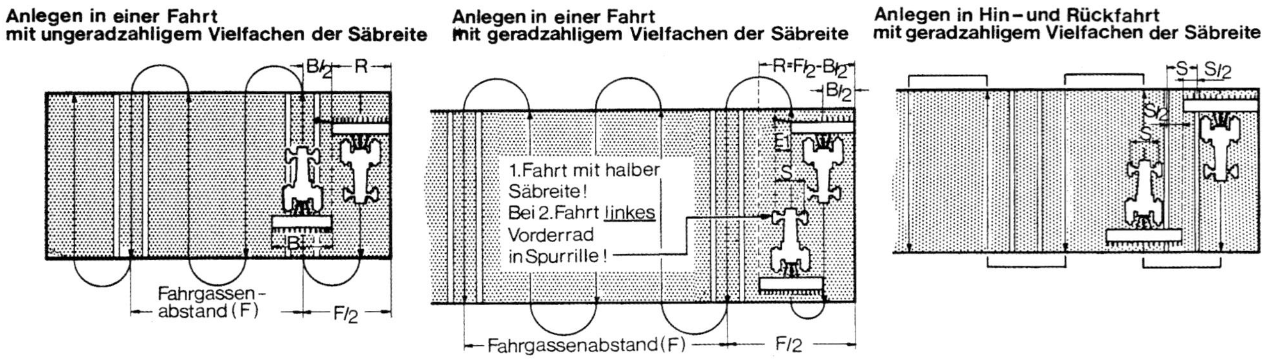

Fahrgassensaat (Reform)

3. Einzelkornsämaschinen

Die Aussaat von Rüben, Mais und bestimmten Gemüse- und Alternativpflanzenarten erfolgt mit Einzelkornsämaschinen. Eine genaue Kornanzahl und exakte Kornablage in den Boden sind das gewünschte Ziel des Einsatzes. Zusatzausrüstungen bzw. Kombinationen (Bandspritzeinrichtungen, Granulatstreuer, Reihendüngegeräte) ermöglichen die Durchführung mehrerer Arbeitsvorgänge in einem.
Nach der Arbeitsweise werden mechanische und pneumatische Geräte unterschieden. Spezialgeräte sind für die Aussaat eines bestimmten Saatgutes konstruiert. Kombinationsgeräte erfordern zumeist ein Umrüsten, Austauschen oder Verstellen des Reihenabstandes und sind für mehrere Saatgutarten geeignet.
Die Kornablage wird beeinflusst durch:
Fahrgeschwindigkeit,
Umfanggeschwindigkeit des Säorgans,
exakte Einzelkornerfassung durch das Säorgan,
geringe Fallhöhe,

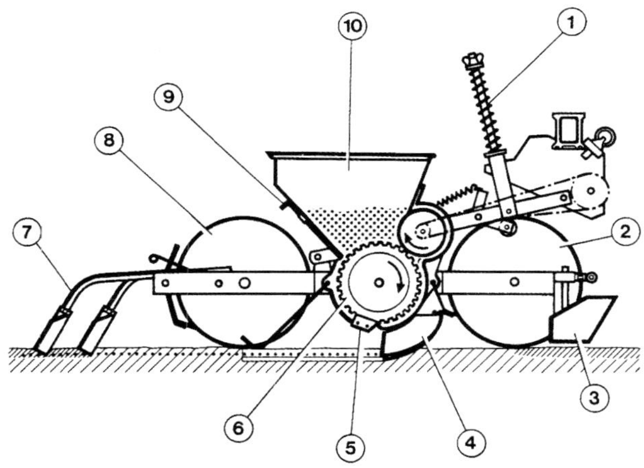

Bauteile der Einzelkornsämaschine

1 Druckverteilung	6 Zellenrad
2 Druckwalze	7 Zustreicher
3 Schollenräumer	8 Druckrolle
4 Schar	9 Entleerungsschieber
5 Auswerfer	10 Saatgutbehälter (Reform)

exakte Tiefenführung,
wirkungsvolle Zustreicher und Druckrollen.

Kennzeichen von Einzelkornsämaschinen ist die niedrige Bauweise durch das Fehlen einer langen Saatleitung. Für jede Reihe ist ein Säelement samt Vorratsbehälter, Säschar und Druckwelle vorhanden. Als Säelemente kommen besonders Zellenräder oder Lochscheiben in Frage. Abstreifer verhindern Doppelbelegungen, Auswerfer ein Verklemmen im Säelement. Bei pneumatischen Geräten wird beides durch Unter- oder Überdruck erreicht.

3.1 Rübensägeräte

Im modernen Rübenbau wird die Aussaat mit Einzelkorngeräten durchgeführt, deren Säorgane entweder mechanisch (durch die Schwerkraft) oder pneumatisch (durch Saug- oder Druckluft) gefüllt werden.

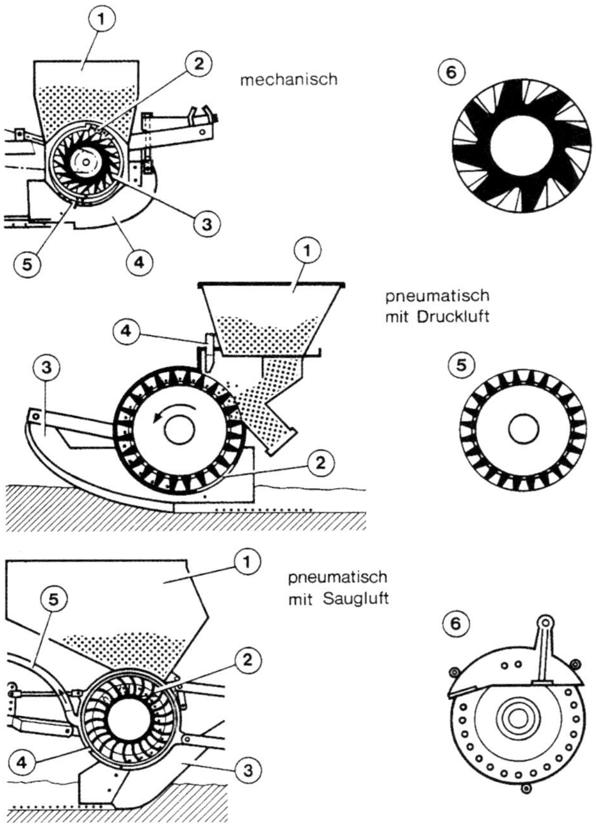

Sämechanismen der Einzlkornsämaschinen

Oberes Bild:
1 Saatgutbehälter
2 Kammerrad
3 Löffelrad
4 Säschar
5 Saatgutauswurf
6 Zellenrad

Bild Mitte:
1 Saatgutbehälter
2 Saatgutauswurf
3 Säschar
4 Druckluftzuteilung mit Düse
5 Zellenrad mit konischen Bohrungen

Unteres Bild:
1 Saatgutbehälter
2 Lochrad mit Kammerrad kombiniert
3 Säschar
4 Saatgutauswurf
5 Saugluft
6 Lochscheibe (Reform)

Die **mechanisch arbeitenden Geräte** besitzen Zellenräder, Zellenscheiben, Zellen in Form von Löffeln oder Säbänder mit Zellen. Diese Elemente führen den Transport des Einzelsamens vom Saatkasten zur Saatfurche durch. Die Zellen müssen so bemessen sein, dass sie die größten Samen aufnehmen können, ohne zu quetschen, und bei kleineren Samen Doppelbelegungen nicht möglich sind.
Eine Abart von Zellenradsämaschinen sind Konstruktionen mit einer so genannten **Innenfüllung durch die Fliehkraft.** Das Samenkorn wird in ein Fächerrad übergeleitet, welches entgegen der Fahrtrichtung läuft und den Samen unmittelbar über dem Boden abwirft. Diese Konstruktion gestattet Arbeitsgeschwindigkeiten von über 8 km/h. Ein ähnlicher Effekt ist auch durch Zellenräder mit großem Durchmesser und daher mit einer langsamen Umfangsgeschwindigkeit zu erreichen.
Pneumatische Sägeräte saugen oder drücken den Samen in die Säzellen. Der Samen wird knapp über der Saatrille durch Unterbrechung des Luftdrucks freigegeben. Die Sägenauigkeit wird besonders bei Großsämereien (Mais, Bohnen) gegenüber den mechanisch arbeitenden Geräten erhöht. Die pneumatischen Geräte stellen nicht so hohe Ansprüche an eine exakte Kalibrierung.
Das **Säschar** dient zum Ziehen einer Saatfurche für die geradlinige Ablage des Samens. Die Scharformen können sehr unterschiedlich sein. Am besten hat sich das Säbelschar bewährt.
Die **Zustreicher** haben die Aufgabe, den in die Saatrille gelegten Samen gleichmäßig mit Erde zu bedecken. Von der richtigen Einstellung der Zustreicher am Ende des Säelements hängt es ab, wie tief der Samen liegt und ob er genug Kraft für das Durchstoßen hat. Sie sollen unabhängig voneinander arbeiten und verstellbar sein, damit sie unter unterschiedlichen Bodenverhältnissen ihre Funktion gleich gut erfüllen können. Der **Druckrolle** kommt die Aufgabe zu, den in der Saatfurche liegenden Samen an den feuchten Boden anzudrücken und so die Bedingungen für rasches Ankeimen zu verbessern. Ihre Form kann verschieden sein. Für trockene Böden hat sich die breite zylindrische sowie die nach außen gewölbte (= konvexe) Druckrolle am besten bewährt.
Spuranreißer markieren die Fahrspur für die nächste Saatbreite. Die Einstellung erfolgt so wie bei den Drillsämaschinen.

Für die einwandfreie Funktion der Rübensägeräte sind folgende Punkte zu beachten:

- Saatgutbehälter und Zellenränder reinigen.
- Säschare unterliegen einem Verschleiß, müssen daher nachgeschliffen oder ausgewechselt werden.
- Der Abstreifer über dem Zellenrad darf ebenfalls nicht abgenutzt sein. Die genaue Einhaltung des

notwendigen Abstandes zwischen Zellenrad und Abstreifer verhindert Fehlstellen oder Doppelbelegungen.

- Verschlissene Auswerfer sind ebenfalls oft Ursache von Fehlbelegungen.
- Die Anhängung von Sägeräten muss sorgfältig überprüft werden. Das seitliche Spiel führt zu ungeraden Reihen. Sägeräte sollen waagrecht laufen.
- Reihenweiten an den Scharspitzen überprüfen. Bei Nachstellarbeiten den Spurreißer ebenfalls kontrollieren.
- Erdabstreifer an den Rädern sorgfältig einstellen.
- Schollenräumer nicht zu tief einstellen, weil sonst vorher ausgebrachte Spritzmittel weggeschoben werden.
- Exakte Einhaltung der Sätiefe kontrollieren.
- Kornablage kontrollieren, nachmessen und mit Sätabelle vergleichen, notfalls über Getriebe bzw. durch Zellenradwechsel korrigieren.

3.2 Maissägeräte

Silo- und Körnermaisanbau erfordern zum günstigsten Feldaufgang und ebensolcher Standraumausnützung die Einzelkornaussaat, die mit Spezialmaissämaschinen durchgeführt wird. Kombinationsgeräte für Rübe und Mais haben sich weniger bewährt, da sie aufgrund ihrer Bauweise und ihres geringen Eigengewichts keine gleichmäßige Tiefenablage des Saatguts gewährleisten. Maissägeräte sind hinsichtlich Aufbau und Funktion den Rübensägeräten ähnlich.

In Verwendung stehen zwei Systeme:

- Von der Kalibrierung unabhängige, mechanische Geräte, welche verschieden angeordnete Zellenräder, Lochscheiben oder Löffelscheiben besitzen. Beim Füllvorgang soll sich je ein Korn in die Zelle legen. Vorrichtungen wie Abstreifer oder Abkämmwalzen verhindern Doppelbelegungen.
- Kalibrierungsunempfindliche Systeme, die unabhängig von der Saatgutform einwandfreie Aussaat und schnelle Fahrgeschwindigkeit gewährleisten.

Die **Kornablage** erfolgt entweder mechanisch oder pneumatisch.
Bei den **mechanischen Systemen** handelt es sich meist um Löffelradgeräte in Verbindung mit einem synchron laufenden Kammerrad. Die Fahrgeschwindigkeit beträgt etwa 6 km/h.
Pneumatische Systeme arbeiten mit Saug- und Druckluft, die über die Traktorzapfwelle mit einem Gebläse erzeugt wird. Die Luft dient in Verbindung mit einer Lochscheibe oder einem Lochrad als Befüll-, Einzelungs- oder auch als Transporthilfe. Die Fahrgeschwindigkeit beträgt etwa 12 km/h.

Arbeitsbreite	Arbeitsbedarf (AKh/ha)	
	Drillsaat	Einzelkornsaat
2,0	1,4	2,1
2,5	1,2	1,8
3,0	1,0	1,5

3.3 Mulchsaatverfahren

Die Bodenerosion hat in den letzten Jahren besonders im Mais- und Zuckerrübenanbau bereits bei geringen Hangneigungen große Probleme bereitet. Als beste Erosionsschutzmaßnahme bietet sich bei gleich bleibenden Erträgen die Mulchsaat an.

Wenn die Mulchmasse in die obere Krume zerkleinert eingemischt wird, ist die Saat mit konventionellen Einzelkornsägeräten möglich. Wird hingegen eine Saat ohne Saatbettbereitung bei starker Erosionsanfälligkeit vorgenommen, ist ein Spezialgerät erforderlich. Dabei wird vor der Saat die gesamte Fläche mit einem blattaktiven Herbizid behandelt und beim Sävorgang der Boden nur in der geräumten Saatrinne geschnitten, geschlitzt oder schmal gefräst.

Ablauf des Mulchsaatverfahrens innerhalb eines Jahres

Juli/August	1. Gründüngung Stoppelbearbeitung 2. Grundbodenbearbeitung
August	3. Saatbettbereitung Saat der Zwischenfrucht
Oktober-März	4. Bodenbedeckung durch abfrierende Zwischenfrucht
April	5. Zuckerrübensaat
	→ Mulchsaat mit Saatbettbereitung (ganzflächig) → Mulchsaat ohne Saatbettbereitung (oder nur streifenweise)
April	6. N-Düngung/Herbizideinsatz (bei oder nach der Saat)

Wartung von Sämaschinen
Jährlich Säscharabstände überprüfen, gegebenenfalls Scharhebel ausrichten bzw. Schleifschar auswechseln. Scharhebelbefestigung prüfen, wenn nötig, nachziehen. Getriebe, Wechselradlager und Scharhebellager schmieren. Bei Maschinen mit zentraler Saatgutzuteilung Antriebskeilriemen nachspannen. Ölstand mit Ölbadgetriebe prüfen und Säelemente reinigen.

Technische und pflanzenbauliche Maßnahmen im Maisanbau, die vor Erosion schützen

Sommertieffurche unter Umständen Schälgrubber 15–20 cm	**Zwischenfruchtanbau**			
	nicht winterharte Sorten			**winterharte Sorten**
	Alexandrinerklee, Perserklee, Phacelia, Sommerrübsen, Ackerbohnen, Sommerwicken, Senf, Ölrettich			Winterraps, -rübsen (Perko, Buko)
Winterfurche	keine			keine
Bodenbearbeitung im Frühjahr mit Aussaat von Mais	**Mulchsaat**		**Direktsaat**	**Direktsaat**
	Ganzflächenbearbeitung	Streifenbearbeitung		z.B. mit Becker Aeromat
	Kreiselegge usw. Anfang bis Mitte April Getrennte Saat Kreiselegge kombiniert mit Saat	Reihenfräse Anfang bis Mitte April Reihenfräse kombiniert mit Saat		
Weitere Maßnahmen zum Schutz vor Erosion	Reiheneinsaat mit Wintergerste zur oder unmittelbar nach Saat Spurlockerer	Spurlockerer		
Unkrautbekämpfung	Nachlaufverfahren	Vorsaatverfahren* (5–10 Tage)	Vorsaatv.* (etwa 10 Tage)	Vorsaatv.* (etwa 10 Tage)
Hinweise	Mulchsaat mit praxisüblichen Geräten durchführbar	sehr guter Erosionsschutz Reihenspezialgeräte Fräs-Breitsaat	bester Erosionsschutz	Zwischenfrucht als Futter (Problem: Fahrspuren)

*Einsatz von Totalherbiziden wie Basta, Reglone, Roundup

4. Kartoffellegegeräte

Kartoffellegemaschinen sollen folgende Forderungen erfüllen:
- gleichmäßige Legetiefe,
- exakte Knollenablage, auch bei unterschiedlichen Formen und Größen,
- exakter Knollenabstand in der Reihe,
- gleichmäßige Reihenabstände und Anschlussspuren, besonders im hängigen Gelände.

Verschiedene Bauarten lassen sich unterscheiden: Legemaschinen mit Handeinlage und Legemaschinen mit selbsttätiger Einlage.
Geräte mit Handeinlage haben als Zuteilorgan entweder Fallrohr, Zellenrad oder Becherkette; Geräte mit selbsttätiger Einlage, Becherketten mit Einfach-, Doppel- und Dreifachbechern.

Die Lage der Saatkartoffelknolle im Boden ist bestimmt durch die Reihenweite, den Knollenabstand in der Reihe und die Legetiefe sowie die Deckschichthöhe. Die Reihenweite beträgt die Hälfte der Traktorspur. Abweichungen erschweren die Pflege- und Erntearbeiten und führen zu Knollenbeschädigungen bzw. Knollenverlusten. Der Knollenbestand in der Reihe soll im Hinblick auf die Pflege und Selektion möglichst gleichmäßig sein. Je nach pflanzenbaulichen Erfordernissen werden die Knollen meist zwischen 25 und 38 cm gelegt.
Die Legetiefe wird so eingestellt, dass die Oberkante der Pflanzenknolle mit der ursprünglichen Bodenoberfläche abschneidet: Die Deckschicht (Damm) muss einerseits die Pflanzenknolle vor dem Verschieben und Herausreißen bei den Pflegearbeiten schützen und für optimales Wachstum ausreichen und andererseits eine gute Erwärmung des Bodens ermöglichen. Eine Deckschicht von etwa 5 cm ist ausreichend.

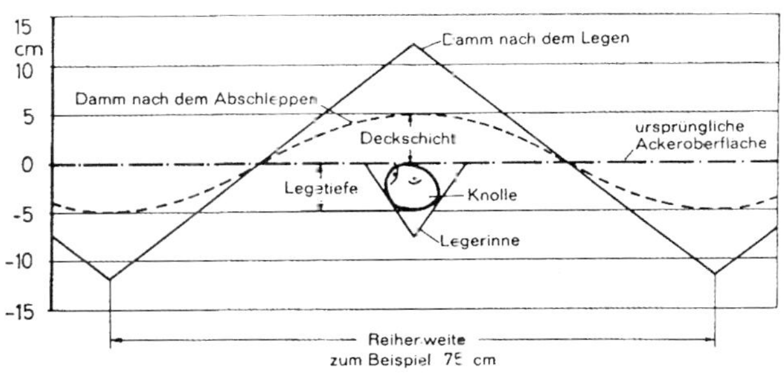

Die Lage der Pflanzknolle im Boden

Legegeräte mit Handeinlage
können zwei- und mehrreihig ausgeführt sein. Sie werden meist in Verbindung eines vorhandenen Vielfachgerätes für kleinere Anbauflächen eingesetzt. Auf dem Gerät sitzende Bedienungspersonen werfen die Saatkartoffeln auf das Zeichen des Taktgebers ins Legerohr. Vorgekeimte Kartoffeln können auch auf diese Weise gelegt werden. Die Arbeitsgeschwindigkeit darf 1–2,5 km/h nicht übersteigen.

Halbautomatische Legegeräte
sind grundsätzlich ähnlich gebaut. Die Bedienungsperson legt die Kartoffeln aber in die Fächer eines Zellenrades. Abgeworfen wird automatisch durch die Drehung dieses Rades. Auch halbautomatische Geräte werden oft auf Vielfachgerätegrundrahmen aufgebaut. Auch hier lassen sich noch vorgekeimte Kartoffeln verarbeiten. In der Praxis haben besonders zweireihige Geräte Bedeutung.

Der weitere Aufbau entspricht ansonsten den halbautomatischen Geräten. In beiden Fällen erfolgt der Antrieb vom Boden aus. Eine Arbeit mit vorgekeimten Kartoffeln wäre bei dieser Bauart nicht möglich. Die Fahrtgeschwindigkeit liegt bei 3 bis 7 km/h. In neuerer Zeit werden selbsttätige Legemaschinen eingesetzt. Aus einem Vorratsbehälter (Bunker) nehmen einfache oder doppelte Becherreihen mit besonders geformten Bechern die Knollen. Diese Maschinen sind bis zu vier Reihen ausgelegt. Fehlstellenausgleichseinrichtungen sind nicht mehr notwendig.

Vollautomatische Legegeräte mit Fehlstellenausgleich erübrigen eine Bedienungsperson am Gerät. Das Aufnehmen und Auswerfen der Kartoffeln erfolgt selbsttätig durch eine durch den Vorratsbehälter laufende endlose Becherkette. Der Fehlstellenausgleich wird beim Durchlaufen eines zweiten (Ausgleichs-) Behälters oder mit Hilfe eines Ausgleichszellenrades erreicht. Das Ausgleichszellenrad wird dann um eine Zelle weitergedreht, wenn ein Tastfinger nicht durch die auf dem Becher liegenden Kartoffeln angehoben wird. Infolge der Drehung des Zellenrades fällt eine Knolle genau auf die nicht besetzte Stelle der Becherkette.

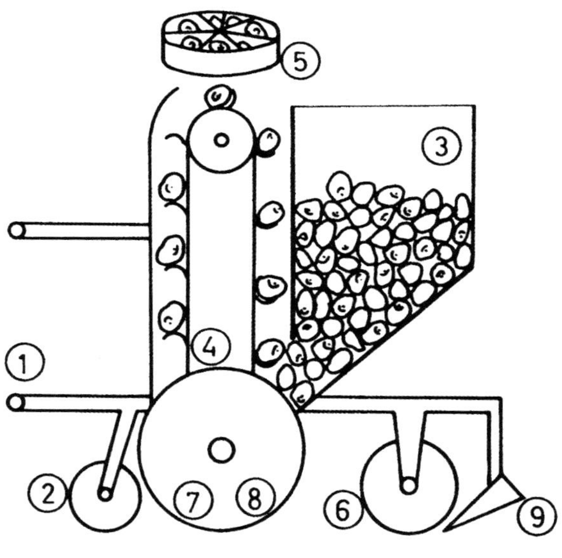

Vollautomatisches Kartoffellegegerät

1 Anbaueinrichtung
2 Furchenzieher
3 Vorratsbehälter
4 Legeorgan
5 Fehlstellenausgleich
6 Zudeckorgan
7 Stützrad
8 Antrieb
9 Spurschar
(KTLB)

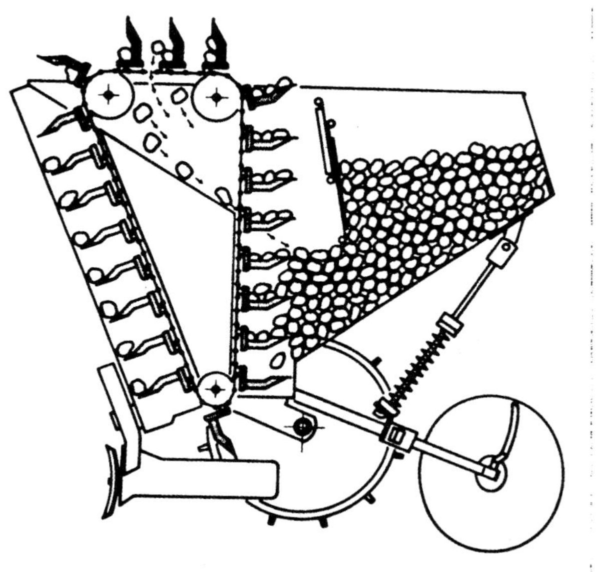

Vollautomatische Kartoffellegemaschine. Die lang ausgebildeten Schöpfbecher schöpfen sicher mehrere Knollen, die aber auf der oberen waagrechten Strecke außer der gewünschten Einzelknolle wieder abfallen.

Zum Legen von vorgekeimten Kartoffeln können ebenfalls vollautomatische Legemaschinen mit mehreren Becherreihen eingesetzt werden. Dabei ist zu beachten, dass der Vorratsbehälter nur mäßig gefüllt wird, um ein Abbrechen der Keime zu verhindern.
Andere Systeme verwenden zur Keimschonung Schöpftrichtereinsätze in Verbindung mit Rütteleinrichtungen oder Förderbändern.

Bauart		Vorteile	Nachteile
Fallrohr mit akustischem Taktzeichen	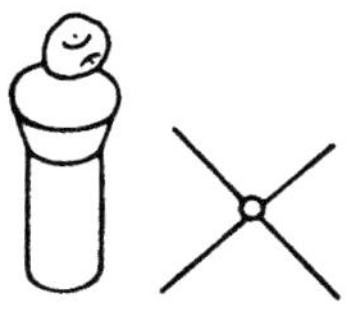	geringer technischer Aufwand	Knollenabstände in der Reihe abhängig von der Sorgfalt der Legeperson
waagerechtes Zellenrad mit anschließendem Fallrohr	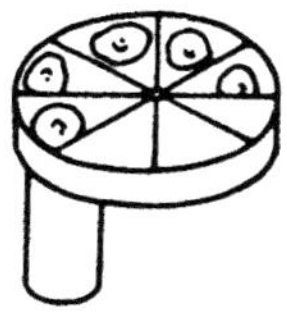	hohe Legeleistung bequemes Einlegen, Arbeiten auf Vorrat	Abstand in der Reihe stark abhängig von der genauen Arbeit des Furchenziehers und der Art der Knollenabgabe, große Fallhöhe
senkrechtes Zellenrad mit oder ohne Fallrohr	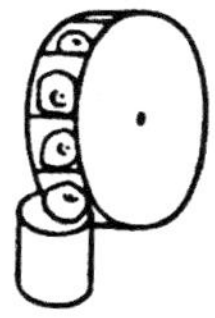	genauer Abstand in der Reihe bei geringer Fallhöhe	geringe Legeleistung, mehr Aufmerksamkeit beim Einlegen erforderlich
waagrechtes Zellenrad mit anschließendem senkrechten Zellenrad	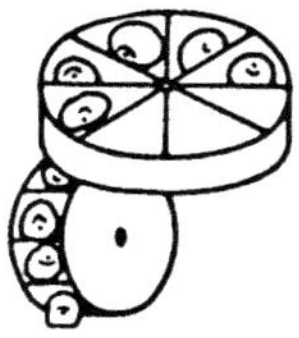	genauer Abstand in der Reihe, geringe Fallhöhe, Arbeiten auf Vorrat	höherer technischer Aufwand
Becherkette, Becherband, ein und mehr Becherreihen	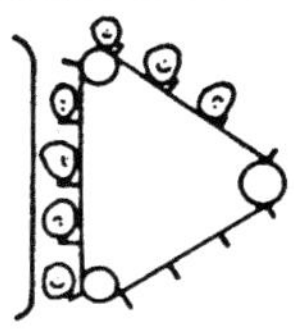 oder 	hohe Legeleistung, bei Handeinlage Arbeiten auf Vorrat, bei ein und mehr Becherreihen schonende Behandlung vorgekeimter Kartoffeln	höherer technischer Aufwand, empfindlich gegen lange und große Knollen

Bauarten von Legeorganen mit ihren Vor- und Nachteilen

❑ Wartung der Kartoffellegegeräte

Vor dem Einsatz Becherkette nachspannen, Fehlstellenausgleich schmieren, Schmierstellen nach Wartungsplan versorgen. Vor Einwinterung, d.h. möglichst bald nach dem Ende der Anbauarbeiten, blanke Teile mit Außenkonservierungsöl behandeln.

Arbeitsbedarf

Halbautomat	2-reihig	20 AKh/ha
	4-reihig	10 AKh/ha
Vollautomat	2-reihig	7 AKh/ha
	4-reihig	7 AKh/ha

Die Flächenleistung der selbsttätigen vollautomatischen Legemaschine beträgt zweireihig bis zu 0,4 ha/h und vierreihig 0,8 bis 1,0 ha/h.

4.1 Folienlegegeräte

Anbau und Auslegen der Folie werden in einem Arbeitsgang mit speziell entwickelten Geräten durchgeführt. Vor dem eigentlichen Anbaugerät wird eine Folie ausgelegt, die an den Seiten mit Erde bedeckt wird. In die Folienbahn werden Lochstreifen gestanzt, in die auch das Saatgut (Knollen) abgelegt wird. Die Pflanzen wachsen beim Auflaufen durch die Folie hindurch. Der Sävorgang ist natürlich mit geringerer Geschwindigkeit durchzuführen, am Hang ist auch das Verschieben der ausgelegten Folie problematisch. Die Spezialfolie wird durch Sonneneinstrahlung „abgebaut“, verbleibende Reste stören den Erntevorgang kaum.

In den letzten Jahren hat sich im Frühkartoffelanbau, im Feldgemüsebau und vereinzelt auch im Körnermaisbau der Anbau unter ausgelegten Folien entwickelt. Wesentlicher Vorteil des Folienverfahrens ist die schnellere Bodenerwärmung im Frühjahr und letztlich ein Vorsprung bei der Ernte von 2 bis 3 Wochen.

Die Folie ist teuer, bringt aber nach bisherigen Erfahrungen höhere Erträge und, bedingt durch frühere Marktbelieferung, auch bessere Preise.

5. Pflanzmaschinen

Ihr Einsatz erfolgt im Feldgemüsebau, in Gartenbaubetrieben und in der Forstwirtschaft. Es gibt Maschinen mit Handeinlage (umgebaute Legemaschinen) und solche mit Vollautomatik.

Pflanzmaschine (Rau)

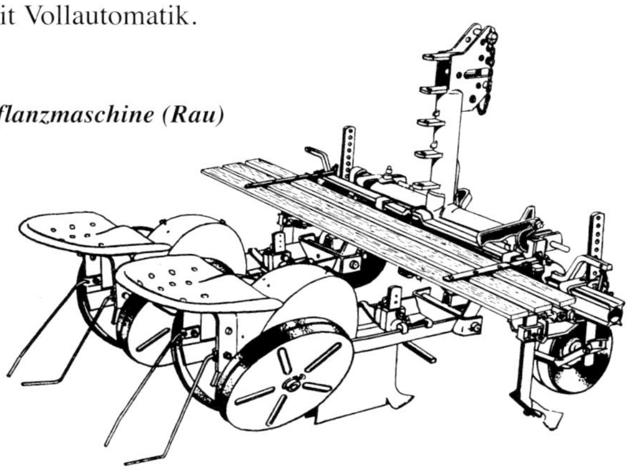

Ein Pflanzschar zieht einstellbare, bis zu 12 cm breite und entsprechend tiefe Pflanzrillen. Die Pflanzwerkzeuge bestehen meist aus zwei sich drehenden, dünnen, biegsamen und etwa 10° gegeneinander schräg gestellten Klemmscheiben. Das Pflanzgut wird kurz vor dem Berühren der beiden Scheiben eingelegt. Andrückrollen drücken die Pflanzrille an, die Zustreicher schieben lose Erde über die Druckspur. Anstelle von Klemmscheiben werden auch die Klemmplatten oder -finger bzw. Greifer verwendet. Ihre Pflanzleistung beträgt je nach Pflanzgut und Pflanzenanzahl pro Hektar bis zu 50 Pflanzen pro Minute. Die Fahrgeschwindigkeit beträgt ca. 0,5 bis 2 km/h.
Zusatzeinrichtungen können Reihendüngerstreuer, Spritzeinrichtungen und Gießvorrichtungen sein.

6. Maschinen und Geräte für die Pflanzenpflege

Durch den Einsatz dieser Maschinen und Geräte werden Aufgang und Entwicklung der Pflanzen gefördert. Sie dienen der
- Bodenlockerung und Lüftung,
- Bildung und Erhaltung von Dämmen und Furchen,
- mechanischen Unkrautregulierung und Vereinzelung.

Durch die mechanische Pflanzenpflege kann der Einsatz von Chemie in der pflanzlichen Produktion eingeschränkt werden.

Früher wurden Vielfachgeräte, heute werden ganze Werkzeugsätze bzw. komplette Maschinen verwendet. Diese Maschinen werden vorwiegend am Traktor angebaut und bestehen aus dem Grundgerät und je nach Aufgabe aus verschiedenen Arbeitswerkzeugsätzen.

6.1 Hackgeräte

Durch den Einsatz von Hackgeräten kann die Pflegearbeit bei Rüben, Kartoffeln und Mais mechanisiert werden. Als einfachste Geräte kommen die Netzegge oder die Ackerbürste (Weeder) in Frage. Ackerbürsten bestehen aus mehreren Reihen von dünnen, an den Enden bleistiftstarken Federzinken, die an einem Anbaurahmen montiert sind. Reihenhackgeräte werden als Front-, Heckanbau- oder Zwischenachsgeräte gebaut. Für Großflächen können auch selbstfahrende Hackmaschinen in Frage kommen.

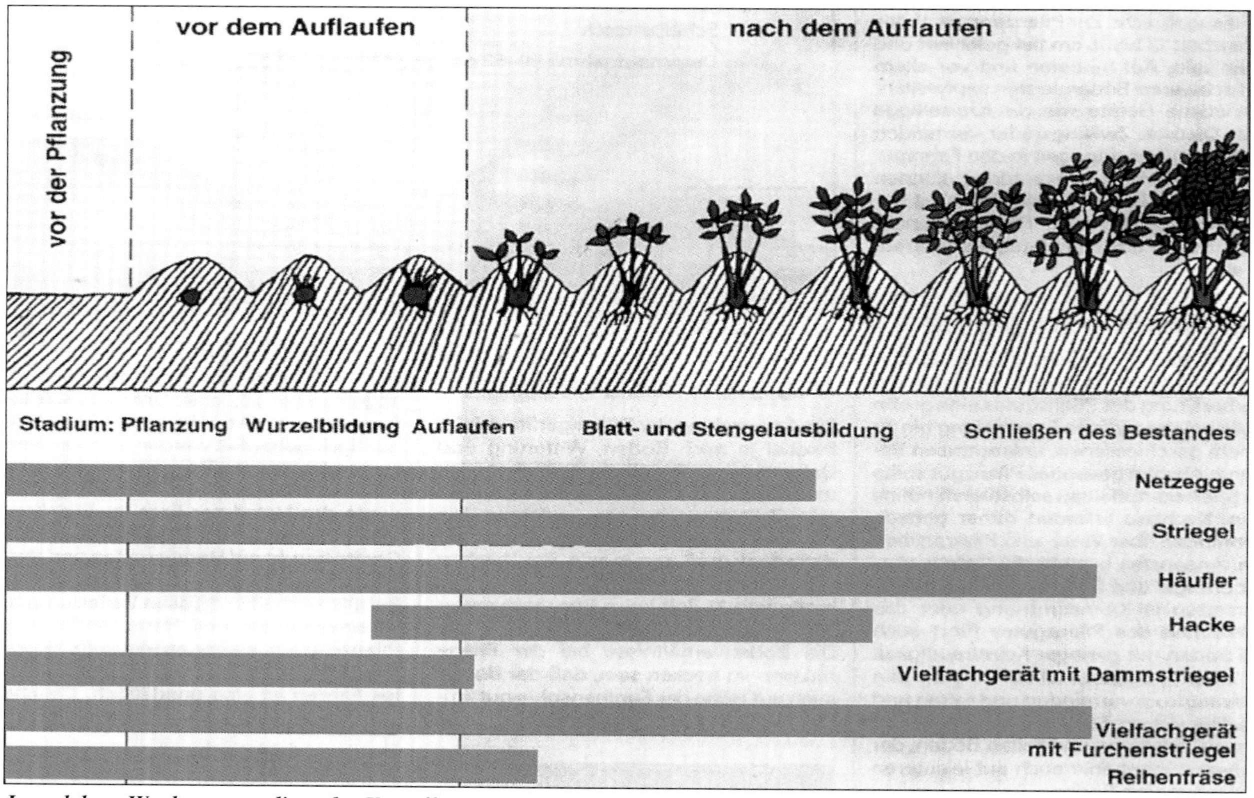

In welchem Wachstumsstadium der Kartoffel soll man Pflegegeräte einsetzen?

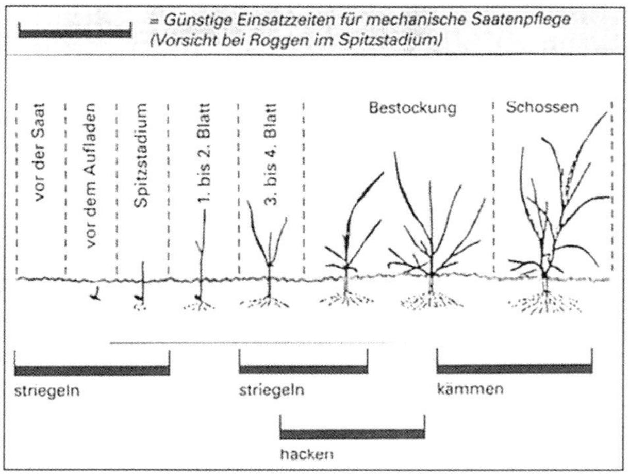

Günstige Einsatzzeiten für mechanische Saatenpflege

Zunehmend werden **Rollhacken,** boden- oder zapfwellengetrieben, eingesetzt. **Rotierende Bodenbürsten** leisten bei bestimmten Böden ausgezeichnete Arbeit. Der Kraftbedarf der üblichen Hackgeräte liegt bei 10-11 kW, die der Rollhacken bei 15-18 kW je Meter Arbeitsbreite. Die Arbeitsleistung je Meter Arbeitsbreite bei Hackarbeiten beträgt etwa 0,5 ha/h.

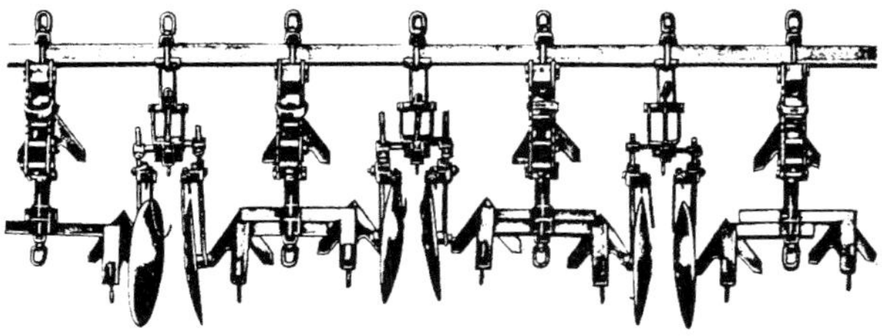

Rübenhackeinsatz mit Gänsefußmessern und Schutzscheiben (Heger)

Hackgeräte für den Heckanbau werden an einem Anbaurahmen, etwa dem eines Vielfachgeräts, montiert. Zum Kartoffelhacken eignen sich Gänsefußschare, die starr oder gelenkig montiert sind. Am selben Rahmen lassen sich auch Häufelkörper anbringen. Hackgeräte für Rüben und Mais bestehen aus Gänsefußscharen oder Winkelmessern, die gelenkig mit dem Grundrahmen verbunden sind. Beim ersten Hacken nach der Saat sind pro Reihe noch zwei Hohlschutzscheiben zum Schutz der Pflanzen von Vorteil.

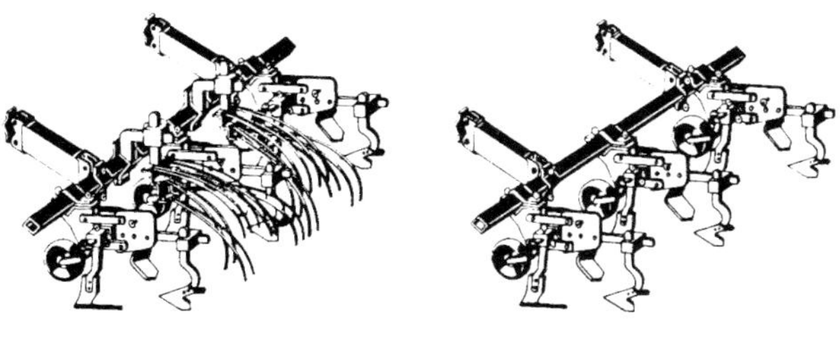

Kartoffelhack-Einsätze (Heger)

Maishackgeräte müssen eine große Bodenfreiheit aufweisen. Zur Feinsteuerung von Rübenhackgeräten ist eine Bedienungsperson notwendig. Als Lenkungsformen der Hackrahmen sind Achsschenkellenkungen, Schiebelenkungen oder einfache Lenkungen mit einem Sechrad üblich. Bei der Schiebelenkung wird der bewegliche Teil des Anbaurahmens durch eine Zahnstange verschoben. Daher ist auch schon vor dem Absetzen des Geräts eine Steuerung möglich. Nur bei Zwischenachsgeräten kann die Feinsteuerung entfallen. **Rübenhackgeräte** werden oft mit Bandspritzeinrichtungen oder Reihendüngerstreuern kombiniert, um zusätzliche Arbeitsgänge zu ersparen.

6.2 Häufelgeräte

Sie werden für die Pflege von Kartoffelkulturen und zur Dammbildung eingesetzt.
Reihenfräsen oder Kreiseleggen mit Häufelkörpern kombiniert, bereiten den für die Dammbildung benötigten Boden fein krümelig und schaffen siebfähige Kartoffeldämme – eine Voraussetzung für Vollerntereinsatz. Zu empfehlen bei schweren und zur Schollenbildung neigenden Böden.

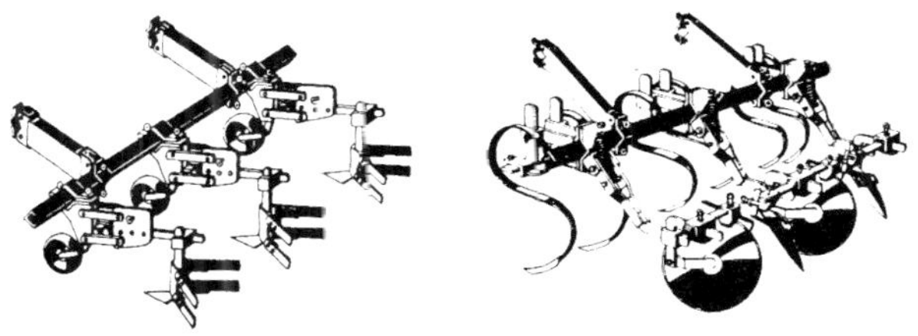

Kartoffelhäufel-Einsätze (Heger)

6.3 Hackstriegel

Sie können sowohl im Getreidebau, in Hackkulturen und in Alternativkulturen Verwendung finden.
Die vielseitige Einsetzbarkeit erspart durch die Striegelwirkung chemische Methoden. Die langen Zinken sind verstellbar.

Arbeitsbedarf

Kartoffeln hacken, häufeln, striegeln; bei vierreihigem Gerät je 0,9 bis 1,7 AKh/ha. Rüben oder Mais hacken; 3 bis 5 AKh/ha. Bei allen Hackgeräten ist es von Vorteil, die Arbeitsbreite mit der des Sä- oder Legegeräts abzustimmen. Die Arbeitsgeschwindigkeit liegt zwischen 1,5 und 7 km/h. Die Hacktiefe soll weniger als 2 cm betragen.

7. Geräte für den Pflanzenschutz

Die Schädlingsbekämpfung ist notwendig, um Nahrung, Gesundheit und Umwelt der Menschen zu schützen, solange keine anderen und wirksameren Verfahren zur Verfügung stehen. Die jährlichen Verluste durch Schädlinge, Unkräuter und Pflanzenkrankheiten betragen nach Angaben der FAO ca. 20–25 % der Welternte. Pflanzenschutzmittel können jedoch auch bei anderen, in der gleichen Umwelt lebenden Organismen – einschließlich des Menschen – negative Wirkungen ausüben. Ob solche Wirkungen eintreten oder nicht, ist vielfach eine Frage der sachgerechten Anwendung und Dosierung.
Grundsätzlich ist vor jedem Einsatz von chemischen Mitteln zu prüfen, ob nicht andere (z.B. mechanische) Methoden zweckmäßiger sind und das Schadbild überhaupt eine Behandlung rechtfertigt (Schadschwelle festlegen)!

Mit folgenden Gefahrensymbolen, Kennbuchstaben und Gefahrenbezeichnungen werden künftig die Gebinde der entsprechend eingestuften Präparate gekennzeichnet:

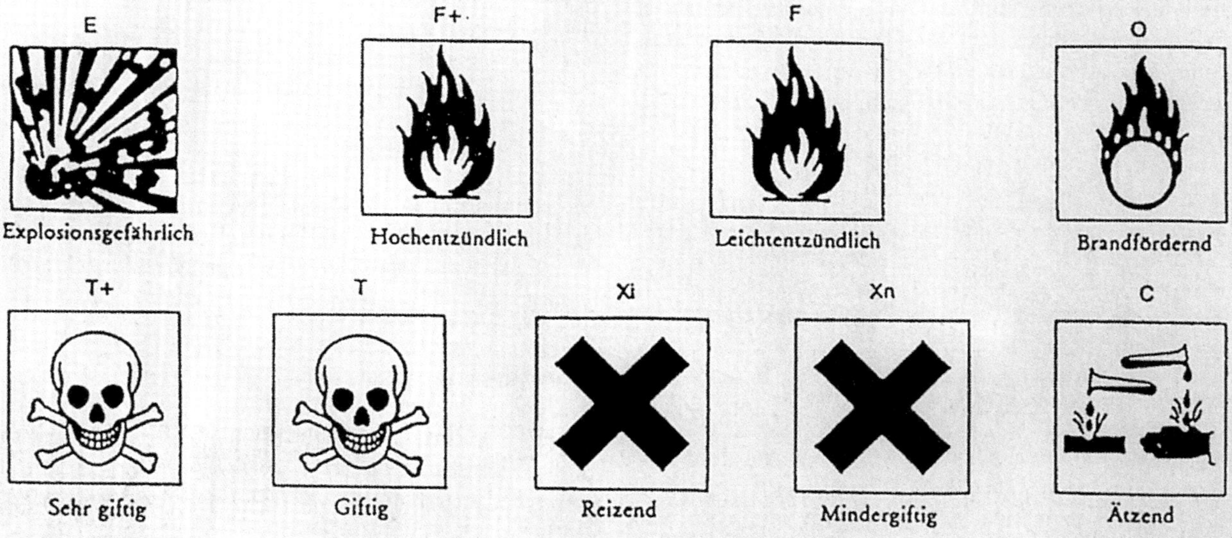

Folgende Pictogramme und Hinweise zur schadlosen Beseitigung können ebenfalls abgebildet sein:

(Auf den Aufschriften muss die empfohlene Beseitigung ersichtlich sein).

Pictogramm	Beispiele für Aufschriften	Pictogramm*	Beispiel für Aufschriften
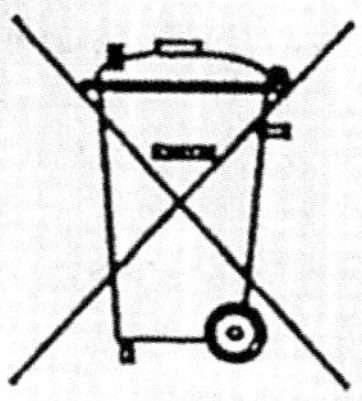 Sonderabfall, Problemstoff	Altbestände und Reste nicht mit dem Hausmüll entsorgen. Sonderabfallsammler übergeben. Zur Problemstoffsammelstelle bringen. Gifte dem Abgeber/der Verkaufsstelle zurückgeben.	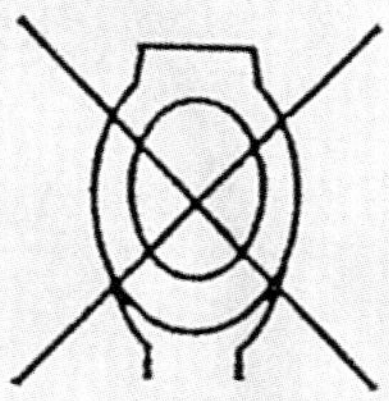 Verbot der Beseitigung über die Kanalisation	Reste nicht in den Ausguss oder das WC leeren, sondern mit dem Hausmüll entsorgen. Reste nicht in den Ausguss oder das WC leeren, sondern Abgeber/Verkaufsstelle/Sonderabfallsammler/Proplemstoffsammelstelle übergeben.

*Dieses Pictogramm ist auch noch möglich, je nach Eigenschaft des jeweiligen Produktes.

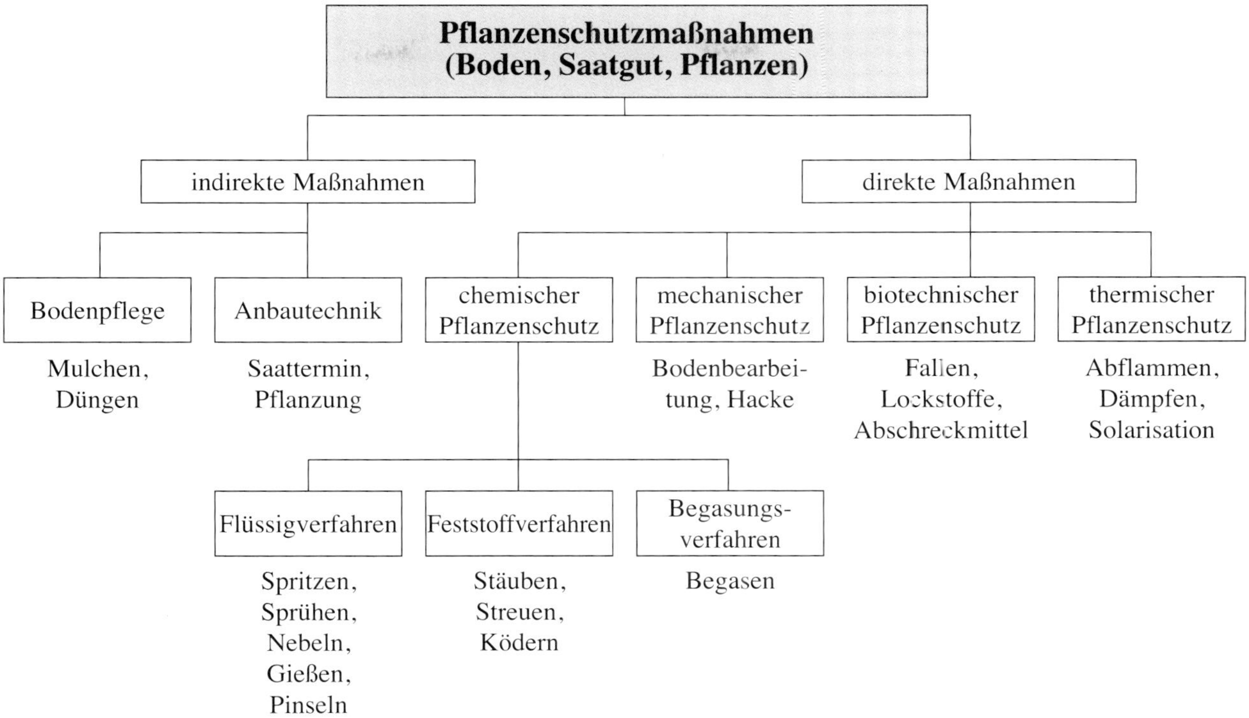

Der Erfolg einer Pflanzenschutzmaßnahme hängt von der Zielfläche (kaum beeinflussbar), der Witterung (bedingt beeinflussbar durch Anpassung) und der Spritztechnik ab. Die Spritztechnik ist vom Bauern direkt beeinflussbar.

Arbeitsprinzip
Eine hohe Anlagerung auf der Zielfläche bei möglichst geringen Wirkstoffmengen ist eine wichtige Forderung. Für die Kennzeichnung der Flüssigkeitszerstäubung sind die Tropfengrößenverteilung (bestimmt durch den mittleren, volumenbezogenen Tropfendurchmesser MVD) und die Querverteilung (= Spritzbild) wichtig. Kleine Tropfen sind anfällig gegen Wind und Thermik und haben eine geringe Auftreffgeschwindigkeit, große Tropfen perlen an der Zielfläche leicht ab. Die elektrostatische Aufladung der Spritztröpfchen verbessert die Belegdichte, die Durchdringung dichter Pflanzenbestände wird allerdings nicht verbessert (Korona-Aufladung – technisch einfacher; Influenz- und Kontaktaufladung).

7.1 Spritzgeräte

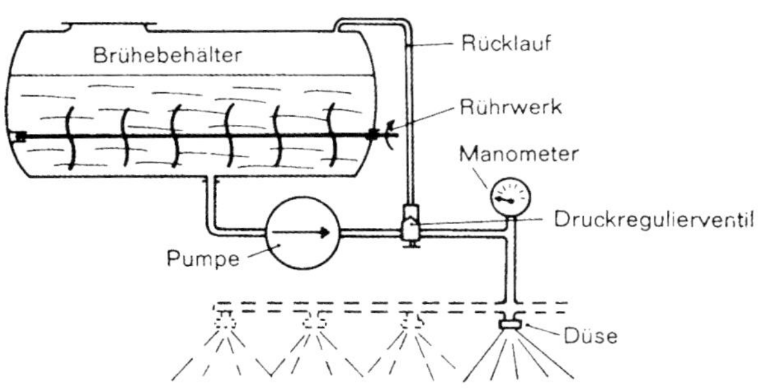

Spritzgerät (KTBL)

Beim Spritzverfahren wird der Wirkstoff stark mit Wasser verdünnt und über eine Pumpe durch Düsen ausgespritzt. Der notwendige Druck schwankt dabei von 2 bis 60 bar. Spritzgeräte werden vor allem als Dreipunktanbaugeräte gebaut.
Wichtige Bauelemente sind: Brühebehälter, Pumpe, Dosiereinrichtung, Spritzgestänge, Düsen, Rührwerk und Fassfüllvorrichtung.

Nur regelmäßig kontrollierte Pflanzenschutzgeräte ermöglichen einen Mitteleinsatz nach guter fachlicher Praxis.

Der **Brühebehälter** ist häufig aus korrosionsfestem Kunststoff, vereinzelt auch aus Messing. Die Behältergröße sollte auch bei langen Feldern für die doppelte Feldlänge ausreichen, die obere Grenze liegt allerdings bei der Hubkraft der vorhandenen Traktorhydraulik, desgleichen ist eine Begrenzung durch die Tragfähigkeit der Bereifung gegeben. Die Behälter müssen mit einem Rührwerk ausgestattet sein. Mechanische und hydraulische Rührwerke sind gleichermaßen anzutreffen. Bei bestimmten Mitteln ist ein in der Leistung variables oder abschaltbares Rührwerk zu empfehlen.

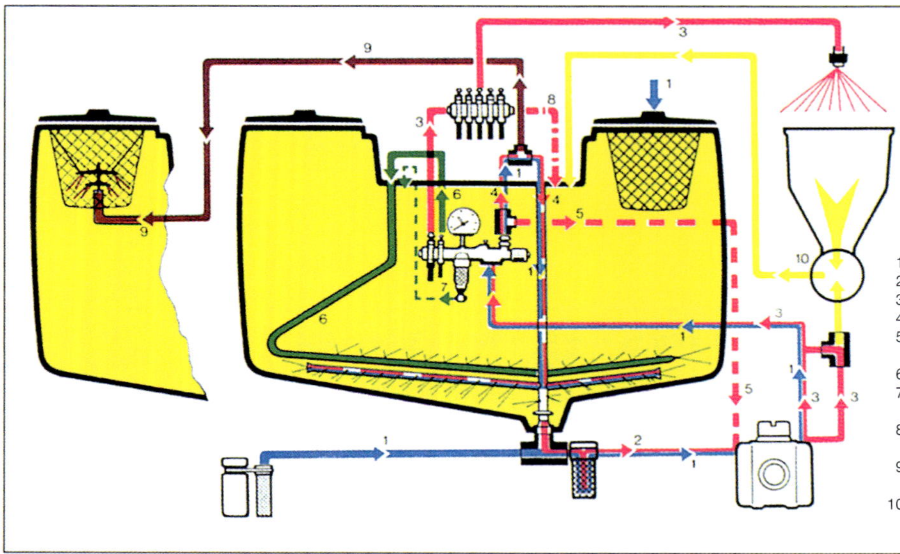

Funktionsschema Füllen Einspülen und Spritzen

1 Fassfüllen
2 Brüheentnahme aus Behälter
3 Spritzen
4 Rücklaufrührwerk
5 Rückstrom des abgeschalteten Rücklaufrührwerkes
6 schaltbares Druckrührwerk
7 Filterspül- und Druckentlastungsleitung
8 Rücklauf von Gleichdruckeinrichtung
9 Einspülvorrichtung, angeschlossen am Rücklauf
10 Injektor-Einspül-Vorrichtung

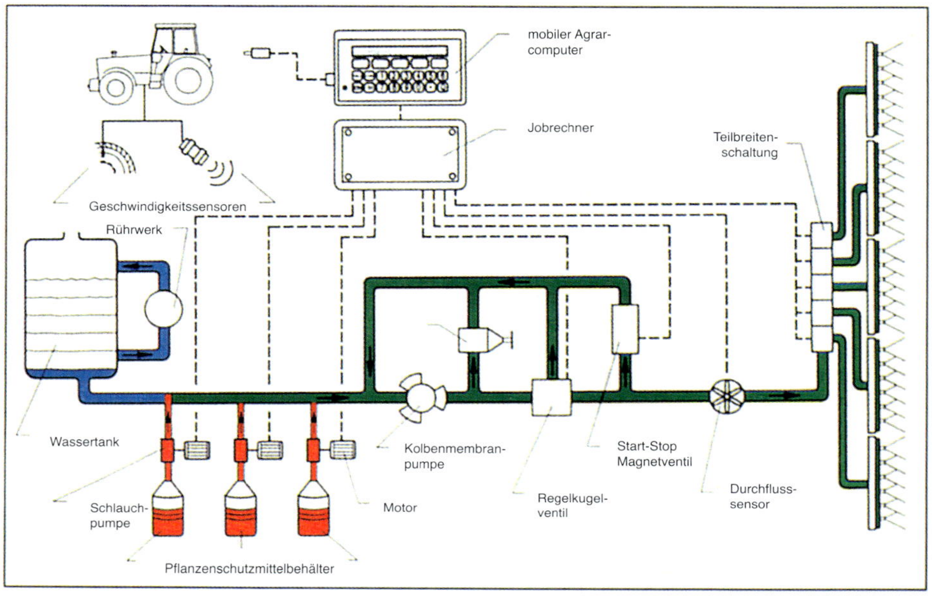

Öko-Lok

Spezielle Antidrift-Flachstrahldüsen

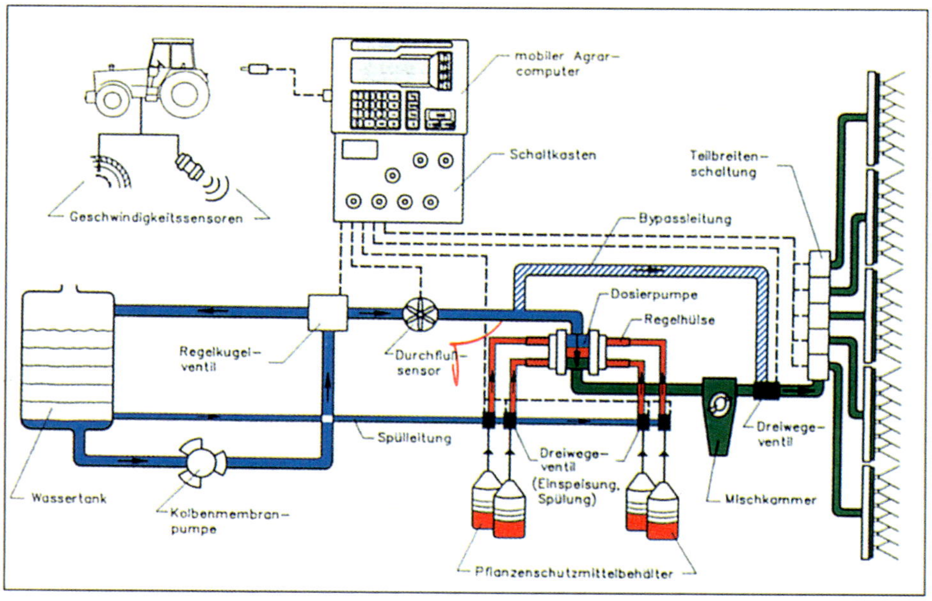

Agroinject

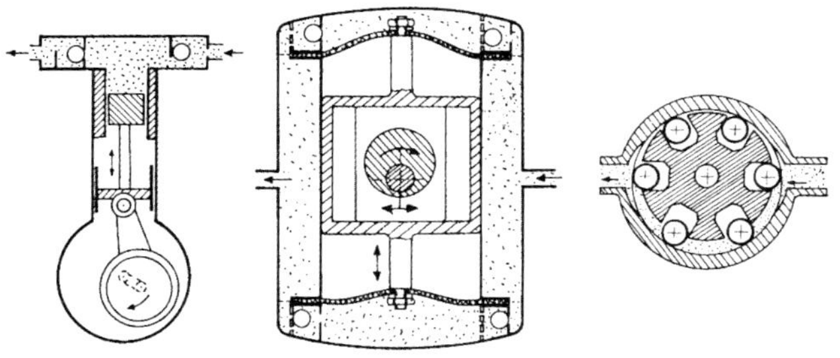

Pumpen für Spritzgeräte (KTBL)
Links: Kolbenpumpe
Mitte: Membranpumpe
Rechts: Rollenpumpe

Als **Pumpen** eignen sich besonders Kolben- oder Membranpumpen. Beide Pumpen können bis zu 60 bar Druck erzeugen. Der jeweilig angegebene Höchstdruck darf nicht überschritten werden. Rollenpumpen werden, da sie nur geringe Drücke erzeugen können, seltener eingebaut. Kolben- und Rollenpumpen dürfen **nicht** ohne Wasser (Flüssigkeit) in Betrieb genommen werden. Membranpumpen werden durch Trockenlauf nicht beschädigt.

Die Literleistung (Volumenstrom) der Pumpe soll ausreichend groß sein. Als Faustformel gilt: Bei 200–600 l Flüssigkeitsaufwand je Hektar und 5 km/h muss der Volumenstrom bei Betriebsdruck mindestens 5 l/min pro Meter Arbeitsbreite betragen. Zusätzlich sollte für das hydraulische Rühren die Pumpe 5% des Behältervolumens fördern.

Beispiel: 600-l-Gerät und 12 m Arbeitsbreite erfordern einen Volumenstrom von 90 l/min (12 x 5 + 5% von 600). Kolben- und Membranpumpen haben zum Druckausgleich einen kleinen Windkessel montiert.

Der im Windkessel eingestellte Luftdruck darf nicht höher sein als der eingestellte Spritzdruck am Manometer. **Dosiereinrichtungen** haben die Aufgabe, den Wirkstoff in der gewünschten Menge und mit exakter Verteilung zum Zielort zu bringen. Sie arbeiten nach verschiedenen Verfahren:

FUNKTION DER GLEICHDRUCK-EINRICHTUNG

Sie führt die abgeschaltete Teilbreitenmenge in den Behälter zurück.

Außerdem ermöglicht sie das umweltfreundliche Einstellen des Druckes bei total geschlossener Leitung vor Beginn der Arbeit.

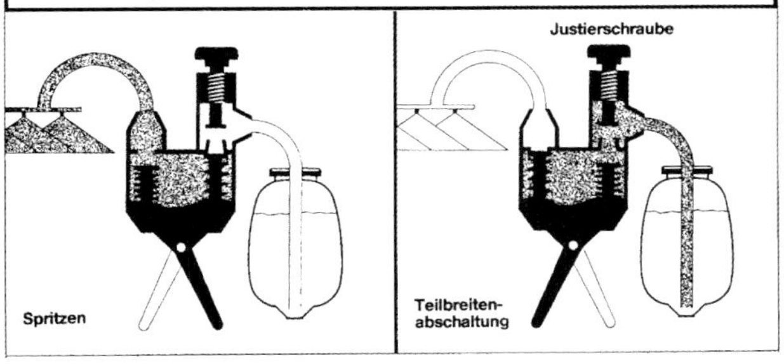

Dosiereinrichtungen älterer Bauart arbeiten nach dem Prinzip der Umlaufregelung. Der Förderstrom der Pumpe wird in einem zum Gestänge fließenden Teil und in einem zum Tank fließenden Rückstrom aufgeteilt. Diese Teilung wird mit einem federbelasteten, verstellbaren Druckbegrenzungsventil vorgenommen. Durch Veränderung der Federvorspannung kann das Verhältnis der beiden Teilströme nach Wunsch aufgeteilt werden. Bei Fahrgeschwindigkeitsänderungen, bleibt allerdings das Aufwandvolumen nur gleich, wenn sich der Pumpenförderstrom proportional zur Fahrgeschwindigkeit ändert. Leider ist dies nicht der Fall, sodass es zu Abweichungen vom gewünschten Aufwandvolumen kommt.

In einer **Weiterentwicklung der Umlaufregelung** wurde das Druckbegrenzungsventil in der Rückstromleitung durch ein verstellbares Drosselventil ersetzt. Wenn nun Düsen und Drosselventile die gleiche Durchflusscharakteristik aufweisen, wird der Pumpenstrom in zwei zueinander proportionale Teilströme aufgeteilt.

Bei einer streng linearen Pumpenkennlinie und fahrgeschwindigkeitsabhängiger Pumpendrehzahl verhält sich der über die Düsen ausgebrachte Volumenstrom ebenfalls proportional zur Fahrgeschwindigkeit. Gangwechsel und Radschlupf können allerdings nicht ausgeglichen werden.

QUANTOMAT – Drehzahlanpassungs-Automatik
durch Querschnittregelung

Mit Hilfe des QUANTOMETERS wird über die Druckregulierschraube das Verhältnis Austrittquerschnitt zu Rücklaufquerschnitt festgelegt.

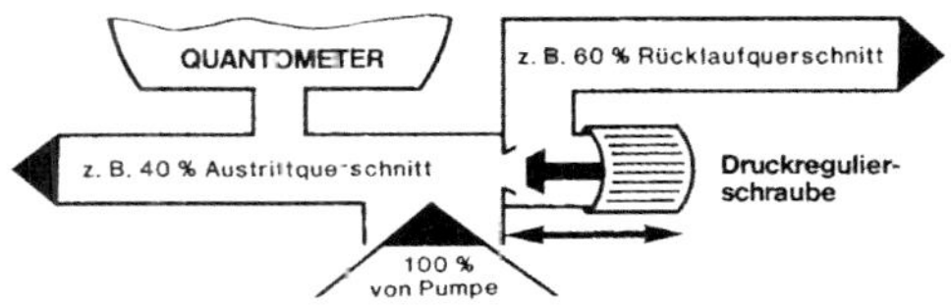

Bei Veränderung der Fahrgeschwindigkeit (im gleichen Gang) verteilt sich die von der Pumpe geförderte Mehr- oder Mindermenge im eingestellten Verhältnis.

Die Ausbringmenge Liter/ha bleibt gleich, der Druck am QUANTOMETER verändert sich.

Ein weiteres Verfahren steuert den Volumenstrom über eine durch ein **Bodenrad betriebene Pumpe,** wodurch die Ausbringung durch die Fahrgeschwindigkeit verändert wird. Allerdings ist das durch Bodenantrieb ohne Schlupf erzielbare Drehmoment begrenzt und damit auch die Förderleistung.

Dosiereinrichtungen neuerer Bauart arbeiten nach dem Prinzip der **Regeltechnik.** Dabei werden der Volumenstrom zu den Düsen oder andere Ersatzgrößen ständig mit dem Sollwert verglichen. Diese Dosiereinrichtungen beziehen ihre Regelungsenergie entweder aus dem Förderstrom der Pumpe, über kleine, reib- oder bodenangetriebene Ölpumpen, oder über Durchflussmesser und Tachogeneratoren. Elektrische bzw. hydraulisch betätigte Drosseln im Rücklauf bewirken eine Veränderung des Düsenstroms. Zumeist ist bei diesen Verfahren ein Gangwechsel und eine Teilbreitenschaltung möglich, auch ist die Kennlinie des Spritzgerätes ohne Einfluss auf das Verhalten des Gerätes. Der entsprechende finanzielle und technische Aufwand ist vielfach erheblich.

Die **Direkteinspeisung** könnte sich als Problemlösung zur Verhinderung von Restbrühe anbieten. Bei diesem Verfahren werden Wasser und Präparat in getrennten Behältern transportiert. In den konstanten Wasserstrom

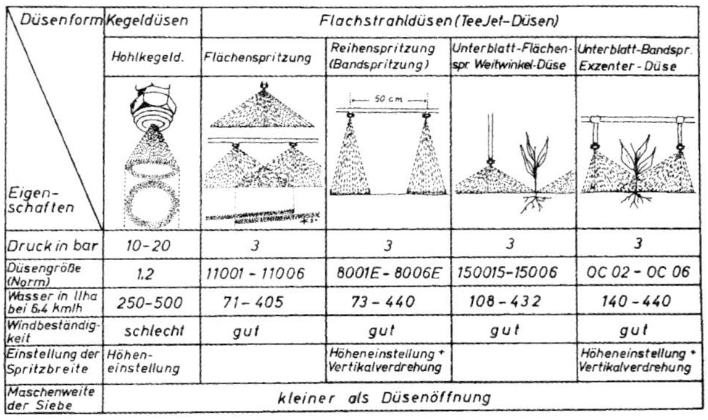

Düsenformen

wird proportional zur Fahrgeschwindigkeit der Wirkstoff eingespeist. Die eigentliche Spritzflüssigkeit entsteht also erst hinter dem Einspeisepunkt, es wird also nicht die Aufwandsmenge, sondern die Wirkstoffmenge konstant gehalten, Spritzdruck und Tropfengrößenspektrum bleiben ebenfalls konstant.

Das **Spritzgestänge** soll auf die Behältergröße und die Säbreite abgestimmt sein. Bis zu 12 m ist ein starr montiertes Gestänge mit Höhenverstellung vertretbar, über 12 m sollte das Gestänge pendelnd aufgehängt sein, damit Bodenunebenheiten sich nicht auf das Gestänge auswirken. Bei Hanglagen ist ein zusätzlicher Hangausgleich erforderlich. Große Arbeitsbreiten erfordern für diese Maßnahmen einen relativ hohen Aufwand.

Im Obstbau und bei Handgeräten sind Spritzstäbe

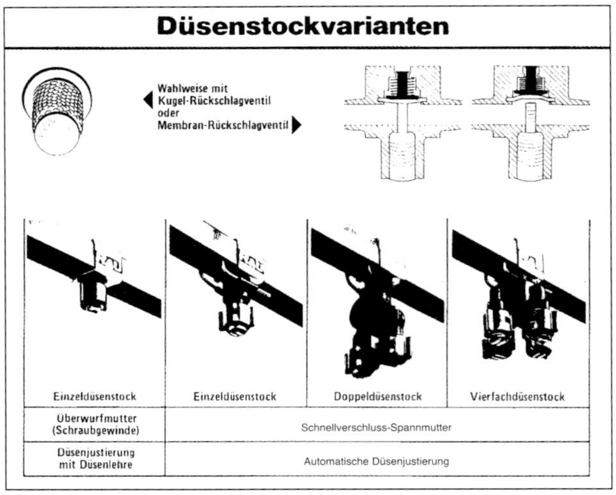

üblich. Bedingt durch die Kabinenschlepper ist fallweise eine Fernbedienung für Manometer, Schaltventile und Dosiereinrichtung erforderlich. Diese kann elektrisch, hydraulisch, pneumatisch oder kombiniert betrieben werden.

Pflanzenschutzgeräte sind heute zumeist mit **Flachstrahldüsen** mit 110-120° Spritzwinkel ausgestattet. 50 cm Düsenabstand und 50 cm Arbeitshöhe sind die Regel. Flachstrahldüsen geben bei einem Druck von 0,7 bis 5,0 bar größere Tröpfchendurchmesser und bieten daher größere Abtriftsicherheit als Kegelstrahldüsen. Diese verlangen auch höhere Drücke.

Im Getreidebau gebräuchliche Düsen für die Flächenspritzung

Einsatzbereich	Wasser-aufwandmenge l/ha	Fahr-geschwindigkeit km/h	Betriebs-druck bar	Düsen-bezeichnung
Herbizidspritzungen	300–400	6–10	2,5–3,5	
Kontaktherbizide	400–600	4– 6	2,5–3,5	11006
Bodenherbizide	300–400 oder 150–200	6–10 6–10	2,5–5,0 1,5–2,5	11006
Insektizidspritzungen	300–400 oder 150–200 oder 150–200	6–10 6–10 6–10	2,5–3,5 2,5–3,5 1,5–2,5	11006 11003 LP
Fungizidspritzungen	300–400	6–10	2,5–5,0	11006
Halmbruchkrankheit	nicht unter 400	max. 6	3,0–4,0	11006
Ährenkrankheiten	200 oder 400	6–10 6–10	4,0–5,0 2,5–5,0	11003

Nach F. O. Ripke – Pflanzenschutz der Landwirtschaftskammer, Hannover

Zur Vermeidung der Abdrift sind eine Reihe von Düsenbauformen in Verwendung:

Niedrigdruckdüsen (Low-Pressure-Düsen) gebräuchlich LP abgekürzt, können schon ab etwa 1 bar Druck eingesetzt werden, Standarddüsen ab 2,5 bar.

Mehrbereichsdüsen können hingegen bis 5 bar eingesetzt werden.

Abdriftschutzdüsen haben eine Dosierblende mit einem kleineren Ausflussquerschnitt als jener der schlitzförmigen Austrittöffnung.

Luftansaugdüsen zerstäuben die Behandlungsflüssigkeit noch gröber als Abdrift-Schutzdüsen. Diese Düsen sind mit einem Injektor ausgestattet, der nach dem Wasserstrahlprinzip zusätzlich Luft ansaugt. Diese vermischt sich mit der Behandlungsflüssigkeit und bewirkt beim Aufprall auf die Pflanze eine bessere Benetzung.

Pralldüsen stoßen die Behandlungsflüssigkeit waagrecht aus. Sie gelangt dann auf eine Prallfläche und wird zum Boden abgelenkt und zerstäubt.

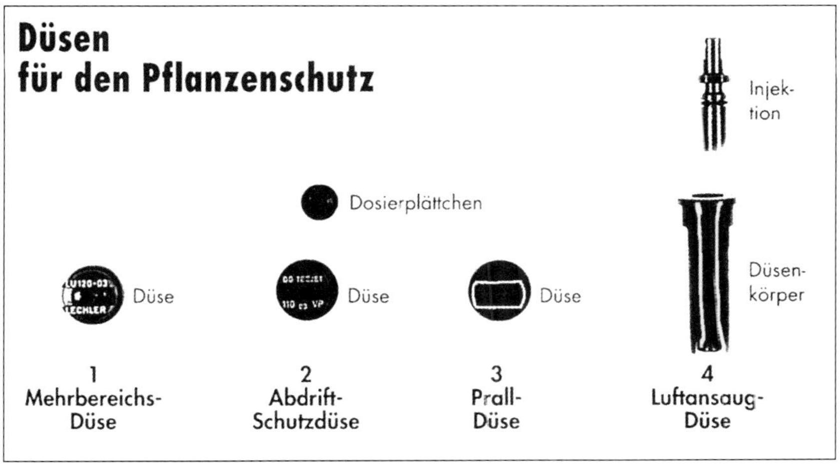

Grob zerstäubende Spritzdüsen, etwa Abdriftschutz- oder Luftansaugdüsen, bieten Vorteile durch weniger Abdrift.

Pflanzenschutz-Düsen im Überblick

Vertreiber	Düsentyp		Abtrift-Sicherheit
Mehrbereichsdüsen			
Agrotop		–	bedingt[1)]
Hardi		–	bedingt[1)]
Lechler	LU	**L**echler **U**niversal	bedingt[1)]
Teejet Technical	XR	e**X**tended **R**ange	bedingt[1)]
Abdrift-Schutzdüsen			
Agrotop	SD	**S**ervo **D**rop	gut
Lechler	AD	**A**nti **D**rift	gut
Teejet Technical	DG	**D**rift **G**uard	gut
Luftansaugdüsen			
Agrotop	TD	**T**urbo **D**rop	sehr gut
Lechler	ID	**I**njektor **D**üse	sehr gut
Teejet Technical	AI	**A**ir **I**nduction	sehr gut
Pralldüsen			
Teejet Technical	TT	**T**urbo **T**eeJet	gut

[1)] bei niedrigem Überdruck und Düsengrößen ab etwa 04

Die Farbe der Düsen zeigt in aller Regel auch ihre Größe an. Dabei bedeutet *Orange Düsengröße 01, Grün = Düsengröße 015, Gelb Düsengröße 02, Lila Düsengröße 025, Blau Düsengröße 03, Rot Düsengröße 04, Braun Düsengröße 05, Grau Düsengröße 06.*
Aus der Düsenbezeichnung ist in den meisten Fällen der Spritzwinkel, die Ausbringmenge und der Düsentyp ablesbar:
Z.B.: L TEEJET 11003 LP = 110 Grad Spritzwinkel, Durchflussmenge in Gallonen, LP-Niedrigdruckdüse.

Die Düsen können aus Messing oder billigerem Kunststoff oder aus Edelstahl und Keramik gefertigt sein. Die Düseneinsätze sind heute bei allen Geräten austauschbar. **Mehrfachdüsenkörper** sind bei vielfältigem Geräteeinsatz interessant. Für Spezialeinsätze (Spritzungen mit kleinster Aufwandmenge, ULV „ultra low volume" oder CDA „controlled droplet application") gibt es neuerdings Spezialdüsen und elektrisch betriebene Rotationsdüsen. Die Aufwandmengen können dabei zwischen 2 und 50 l/ha betragen. Nützliche Zusatzeinrichtungen bei Pflanzenschutzgeräten sind eine Anzahl von Filtern im Saug- und Druckteil des Gerätes zur Verstopfungsminderung bei den Düsenkörpern. Einspülvorrichtungen erleichtern das Zudosieren der Mittel in das Fass. Rücksaugeinrichtungen verhindern ein Nachtropfen der Düsen nach dem Abschalten.

Die Einstellung von Pflanzenschutzgeräten soll ähnlich der Sämaschine regelmäßig kontrolliert werden. Auf einfache Weise kann die Überprüfung durch Kontrolle des Einzeldüsen-Volumenstroms und Befahren einer Teststrecke mit eingestelltem Gerät erfolgen.

Hilfstabellen zur Überprüfung der Sattelspritze

Zeit/100 m	Geschwindigkeit
120 Sek.	3 km/h
103 Sek.	3,5 km/h
90 Sek.	4 km/h
80 Sek.	4,5 km/h
72 Sek.	5 km/h
65,5 Sek.	5,5 km/h
60 Sek.	6 km/h
55 Sek.	6,5 km/h
51,5 Sek.	7 km/h
48 Sek.	7,5 km/h
45 Sek.	8 km/h

Ermittlung der Fahrgeschwindigkeit (km/h)

Arbeitsbreite	Probestrecke
8 m	125 m
9 m	111 m
10 m	100 m
12 m	83,3 m
15 m	66,6 m
18 m	55,5 m
20 m	50 m
24 m	41,6 m

Ermittlung der Probestrecke für eine Fläche von 1.000 m²

Die Kontrolle des **Einzeldüsen-Volumenstroms:** Nach der Spritztabelle ist für eine bestimmte Aufwandmenge bei einer bestimmten Fahrgeschwindigkeit und eingestelltem Druck eine Ausstoßmenge von x l/min je Düse erforderlich. Die Kontrolle erfolgt, indem mehrere Kübel unter beliebig ausgewählte Düsen gestellt werden und die Spritze 1 Minute betrieben wird. Der mittlere Ausstoßwert dieser Düsen soll den Wert laut Tabelle erreichen, wenn nicht, muss bis zum Erreichen des Sollwertes eine Drucknachkorrektur erfolgen. Die Ausbringung in l/ha kann wie folgt errechnet werden:

Ausbringmenge und Fahrgeschwindigkeit

Mögliche Geschwindigkeitsbereiche (km/h) mit Mehrbereichsflachstrahldüsen (1,5–4 bar) für verschiedene Aufwandmengen; in () die möglichen Bereiche, wenn zusätzlich die Aufwandmenge um ± 10 % variiert werden soll.

Flachstrahl-düsen XR/LU	Geschwindigkeitsbereich (km/h) bei einer Aufwandmenge von		
	200 l/ha	300 l/ha	400 l/ha
02	3,3–5,4 (3,7–4,9)	–	–
03	4,9–8,1 (5,6–7,4)	3,3–5,4 (3,7–4,9)	–
04	6,7–11,0 (7,2–9,9)	4,5–7,2 (4,9–6,6)	3,3–5,4 (3,7–4,9)
05	–	5,4–9,0 (6,0–8,2)	4,1–6,7 (4,5–6,2)
06	–	6,6–10,8 (7,4–9,9)	5,0–8,1 (5,5–7,4)

Ausbringmenge =

$$\frac{\text{Ausstoß einer Düse (l/min)} \cdot \text{konstante Zahl 600}}{\text{Arbeitsbreite einer Düse (m)} \cdot \text{Fahrgeschwindigkeit (km/h)}}$$

Fahrgeschwindigkeit und Flüssigkeitsaufwand

Einfluss von Fahrgeschwindigkeitsänderungen auf den Flüssigkeitsaufwand bei Federdruck- und Querschnittdosierung.

Fahr-geschwindig-keit	Flüssigkeitsaufwand*			
	Federdruck-dosierung		Querschnitt-dosierung	
km/h	l/ha	%	l/ha	%
2,50	580	+ 45,0	436	+ 9,0
3,12	512	+ 28,0	424	+ 6,1
3,75	464	+ 16,0	420	+ 5,1
4,38	426	+ 6,6	409	+ 2,3
5,00	400	0	400	0
5,62	384	– 4,0	398	– 0,4
6,25	370	– 7,4	390	– 2,4
6,87	359	– 10,2	393	– 1,8
7,50	353	– 11,7	387	– 3,4

* gemessen an einem Feldspritzgerät, dessen Armatur wahlweise Federdruck- und Querschnittdosierung zuließ.

Eine weitere Kontrollmöglichkeit ist das Befahren einer ausgemessenen Teststrecke (mindestens 100 m) mit dem eingestellten Gerät. Der Brühebehälter wird randvoll mit Wasser gefüllt und die Messstrecke betriebsmäßig befahren. Nach Auslitern des Brühebehälters kann leicht kontrolliert werden, ob die vorgesehene Ausstoßmenge je Hektar erreicht wird.
z.B. Eingestellte Menge 400l, 12 m Gestänge, Ausstoß auf 100 m Teststrecke 48l.

Berechnung:
1.200 m² (100 · 12) .... 48 l
10.000 m² (1 ha) .... ? l

$$= \frac{48}{1.200} \cdot 10.000 = 400 \text{ l/ha}$$

Die oben im Kasten stehende Formel zur Berechnung der Ausbringmenge in l/ha kann zur Berechnung der erforderlichen Fahrgeschwindigkeit in km/h oder zur Feststellung des notwendigen Ausstoßes in l/min einer Düse verwendet werden.

Die **Kontrolle der Fahrgeschwindigkeit** erfolgt am besten durch Befahren einer ausgemessenen Teststrecke (z.B. 100 m) unter Betriebsbedingungen und Stoppen der dafür benötigten Zeit (in Sekunden). 1 m pro Sekunde entspricht einer Geschwindigkeit von 3,6 km/h.

$$\textbf{Fahrgeschwindigkeit in km/h} = \frac{\text{Ausstoß einer Düse (l/min)} \cdot \text{Düsenanzahl} \cdot \text{Konstante Zahl 600}}{\text{Ausbringung (l/ha)} \cdot \text{Arbeitsbreite der Spritze (m)}}$$

$$\textbf{Erforderlicher Düsenausstoß in l/min} = \frac{\text{Ausbringmenge (l/ha)} \cdot \text{Arbeitsbreite (m)} \cdot \text{Fahrgeschw. (km/h)}}{\text{Konstante Zahl 600} \cdot \text{Düsenanzahl}}$$

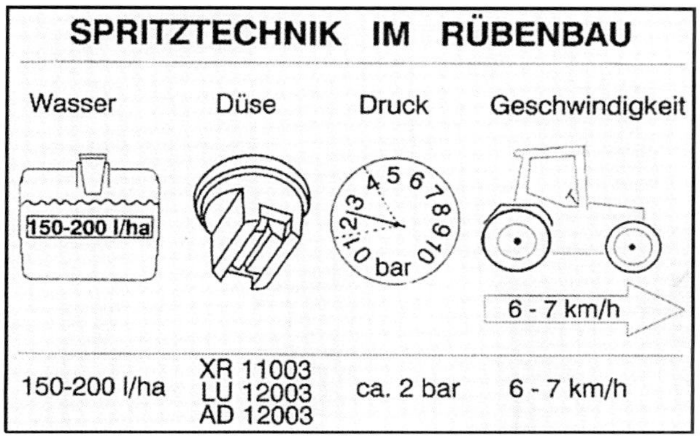

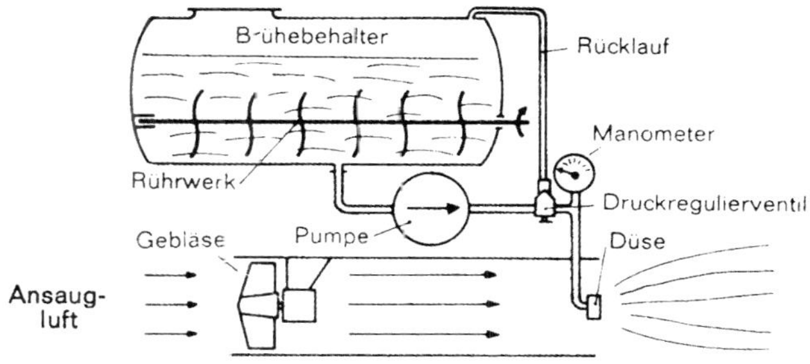

Sprühgerät (KTBL)

Der Volumenstrom einer Düse (l/min) darf nur so hoch gewählt werden, dass noch 5% des Behälterinhalts als Rücklauf zur Verfügung stehen, da sonst die Rührwirkung zu gering ist.

Arbeitsbedarf
Arbeitsbreite 10 m, einschließlich Füll- und Mischzeiten: 0,4 bis 0,9 AKh/ha. Für Bandspritzgeräte gelten die Werte für Einzelkornsaat.

7.2 Sprühgeräte

Sprühgeräte haben im Obst- und Weinbau Bedeutung. Man arbeitet mit nur 10 bis 50% der zum Spritzen benötigten Brühemenge, wobei deren Konzentration allerdings höher ist. Die Brühe wird mit einem starken Luftstrom verwirbelt, der Geschwindigkeiten bis 300 km/h erreichen kann. Dazu dienen Radialgebläse, deren Antriebsleistung bei Rückensprühgeräten 1,0 bis 1,5 kW, bei Anbaugeräten aber rund 14 kW beträgt. Seit kurzer Zeit sind Geräte erhältlich, die über Vorhänge überschüssig verwirbeltes Spritzmittel sammeln und über eine Pumpe wieder in das Brühefass zurückführen. Rückensprühgeräte sind mit einer an einem flexiblen Schlauch angebrachten Handdüse ausgerüstet. Bei Anbausprühgeräten bringt häufig ein Düsenkranz die Brühe in den Luftstrom. Eine Verstellung der Sprühmenge ist durch Drehzahlregulierung und durch Auswechseln der Dosierblende in der Leitung vom Brühebehälter möglich. Rückensprühgeräte können meist auch als Stäubegeräte verwendet werden.

7.3 Stäubegeräte

Im Stäubevefahren lassen sich feste, an ein Streckmittel (Talkum) angelagerte Wirkstoffe ausbringen. Die Verteilung bewirkt der Luftstrom eines Radialgebläses. Eine Dosierung des Stäubemittels durch Schieber, Zellenräder oder Schnecken ist möglich, aber nie sehr exakt. Um eine bessere Haftfähigkeit zu schaffen, kann man bei den als tragbare Geräte gebauten Nassstäubegeräten gleichzeitig stäuben und Wasser versprühen. Damit wird auch die Windempfindlichkeit verringert.

7.4 Nebelgeräte

Bei Kaltnebelgeräten erreicht man eine dem natürlichen Nebel entsprechende Tröpfchengröße durch Verwirbeln in einem starken Luftstrom. Heißnebelgeräte führen durch Wärmeeinwirkung zu einem Verdampfen des Nebelmittels, das anschließend in der Luft wieder in Form feinster Tröpfchen kondensiert. Das Nebelverfahren eignet sich zur Insektenbekämpfung in der Forstwirtschaft. Hier fällt die starke Windempfindlichkeit nicht so ins Gewicht.

7.5 Granulatstreuer

Sie bringen Streumittel mit Korngrößen bis zu 2 mm über besonders exakt arbeitende Dosiereinrichtungen beim Säen oder Pflanzen aus. Schädlingsbekämpfung mit granulatförmigen Mitteln ist auf einige Anwendungsformen (z.B. Drahtwurmbekämpfung) beschränkt.

7.6 Flammgeräte

Sie werden auch zur Bodenentseuchung eingesetzt. Als Energiequelle bei Großflächengeräten wird Flüssiggas verwendet, rückentragbare Geräte sind für kleine Flächen üblich und arbeiten ähnlich einem Flammenwerfer.

Zwei Verfahren zum Unkrautabflammen bei Mais

Vorauflauf-Entflammung
Zeitpunkt: mit dem Abflammen warten bis der Mais deutlich spitzt (2 bis 5 cm „Zündholzstadium")
Verfahren: Bandabflammung über der Reihe
Brennerstellung: Parallelstellung
Anstellwinkel der Brenner gegenüber dem Boden: 45°
Abstand Brenner zu Boden: 12 cm

Gasdruck: etwa 2,0 bar
Arbeitsgeschwindigkeit: 2,5 bis 3 km/h

Nachauflauf-Abflammung:
Zeitpunkt: bei mindestens 15 cm hohen Maispflanzen, besser noch bei 20 bis 25 cm Wuchshöhe
Verfahren: Bandabflammung in der Reihe
Anstellwinkel der Brenner gegenüber Boden: 15°
Abstand Brenner zu Boden: 12 bis 17 cm
Gasdruck: etwa 2,0 bar
Arbeitsgeschwindigkeit: etwa 3 bis 3,5 km/h

Bemerkungen: Mais besitzt eine relativ hohe Wärmeverträglichkeit aufgrund der Isolationswirkung der Hüllblätter. Zweckmäßig ist Hack-Abflammkombination. Bis zu einer Wuchshöhe von 5 cm verträgt der Mais auch eine direkte Beflammung ohne messbare Ertragsminderung. Die Verwendung von Schutzschildern oder Blatthebern verhindert auch unbedeutende Welkerscheinungen an den unteren Maisblättern unmittelbar nach dem Abflammen.

7.7. Wartung von Pflanzenschutzgeraten

Mangelhafte Pflegemaßnahmen können zu noch schwereren Folgen als bei anderen landwirtschaftlichen Maschinen und Geräten führen. Die wichtigsten Maßnahmen sind:

- Gründliche Reinigung nach jedem Einsatz
- Ölwechsel regelmäßig durchführen, zumindest aber einmal jährlich! Ölstand regelmäßig kontrollieren.
- Düsen, Siebe und Filter regelmäßig warten und erneuern. Gelenkwelle regelmäßig schmieren.
- Bei Gebläsesprühern die Lager der Keilriemenscheiben und des Gebläserades schmieren.
- Keilriemenspannung bzw. Kettenspannung überprüfen, Verunreinigungen am Gebläselaufrad erzeugen Unwucht.
- Schlauchleitungen und Schellen kontrollieren.
- Pumpe auf volle Leistung mit Manometer prüfen.
- Pumpe vor Frost schützen, Frostschutzmittel verwenden oder die Pumpe gründlich entleeren.
- Druckfedern der Dosiereinrichtung völlig entlasten.
- Ventilfeder und Düsen mit Spiritus reinigen und über Winter ausbauen.
- Alle 2 Jahre Gerät in Fachwerkstätte überprüfen lassen.

7.8 Unfallschutz

- Gebrauchsanweisungen beachten!
- Gesetzliche Bestimmungen über den Umgang mit Pflanzenschutzmitteln einhalten.
- Vor der Arbeit Spritzanzug, Handschuhe, Kopfbedeckung und Atemschutz anlegen; während der Arbeit nicht essen, trinken oder rauchen.
- Brunnen- und Oberflächenwasser nicht verunreinigen.
- Nicht gebrauchte Mittel unter Verschluss bringen, leere Packungen unschädlich machen.
- Restmengen von Pflanzenschutzmitteln nie in „artfremde" Gebinde (z.B. Flaschen) füllen.
- Bei Vergiftungserscheinungen (Erbrechen, Kopfschmerzen) Arbeit sofort unterbrechen, Arzt aufsuchen.
- Im Beipacktext sind die notwendigen Gegenmaßnahmen angeführt.
- Für Vergiftungsfälle: Vergiftungszentrale Wien, Währingerg. 18-20, 1090 Wien, Tel. 01/406 43 43-0.

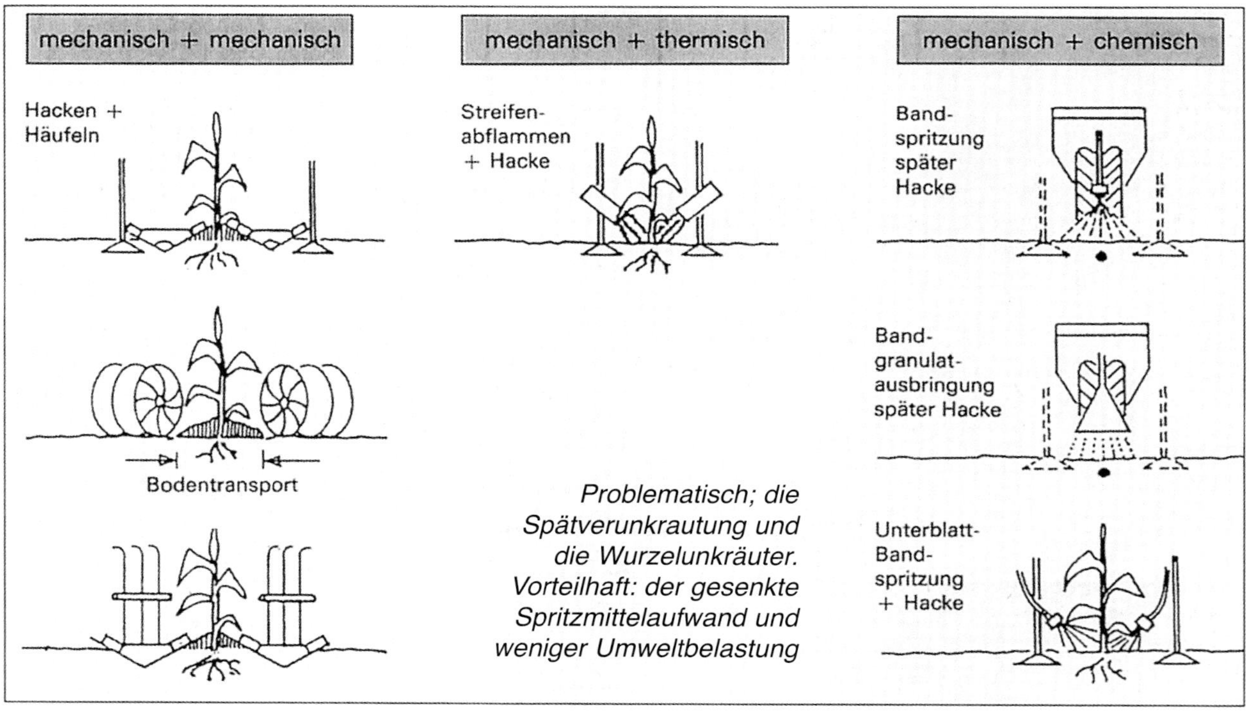

Kombinierte Verfahren

E Technik bei der Futterernte

Eine schlagkräftige Mechanisierung bei der Grünfutterernte ist sowohl zur Sommerstallfütterung als auch bei der Winterfutterbergung möglich. Das ist deshalb wichtig, weil die stets größer werdenden Rinderbestände je Betrieb in den Sommermonaten während zweier Zeitspannen große Arbeitsspitzen bringen. Die Sommerstallfütterung kommt im Gegensatz zur Weidewirtschaft dann in Frage, wenn große Feldentfernungen gegeben sind und auch bauliche Voraussetzungen für eine arbeitssparende Fütterung (z.B. befahrbarer Futtertisch) nicht fehlen. Im Laufstall lässt sich eine einfache Fütterung über einen, mit Fressraufen ausgestatteten Ladewagen erreichen. Die Auswahl der Futtererntegeräte erfolgt vorwiegend nach ihrer Eignung für die Winterfutterbergung.

1. Mähwerke

Mähwerksysteme

- Fingermähwerke
- Doppelmessermähwerke
- Scheiben- und Trommelmähwerke
- Schlegelmähwerke

1.1 Fingermähwerke

Die klassischen Fingermähwerke benutzen ein klingenbesetztes Messer, das gegenüber festen Fingern hin- und herbewegt wird. Der Messerantrieb erfolgt entweder mechanisch über eine Kurbelstange oder hydraulisch. Bei hydraulischem Antrieb arbeitet der Mähbalken in jeder Schwenklage, es ist aber eine Förderleistung der Hydraulikpumpe des Traktors von mindestens etwa 30 l/min notwendig. Der Anbau von Fingermähwerken am Traktor ist im Zwischenachsbereich oder heckseitig (Dreipunktanbau) möglich. Fingermähwerke sind durch einen niedrigen Leistungsbedarf (2 bis 2,5 kW je m Schnittbreite ohne Fahrleistung), durch geringe Futterverschmutzung, aber auch durch bescheidene Flächenleistungen von 0,8 bis 1,4 ha/h sowie durch ihre Verstopfungsgefahr gekennzeichnet. Die Schneidhaltigkeit der Messer liegt bei etwa 2 Mähstunden. Der Wartungsaufwand ist hoch.

Die Aushebung des Mähbalkens erfolgt fast nur mehr hydraulisch durch einen eigenen Hubzylinder und ein Zusatzsteuergerät. Übliche Balkenbreiten sind 5, 5 1/2 und 6 Fuß (1 Fuß = 30,5 cm). Während die Breite der Messerklingen mit 3 Zoll (76,2 mm) genormt ist, kann der Abstand der Finger verschieden sein. Ist der Abstand der Finger gleich dem der Messerklingen, so handelt es sich um ein Hochschnittmähwerk. Dieser Typ ist wenig verstopfungsempfindlich und besonders bei großem Messerhub und Schlankfingern sehr leistungsfähig. Bei den heute nur noch gelegentlich bei Motormähern verwendeten Tiefschnittmähwerken ist der Abstand der Finger halb so groß wie jener der Klingen. Dadurch ergibt

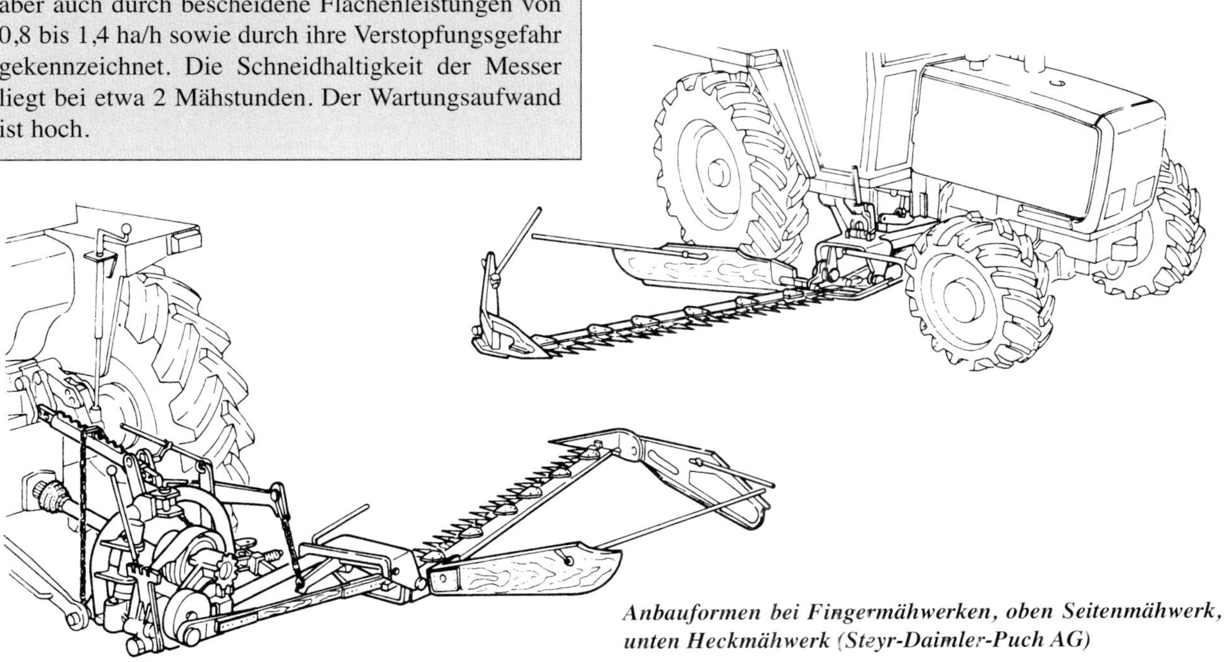

Anbauformen bei Fingermähwerken, oben Seitenmähwerk, unten Heckmähwerk (Steyr-Daimler-Puch AG)

sich zwar eine geringe mögliche Stoppelhöhe, aber auch eine hohe Verstopfungsgefahr. Das Mittelschnittmähwerk stellt mit einem Abstand der Finger von 2/3 des Klingenabstands einen Kompromiss dar.
Motormäher sind zweirädrige, selbstfahrende Mähgeräte, die mit Zweitakt- oder Viertaktmotoren angetrieben werden. Das Schaltgetriebe weist neben einem Rückwärtsgang meist zwei Vorwärtsgänge auf. Das 4 bis 5 Fuß breite Mähwerk wird meist in der Balkenmitte von einer Schwingkurbel angetrieben.

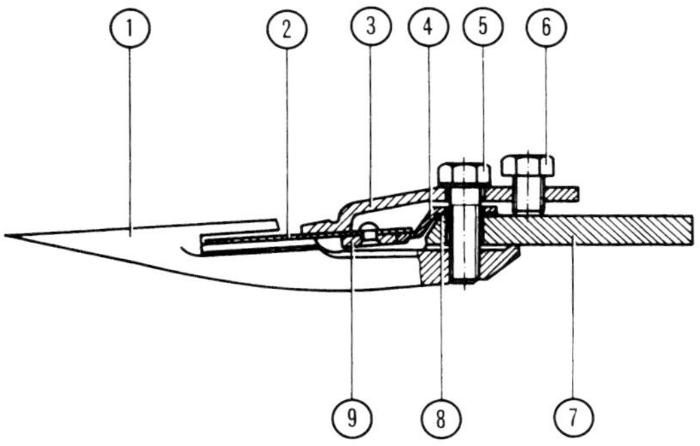

Schlankfingermähwerk (oben): 1 Finger, 2 Klinge, 3 Messerhalter, 4 Rücken- oder Führungsplatte, 5 Schraube, 6 Einstellschraube zum Messerhalter, 7 Balken, 8 Einlegescheiben, 9 Messerrücken.
Normalfingermähwerk (unten): 1 Finger, 2 Klinge, 3 Fingerplättchen, 4 Messerhalter, 5 Schrauben, 6 Einstellschraube zum Messerhalter, 7 Balken, 8 Einlegescheiben, 9 Rücken- oder Führungsplatte, 10 Messerrücken, 11 Senkniet (Steyr-Daimler-Puch AG)

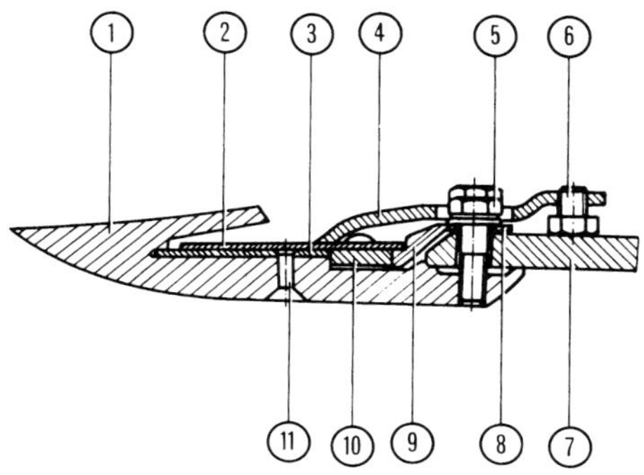

❑ Wartungsarbeiten bei Fingermähwerken

- Messer mit 24° Schneidewinkel nachschleifen
- lockere Klingen festnieten, Klingen ausfluchten
- Finger ausrichten und Fingerplättchen mit einem Winkel von 75° seitlich nachschleifen. Gehärtete Finger von Schlankfingermähwerken nicht mit Hammerschlägen ausrichten!
- Rückenplatten mit Blecheinlagen etwas höher als die Fingerplättchen stellen und an den Messerrücken heranschieben
- Messerhalter mit der Stellschraube so einstellen, dass sich das Messer noch von Hand aus leicht verschieben lässt
- Richtige Kurbelstangenlänge überprüfen (vgl. Abbildung oben rechts!)
- Aushebevorrichtung gelegentlich abschmieren
- Bei Motormähern mit dem Messerwechsel Messerkopf, Kurbelzapfen sowie Kurbelschwinge abschmieren, Spiel am Messerkopf prüfen und gegebenenfalls nachstellen; jährlich Getriebeöl wechseln
- Messer wegen Schleifpastenbildung nicht zu viel schmieren!

Arbeitsbedarf: bei 5 Fuß Breite 1 bis 2,3 AKh/ha

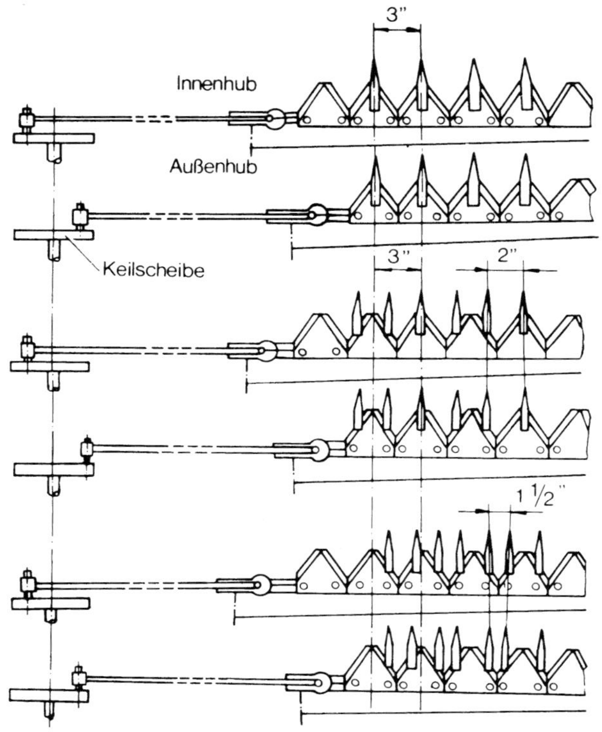

Die richtige Kurbelstangenlänge ist entscheidend für gute Mäharbeit: Bei Hochschnittbalken soll beim äußeren Hubwechsel die erste Klinge unter dem 1. Finger umkehren (oben), bei Mittelschnittbalken die zweite Klinge unter dem 3. Finger (Mitte), bei Tiefschnittbalken die zweite Klinge zwischen 1. und 2. Finger (unten). (Steyr-Daimler-Puch AG)

Doppelmessermähwerke arbeiten ohne feststehende Finger mit zwei gegenläufig angetriebenen Messern. Die Flächenleistung liegt bei 1 bis 1,5 ha/h, typisch ist die hohe Verstopfungssicherheit. Der Leistungsbedarf entspricht etwa den Fingermähwerken, die Messerstandzeit ist deutlich höher. Nur bei sorgfältiger Wartung und Einstellung bleibt der Verschleiß in Grenzen! Dadurch erklären sich die in der Praxis vielfach geteilten Meinungen über dieses Gerät.

Doppelmessermähwerk (Steyr-Daimler-Puch AG)

❑ Wartungsarbeiten bei Doppelmessermähwerken

- Messer mit 40° Schneidewinkel nachschleifen. Dazu ist eine Parallelführung nötig. Bei geringer Beanspruchung wird abwechselnd nur ein Messer geschärft.

- Lockere Klingen festnieten, Messer ausrichten, Klingen ausfluchten
- Untere Messerhalter mit den Auflageflächen am Innen- und Außenschuh ausfluchten (untere Messerhalter sind mit Klemmschrauben verstellbar!)
- Obere Messerhalter mittels Einstellschraube auf 140 N Anpressdruck (mit Federwaage am Messerhalterende) einstellen
- Kurbelstangenlängen richtig einstellen: Dazu müssen sich in den Totlagen der Mähkurbel (Kurbelstangen stehen zueinander parallel) die Klingen überdecken
- Gelenkpfannen der Messerhalter und Aushebevorrichtungen beim Messerwechsel abschmieren
- Am Innenschuh Umlenkhebel und Kugelgelenke abschmieren

1.2 Scheiben- und Trommelmähwerke

Scheiben- und Trommelmähwerke verwenden 2 bis 4 am Umfang von rotierenden Trommeln oder Scheiben befestigte Klingen als Schneidorgan. Durch die hohe Umfangsgeschwindigkeit der Mähklingen (oft über 80 m/s) ist eine Gegenschneide nicht mehr nötig. Bei Trommelmähern wird das Mähgut in lockeren Schwaden, bei Scheibenmähern jedoch fast gleichmäßig abgelegt. Kombinationen von Scheiben und Trommeln sind möglich. Eine gewisse Verschmutzungsgefahr ist gegeben. Kennzeichnend sind die Verstopfungsfreiheit, der geringe Wartungsaufwand und eine hohe Flächenleistung von 1 bis 2 ha/h. Bei einem gegenüber Fingermähwerken doppelten Preis ist der Leistungsbedarf mindestens 3-mal so groß! (etwa 15 kW/m Schnittbreite). Die Traktorenleistung sollte bei einer Arbeitsbreite von nur 1,65 m mindestens 30 kW betragen. Mit einem Klingensatz kann eine Fläche von 5 bis 10 ha gemäht werden. Scheibenmäher benötigen eher weniger Leistung als der Trommeltyp. Der wegen des Unterantriebes eher weniger robuste Scheibentyp ist aufgrund des geringen Gewichtes beim Hangeinsatz von Vorteil.
Der Anbau ist heckseitig (Dreipunktanbau) oder frontseitig üblich. Während die Frontgeräte das Kombinieren von Arbeitsgängen (z.B. beim Eingrasen) ermöglichen, arbeiten Heckgeräte in jeder Schwenklage. Rotationsmähwerke sollten auf eine Stoppelhöhe von mindestens 5 cm eingestellt werden. Dies begünstigt den Nachwuchs und verringert die Futterverschmutzung. Die Einstellung der Stoppelhöhe ist durch Wechseln der Gleitteller, teilweise auch stufenlos über Einstellspindeln möglich.

Eine nachträgliche mechanische Aufbereitung des Mähgutes verkürzt die Trocknungszeit um 25 bis 30%. Dazu können Trommel- oder Scheibenmäher mit einem zinken- oder schlegelbesetzten Rotor oder mit zwei Walzen ausgerüstet werden. Die erforderliche Motornennleistung dieser Mähaufbereiter liegt bei etwa 40 bis 45 kW. Das große Gewicht erfordert Traktoren mit entsprechender Hubkraft.

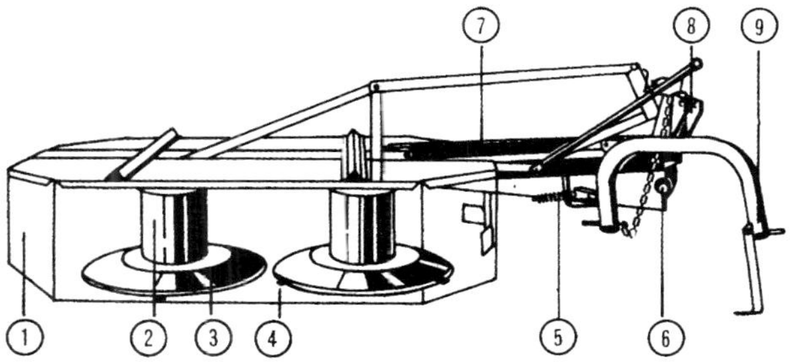

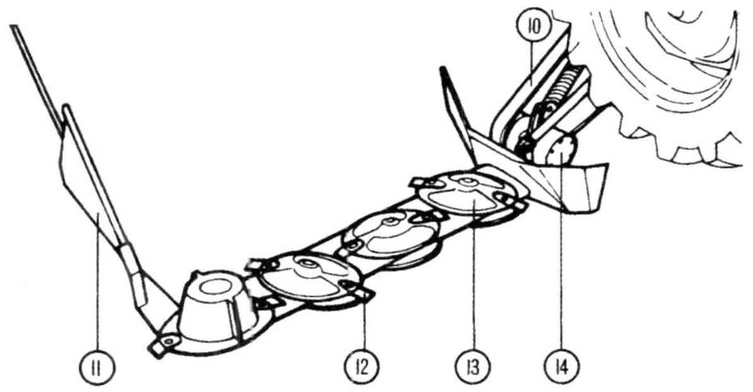

Trommel- und Scheibenmäher
1 Schutztuch
2 Mähtrommel
3 Gleitteller
4 und 12 Mähklinge
5 Anfahrsicherung
6 Keilriemenantrieb
7 Träger
8 Transportstrebe
9 Dreipunkt-Anbaubock
10 Keilriemenantrieb
13 Mähscheibe mit Zahnradantrieb
14 Winkelgetriebe
(Pöttinger)

❑ **Wartung von Scheiben- und Trommelmähwerken**

- Antriebskeilriemen stets gut spannen, um ein „Abbrennen" des Riemens beim Durchrutschen zu vermeiden. Der Riemen soll sich mit dem Daumen nur etwa 15 mm durchdrücken lassen!
- Kettenantrieb nachspannen und regelmäßig ölen
- Bei Scheibenmähern öfter Ölstand im Scheibenantrieb prüfen, Öl jährlich wechseln
- Abgenutzte Klingen umdrehen oder auswechseln. Ein Nachschärfen wird wegen der Unwuchtgefahr nicht empfohlen.

1.3 Schlegelmähwerke

Schlegelmäher verwenden ähnlich wie Schlegelhäcksler als Mähorgan eine quer zur Fahrtrichtung rotierende, mit gelenkig montierten Schlagwerkzeugen ausgerüstete Welle. Solche Geräte werden in seltenen Fällen speziell als Mulchmäher in Obstkulturen verwendet. Der Leistungsbedarf liegt um 7 bis 22 kW je m Schnittbreite, die Fahrgeschwindigkeit bei 6 km/h.

1.4 Unfallschutz bei Mähwerken

- Rotationsmäher müssen eine Abdeckung haben! Trotzdem sollen keine Personen in der Nähe eines laufenden Mähwerks geduldet werden. Es können leicht Verletzungen durch weggeschleuderte Steine entstehen !
- Achte bei Heckmähern auf den vorschriftsmäßigen Zapfwellenschutz !
- Zum Transport auf Mähbalken die Schutzvorrichtung anbringen.

2. Heuwerbegeräte

Bei der Heuwerbung müssen je kg Heu rund 3 l Wasser abgetrocknet werden! Selbst bei nachfolgender Heubelüftung wird etwa 80% des enthaltenen Wassers am Feld entfernt. Um das Wetterrisiko zu mindern, sollte daher der Mähschwad sofort nach oder gleichzeitig mit dem Mähen aufgelockert werden (= Zetten). Am selben Tag ist das Mähgut zwei- bis dreimal zu wenden. Kann das Futter am ersten Tag noch nicht weiterverarbeitet werden, so wird am Abend geschwadet und am folgenden Tag breitgestreut und nochmals gewendet.
Trotz verschiedener Bauarten von Heuwerbegeräten zeigt sich ein deutlicher Trend zu Kreiselgeräten. Ihre Flächenleistung ist mit 1,3 bis 7 ha/h hoch, die Schonung des Futters ist gut. Entscheidend ist allerdings die Einhaltung der richtigen Zapfwellendrehzahl. Zu hohe Zapfwellendrehzahlen führen bei abgetrocknetem Futter nicht nur zu hohen Bröckelverlusten, sondern auch zu einem Zinkenbruch. Spezialgeräte sind bezüglich Flächenleistung und Arbeitsqualität den Universalgeräten meist deutlich überlegen. Spezielle Zettgeräte werden jedoch zur Zeit selten verwendet. Heuwerbegeräte werden vorwiegend für den Dreipunktanbau angeboten, teilweise auch als gezogene Geräte. Eine Dreipunkt-Nachlaufvorrichtung bringt im Gegensatz zum fixen Dreipunktanbau eine bessere Führung und eine Schonung der Stützradreifen.

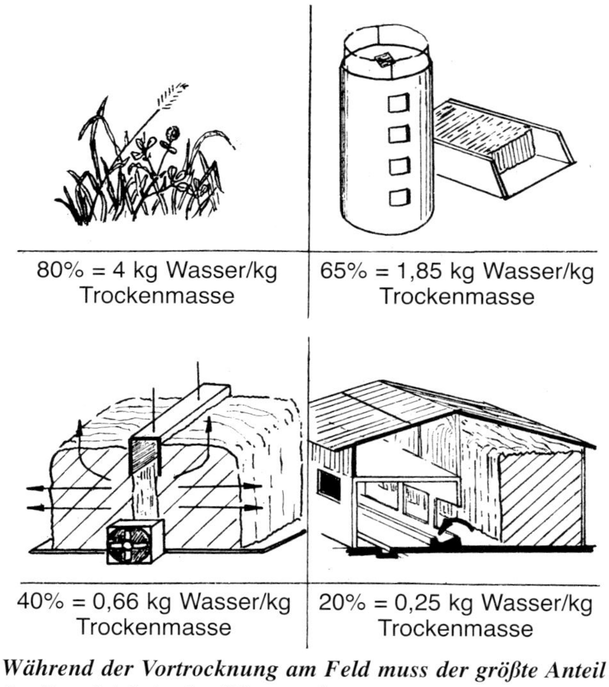

Während der Vortrocknung am Feld muss der größte Anteil der Feuchtigkeit abgeführt werden.

Bauarten von Heuwerbegeräten

Zetter — Zettwender — Rechwender — Schwader

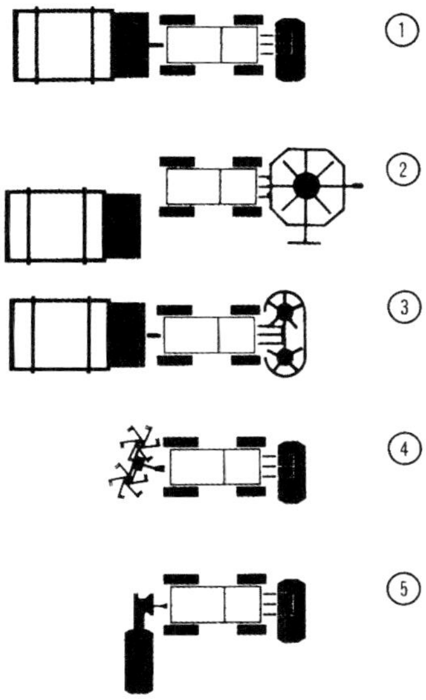

Fronttechnik bei der Futterernte
1 Front-Trommelmäher und Ladewagen
2 Kreiselschwader im Frontanbau und Ladewagen mit Schwenkdeichsel
3 Frontschwader und Normalladewagen
4 Front-Trommelmäher und Kreiselzettwender
5 Front-Trommelmäher und Heck-Trommelmäher
(Pöttinger)

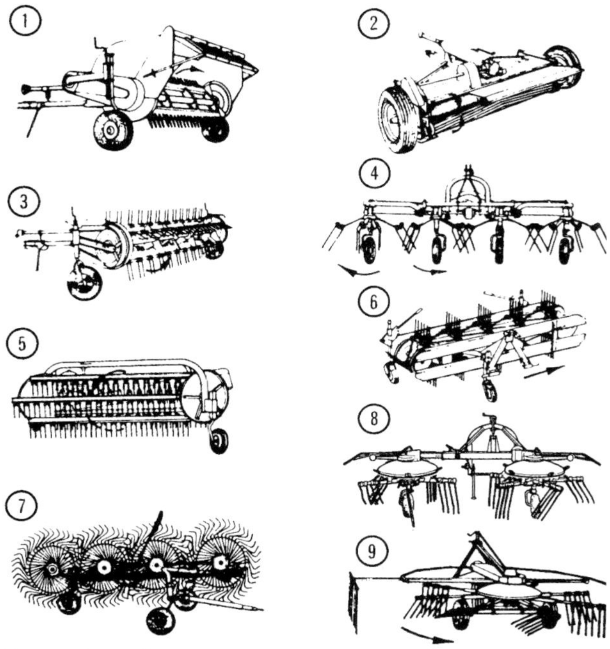

Heuwerbegeräte
1 Trommelzetter
2 Knickzetter
3 Trommelzettwender
4 Kreiselzettwender
5 Schubrechwender
6 Bandrechwender
7 Sternradrechwender
8 Kombikreisel
9 Kreiselschwader

2.1 Kreisel-Zettwender

Kreiselzettwender besitzen 4 oder 6 quer zur Fahrtrichtung angeordnete, mit Zinken besetzte Kreisel. Die Drehrichtung ist paarweise gegenläufig. Im Gegensatz zu Universalgeräten sind die Zinken fix montiert (nicht gesteuert). Die Kreiselachsen stehen nicht genau lotrecht, sondern leicht schräg. Dadurch greifen die vorne laufenden Zinken tiefer als die hinteren. Zum Wenden sind die Kreisel stärker zu neigen als beim Zetten (Einstellspindel!). Um eine gute Bodenanpassung zu erreichen, ist entweder der ganze Rahmen samt Antriebswelle gelenkig gebaut oder die Kreisel sind der Höhe nach beweglich.

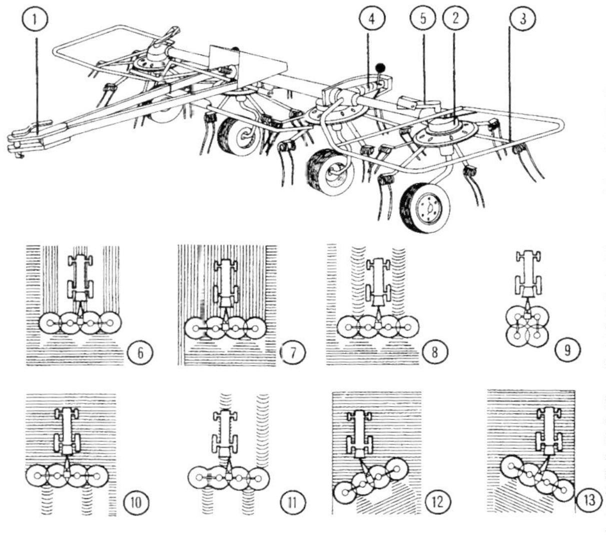

Kreiselzettwender
1 Anhängedeichsel
2 Kreisel
3 Zinkenarm
4 Gelenk
5 Schräglaufachsen
6 Zetten
7 Wenden
8 Streuen
9 Transportstellung
10 Nachtschwaden mit zusätzlichem Getriebe
11 Schwadwenden
12 und 13 Grenzräumen
(Pöttinger)

2.2 Kreisel-Schwader

Kreiselschwader verwenden meist nur einen einzigen Kreisel mit 2,5 bis etwa 3 m Durchmesser. Die Zinkenträger sind so durch eine Kurvenbahn gesteuert, dass die Zinken zum Ablegen des Schwades nach oben ausschwenken. Es lassen sich damit lockere, nicht verzopfte Schwaden bei geringer Futterverschmutzung bilden. **Trommelschwader** sind den Kreiselschwadern ähnlich. Bei meist 4 nebeneinander liegenden Trommeln mit unten liegender Rechenscheibe ist eine große Arbeitsbreite erzielbar.

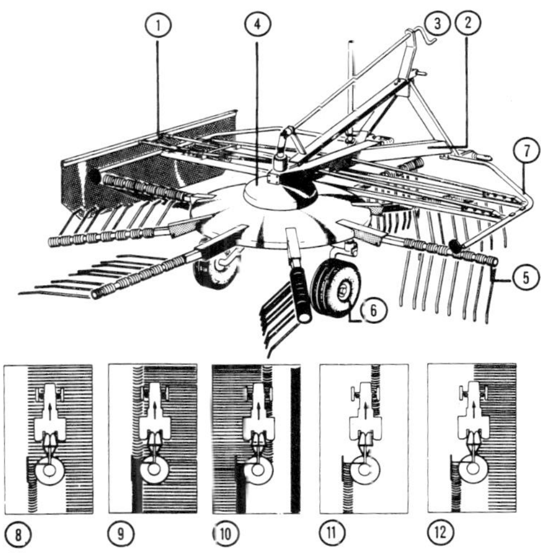

Kreiselschwader
1 Schwadformer
2 Dreipunkt-Anbau
3 Hauptgetriebe mit Steuerkulisse
5 gesteuerte Zinkenarme
6 Fahrwerk
7 Schutzbügel
8 Schwaden
9 Doppelschwaden
10 Mehrfachschwaden
11 Schwadwender
12 Nachtschwaden

2.3 Kreisel-Rechwender

Kreiselrechwender sind bereits kombinierte, zum Zetten, Wenden und Schwadziehen geeignete Geräte. Der Aufbau ähnelt dem eines Kreiselschwaders, die Zinkensteuerung ist ausschaltbar. Außerdem sind meist zwei Kreisel nebeneinander angeordnet. Ein anderes System arbeitet mit gelenkig montierten Zinken, die durch die Fliehkraft ausschwenken.

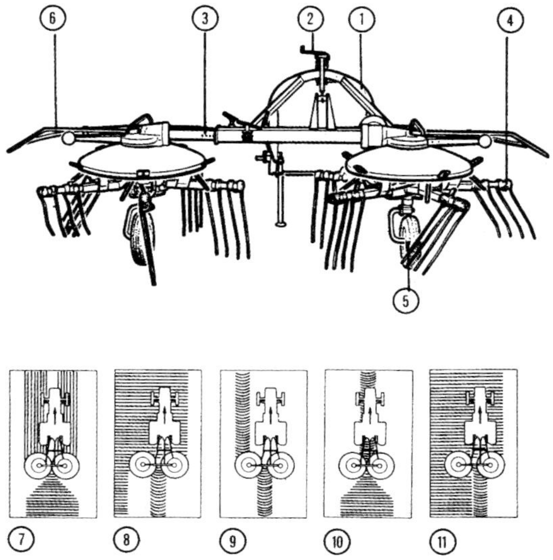

Kombikreisel

1 Dreipunktanbau
2 Neigungsverstellung
3 ausziehbarer Rahmen
4 Zinkenarm (wahlweise gesteuert)
5 Stützrad
6 Schutzbügel
7 Zetten und Wenden
8 Schwaden
9 Schwadwenden
10 Schwadstreuen
11 Grenzräumen (Pöttinger)

Kurvenscheibe zur Steuerung der Zinken eines Kreiselschwaders (Pöttinger)

2.4 Bandrechwender

Bandrechwender sind am Hang und bei kleinen Flächen gut zum Wenden, Schwaden und Schwadstreuen geeignet. Sie werden aber auch zum Zetten benutzt. Die von umlaufenden Keilriemen oder Ketten geführten Zinken sind exzentergesteuert, um ein Wickeln zu vermeiden. Im Gegensatz zum Wenden und Schwaden wird beim Zetten und Schwadstreuen die Auslaufseite etwas höher gestellt. Die Arbeitsbreite ist begrenzt, die Schonung des Futters ist mangelhaft.

Im Gegensatz zu allen anderen Heuwerbegeräten sind **Sternradrechwender** nicht zapfwellengetrieben. Ihre 4 bis 6 zinkenbesetzten Räder von etwa 1 m Durchmesser laufen am Boden mit. Dies hat auch eine Futterverschmutzung zur Folge. Die Geräte eignen sich zum Wenden und Schwaden, weniger zum Zetten und Schwadstreuen. Der Schwad ist verstopft, die Hangtauglichkeit ist gering.

❑ **Wartung bei Heuwerbegeräten**

- Gelenkwelle (wenn vorhanden) abschmieren
- Während der Einsatzzeit wöchentlich die Kreiselköpfe von Kreiselgeräten, bei Trommelgeräten die Zinkensteuerung und Lagerung der Rechenleisten, bei Sternradgeräten Sternradlager abschmieren
- Öfters Zinkenbefestigung kontrollieren, gebrochene Zinken ersetzen, Antriebskeilriemen und Zinkenband von Bandrechwendern nachspannen
- Gelegentlich Verstellspindeln ölen, Radnabenlager abschmieren, Reifenluftdruck der Stützräder prüfen (Normalwert 1,2 bis 2 bar)
- Jährlich bei Ölbadgetrieben Öl wechseln

Arbeitsbedarf von Heuwerbegeräten:
Je nach Arbeitsbreite und Fahrgeschwindigkeit 0,5 bis 1,2 AKh/ha (Mittelwert 0,8 ha/h).

2.5 Unfallschutz bei Heuwerbegeräten

- Nie bei laufender Maschine einstellen oder abschmieren!
- Schutzvorrichtungen an Gelenkwellen oder Keilriemen intakt halten!
- Beachte, dass bei selbstfahrenden Heuwerbegeräten die Fliehkraftkupplung das Gerät auch bei unbeabsichtigtem Gasgeben in Bewegung setzt! Umgekehrt kann beim Zurücknehmen des Gashebels die Motorbremswirkung verloren gehen.

Motormäher mit Doppelbereifung (Vogel & Noot)

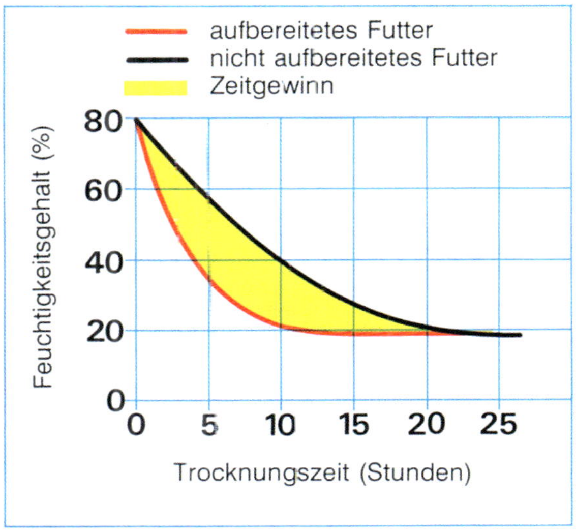

Anbau-Mähllader (Weißhäupl)

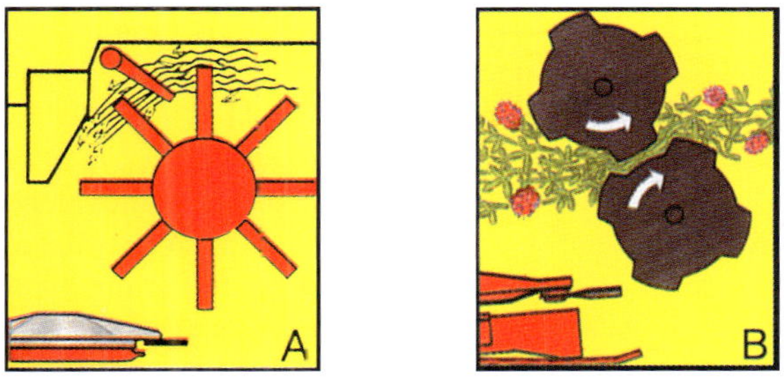

Aufbereiter verkürzen die Trocknungszeit, A Schlagzetter, B Knickzetter (Kuhn)

Knoter mit Garnhalter (Welger)

Ablegen eines Rundballens mit Netzbindung aus einer Konstantkammerpresse (Krone)

Wickelgerät mit rotierendem Wickelarm (Welger)

3. Ladegeräte, Häcksler, Pressen

Die Ernte von Grünfutter oder Heu ist in drei verschiedenen Verfahren mechanisierbar. Bei der **Langgutkette** wird das Futter nicht von Häckseleinrichtungen zerkleinert. Die Geräte der Langgutkette sind universell für die Ernte von Heu oder Anwelkgrünfutter geeignet, ebenso auch für die Sommerstallfütterung („Eingrasen"). Behelfsmäßig kann auch Silomais geerntet werden. Typische Kennzeichen der Langgutkette sind der geringe technische Aufwand und eine geringe Störanfalligkeit. Das Verfahren ist auch bei Einmannarbeit brauchbar.

Die **Kurzgutkette** (Häckslerkette) bildet eine gute Voraussetzung für die Vollmechanisierung der Futtereinlagerung, Futterentnahme und Fütterung. Leistungsbedarf und technischer Aufwand sind hoch. Besonders aktuell ist die Kurzgutkette derzeit zur Ernte von Silomais und Anwelksilage. Zum Eingrasen scheidet das Verfahren wegen der Selbsterwärmung gehäckselten Futters aus. Im Gegensatz zur Langgutkette wird eher im Fließverfahren bei höherem Arbeitskräfte- und Maschinenbedarf gearbeitet.

Die **Pressgutkette** (Ballenkette) setzt sich zunehmend bei der Ernte von Stroh und Heu, aber auch bei Silage durch. Vorteilhaft ist die einfache Lagerung von Pressgut. Es ist sowohl Einmannarbeit als auch Fließarbeit möglich.

4 Langgutkette

4.1 Ladewagen

Der ursprüngliche Ladewagen stellt die Kombination eines Anhängers mit Kratzboden mit einer Pick-up-Vorrichtung dar. Wegen der hohen Bergeleistung, der Funktionssicherheit und der vielfältigen Verwendbarkeit für Grünfutter, Anwelkgut und Heu hat sich der Ladewagen zur typischen Maschine des Grünlandbetriebes entwickelt.

Das Grundelement bildet meist ein Einachswagen mit abklappbarem Raufutteraufbau. Dessen Ladevolumen (nach DIN gemessen bis zu den oberen Tragebügeln ohne Ausbuchtungen) liegt zwischen 15 und 40 m^2. Die Nutzlasten liegen im Bereich von 1 bis nahezu 5 t. Die Wahl breiter Reifen und die Verwendung von Doppelbereifung oder einer Tandemachse können bei schweren Ladewagen den Bodendruck in Grenzen halten. Die meist vorne liegende Pick-up-Trommel bringt das Erntegut im Zusammenwirken mit einem Förderorgan in den Innenraum. Bei richtig eingestelltem Kratzbodenvorschub erreicht man eine gleichmäßige Verdichtung des Futters. Zum Entladen wird die Rückwand des Ladewagens hochgeklappt und eine hohe Kratzbodengeschwindigkeit eingeschaltet. Eine Schneideinrichtung im Förderkanal erleichtert wesentlich die Arbeit beim Entladen und Weiterbefördern. Sie ist Voraussetzung für eine automatische Ablade-Dosiervorrichtung.

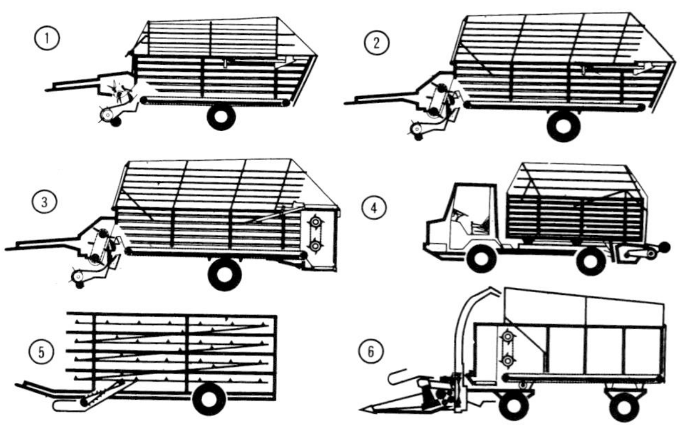

Bauformen von Ladewagen
1 Schneideladewagen
2 Kurzschnittladewagen
3 Kurzschnittdosierladewagen
4 Anbauladewagen
5 Ballenladewagen
6 Häckselladewagen (Pöttinger)

Im Gegensatz zu der früher für das Eingrasen mit Seitenmähwerken angebotenen Schwenkdeichsel wird heute eher eine Knickdeichsel als Zusatzausrüstung angeboten. Sie bringt besonders die zum Beschicken von Flachsilos nötige Bodenfreiheit. Ladegeschwindigkeiten bis zu 10 km/h sind möglich. Die erforderliche Motornennleistung liegt je nach Größe und Schneideinrichtung zwischen 20 und 60 kW. Je Messer kalkuliert man rund 1-4 kW Motorleistung.

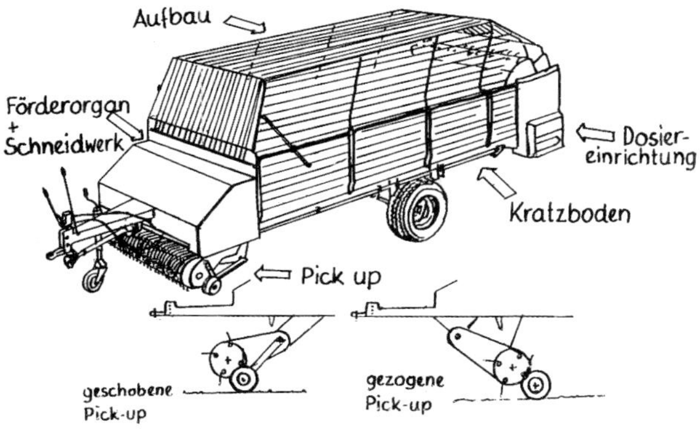

Ansicht eines Kurzschnitt-Dosierladewagens mit Pick-up-Bauarten

Einzugssystem und Kratzboden eines Ladewagens

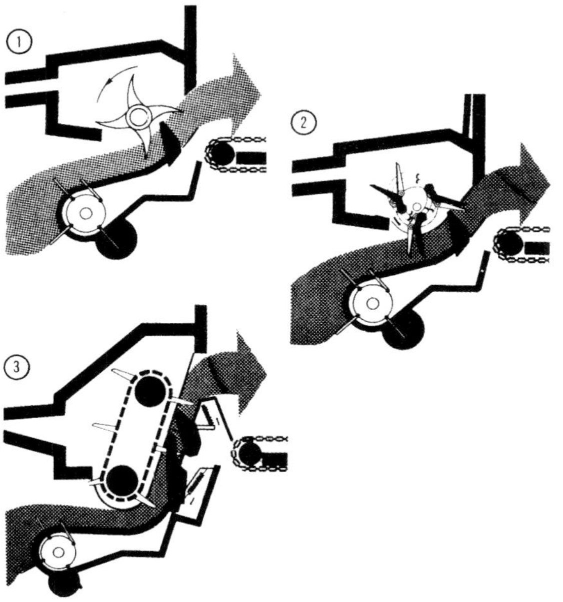

Fördersysteme von Ladewagen
1 Fördertrommel mit festen Zinken
2 gesteuerte Fördertrommel
3 Rechenkettenförderer (Pöttinger)

Die **Pick-up-Trommel** kann entweder vorlaufend (geschoben) oder nachlaufend (gezogen) arbeiten. Die verbreiteten geschobenen Ausführungen nehmen auch kurzes Futter auf und bringen eine große Bodenfreiheit, nachteilig sind die größere Verschmutzungsgefahr und die größere Steinempfindlichkeit. Gezogene Ausführungen weichen bei Steinen und Unebenheiten besser aus. Die Aushebung der Pick-up-Trommel erfolgt heute überwiegend hydraulisch über ein Zusatzsteuergerät am Traktor. Oft wird eine Handpumpe zum Ausheben ohne Traktor benutzt. Ist eine Knickdeichsel vorhanden und besitzt der Traktor nur ein Zusatzsteuergerät, so ist ein Hydraulik-Umschaltventil zum Betätigen beider Einrichtungen erforderlich.
Für die Schonung von Raufutter ist besonders die Bauart der **Fördereinrichtung** (Fördertrommel, Förderschwinge, Rechenförderer) entscheidend. Im Allgemeinen wirkt sich ein weit nach oben in den Laderaum führender Förderkanal günstig aus.
Die Messer sollten sich zum Nachschleifen leicht ausschwenken lassen. Sie sollten mit Federn gegen Fremdkörperschaden gesichert sein. Bei mehr als 25 Messern steigt die Beschädigungsgefahr durch Fremdkörper drastisch an. Vorteilhaft ist die Bedienbarkeit der Schaltelemente (insbesondere Kratzbodenantrieb, Rückwand) auch vom Traktorsitz aus. Beim gleichzeitigen Betrieb des Ladewagens mit einem Rotationsmähwerk (z.B. Frontanbau-Trommelmähwerk zum Eingrasen) empfiehlt sich die Verwendung eines Reduziergetriebes, um den Ladewagen vor hohen Antriebsdrehzahlen und übermäßigem Verschleiß zu schützen. Zur automatischen Beimischung von Silierhilfsmitteln im Ladewagen sind Dosiereinrichtungen erhältlich.

4.2 Wartung von Ladewagen

- Gelenkwelle abschmieren
- Während der Einsatzzeit, nach jeweils 50 Fuhren oder wöchentlich, die Hauptschmierstellen an Förderorgan, Pick-up und Kratzboden abschmieren. Nach 50 bis 100 Fuhren Messer nachschleifen.
- Gelegentlich Reifendruckluft prüfen (Normalwerte 2,25 bis 3,5 bar), Kratzbodenketten so nachspannen,

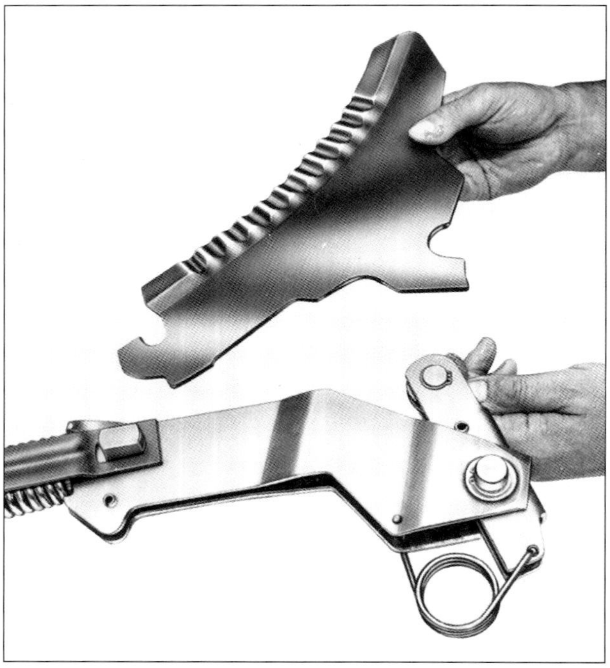

Auswechselbare Messer eines Ladewagens (Pöttinger)

dass sie sich 8 bis 10 cm aus der Führungsrille ziehen lassen (nachgespannt wird an der vorderen Umlenkwelle!).

- Jährlich Antriebsketten reinigen, in Motoröl behandeln (siehe unter Kettenpflege!) und nachspannen; jährlich Pick-up-Zinkensteuerung reinigen und Steuerrollen abschmieren; Pick-up auf verbogene und gebrochene Zinken prüfen. Zum Auswechseln von Zinken muss bei einigen Ladewagentypen der ganze Zinkenträger ausgebaut werden !
- Jährlich Ölwechsel in Ölbadgetrieben durchführen, gegebenenfalls Hydrauliköl wechseln.

Hydraulischer Kratzbodenantrieb

4.3 Arbeitsverfahren

- Einmannverfahren (Zuteilverfahren): Der Ladewagen wird direkt in ein Förderorgan entleert. Die Ladeleistung ist gering.
- Absätziges Verfahren: Es wird mittels Schnellentleerung abgeladen, eine zusätzliche Arbeitskraft übernimmt die Einlagerung. Die Ladeleistung ist hoch.

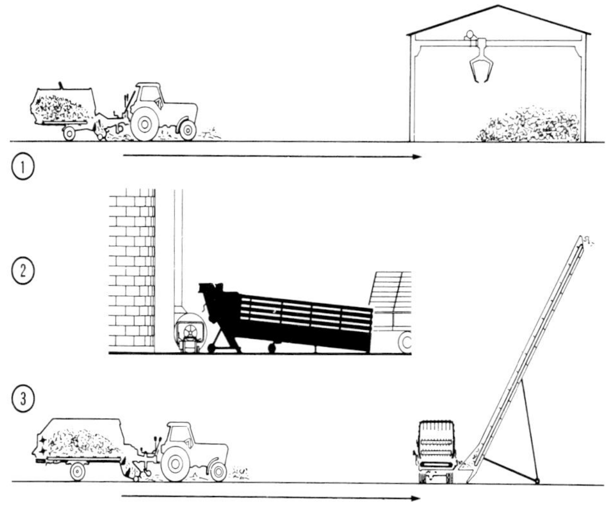

Arbeitsverfahren mit Ladewagen
1 und 2 absätziges Verfahren
3 Zuteilsverfahren (Pöttinger)

Arbeitsbedarf

Heu, Stroh	AKh/ha
laden	0,5
transportieren pro km	1,2
abladen, einlagern	
mit Greifer	4,2
mit Gebläse	3,0

Grüngut	
laden	0,8
transportieren pro km	2,4
abladen, einlagern	
Hochsilo	9
Flachsilo, walzen	5

Hydraulisch betätigte Heckklappe (Pöttinger)

Elektrohydraulische Fernbedienung mit Magnetventilen (Pöttinger)

4.4 Unfallschutz

- Niemals bei laufender Zapfwelle an Pick-up, Fördereinrichtung oder Kratzboden arbeiten. Nur im Stillstand abschmieren.
- Beachte die Aufkippgefahr des Einachsfahrgestells beim Abhängen im halbbeladenen Zustand!
- Zapfwellen- und Kettenschutzvorrichtungen intakt halten!

5. Pressgutkette

5.1 Ballenpressen

❑ Normalballenpressen

Herkömmliche Ballenpressen nehmen Heu oder Stroh vom Schwad mit einer Pick-up-Trommel auf und verdichten es zu rechteckigen Ballen von 15 bis 30 kg Gewicht. Sie arbeiten nach dem Prinzip von Strangpressen, die Verdichtung entsteht durch Wandreibung im Presskanal. **Niederdruckpressen** erreichen eine Pressdichte, die mit 50 bis 100 kg/m³ kaum höher als die Dichte des Ladewagengutes ist. Das Pressorgan ist dabei ein Schwingkolben.

Hochdruckpressen haben heute die wenig leistungsfähige Niederdruckausführung verdrängt. Hier beträgt die Pressdichte 70 bis 150 kg/m². Ein typisches Ballenmaß ist 35 x 50 x 80 cm. Als Pressorgan dient ein auf geradliniger Bahn bewegter Laufkolben. Die Pressdichte ist durch Verstellen der Höhe des hinteren Presskanals regulierbar. Der durch mehrere Kolbenhübe rückwärts gleitende Pressstrang nimmt eingezahntes Messrädchen mit und löst auf diese Weise den Knüpfvorgang aus. Dabei wird vorerst die Knüpferwelle eingekuppelt, die Knüpfernadel steigt durch den Presskanal nach oben und legt das Bindegarn über den Knoterschnabel und zuletzt in den Garnhalter. Anschließend dreht sich der Knoterschnabel einmal um seine Vertikalachse. Dabei öffnet sich sein Maul und bildet mit dem darüber gelegten Garn einen Knoten. Nur bei exakter Einstellung arbeitet diese Knüpfvorrichtung fehlerfrei. Am Knotenbild sind Fehleinstellungen erkennbar.

Der Leistungsbedarf von Hochdruckpressen liegt bei 30 bis 50 kW. Die Pressleistung beträgt bei Stroh 8 bis 15 t/h.

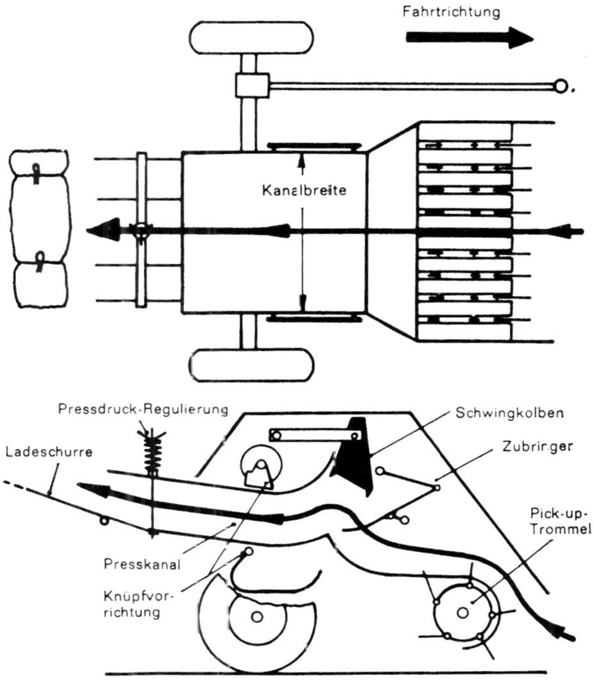

Schwingkolbenpresse (KTBL)

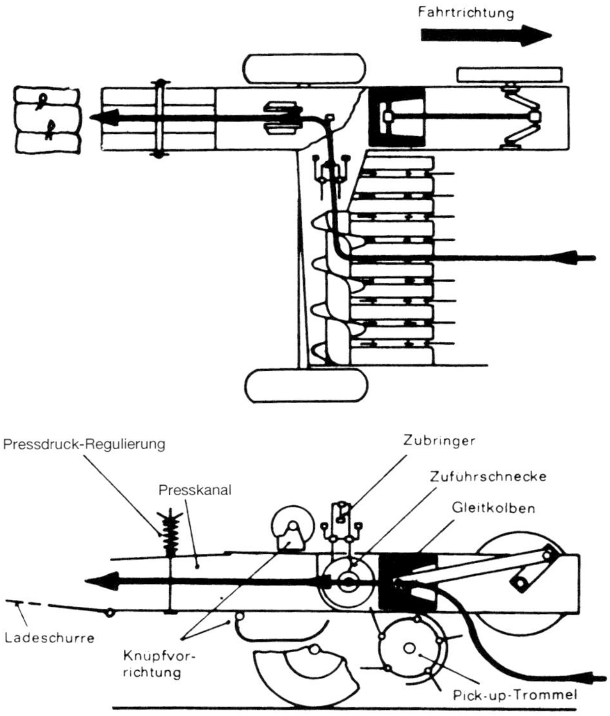

Laufkolbenpresse (KTBL)

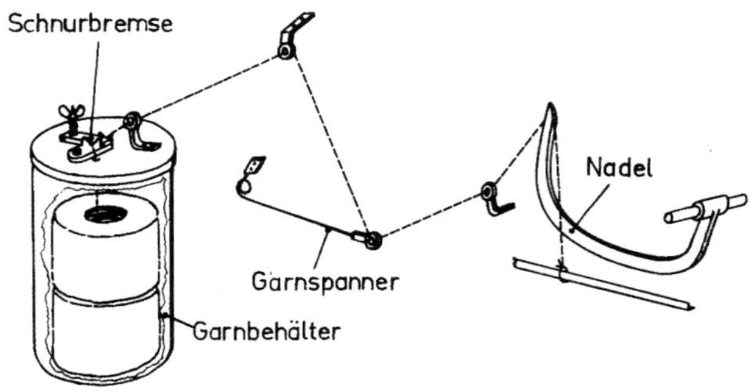

Verlauf des Bindegarns

5.2 Wartung von Aufsammelpressen

- Gelenkwelle abschmieren.
- Vor Inbetriebnahme gründlich abschmieren, Reifendruckluft prüfen und Knoter reinigen. Bei Arbeitsbeginn die Spannschrauben der Pressdruckregulierung zuerst lose einstellen, dann erst fester.
- Täglich während der Einsatzzeit Hauptschmierstellen abschmieren, Ketten ölen, Zahnräder mit bitumenhältigem Schmiermittel versorgen.
- Nach je 50 Betriebsstunden Ketten nachspannen, weitere Schmierstellen abschmieren.

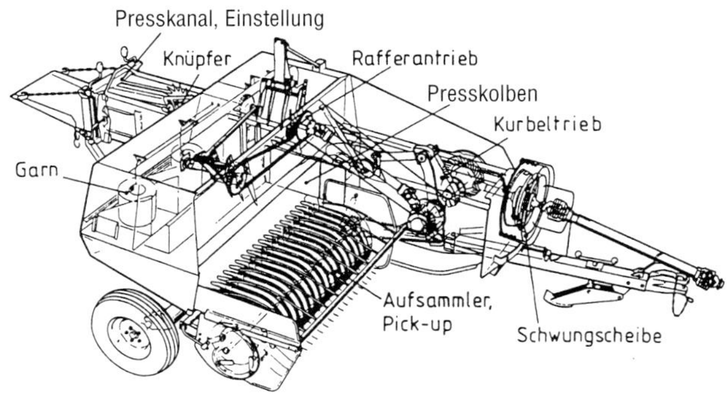

Schema einer Hochdruckpresse (Claas)

Zur Inbetriebnahme oder beim Wechsel von Garnrollen muss das Bindegarn richtig durch Schnurbremse, Garnspanner und Nadel eingefädelt werden. Die Nadelöse wird stets von außen nach innen durchgefädelt. Dann ist die Schnur an einem tief liegenden Rahmenteil festzubinden. Der weitere Knüpfvorgang verläuft automatisch. Knoterfehler haben ihre Ursache häufig in einer falschen Einstellung von Schnurbremse und Garnhalter. Bei richtiger Einstellung darf sich das Garn zwischen Daumen und Zeigefinger noch gerade aus der Schnurbremse am Garnbehälter ziehen lassen. Die Feder am Garnhalter ist dann richtig eingestellt, wenn sich das Garn, über die Handfläche gelegt, bei geschlossener Hand noch gerade herausziehen lässt. Abgerissenes Garn deutet auf zu fest eingestellten Garnhalter und Schnurbremse hin. Eine zu lose eingestellte Knotermaulfeder führt zu lockeren oder offenen Knoten. Offene Knoten können aber auch dann entstehen, wenn die Nadel zu wenig weit nach oben geht, sodass die Schnur nicht richtig in den Garnhalter eingelegt werden kann. In diesem Fall ist die Nadel nachzustellen oder auszurichten.

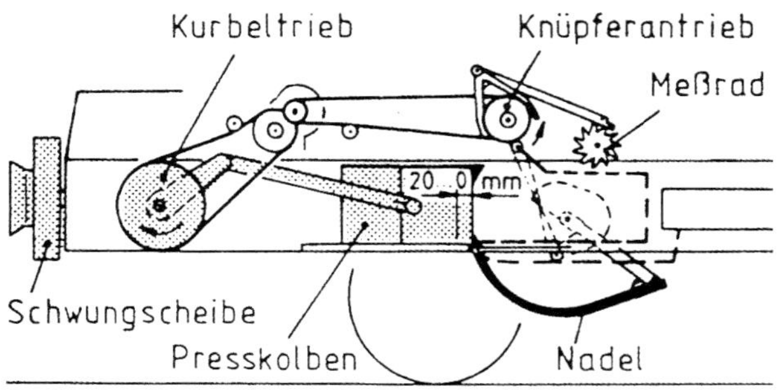

Nadeleinstellung bei einer Hochdruckpresse (Claas)

- Nach der Arbeit Ballenkammer leeren, bei Hochdruckpressen Nadelkanal im Presskolben säubern, Knüpfer reinigen und mit Außenkonservierungsöl behandeln.
- Jährlich zur Einwinterung Presskanal und Knüpfer reinigen und konservieren; Ketten reinigen und ölen (siehe unter Kettenpflege!) und nachspannen; Pick-up wie bei Ladewagen warten; bei Hochdruckpressen Messer schleifen; Öl im Hauptgetriebe wechseln; Radnabenlager schmieren; Presse aufbocken.

5.3 Arbeitsbedarf von Hochdruckpressen

Arbeitsbedarf (Hochdruckpresse)

	Heu	Stroh
pressen	5,1 AKh/ha (1,7 h/ha)	7,8 AKh/ha (2,6 h/ha)
transportieren je km	0,8 AKh/ha	0,6 AKh/ha
einlagern mit Förderband	2,5 AKh/ha	3,0 AKh/ha

❑ Großballenpressen

Die meisten Großballenpressen arbeiten nach dem Wickelsystem (**„Rundballenpressen"**). In diesem Fall wird das vom Schwad durch eine Pick-up-Trommel aufgenommene Pressgut durch Riemen, Walzen oder Stabketten zu runden Ballen von 1,2 m Länge und etwa 1,2 (bei Silage) bis 1,6 m Durchmesser (bei Heu, Stroh) verdichtet. Typische Ballen wiegen 400 bis 650 kg.

Das Haupteinsatzgebiet für Rundballenpressen liegt bei der Ernte von Stroh und Silage. Beim Pressen von lagerfähigem Heu ist die lange Vortrocknungszeit von 2 bis 3 Schönwettertagen nachteilig, daneben auch die hohen Bröckelverluste. Durch nachträgliche Ballenbelüftung lassen sich diese Nachteile mindern. Allerdings ist eine wirkungsvolle Ballenbelüftung nur bei einem Wassergehalt unter 30 bis 35% möglich.

veränderliche Kammer

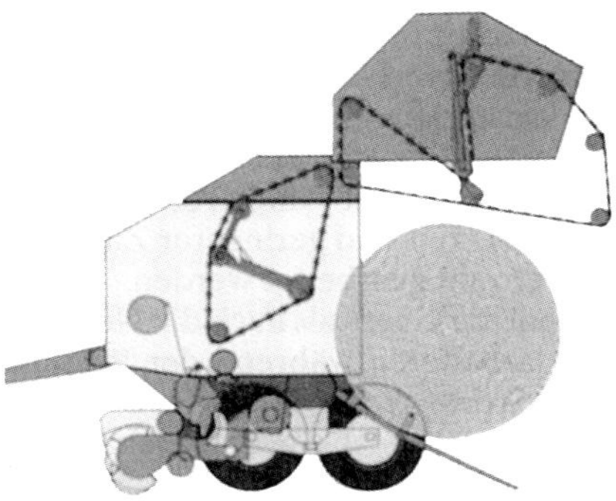

gleichbleibende Kammer

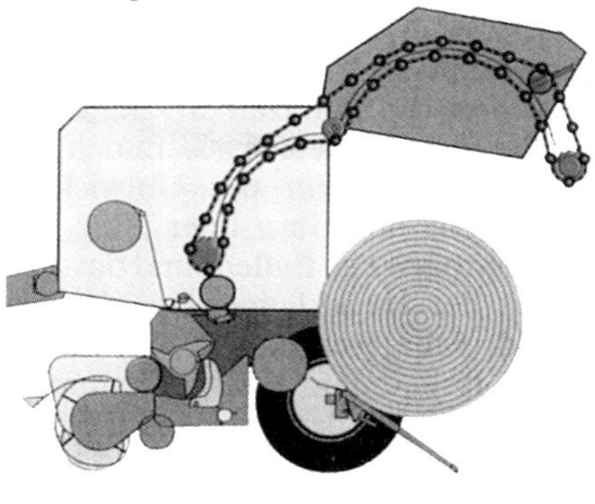

Rundballenpressen mit gleich bleibend großer Wickelkammer („Konstantkammerverfahren") erzeugen Ballen mit einem losen Kern, aber dichter Mantelzone. Das kann bei der Lagerung im Freien von Vorteil sein. Passt sich dagegen die Wickelkammer der jeweiligen Ballengröße an, so entstehen Ballen mit eher gleichmäßiger Dichte. Ballen mit losem Kern sollten über eine Plastikhaube von oben belüftet werden, bei Ballen mit gleichmäßiger Dichte ist auch eine Bodenbelüftung möglich. Für die Rundballensilage sind Systeme mit gleichmäßiger Pressdichte besser geeignet.

Vor dem Ablegen werden die Rundballen durch mehrmaliges Umwickeln mit üblichem Polypropylen-Bindegarn (z.B. 11 Windungen) oder einem Netz oder einer Folie „gebunden". Zum Ablegen der Rundballen muss die Heckklappe der Presskammer geöffnet werden. Dazu sollte der Traktor über einen doppeltwirkenden Hydraulikanschluss verfügen. Ein Transport von Wickelballen ist am einfachsten mittels Frontlader möglich. Dazu sind Frontlader Spezialzangen oder kippbare Transportbehälter von Vorteil.

Die **Rundballensilage** gewinnt zunehmend an Bedeutung. Dabei werden fest gebundene Ballen aus angewelktem Grünfutter durch Ballenwickler mit leicht gestreckter, kleberbeschichteter Polyethylenfolie in etwa 4 Lagen luftdicht umwickelt. Der Wickelvorgang wird entweder durch eine Drehung des Wickeltisches oder bei fixem Tisch durch einen rotierenden Wickelarm ausgeführt. In jedem Fall wird der auf zwei angetriebenen Walzen liegende Ballen dabei um seine Längsachse gedreht, sodass ein Folienstrang den darunter liegenden überlappt. Die Überlappung der Folie sollte dazu 50% erreichen. Der Überlappungsgrad ist durch Ändern der Ballenumfassungsgeschwindigkeit zu regulieren (Wechselräder oder Reduzierventil bei hydraulischem Antrieb). Einige Ballenwickelmaschinen führen die Ballenaufnahme vom Boden, das Anlegen und Abtrennen der Wickelfolie automatisch durch. Die Wickelleistung liegt bei 15 bis 50 Ballen/Stunde.

Entscheidend für eine gute Silagequalität ist das ausreichende Vorwelken auf mindestens 30%, aber nicht über 60% Trockenmasse. Überständiges Futter lässt sich schlecht verdichten und kann Folien durchstechen. Schlecht vorgewelktes Futter vergärt mangelhaft. Ein Problem der ansonsten schlagkräftigen Rundballensilage liegt in der Entsorgung verbrauchter Folien. Wegen der Verschmutzung solcher Folien gibt es zur Zeit kaum ein Recycling. Silageballen können am besten stehend übereinander gelagert werden, allerdings maximal je 2 bis höchstens 3 Ballen. Auch bei der Lagerung im Freien

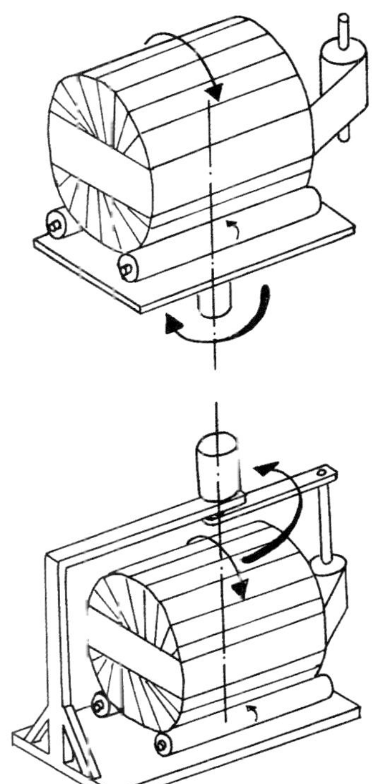

Ballenwickelsysteme

schützt der mit Folie überwickelte Ballenboden besser vor Mäusefraß.
Der Leistungsbedarf von Rundballenpressen liegt bei 55 kW. Pressen mit variabler Kammer kommen auch mit etwas niedrigeren Antriebsleistungen aus. Die Pressleistung beträgt im Mittel 20 Ballen je Stunde oder 10 bis 15 t/h.
Rechteckige Großballen (Quaderballen) können entweder nach dem Kastenpressverfahren oder nach dem kontinuierlich arbeitenden Strangpressverfahren hergestellt werden. Eine Garnbindung mit oft zwei Knotern ist üblich. Dadurch entfällt das Durchziehen des Garns an der Ballenunterseite. Es sind Pressdichten um 150 kg/m üblich, Der Leistungsbedarf liegt bei 60 bis über 100 kW. Die großen Rechteckballenpressen sind auch für die Gärfutterbereitung auf überbetrieblicher Basis in Verwendung.

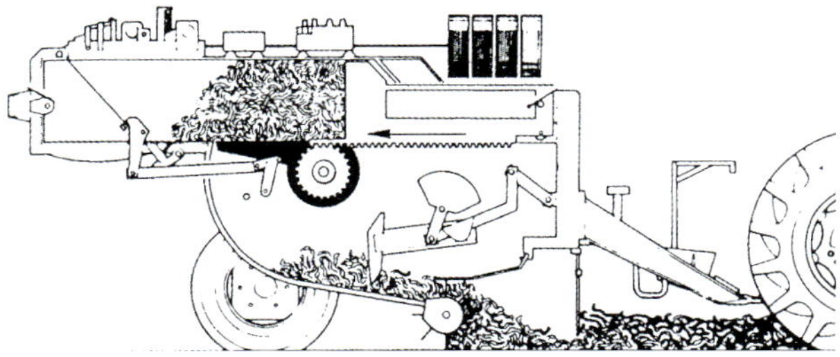

Großballen-Kastenpresse (Claas)

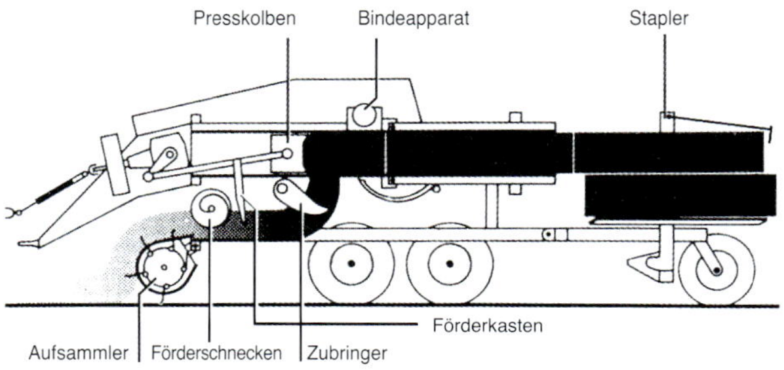

Großballen-Strangpresse (Claas)

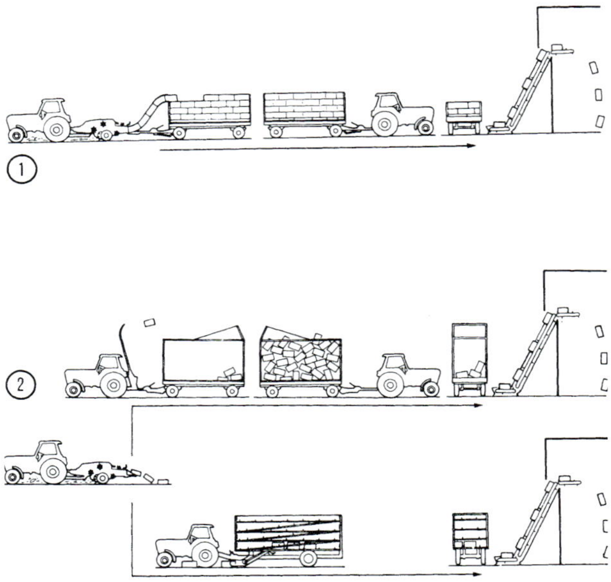

Arbeitsverfahren mit Aufsammelpressen

Ballenwickelpressen

5.4 Arbeitsverfahren mit Aufsammelpressen

- **Direktladeverfahren:** Die Ballen werden über eine Ladeschurre oder einen Ballenwerfer in einen angekuppelten Anhänger gebracht. Bei Verwendung einer Ladeschurre braucht man 2 Personen zum Stapeln der Ballen auf dem Anhänger. Bei diesem Verfahren kann die Kapazität der Presse voll ausgenutzt werden, das Verfahren ist nur für herkömmliche Aufsammelpressen geeignet.

- **Absätziges Verfahren:** Die Ballen werden auf dem Feld abgelegt und in einem nachfolgenden Arbeitsgang geladen und abtransportiert. Ballenladewagen oder hydraulische Ballenwurfgabeln ermöglichen eine mechanische Aufnahme von Normalballen. Dieses Verfahren eignet sich auch besonders bei überbetrieblicher Mechanisierung.

5.5 Unfallschutz bei Aufsammelpressen

- Nie bei laufender Zapfwelle abschmieren oder Knotereinstellung vornehmen!
- Schutzvorrichtungen an Zapfwellen und Antriebsorganen intakt halten!
- Beim Pressen auf Ladepersonen Rücksicht nehmen!
- Rundballen im geneigten Gelände vor dem Abrollen sichern und möglichst stehend lagern!

6. Kurzgutkette

Häckselgut ermöglicht den Einsatz von mechanischen Fördereinrichtungen und bietet bei Silage eine gute Voraussetzung für die Vergärung. Untenentnahmefräsen für Hochsilos arbeiten oft nur bei angewelktem Futter 1 bis 2 cm Häcksellänge einwandfrei. Für Heu ist der Feldhäcksler wegen der hohen Bröckelverluste wenig geeignet.

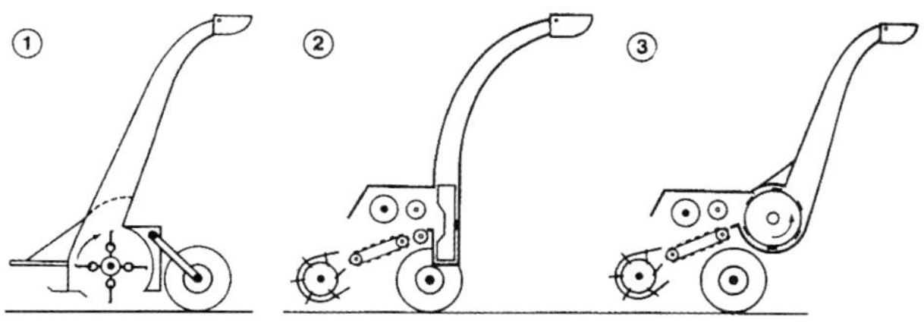

Feldhäcksler
1 Schlegelhäcksler
2 Scheibenradhäcksler
3 Trommelhäcksler (Pöttinger)

6.1 Universalhäcksler

Universalhäcksler arbeiten mit verschiedenen Vorsätzen, entweder als Aufsammelhäcksler (mit Pick-up-Trommel) oder als Mähhäcksler. Für die Mähhäckslervariante werden übliche Mähvorsätze, aber auch spezielle Maisschneid- oder Pflückvorsätze angeboten. Als Häckselorgane sind verschiedene Systeme üblich:
Scheibenradhäcksler benutzen als Häckselorgan eine rotierende Scheibe mit 4 bis 20 radial angeordneten Messern. Das Häckselgut wird über Vorpresswalzen und eine Gegenschneide („Schneidrahmen") an die Messer herangeführt. Damit erreicht man eine einheitliche minimale Häcksellänge, man spricht deshalb von „Exakthäckslern". Die Scheibe trägt auf der Rückseite Wurfschaufeln. Damit zeichnen sich Scheibenradhäcksler durch eine ausgezeichnete Wurfwirkung aus. Sie benötigen wegen der großen Schwungmasse der Messerscheibe geringere Leistungsreserven als andere Systeme.
Bei Trommelhäckslern sind die Messer am Umfang einer quer zur Fahrtrichtung rotierenden Trommel montiert. Wegen der gleichartigen Häckselzufuhr ist auch dieser Typ ein Exakthäcksler. Beide Systeme erreichen minimale Häcksellängen um 4 mm. Die Wurfwirkung der Trommelhäcksler ist schlechter.

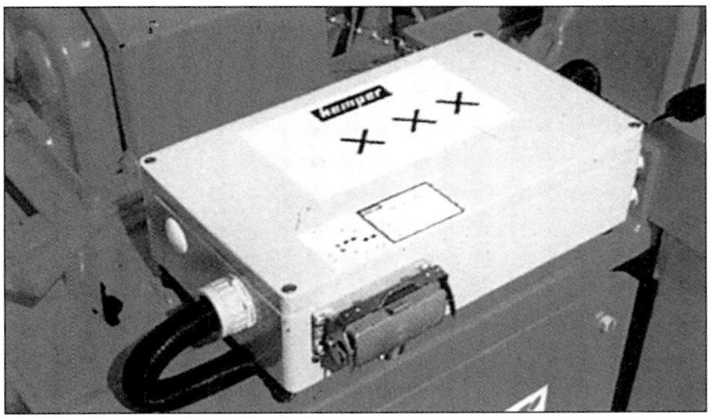

Metalldetektor (Kemper)

Das Nachschärfen der Messer ist heute durchwegs ohne Messerausbau möglich. Zum Schutz des Häckselvorganges vor Fremdkörpern werden teilweise mechanische Abscheider (Zahnwalzen) oder elektromagnetisch arbeitende Metalldetektoren verwendet.
Einen Sonderfall bilden die **Schlegelhäcksler**. Bei ihnen fehlt die für Exakthäcksler typische Zubringereinrichtung. Damit bringt die mit Schlagwerkzeugen besetzte Häckselwelle nur eine uneinheitliche Häcksellänge. Schlegelhäcksler sind Mähhäcksler, können aber auch als Aufsammelhäcksler eingesetzt werden. Typische Einsatzbereiche für Schlegelhäcksler sind die Ernte von Rübenblatt oder die Verarbeitung von Maisstroh. Für Feldfutter und Silomais ist der Schlegeltyp wegen der Futterverschmutzung nur bedingt geeignet.
Mit einer Häckselleistung von 15 bis 30 t/h ist bei Universalhäckslern eine Traktorenleistung von 70 bis 100 kW erforderlich. Selbstfahrende Bauarten erfordern noch höhere Leistungen.

6.2 Mais-Spezialhäcksler

Maishäcksler sind Exakthäcksler mit einem festmontierten Maismähvorsatz. In der Regel werden diese Häcksler am Dreipunktgestänge heckseitig an Traktoren angebaut. Es sind einreihige, aber auch mehrreihige Ausführungen üblich. Ein Schneidorgan (z.B. 2 rotierende Scheiben, Messer) trennt die Pflanze vom Bestand ab. Einzugsketten, Einzugstrommeln, Schlingenbänder oder Schnecken erfassen das abgetrennte Stängelende und speisen damit die Vorpresseinrichtung. Meist werden torpedoartige Halmteiler an der Einzugsvorrichtung verwendet. Geräte ohne solche Halmteiler haben bei uneinheitlichem Reihenabstand oder stark lagerndem Mais Vorteile. Die etwas aufwendigeren Einzugsvorrichtungen mit rotierenden Elementen erlauben im Gegensatz zum Ketteneinzug einen wartungsfreundlichen Zentralantrieb mit Ölbad oder Getriebefließfettschmierung.

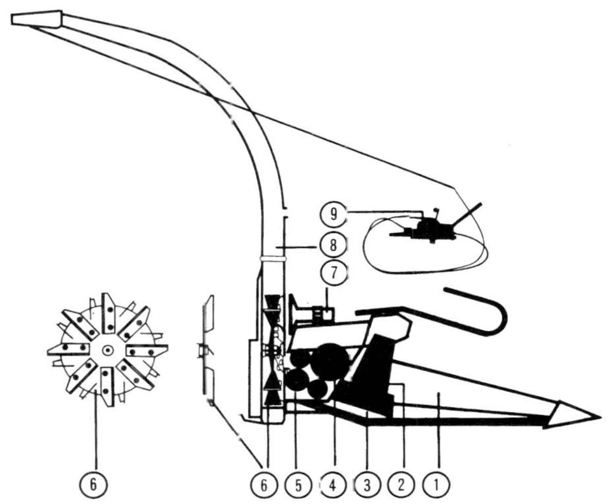

Anbaumaishäcksler
1 Torpedos
2 Einzugstrommel
3 selbstschärfende Mähscheiben
4 Einzug- und Vorpresswalzen
5 Schneidrahmen
6 Scheibenrad
7 Schleifvorrichtung
8 Auswurfkrümmer
9 Bedienungseinrichtung für Auswurfkrümmer (Pöttinger)

Als Häckselorgane werden vornehmlich Scheibenräder, seltener Häckseltrommeln benutzt. Trotz der möglichen minimalen Schnittlänge von etwa 4 bis 5 mm haben sich Nachzerkleinerungseinrichtungen als Wunschausrüstung zum weiteren Aufschluss der Maiskömer besonders bei trockener Silage bewährt. Im einfachsten Fall handelt es sich dabei um Riffelplatten, Lochplatten oder Reibböden im Häckslergehäuse. Bei Trommelhäckslern werden auch angetriebene Quetschwalzen dazu benutzt. Für eine Ganzpflanzensilage und Lieschkolbensilage sind Vielmesserschneidwerke mit bis zu 22 Messern in Verbindung mit Reibböden empfehlenswert.

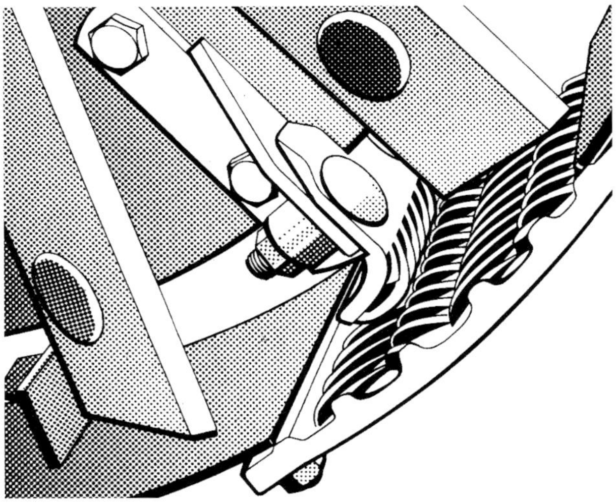

Nachzerkleinerung mit Reibboden (Pöttinger)

Die Häckselleistung liegt bei Maishäckslern in der Größenordnung von 15 bis 30 t/h je Reihe. Die Antriebsnennleistung beträgt etwa 40 bis 50 kW je Reihe. Für eine sinnvolle Eigenmechanisierung sollen etwa 7 bis 10 ha Maisfläche pro Jahr verarbeitet werden.

Reihenloser Maishäcksler (Kemper)

6.3 Wartung von Häckslern

- Gelenkwelle abschmieren.
- Vor Inbetriebnahme gründlich abschmieren, Reifenluftdruck prüfen, Ketten und Keilriemen nachspannen Häckselmesser nachschleifen, bei Exakthäckslern Gegenschneide auf 0,3 bis 0,5 mm Abstand zu den Messern einstellen.
- Während der Einsatzzeit täglich bis wöchentlich Hauptschmierstellen an Pick-up, Einzugsketten, Presswalzen, Schneideinrichtung abschmieren; Messer bei Bedarf schleifen; bei Schlegelhäckslern Lagerbefestigungen an der Schlegelwelle gelegentlich prüfen. Offene Zahnräder der Einzugsvorrichtung gelegentlich mit bitumenhältigem Schmiermittel versorgen.
- Jährlich zur Einwinterung gründlich reinigen, Innenflächen mit Konservierungsöl behandeln, Ketten reinigen und ölen, Gegenschneide auf Verschleiß prüfen. Bei starker Abnutzung kann diese Gegenschneide meist umgedreht werden. Pick-up wie bei Ladewagen warten. Radnabenlager prüfen und nachfetten. Bei Maishäckslern Mäheinrichtung schärfen.

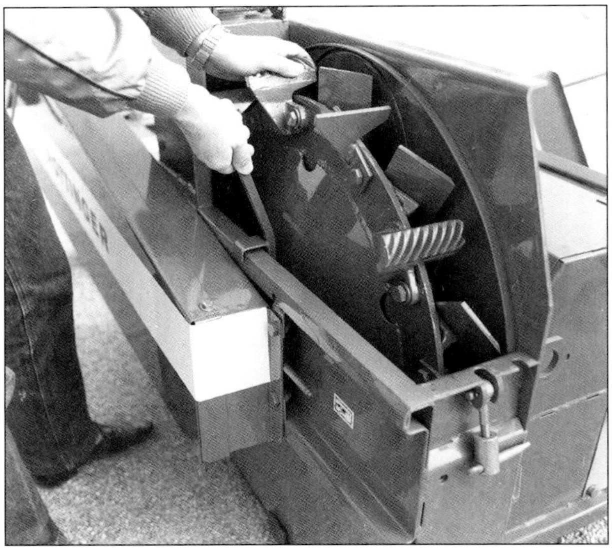

Nachstellen des Messerrades bei einem Scheibenradhäcksler (Pöttinger)

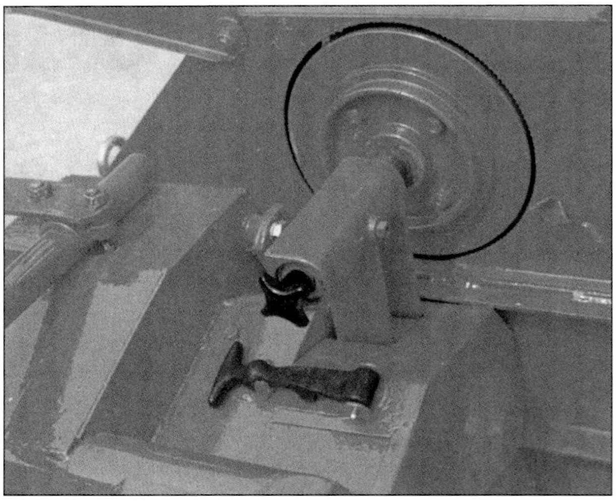

Schleifvorrichtung eines Scheibenradhäckslers (Kemper)

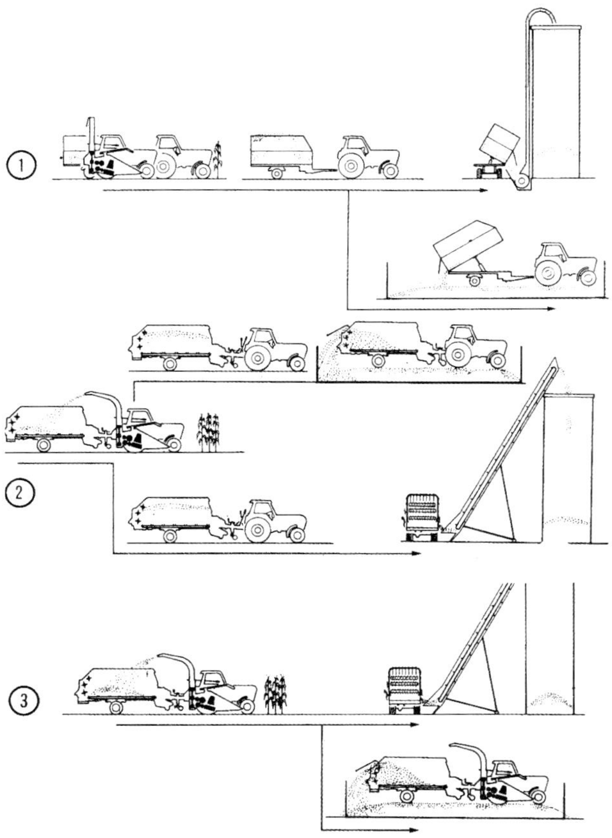

Arbeitsverfahren für Feldhäcksler
1 Parallelzugverfahren
2 Umhängeverfahren
3 absätziges Verfahren (Pöttinger)

6.4 Arbeitsverfahren

- Absätziges Verfahren: Eine Arbeitskraft häckselt in einen angehängten Häckselwagen und bringt das Futter anschließend in einen Silo. Beim Flachsilo ist eine zweite Arbeitskraft zum Verteilen und Walzen nötig. Arbeitsbedarf bei Hochsilos 10 bis 14 AKh/ha, bei Flachsilos 12 bis 17 AKh/ha.
- Umhängeverfahren: Eine Arbeitskraft häckselt in den angehängten Häckselwagen, eine weitere transportiert den beladenen Wagen mit einem zweiten Traktor zur Abladestelle. Weil beim Einlagern gern erfahrungsgemäß ein Engpass auftritt, wird dazu eine dritte Person herangezogen. Arbeitsbedarf beim Hochsilo 7 bis 16 AKh/ha, bei Flachsilos 10 bis 14 AKh/ha.
- Parallelzugverfahren: Es wird auf einen von einem zweiten Traktor seitlich neben dem Häcksler gezogenen Anhänger gehäckselt. Das zeitraubende Umhängen entfällt damit. Je nach Feldentfernung werden 2 oder 3 Transportwagen ausgelastet. Zur Flachsilobeschickung eignen sich besonders auch Kippanhänger. Bei Hochsilos hat dieses Verfahren nur bei einer leistungsfähigen Silobeschickung Sinn. Das Parallelzugverfahren ist speziell für die überbetriebliche Mechanisierung geeignet. Arbeitsbedarf bei Flachsilos 11 bis 16 AKh/ha, bei Hochsilos 9 bis 12 AKh/ha.

Die angeführten Arbeitsbedarfszahlen gelten für die Ernte von Silomais. Der Arbeitszeitbedarf zum Häckseln beträgt bei einreihigen Geräten 4 bis 7 AKh/ha. Die folgenden Zahlen sind für Anwelkgrünfutter gültig.

Arbeitsbedarf	Exakthäcksler (AKh/ha)	Schlegelhäcksler (AKh/ha)
häckseln	2,1	2 bis 1
transportieren	2,4	2,4
einlagern	3,6	3,6

6.5 Unfallschutz

- Nie bei laufender Zapfwelle am Häcksler arbeiten (außer bei Bedienung der Schleifvorrichtung)
- Abdeckungen der Häckseleinrichtung sicher fixieren
- Schutzvorrichtungen an Zapfwelle, Antriebsketten und Zahnrädern intakt halten
- Bei Schlegelhäckslern keine Personen in der Nähe des laufenden Häckslers dulden!

7. Heutrocknung und Grünfuttertrocknung

7.1 Heutrocknung

Bei der Heutrocknung wird am Boden bis auf 35 bis 40 % Wassergehalt vorgetrocknetes Heu unter Dach mit Kaltluft, Warmluft oder entfeuchteter Luft bis zur Lagerfähigkeit auf 12 bis 13 % Wassergehalt fertiggetrocknet. Die Vorteile dieses Verfahrens liegen vor allem in einer Verminderung des Wetterrisikos während der Heuernte, aber auch in einer Verbesserung der Futterqualität. Durch die bessere Futterqualität kann der problematische Import von Eiweißfuttermitteln eingeschränkt werden.

Die Vortrocknung wird durch mehrmaliges Behandeln mit Zettwendern unterstützt, bei günstigen Bedingungen kann bereits am nächsten Tag eingefahren werden. Beim Auswinden eines Büschels darf kein Saft mehr austreten. Unterhalb von 30 % Wassergehalt zeigt das Ausstreifen der Stängel mit dem Daumennagel keinen Saftaustritt mehr, dann nehmen aber die Bröckelverluste rasch zu. Beachtenswert ist, dass auf die Vortrocknung mehr als ¾ des abzuführenden Wassers entfällt. Die Angabe des Wassergehalts in üblichen Prozent Nassbasis täuscht, weil die Bezugsbasis (die Feuchtgutmenge) während der Trocknung nicht gleich bleibt! Die abzutrocknende Wassermenge steigt mit dem Wassergehalt des Halbheus dramatisch an. Die Trocknung unter Dach sollte innerhalb von 80 Stunden (bei Rundballen innerhalb von 60 Stunden) abgeschlossen sein.

Zwischen dem Wassergehalt eines Trockengutes und der relativen Luftfeuchtigkeit besteht ein Zusammenhang (=„Feuchtigkeitsgleichgewicht“!). Entsprechend der nebenstehenden Abbildung muss zum Erreichen der Lagerfähigkeit die relative Luftfeuchtigkeit unter 40 bis 50 % liegen. Über 85 % relativer Luftfeuchtigkeit kann auch frisches Belüftungsheu nicht mehr trocknen. Bei Regenwetter sollte demnach nur dann mit Kaltluft belüftet werden, wenn die Temperatur im Heustock durch Selbsterwärmung über 40 °C ansteigt. Der Belüftungsventilator soll bereits beim Beschicken der Anlage laufen. Dabei ist besonders auf eine gleichmäßige und lockere Verteilung des Belüftungsheus zu achten! Verdichtungsstellen führen wegen schlechterer Durchlüftung leicht zur Schimmelbildung. In einem Zug soll nie mehr als eine 3 m hohe Schicht von feuchtem Heu auf die Anlage kommen!

Von den ursprünglichen Bauformen von Heutrocknungen für ungepresstes Heu hat sich die **Boxentrocknung** am besten bewährt. Dabei strömt die Trocknungsluft durch einen Bodenrost senkrecht durch das darüber lagernde Heu. Die Trocknungsboxen werden durch dichte Seitenwände begrenzt, der seitliche Rand wird etwa 60 bis 80 cm Breite abgedeckt, um einen wandseitigen Luftverlust zu vermeiden. Ein Betonboden unterhalb des Rostes sollte mit Verlegeplatten wärmegedämmt werden.

Rundballen mit 1,2 bis 1,8 m Durchmesser trocknet man meist stehend über ringförmigen Kanalöffnungen vom 0,76-fachen Durchmesser der Ballen. Dabei soll deren Wassergehalt unterhalb von 35 % liegen und eine möglichst gleichmäßige Ballendichte unter 150 kg/m³ aufweisen. Feuchte Ballen sollten einmal gewendet werden. Druckstabile Ventilatoren sind zweckmäßig. Der Trocknungsfortschritt kann einfach durch das Einstechen eines Stahldornes kontrolliert werden. Nasses Heu bietet zähen Widerstand. Rundballentrocknungen mit fixen Luftkanälen sind die leistungsfähigsten Varianten. Sie sind gut mechanisierbar, jedoch ist die Ballenzahl fix. Flexible Systeme bieten den Vorteil, dass sie einen geringeren Platzbedarf, niedrigere Anschaffungskosten sowie mit flexibler Ballenzahl betrieben werden können.

Als **Ventilatoren** für Heutrocknungsanlagen dienen Radiallüfter mit einem Gesamtdruck bis etwa 1.500 Pa (entspricht etwa 15 cm Wassersäule). Je Meter Durchströmweg ist bei Loseheu mit 150 bis 240 Pa Druck zu rechnen. Kanalabwinkelungen sind wegen des Strömungswiderstandes möglichst zu vermeiden. Der Volumenstrom wird bei Trocknung in Boxen mit rund 400 m³ je Stunde (= 0,11 m³/s) und Quadratmeter belüfteter Fläche gewählt. Im Entfeuchterbetrieb und gegen Trocknungsende wird der Luftdurchsatz bis auf 0,08 m³/s reduziert. Dies ist mit einem Frequenzumformer am Ventilator möglich. Zum Erreichen der Lagerfähigkeit von 12 bis 13 % Was-

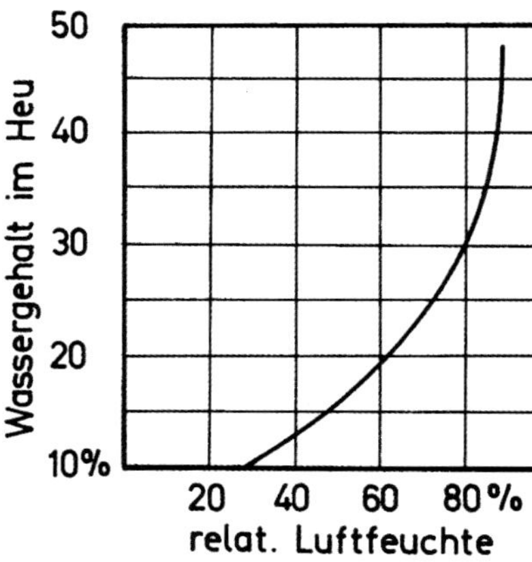

Feuchtegleichgewicht

Rundballentrocknungen (links fixe Luftkanäle, rechts flexibles System)

sergehalt muss die relative Feuchtigkeit der Trocknungsluft unterhalb von etwa 45 bis maximal 50 % liegen. Daher wird im Gegensatz zur einfachen Kaltbelüftung die Trocknungsluft meist angewärmt oder entfeuchtet.

Bei einer Trocknung muss Wasser verdunstet werden. Die dazu erforderliche Verdunstungswärme von etwa 0,68 kWh/kg Wasser führt während der Trocknung zu einer Abkühlung der Luft. Dadurch ist bei einer Kaltlufttrocknung der tatsächliche Energieaufwand um 0,25 kWh/kg Wasser zum Ventilatorantrieb wesentlich geringer. In unserem Klima kann 1 m^3 Luft bei Kaltbelüftung nur etwa 0,8 g Wasser aufnehmen, wenn die Trocknung aufgrund des Feuchtigkeitsgleichgewichts überhaupt stattfinden kann. Eine Anwärmung der Trocknungsluft erhöht die Wasserauf¬nahmefähigkeit wesentlich und macht die Trocknung auch bei Schlechtwetter möglich.

Die einfachste Lufterwärmung erreicht man durch die Absaugung der Luft unterhalb der Dachdeckung von Gebäuden (Dachabsaugung). Dabei sollte die nutzbare Dachfläche mindestens drei- bis viermal größer sein, als die Fläche von Trocknungsboxen, um eine Lufterwärmung um 5 bis 10 °C zu erzielen. Je nach Dachdeckung liegt der Wirkungsgrad einer Dachabsaugung in der Größenordnung um 37 % (bei Ziegeldach bis nahezu 50 % unter Blechdach oder PV-Modulen). Entscheidend für die Funktion ist die Einhaltung einer Luftgeschwindigkeit im Dach von 3 bis 6 m/s. Dabei wird unterschieden in ein- oder doppelseitiger Absaugung, wobei die Luftführung an die Dachart (Pfetten- oder Sparrendach) angepasst werden muss (siehe Abbildung Seite 130).

Trocknung mit Warmluftofen oder Luftentfeuchtern

Eine völlig wettersichere Trocknung erreicht man durch Erwärmung der Trocknungsluft über Warmluftöfen oder Wärmetauscher von Heizanlagen. Allerdings liegt dabei der spezifische Energieaufwand je kg abgetrocknetes Wasser typisch um 1,5 kWh. Daher werden solche Anlagen oft nur zeitweise betrieben. Mit Luftentfeuchtern kann der Energieaufwand auf grob 0,3 bis 0,5 kWh/kg Wasser reduziert werden. Luftentfeuchter arbeiten nach dem Prinzip von Wärmepumpen, allerdings wird dabei

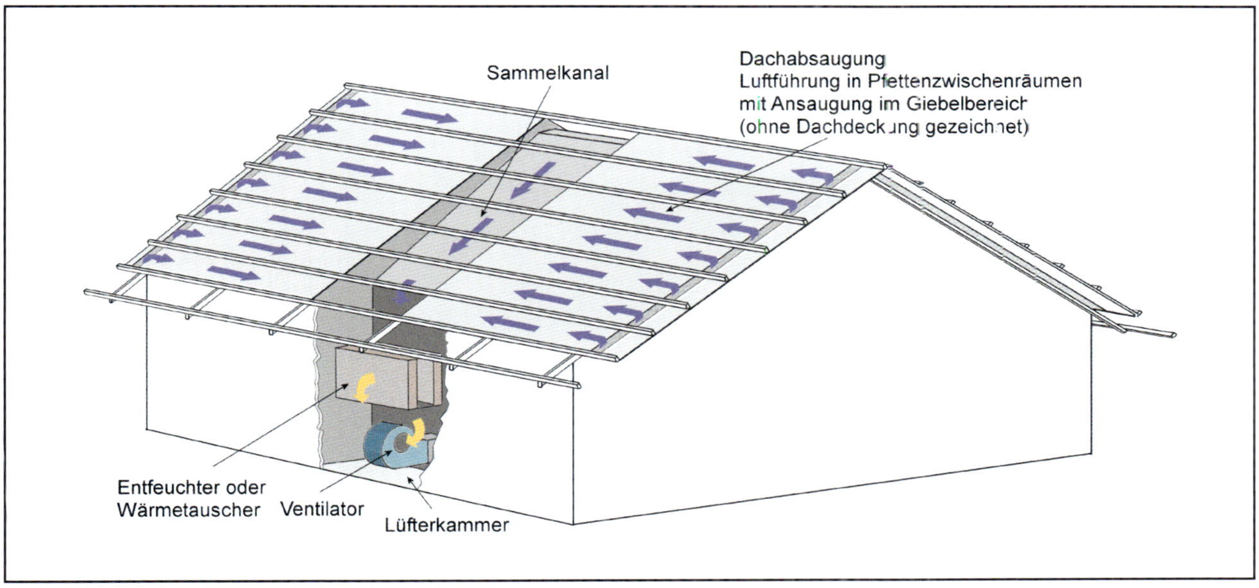

Schema einer Boxentrocknung mit Dachabsaugung und Lüfterkammer

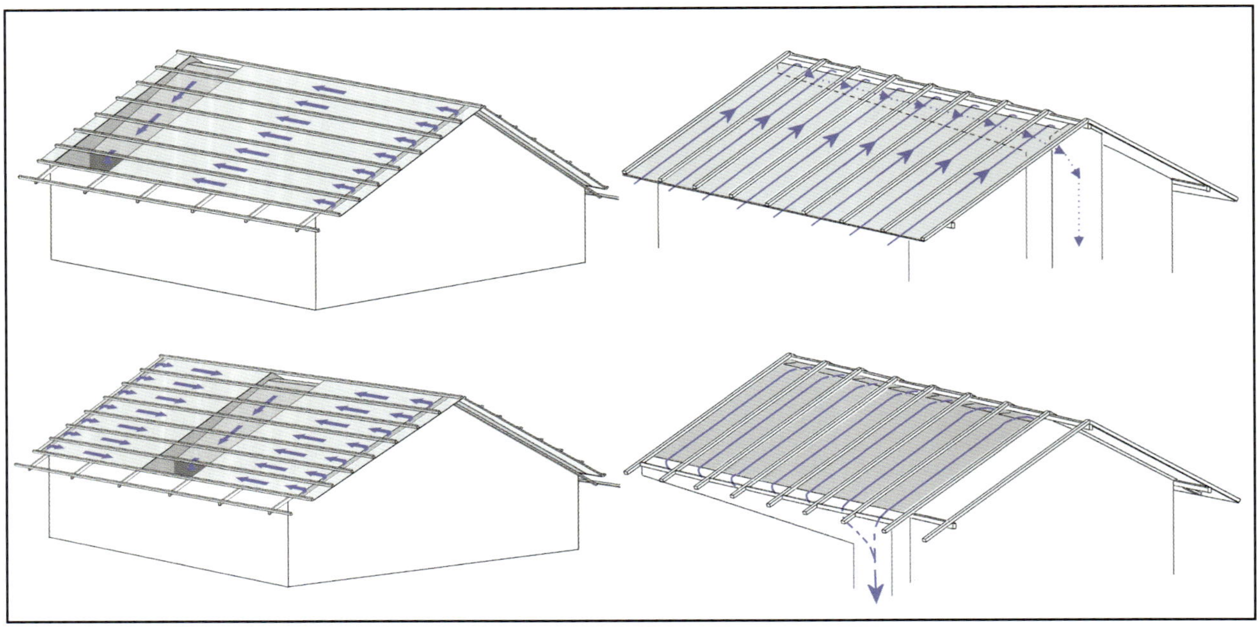

Formen einer Dachabsaugung: oben: einseitige Absaugung beim Pfettendach, einseitige Absaugung beim Sparrendach; unten: doppelseitige Absaugung beim Pfettendach, doppelseitige Absaugung beim Sparrendach

derselben Luft zuerst durch Abkühlung unterhalb des Taupunkts im Verdampfer Wasser entzogen, im anschließenden Kondensator wird mit der vorher entzogenen Wärme und der Kondensationswärme des abfließenden Wassers wieder leicht erwärmt (Aufbau siehe Abbildung Seite 131): Die Erwärmung gegenüber der Ansaugluft beträgt typisch 3 bis 7 °C. Bei der Entfeuchtertrocknung wird unter günstigen Wetterbedingungen im Frischluftbetrieb idealerweise über eine Dachabsaugung getrocknet. Unterhalb von 20 °C Außentemperatur ist jedoch ein Umluftbetrieb zweckmäßiger. Im Frischluftbetrieb aller Verfahren ist für ausreichende Abluftöffnungen zu sorgen. Diese sollten wegen der geringeren Dichte feuchter Abluft möglichst hoch im Gebäude liegen, idealerweise im Firstbereich. Die Leistungsaufnahme von Luftentfeuchtern sollte bei einem Wert der ein- bis zweifachen Ventilatorleistung liegen, eine gute Abstimmung zu dessen Luftförderung ist wichtig. Zur Vermeidung der Verdampfervereisung bei niedrigen Außentemperaturen am Entfeuchter ist eine Heißgasrückführung zweckmäßig.

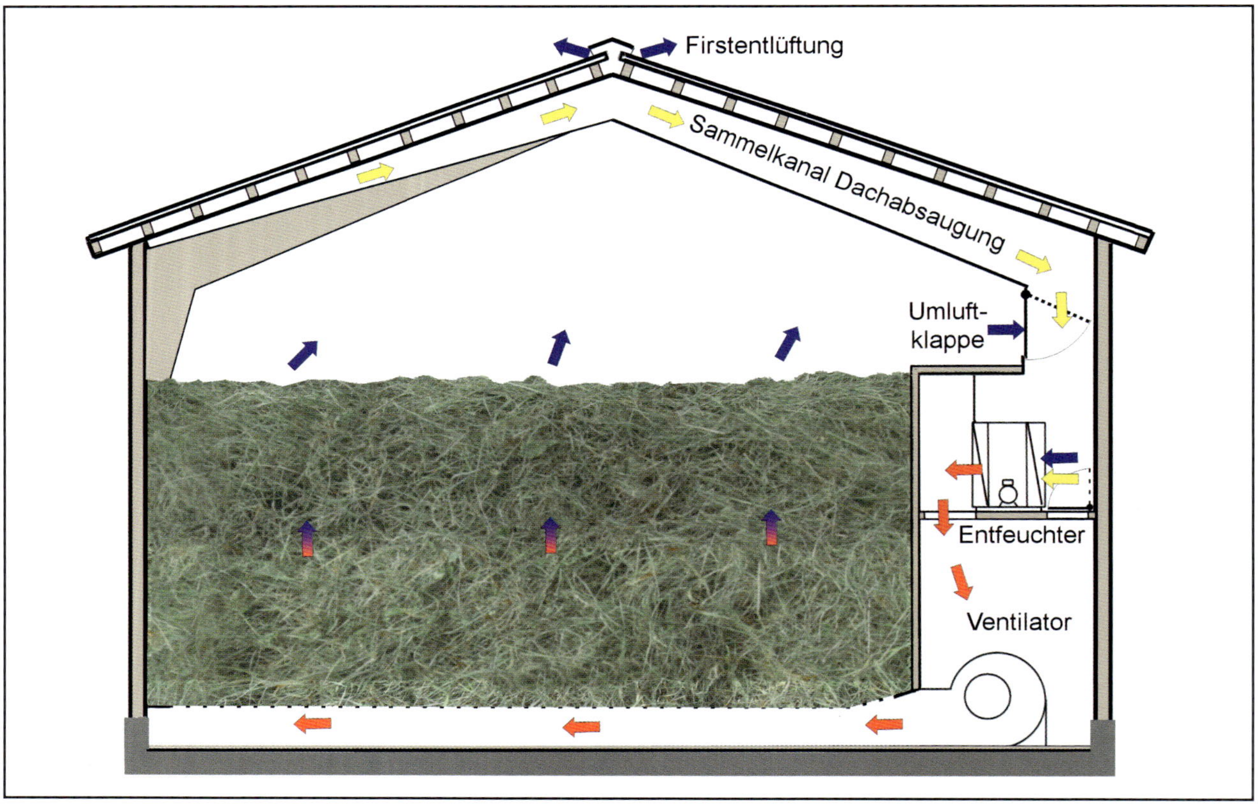

Luftführung einer Boxentrocknung mit Entfeuchter

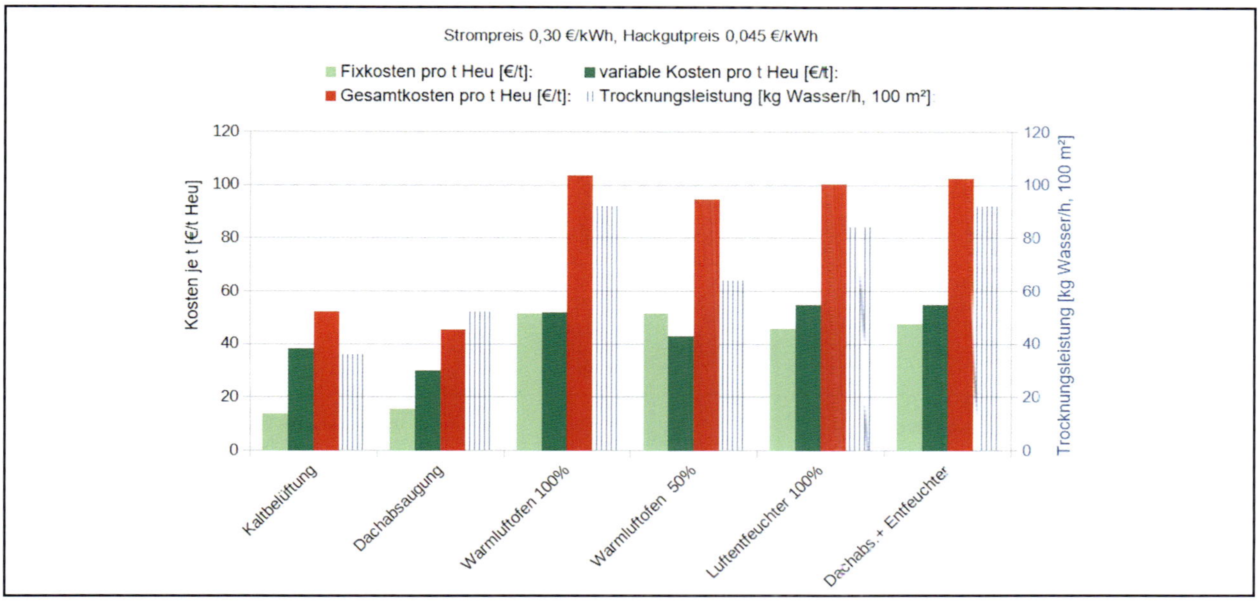

Kosten und Schlagkraft von Heutrocknungen

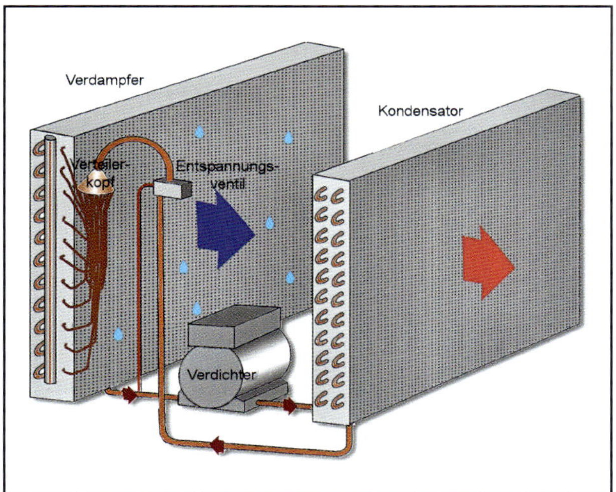

Luftentfeuchter

7.2 Heißlufttrocknung

Bei der Heißlufttrocknung wird Grünfutter auch ohne Vortrocknung mittels Heißluft von 700 bis 900 °C in stationären oder mobilen Anlagen fertiggetrocknet. Damit wird das Wetterrisiko fast völlig ausgeschaltet, weil die Vortrocknung am Boden entfallen kann. Die dabei auftretenden Nährstoffverluste sind die niedrigsten bei allen Konservierungsmethoden. Der spezifische Energiebedarf liegt mit 0,75 bis 0,93 kWh je Liter abzutrocknendes Wasser, allerdings ist der gesamte Energieaufwand wegen der im Frischgut enthaltenen Wassermenge um 4 kg Wasser/kg Trockenmasse extrem hoch. Die Trocknung von regennassem Futter ist unrentabel. Zum Trocknen werden vorwiegend Trommeltrockner benutzt. Ihre, nahezu waagrecht liegende, umlaufende Trommel wird an einer Stirnseite von einem Brenner beheizt. Solange das Trocknungsgut noch Wasser enthält, kann die Temperatur trotz extrem heißer Luft nicht über den Siedepunkt ansteigen. Nach dem Verlassen der Trommel wird das Trocknungsgut gekühlt und in einer Hammermühle zu Grünmehl, einer Kollerpresse zu daumendicken, zylindrischen „Cobs" oder in einer Kolben- oder Schraubenpresse zu zündholzschachtelgroßen Briketts verarbeitet. Die Wirtschaftlichkeit solcher Verfahren hängt eng mit dem Preis für Gas oder Heizöl, aber auch mit der Auslastung der Anlage zusammen. Je 10 l abzutrocknendes Wasser kann man mit 1 l Heizöl rechnen. Derzeit ist daher eine Heißlufttrocknung von erntefrischem Futter außer bei Sonderkulturen kaum wirtschaftlich.

Planungsdaten und Faustzahlen:

- Empfehlenswerte Boxenfläche in m² = sechs- bis zehnfache Mähfläche je Schnitt in ha
- Boxenvolumen ab 30 m³ je ha Mähfläche pro Schnitt
- Der gesamte erste Schnitt soll in den Belüftungsboxen Platz haben
- Luftvolumenstrom bei Rundballentrocknung je nach Durchmesser 850 bis 2.000 m³/h und Ballen
- Optimale Luftgeschwindigkeit im Dach bei Dachabsaugung: 3 bis 6 m/s
- Lichte Höhe bei Dachabsaugung h = Luft-Volumenstrom [m³/s] / (Sauglänge [m] * 4)
- Zulässige Luftgeschwindigkeit in Sammelkanälen: 4 m/s
- Ventilatorleistung in kW ergibt sich grob aus dem 1,5-fachen Volumenstrom in [m³ /s]
- Bei Warmbelüftung benötigt man je 10 m³/s Luftvolumenstrom pro 1 °C Anwärmung 12,5 kW Heizleistung

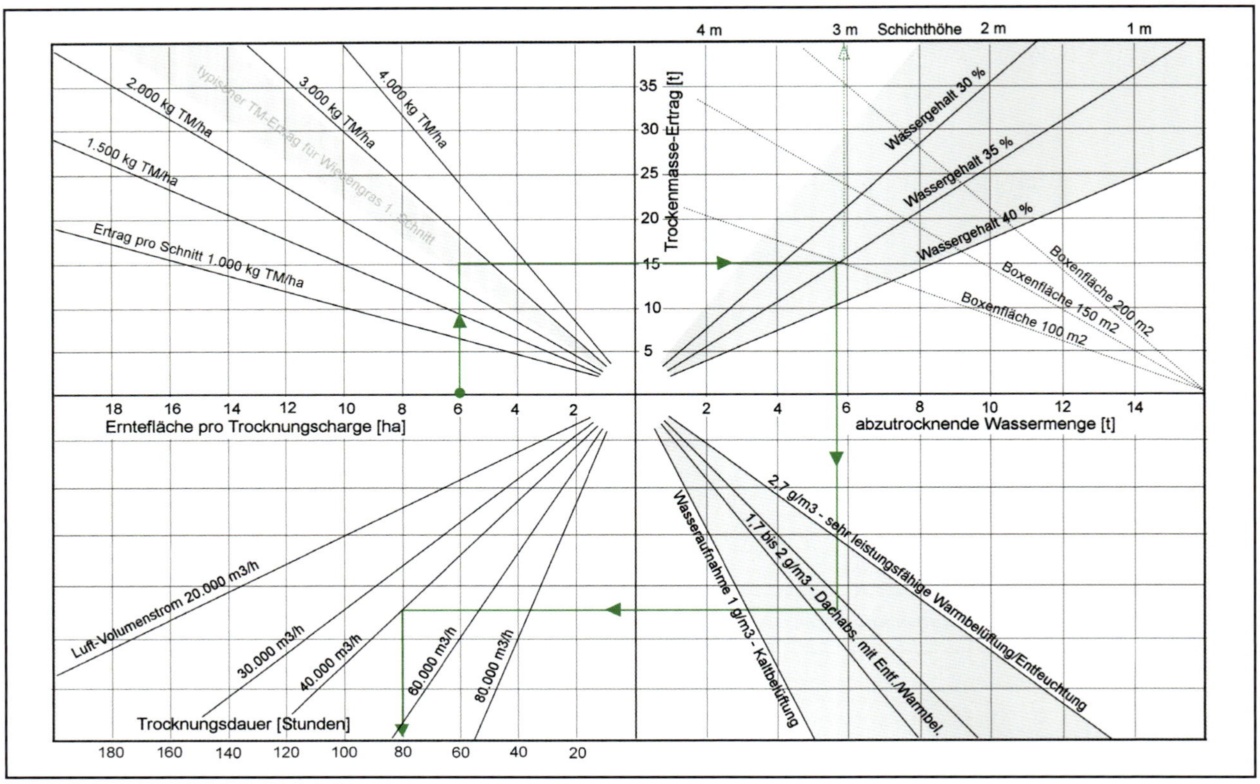

Einflussfaktoren auf die Leistungsfähigkeit von Heutrocknungsanlagen

F Technik bei der Getreide- und Körnermaisernte

1. Mähbinder

Einstmals entscheidender Fortschritt in der Mechanisierung der Getreideernte, ist er heute nur noch selten vorhanden.

2. Dreschmaschinen

Stiften- oder Schlagleistentrommeln erfassen das Erntegut mit hoher Geschwindigkeit. Ca. 80% der Körner werden über den Dreschkorb abgesondert. Schüttler bringen die restlichen Körner aus Stroh und Spreu. Mehrfache Wind- und Siebsichtungen reinigen das Getreide marktfertig. Einlegeöffnung, Wellen und Riementriebe gehören besonders geschützt.

Landtechnik um 19. Jhdt.

3. Mähdrescher

Der Mähdrescher ist das Standard-Ernteverfahren für alle dreschbaren Körnerfrüchte. Die Mähdrescher lassen sich nach unterschiedlichen Merkmalen einteilen:

Merkmal	**Bauweise**
Flussrichtung des Erntegutes	Längsfluss, Querlängsfluss
Antriebsweise	Selbstfahrer, gezogener Mähdrescher, Seitenwagenbauart
Aufnahmevorrichtung	Haspelschneidwerk, Pick-up-Vorrichtung, Erntevorsätze für Reihenfrüchte
Dreschorgane	Konventionelle Mähdrescher, Tangentialsystem, Axialdreschsystem
Abscheideorgane	Schüttler, Rotationsabscheider
Ernteverfahren	Mähdrusch, Schwaddrusch, Hockendrusch

In Österreich sind rund 26.800 Mähdrescher im Einsatz. Je 100 ha Getreidefläche inkl. Körnermais, Körnererbse und Pferdebohne sind demnach 2,7 Mähdrescher im Einsatz. Der Mähdreschermarkt ist im Wesentlichen ein Ersatzbedarfsmarkt geworden. Die Selbstfahrmähdrescher stellen mit 24.500 Stück den größten Anteil.
Ihre Vorteile liegen im Wegfall des Ausmähens und der guten Wendigkeit. Sie sind allerdings rund doppelt so teuer als gezogene Mähdrescher.

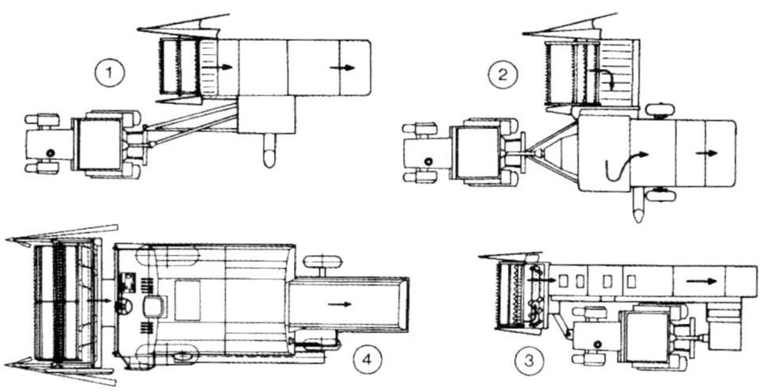

Mähdrescherbauarten
1 Längsflussbauart
2 Querlängsflussbauart
3 Längsflussbauart (Seitenwagendrescher)
4 Selbstfahrerbauart (Epple)

3.1 Aufbau und Funktion

Mit dem Schneidewerk wird das Getreide gemäht und den Dreschorganen zugeführt. Zwischen Dreschtrommel und Dreschkorb wird das Korn aus den Ähren gedroschen. Der größte Teil des Korns wird durch den Korb ausgeschieden und gelangt zum Siebkasten. Das restliche Korn und das Stroh werden zum Schüttler geleitet. Hier wird das Stroh intensiv aufgelockert, die restlichen Körner werden vom Stroh getrennt und das Stroh aus dem Drescher zum Strohauslauf transportiert. Im Siebkasten erfolgt die Reinigung des Korns und die Trennung von Spreu und Strohteilen. Das gereinigte Korn wird dem Korntank oder der Absackung zugeführt.

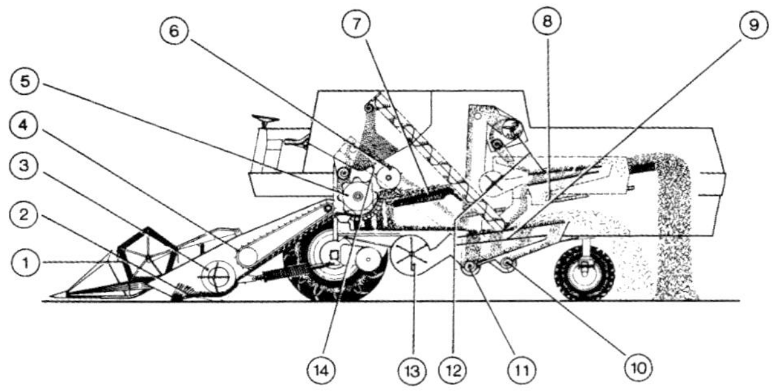

Mähdrescherbauteile
1 Haspel
2 Fingerbalken
3 Zubringerschnecke
4 Zubringerkette
5 Dreschwerk
6 Strohleittrommel
7 Schüttler
8 Ablaufboden unter dem Schüttler
9 Reinigungssiebe
10 Überkehrelevator
11 Getreideelevator
12 Entgranner und 2. Reinigung
13 Druckwind
14 Korntank
(Epple)

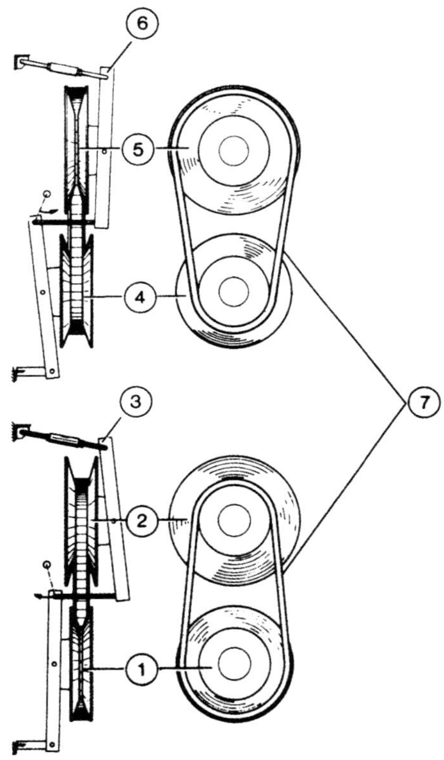

Variabler Dreschwerkantrieb bei 2 verschiedenen Drehzahlen
1 + 4 Variatorkeilriemenscheibe für Dreschtrommel
2 + 5 Variatorkeilriemenscheibe für Strohleittrommel
3 + 6 Verstellgestänge
7 Variatorkeilriemen (Epple)

Für den **Antrieb** werden vorwiegend Dieselmotoren verwendet, die in der staubfreien Zone des Mähdreschers angebracht sind. Die Anbringung hinter dem Korntank schützt den Fahrer vor Lärm, Hitze und Abgasen. Leichte Zugänglichkeit zum Motor ist für die Wartung wichtig. Antriebsleistungen der Motoren von 20 bis 60 kW sind je nach Größe und Leistung erforderlich. Bei durchschnittlichen Beanspruchungen werden pro Dezimeter Schnittbreite rund 1,5 kW Antriebsleistung gerechnet.
Die **Antriebsachse** liegt beim Selbstfahrer vorne, die Lenkachse hinten. Die Kraftübertragung erfolgt vom Motor aus über einen Riemen zum Variator, der eine stufenlose Drehzahlübersetzung ermöglicht. Vom Variator geht der Antrieb über Schaltgetriebe und Differenzial zu den Antriebsrädern. Vollhydraulische Antriebe mit einer mechanischen Fahrstufe ermöglichen optimale Geschwindigkeitsveränderungen von 0 bis 20 km/h.

Als **Schneidwerke** werden Hochschnitt-Fingerbalken mit Schnittbreiten von 5 bis 10 Fuß verwendet (1 Fuß = 30,5 cm). Größere Schnittbreiten sind möglich. Bei größeren Schnittbreiten muss im Hinblick auf den Straßentransport das Schneidewerk entweder abgebaut, gefaltet oder teleskopartig ineinandergeschoben werden. Für Lagerfruchternte sind Ährenheber auf jedem 3. oder 4. Finger montiert. Der Schneidwerkstisch ist hydraulisch verstellbar. Die über dem Schneidwerk angebrachte Haspel ist ebenfalls vielseitig verstellbar. Ihre Aufgabe ist es, das Schnittgut dem Messer zuzuführen, damit es einwandfrei geschnitten und von der Einzugswalze übernommen werden kann. Schneidwerke neuerer Bauart haben eine Steuerungsautomatik und führen das Schneidwerk exakt über den Boden.
Das **Dreschwerk** eines Mähdreschers arbeitet mit Schlagleistentrommeln und einer Umfangsgeschwindigkeit von 12 bis 35 m/s = 400 bis 1.500 U/min.
Die Drehzahlen sind bei den einzelnen Früchten unterschiedlich und betragen etwa:

Erntefrucht	U/min
Mais	650
Hülsenfrüchte	850
Raps	1.100
Getreide	1.350

Der Spalt zwischen Trommel und Dreschkorb (Korbspalt) ist verstellbar und wird an der Auslaufseite enger. Eine große Korbfläche bringt eine gute Kornabscheidung. Dem Korb ist eine Steinfangmulde vorgeschaltet. Bei schwierigen Entgrannungsverhältnissen können an dem Korb Entgrannerbleche eingeschoben werden. Der Dreschtrommel nachgeordnet ist eine Wendetrommel, die für eine gleichmäßige Schüttlerbeschickung sorgt und „Trommelwickler" verhindern hilft. Höhenverestellbare Spritztücher verhindern Kornverluste. Die im Stroh verbleibenden Kornreste werden von Schüttlern abgesondert, gleichzeitig wird das Stroh aufgelockert und transportiert. Heute wird fast ausschließlich der Hordenschüttler gebaut, der durch Zusatzeinrichtungen besonders intensiv die Strohauflockerung besorgt. Pro Meter Schnittbreite rechnet man mit ungefähr 1,4 m² Schüttlerfläche. Der Schüttlerabgang wird dem Siebkasten zugeführt. Das Stroh wird zur Auslaufhaube gefördert und je nach Ausrüstung entweder lose abgelegt, gehäckselt oder gepresst.

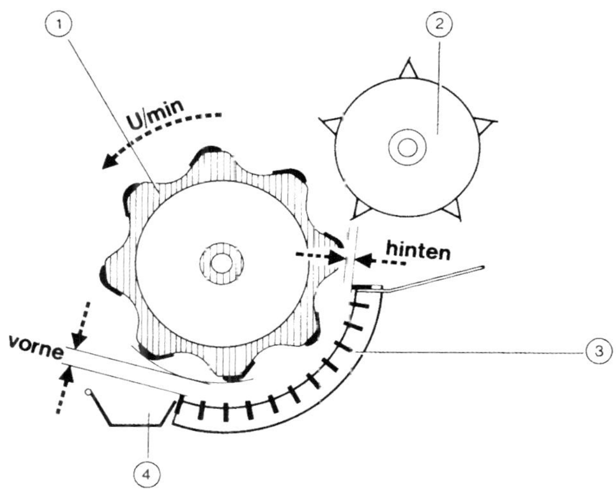

Dreschwerk
1 Dreschtrommel mit Schlagleisten
2 Strohleittrommel
3 Dreschkorb
4 Steinfangmulde (Epple)

Die Schüttler sind, entsprechende Motorleistung vorausgesetzt, das leistungsbegrenzende Element im Mähdrescher. Es wurden deshalb in letzter Zeit zusätzliche Einrichtungen geschaffen, um das Korn-Stroh-Gemenge besser auszuklopfen und die Körner sicher auszuscheiden. Dies geschieht entweder durch Rafferzinken quer über dem Hordenschüttler, wodurch das Stroh besser verteilt und aufgelockert wird. Eine andere Lösung ist der Einbau einer weiteren Trommel zwischen der Dreschtrommel und den Schüttlern. Das Erntegut durchläuft zuerst Dreschtrommel und Wendetrommel und passiert anschließend den so

Mehrtrommelsysteme verteilen das Erntegut gleichmäßiger

genannten Zentrifugalabscheider, eine kleinere Dreschtrommel mit Korb, unabhängig angetrieben vom Dreschwerk. Der Zentrifugalabscheider erhöht allerdings auch den Kurzstrohanteil im Korntank.
In Hanglagen können manche Intensivschütteleinrichtungen noch einseitig verlagernd wirken.

❑ Hangdrescher

Hanglagen bis 10% sind meist unbedeutend auf die Mähdrescherleistung. Hanglagen über 20% bringen den Drescher in der Regel an die Kippgrenze. In den letzten Jahren wurden für Hanglagen verschiedene Zusatz- und Neukonstruktionen geschaffen, die aufgrund der hohen Kosten (ca. 18-70% Mehrpreis) nur für den überbetrieblichen Einsatz Bedeutung haben können. Der Hangausgleich wird durch drehbare Endantriebe oder durch doppelt wirkende Hydraulikzylinder erreicht, die über Schwimmer-Pendel, pneumatische oder ölgedämpfte Steuerelemente so lange verändert werden, bis die Waagrechte hergestellt ist. Die zweite Achse wird über eine Parallelogrammaufhängung mitgeführt. Neben diesen Konstruktionen werden mitunter Seitenausgleichsgebläse eingesetzt, die dem Hang entgegenwirken sollen. Die Luft wird über Pendel jeweils zur tiefer gelegenen Seite geleitet und dadurch das aufgestaute Dreschgut gleichmäßiger über die Siebkästen geleitet.

Bauausführung	**Merkmale**
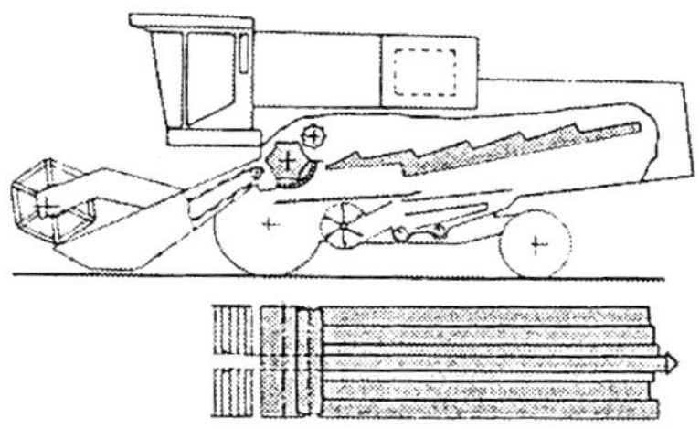	**konventioneller Mähdrescher** Dreschaggregat mit Schlagleistentrommel, Dreschkorb und Strohleitertrommel quer angeordnet; Trennung und Abscheidung durch Hordenschüttler mit 4 bis 6 Horden; 4 bis 7 Fallstufen und eventuell Schüttlerhilfen; Reinigung mit Vorbereitungsboden, Druckwindgebläse, Ober- und Untersieb; Leistungsfähigkeit durch die Baugröße der Schüttler begrenzt
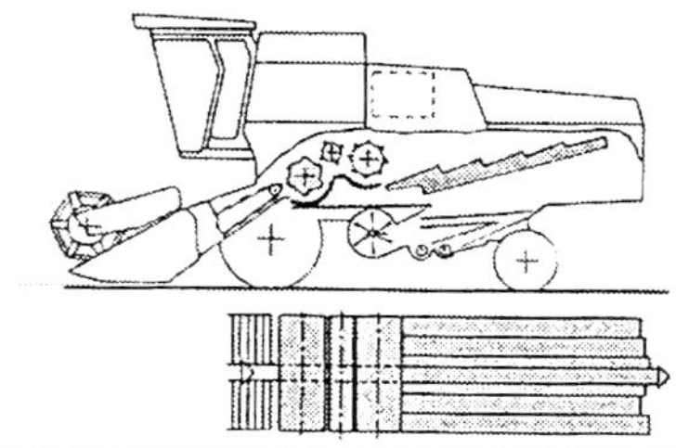	Dreschaggregat quer angeordnet; Trennung und Abscheidung durch rotierenden **Zentrifugalabscheider** mit Korb sowie verkürzten Hordenschüttlern (6 Horden, 5 Fallstufen); konventionelle Druckwind-Sieb-Reinigung
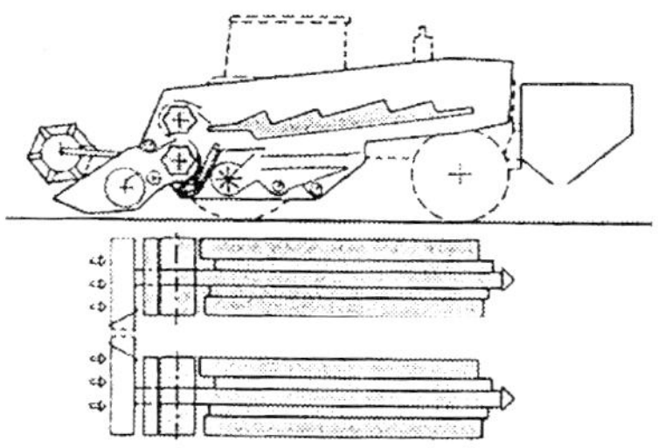	Traktor-Anbaumähdrescher; zwei gleichartige Druschvorrichtungen beiderseits eines rückwärts fahrenden Traktors angeordnet; Schneidwerk reicht über gesamte Breite; Dreschtrommel kombiniert mit darüber angeordnetem **Rotations-Abscheider;** Vier-Horden-Schüttler mit 5 Fallstufen; konventionelle Druckwind-Sieb-Reinigung
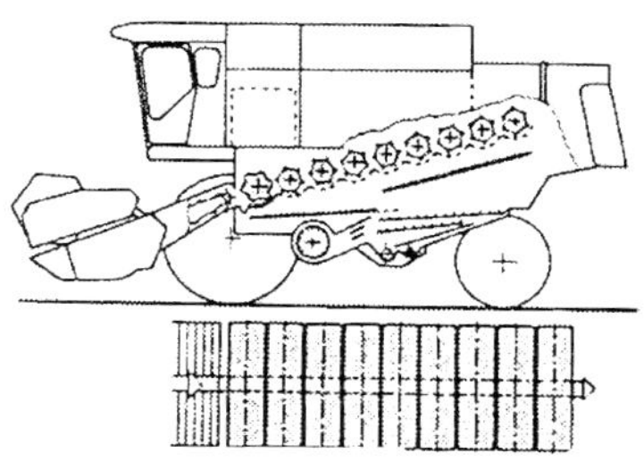	hinter der Schlagleisten-Dreschtrommel sind anstelle des Hordenschüttlers 8 **Abscheidetrommeln mit Abscheidekörben** angeordnet; Drehzahl und Korbabstand veränderbar, 3 Aggregate herauszunehmen; konventionelle Druckwind-Sieb-Reinigung mit „dynamischem Hangausgleich“ der Siebe
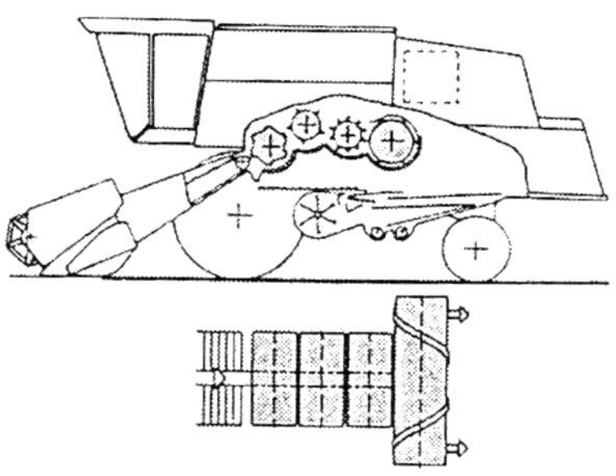	konventionelle Schlagleisten-Dreschtrommel mit Korb; anstelle des Hordenschüttlers sind hinter dem Dreschwerk Wendetrommel mit Korb, **Zentrifugalabscheider** mit Korb und **Doppelfluss-Abscheiderotor** mit Körben angeordnet; Strohaustrag in zwei parallelen Strömen; konventionelle Druckwind-Sieb-Reinigung mit Seitenhangausgleich (bis 17%)

Mähdrescher mit Tangential-Dreschwerk

❑ Neue Mähdreschersysteme

Seit mehreren Jahren ist ein neuartiges Mähdruschsystem in Verwendung. Die Schüttler werden dabei durch ein Rotor- bzw. Axialdruschwerk ersetzt. Bei neueren Bauarten werden bis zu drei Dreschtrommeln den Rotoren vorgesetzt. Da das neue System längs (axial) in Fahrtrichtung angeordnet ist, heißen diese Mähdrescher auch Axialdrescher. Der Vorderteil des Mähdreschers bis zum Schrägförderer bleibt unverändert, an die Stelle von Trommel und Schüttler kommen je nach System ein oder zwei Rotoren, die sich in einem feststehenden Zylinder drehen. Der Rotor besitzt vorne den Dresch- und im hinteren Teil den Trennbereich. Unter dem Dreschwerk sind einige Reinigungssiebe angeordnet.
Bisherige Erfahrungen zeigen, dass diese neuen Druschsysteme vor allem bei Mais wesentlich höhere Leistungen erbringen können. Bei Getreide sind Leistungserhöhungen nur bei trockenem Drusch gegenüber dem Standarddrescher möglich. Gegenüber dem Standarddrescher ist weniger Bruchkornanteil erreichbar, allerdings sind die Neuentwicklungen teurer.

Die **Kornreinigung** erfolgt durch eine Sieb- und Windsichtung. Die durch den Dreschkorb und die Schüttler ausgesonderten Körner sind vermischt mit Staub, Spreu, Kurzstroh, grünen Blättern, unausgedroschenen Ähren und anderen Beimengungen. Dieses Gemenge wird über den Vorbereitungsboden aufgefangen und dem Siebkasten zugeführt. Der Vorbereitungsboden ist mit einem stufenförmigen Belag versehen und ist entweder mit dem Siebkasten verbunden oder getrennt aufgehängt. Durch die Schüttelbewegung wird das Korn auf dem Weg zum Siebkasten sortiert, da die schweren Körper nach unten sinken und die leichteren Beimengungen obenauf bleiben.

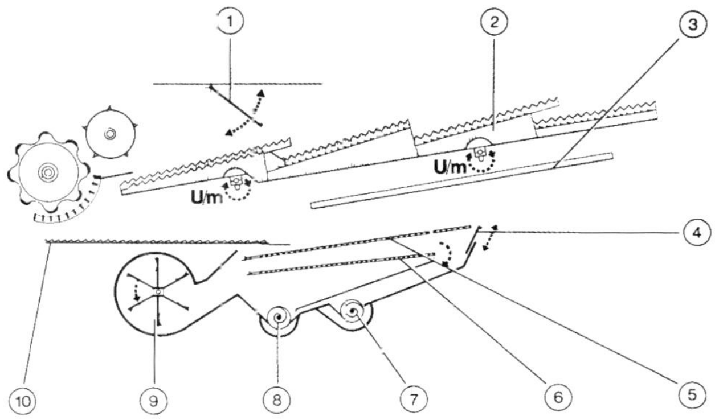

Schüttler und Getreidereinigung
1 Verstellklappe
2 Hordenschüttler
3 Ablaufboden
4 Schubblech am Siebkasten
5 Obersieb
6 Untersieb
7 Überkehrschnecke und Überkehrelevator
8 Getreideschnecke und Getreideelevator
9 Druckwind
10 Stufenboden (Epple)

Bauausführung	Merkmale
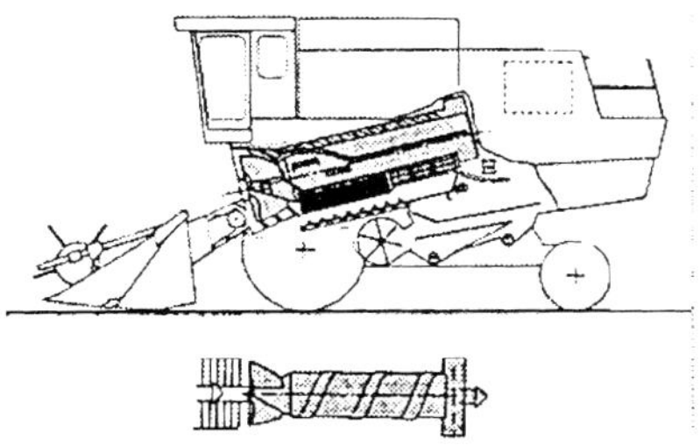	1 Rotor in Längsrichtung, leicht ansteigend; Einzug über die Flügel; Drusch, Trennung und Abscheidung durch einen Rotor mit völlig umschließenden Korbelementen; mehrere Trogschnecken anstelle Vorbereitungsboden; konventionelle Reinigung
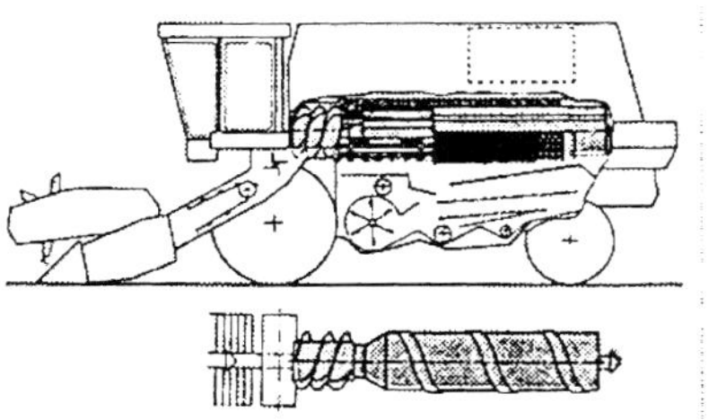	1 Rotor in Längsrichtung waagrecht angeordnet; Einzug über mehrgängige Schnecke; Drusch, Trennung und Abscheidung wie oben; konventionelle Druckwind-Sieb-Reinigung
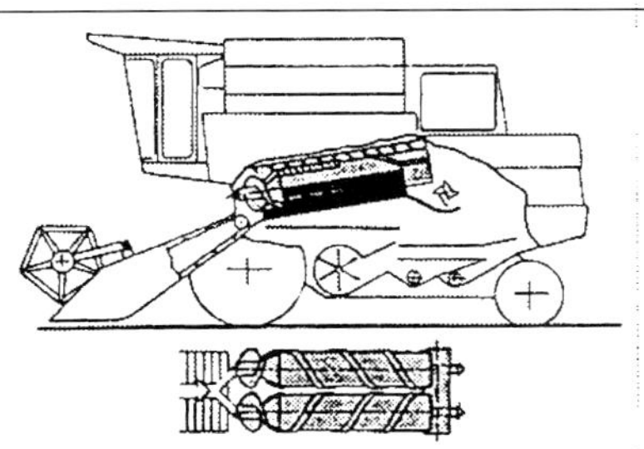	2 Rotoren in Längsrichtung, zum Massenausgleich gegenläufig rotierend; leicht ansteigend; Drusch, Trennung und Abscheidung wie ganz oben; konventionelle Druckwind-Sieb-Reinigung

Mähdrescher mit Axialdreschwerk

Nach einer Fallstufe kommen die Körner auf das **Obersieb,** die leichteren Beimengungen werden durch einen **Verlängerungsrechen** weitergetragen. Ein oder mehrere **Gebläse** bringen den Reinigungswind. Die Stärke desselben wird entweder durch Drehzahländerung oder durch Klappen angepasst. Die Richtung kann durch veränderbare Leitbleche eingestellt werden. Spreu und Grünteile werden hier abgetrennt.
Im **Siebkasten** werden Kurzstroh und Grobteile abgesondert und der Siebdurchgang mit Hilfe des Luftstromes von vorhandenen Spreu- und Schmutzteilen befreit.
Der Siebkasten hat ein verstellbares **Obersieb** und ein auswechselbares **Untersieb,** mitunter sind auch drei verstellbare Siebe eingebaut. Der Siebdurchgang wird über Elevatoren und Schnecken dem Tank zugeführt. Abgesiebte Teile werden über die **Überkehrelevatoren** entweder der Dreschtrommel oder einer **Überkehrdrescheinrichtung** zugeführt. Von dort gelangt das Gut wieder auf den Vorbereitungsboden.

Die **Verluste** bei der Mähdruschernte können zwischen 1% und 6% des Ertrags ausmachen. Die Ursachen können verschiedenartig sein:

Verlustarten	**Ursachen**
Ausfallverluste	Überreife des Getreides, geringe Ausfallfestigkeit, ungünstige Witterung
Ausschlagverluste	Haspeleinstellung falsch, Haspeldrehzahl zu groß
Schnittverluste	Ähren, die nicht in den Drescher gelangen, durch Lagerfrucht, schlecht eingestellte Halmteiler, Fahrfehler
Dreschverluste	Unausgedroschene Ähren im Stroh durch falsche Trommeldrehzahl, Korbeinstellung, schlechte Reife, schadhafte Dreschorgane
Schüttlerverluste	Verschmutzter Korb und Schüttler, falsche Schüttlerdrehzahl, fehlerhaft eingestellte Spritztücher, Überlastung durch zu schnelle Fahrt oder Hangneigung, zu großer Überkehranteil
Siebkastenverluste	Überlastung, falsche Sieb- und Windeinstellung
Verluste durch Undichtheiten	Wartungsfehler, Einstellfehler

Bei neueren Modellen werden Überwachungsgeräte zur Kontrolle der Ernteverluste angeboten. Die meisten Verluste sind auf falsche Einstellung zurückzuführen. Genaue Maschinenkenntnis und praktische Erfahrung können die Verluste sehr gering halten. Die **Überwachungseinrichtungen** können einfache Stromkreise zum Anzeigen und Messen umfassen, die durch Schalter Strohstauungen am Schüttler, Überlastungen des Wurfelevators oder verlegte Siebe signalisieren können.

Weiterentwickelte Funktionskontrollen zeigen **Störungen** und **Verluste** an. Die **Schüttlerverluste** können durch Sensoren überwacht werden. Diese **Sensoren oder Messwertgeber** funktionieren wie Kristallmikrofone. Alle auftreffenden Teile erzeugen elektrische Impulse, die je nach Art des Erzeugers verschieden ausfallen. Wenn nun alle Schwingungen, die durch andere Beimengungen stammen, unterdrückt, jene, die von den Körnern stammen, dagegen gezählt werden, kann über einen Zeigerausschlag an den Fahrer eine Mitteilung erfolgen, die dieser in entsprechende Fahrgeschwindigkeiten umsetzen müsste (schneller oder langsamer fahren). Diese Sensoren können auch über dem Siebkasten angebracht werden. In einer Weiterentwicklung der Messwertgeber könnten auch die Fahrgeschwindigkeit und die Trommeldrehzahl automatisch gesteuert werden.

Eine andere Form der Überwachungseinrichtungen besteht in der **Kontrolle der Drehzahl** wichtiger Mähdreschorgane. Bei neueren Geräten werden dazu Induktivgeber verwendet, die gegenüber herkömmlichen Messwertgebern den Vorteil haben, dass sie ohne mechanische Berührungen mit dem zu überwachenden Objekt arbeiten. Dazu werden an den Wellen (Radnaben, Schüttlern) ein oder mehrere Permanentmagnete befestigt, die in den mit geringem Abstand am Rahmen befestigten Induktionsspulen oder Reedkontakten Impulse auslösen.
Über optische und/oder akustische Anzeigegeräte kann dem Mähdrescherfahrer die Abweichung vom einstellbaren Sollwert angezeigt werden.
Die Entwicklung von Fahrerinformationssystemen ist längst nicht abgeschlossen. Die Systeme entlasten den Fahrer und erhöhen die Arbeitsqualität und Funktionssicherheit.

3.2 Wartung und Pflege

Im Hinblick auf die naturbedingten Einsatzmöglichkeiten ist ein störungsfreies Arbeiten unerlässlich. Durch sorgfältige Wartung und Pflege werden Standzeiten möglichst gering gehalten.

❑ Pflegemaßnahmen vor dem Einsatz (Auswintern)

Die jeweilige Betriebsanleitung ist besonders zu beachten. Maschine gründlich durchschmieren (wenn nicht schon anlässlich der Einwinterung geschmiert wurde), Luftdruck auf vorgeschriebene Werte bringen. Batterie laden, kontrollieren und einbauen, Kühlsystem mit Wasser auffüllen, Riemen und Ketten spannen, Schutzöl aus dem Motor ablassen, vorgeschriebenes Öl füllen, Probelauf und Kontrolle aller ölgefüllten Getriebe und Nebengetriebe.

Durch den Einbau von Mikroprozessoren wurde aus dem Überwachungs- und Warnsystem des Mähdreschers ein Informationssystem, das die Betriebssicherheit erhöht und die Arbeitsqualität verbessert. Funktionsweisen der einzelnen Informatoren:

So funktioniert der Fahrinformator …

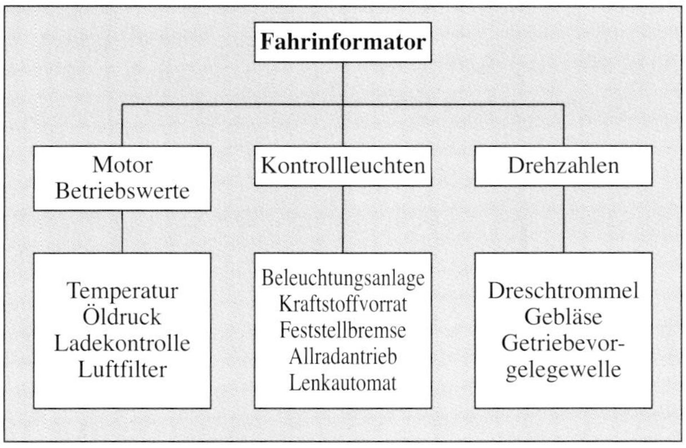

… so der Erntefunktionsinformator …

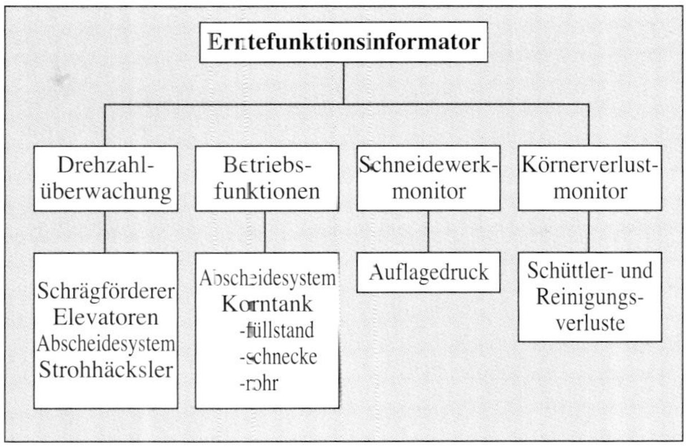

… und so der Bordinformator

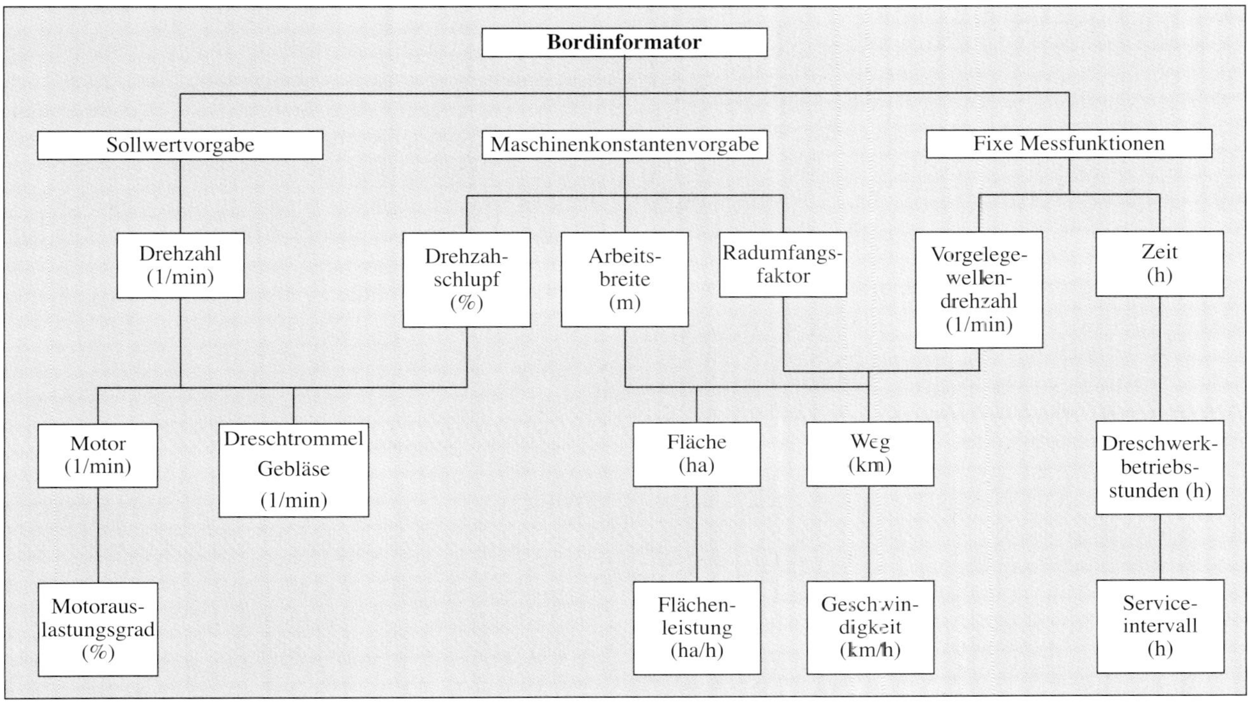

❑ Pflegemaßnahmen während des Einsatzes

Während der Einsatzzeit täglich Motorölstand und Kühlwasserstand kontrollieren und Schmierstellen laut Anleitung abschmieren. Steinfangmulde und Trommel überprüfen und bei Bedarf reinigen. Wöchentlich die Spannung von Keilriemen, Ketten und Elevatoren prüfen, Öl im Ölbadluftfilter wechseln, Schüttler überprüfen, Reifenluftdruck kontrollieren. Messerantrieb überprüfen und bei Bedarf Messer nachschleifen. Nach 50 Betriebsstunden Motorölwechsel durchführen. Bei gezogenen Typen Gelenkwelle täglich abschmieren.

❑ Pflege- und Konservierungsmaßnahmen nach der Ernte (Einwintern)

Gründliche Reinigung, Schieber und Klappen öffnen, Siebe entfernen, gegebenenfalls mit kräftigem Wasserstrahl reinigen, Wasser ablassen und ausblasen. Schmierstellen sorgfältig abschmieren, Kette reinigen, einfetten und auflegen, Rutschkupplungen auseinander nehmen, reinigen und mit Trockengrafit wieder einsetzen, Flachriemen abnehmen, Keilriemen entspannen, blanke Stellen mit Schutzöl behandeln, schadhafte Teile reparieren, Maschine aufbocken, Luftdruck der Reifen reduzieren, Schneidwerksfedern entlasten, Getriebeöl wechseln, Hydraulikzylinder einfahren und Hydrauliköl wechseln. **Motorkonservierung:** Korrosionsschutzöle in Schmier- und Kühlsystem füllen, Kraftstoff ablassen, Tank spülen, Filter erneuern, kleine Mengen von Treibstoff und Schutzöl in den Tank für kurzen Lauf füllen, Motor warmlaufen lassen, Öl ablassen, Filter erneuern, Korrosionsschutzöl in den Motor füllen (Hinweise am Fahrerstand anbringen), Luftfilter abnehmen und kurz vor dem Abstellen des Motors Schutzöl einsprühen. Zylinderkopfdeckel und Reglerdeckel abnehmen und Schutzöl auf Kipphebel und Steuerung sprühen, Ansaugrohr, Auspufföffnung und Öleinfüllöffnung luftdicht abschließen, Batterie ausbauen, Motor außen mit Außenkonservierungsöl absprühen.

3.3 Arbeitsverfahren

Mit dem Mähdrescher sind folgende Arbeitsverfahren möglich:
Hockendrusch: nur für Spezialkulturen von Bedeutung, wo eine Mähdruschreife am Stamm nicht erreicht wird. Die Erntefrucht wird in diesem Fall mit dem Mähbinder geerntet, gebunden und auf Hocken („Mandeln") zusammengestellt. Der Mähdrescher fährt von Hocke zu Hocke; die Frucht wird von Hand aus eingeworfen.
Der **Schwaddrusch** hat bei starkem Unterwuchs oder bei ungleich reifenden Früchten Verwendung. Das mittels Mähwerk auf Schwaden gemähte Gut wird über eine Pick-up-Einrichtung den Dreschorganen zugeführt.
Der **Direktmähdrusch** (Ernte der stehenden Frucht) erfordert den geringsten Arbeitsaufwand.
Für die Übernahme des Getreides vom Mähdrescher auf den Wagen gibt es verschiedene Verfahren:

- Der Mähdrescher fährt zu dem am Feldrand abgestellten Wagen. Der Flächenleistungsverlust pro Tankentleerung beträgt ca. 6%.
- Der Mähdrescher hält beim herangefahrenen Wagen. Flächenleistungsverlust pro Tankentleerung 2,5%.
- Das Korn wird vom fahrenden Mähdrescher auf den nebenherfahrenden Wagen überladen. Der Mähdrescher hat die volle Leistungsfähigkeit.

Die Fördereinrichtungen am Hof sollen der Drescherleistung angepasst sein. Die Einrichtung eines Körnersumpfes mit dem Fassungsvermögen einer Anhängerladung ist zweckmäßig.

Verfügbare Drusch-Stunden	Arbeitsbreite (m)					
	2,8	3,3	3,8	4,4	5,0	6,0
100	57	67	73	83	95	128
125	71	83	91	104	119	160
150	85	100	109	125	143	192
175	99	117	128	146	167	224
200	114	133	146	167	190	256
225	128	150	164	185	214	288
250	142	167	182	208	238	321
275	156	183	201	229	262	353
300	170	200	219	250	286	385

3.4 Arbeitsbedarf

Arbeitsmittel und Bedingungen: Selbstfahrmähdrescher mit Korntank, guter Bestand, wenig verunkrautet, günstiges Wetter, Feldlänge 200 m, Hangneigung 0 bis 10%, Feld-Hof-Entfernung 0 km, Kornertrag 3.000 kg/ha, Rundum-Fahrt, Korntankentleerung auf stehenden Wagen.

Arbeitszeit in h/ha

Arbeitsbreite in cm	Korntank-inhalt	Fahrgeschwindigkeit in km/h				
		2	4	6	8	10
200	500	4,2	2,6	2,1	1,9	1,7
240	1.000	3,3	2,0	1,6	1,4	1,3
280	1.500	2,8	1,7	1,3	1,2	1,0
320	1.500	2,5	1,5	1,2	1,0	,9
360	2.000	2,2	1,3	1,0	0,9	0,8

3.5 Unfallschutz

Der vorschriftsmäßige Zustand der Beleuchtungsanlagen und Bremsen sowie die Absicherung der Finger des Mähbalkens sind für den Straßentransport unerlässlich. Auftretende Störungen niemals bei laufender Maschine beheben! Erhöhte Vorsicht bei Schichtlinienarbeit am Hang (Korntankfüllungen verändern den Schwerpunkt). Die Mitnahme eines Feuerlöschers ist geboten. Die einwandfreie Absicherung aller Antriebe ist eine Selbstverständlichkeit, um Unfälle zu vermeiden.

4. Strohbergung

Bei der Ernte der unterschiedlichen Getreidearten fallen Strohmengen von 40 bis 80 dt/ha an. Das Stroh besitzt nach dem Schnitt fast immer noch eine Feuchtigkeit von 40 bis 50%, weshalb es auf dem Feld nachgetrocknet werden muss. Diese Tatsache und auch die größere Leistungsfähigkeit des Mähdreschers haben dazu geführt, dass in den meisten Fällen das Stroh lose abgelegt wird, wenn eine Weiterverarbeitung oder -verwendung vorgesehen ist
Die Mechanisierung der Strohbergung kann man in Verfahren der

- Langgutlinie
- Häcksellinie
- Ballenlinie

einteilen.

❑ Langgutlinie

Die **Langgutlinie** ist wegen des hohen Lagerraumbedarfs weniger verbreitet. Vorherrschende Geräte bei diesem Verfahren sind der Frontlader, der Heuschwanz und der Ladewagen.

❑ Häcksellinie

Die **Häcksellinie** verlangt ebenfalls einen sehr hohen Lagerraumbedarf. Pneumatische Einrichtungen und Geräte zum Einlagern sind unerlässlich, desgleichen entsprechende Wagenaufbauten zur Erhöhung der Transportleistungen. Die **Einarbeitung des Strohs in den Boden** wird zweckmäßigerweise erst nach einer Zerkleinerung durchgeführt. In diesem Fall kann der Mähdrescher mit einem Strohzerreißer ausgerüstet sein, es ist jedoch auch die Verwendung von Feldhäckslern möglich. Bei aufgebautem Strohzerreißer darf die Motorleistung des Mähdreschers nicht zu knapp bemessen sein. Als Faustzahl kann gelten: Pro Meter Schnittbreite des Mähdreschers 15 kW für den Drusch und zusätzlich 5 kW für den Häcksler.

Die **Häckseleinrichtung** besteht aus einem Rotor, aus dem entweder 2 oder 4 feststehende Messerreihen herausragen, oder am Rotor sind 4 Reihen Schlegelmesser paarweise pendelnd und beidseitig geschliffen angeordnet, wobei die Messer durch eine verstellbare starre Gegenmesserreihe schlagen.

Häcksler mit feststehenden Messerreihen laufen mit etwa 2.300 bis 2.800 U/min. pendelnd aufgehängte Messer verlangen eine Rotordrehzahl von 2.900 bis 3.300 U/min, der Leistungsbedarf ist etwas höher, sie sind allerdings unempfindlicher gegenüber Fremdkörpern. Die Breitverteilung wird durch verstellbare Leitbleche erreicht und entspricht nicht immer vollauf.

Schlegelmesser dürfen nicht nachgeschliffen werden, da sonst Unwucht entsteht. Feststehende Messer dürfen nachgeschliffen werden, es empfiehlt sich aber ein Ausbalancieren der Trommel.

❑ Ballenlinie

Die **Ballenlinie** wird vor allem mit der Hochdruckpresse durchgeführt. Großballenpressen stellen an die Weiterbeförderung und die Lagerung andere technische Ansprüche. Das Laden herkömmlicher Hochdruckballen kann über die Ladeschurre der Presse oder aber durch

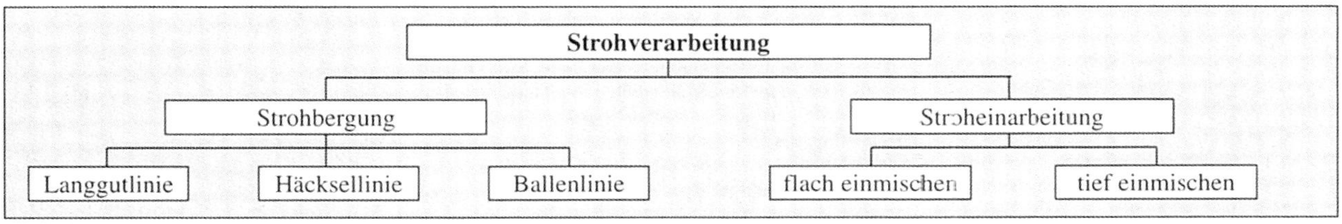

Verfahren der Strohverarbeitung

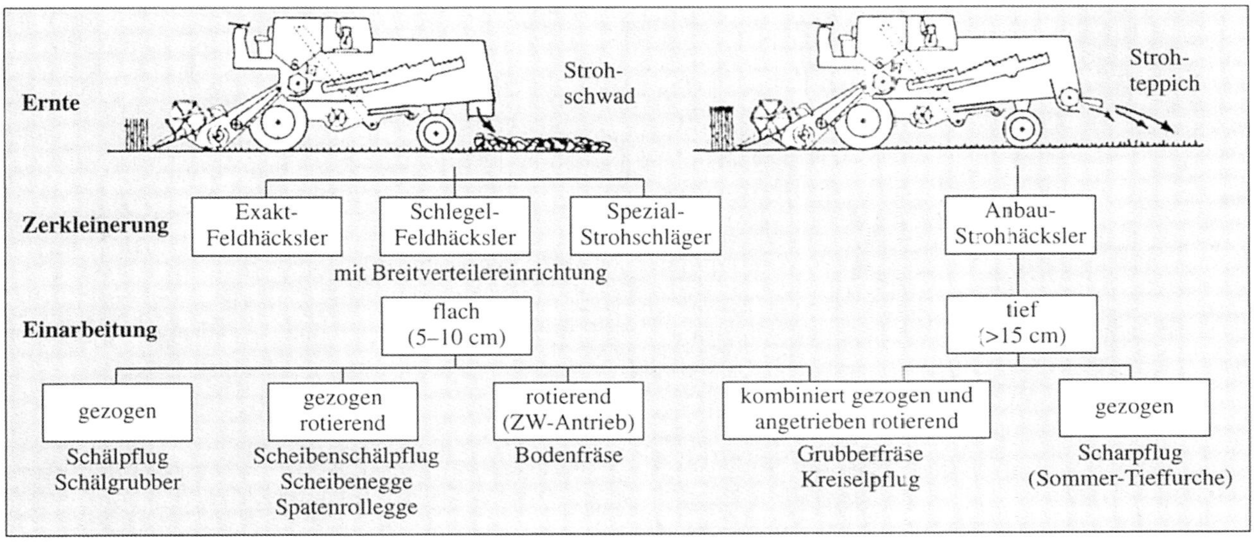

Stroheinarbeitung nach Getreidemähdrusch

Ballenwerfer und Ballenschleuder erfolgen. Eine Erleichterung bildet ein an die Presse angehängter Schlitten, der 6-10 Ballen aufnehmen kann, die über Handauslösung selbsttätig abgesetzt werden. Die so genannten Ballen können mit dem Frontlader und Anhänger mit Ladegattern im Einmannverfahren geladen werden. Für das Abladen am Hof sind vor allem Kettenförderer, die leicht versetzbar sind, in Verwendung. Greiferanlagen können bedingt eingesetzt werden.

Die **Strohverbrennung** auf den Feldern ist z.B. in NÖ. durch eine Verordnung der Landesregierung nur in Ausnahmefällen erlaubt.

Die Stroheinarbeitung als „Strohdüngung" gewinnt zunehmend an Bedeutung. Die Strohdüngung, die aus ackerbaulicher Sicht sehr positiv ist, gelingt dann gut, wenn das Stroh

- gleichmäßig kurz zerkleinert,
- breitflächig verteilt,
- flach in den Boden eingearbeitet und
- intensiv mit dem Boden vermischt wird.

Für die Einmischung eignen sich Grubber, Scheibenegge, Schälpflug, Scheibenrollegge und Bodenfräse.

Eine industrielle Verwertung von Stroh ist in Österreich derzeit nicht möglich, in einigen Ländern wird Stroh zur Papierbereitung verwendet. Die Strohaufbereitung durch Mühlen oder Häcksler zur Verwendung in **Großfeuerungsanlagen** mit Fernwärmeversorgung ist in ständiger Weiterentwicklung.

Die Strohkompostierung ist ein weiterer und umweltfreundlicher Weg der Entsorgung.

Quaderballenladewagen

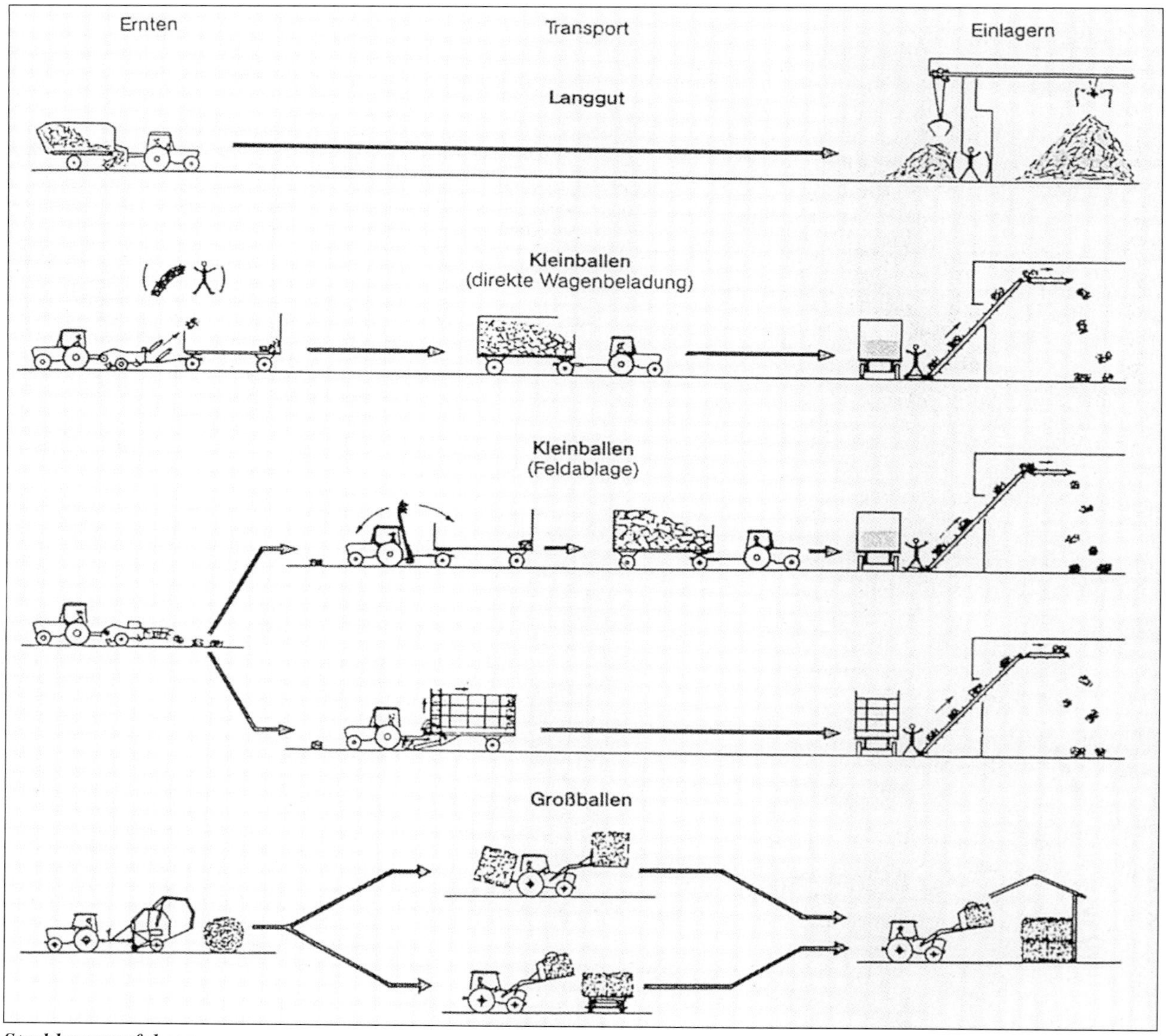

Strohbergeverfahren

5. Körnermaisernte

Die Anbauflächen von Körnermais haben sich in den letzten Jahren ständig ausgeweitet.

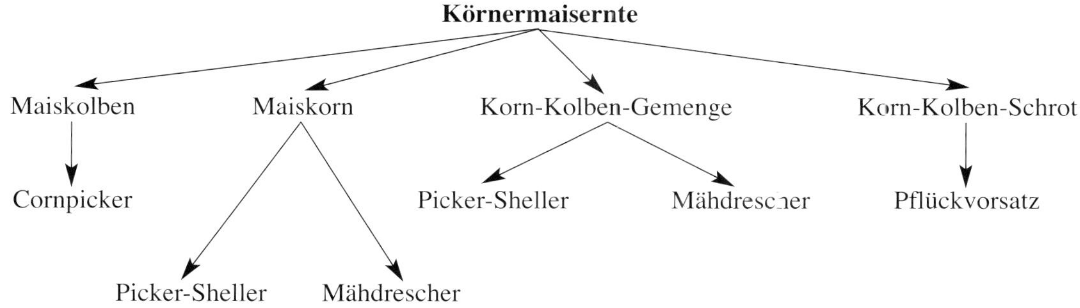

Die Erntetechnik von Körnermais stellt wegen des späten Termins besondere Ansprüche an Technik und Management und ist letztlich davon abhänging, wie das Ernteprodukt weiterverwendet werden soll. Aufgrund der meist hohen Feuchtigkeitswerte sind passende Konservierungsmethoden einzuplanen.

Ernteprodukt	Verfahren
Kolben	Kolbenpflücker
Korn	Mähdrescher mit Pflückvorsatz, Pflückrebler
Corn-Cob-Mix	Mähdrescher mit Pflugvorsatz und CCM-Ausstattung, spezieller CCM-Ernter
Lieschkolbenschrot	Lieschkolben-Pflückschroter

Die nach einigen Ernteverfahren verbleibenden Strohmengen sind zur besseren Einmischung in den Boden mit Strohschlägern zu zerkleinern. Bewährt haben sich auch Unterbau-Strohschläger, horizontal oder vertikal rotierend, bei den Mähdresch-Ernteverfahren.

Körnermaisernteverfahren
1 Picker
2 Picker-Sheller
3 Mähdrescher mit Pflückvorsatz

5.1 Kolbenernter (Cornpicker)

Kolbenernter bringen als Ernteprodukt den entlieschten Kolben. Die Maschine streift von den stehenden Pflanzen die Kolben zwischen schräg ansteigenden Profilwalzen ab. Die Arbeitsweise ist ein- bis zweireihig. Der Kolben kann in Reuschen luftgetrocknet oder geschrotet und siliert werden. Es ist aber auch das Rebeln mit Rebelgeräten möglich und die Weiterverarbeitung des Kornes zu Silagen oder nach der Trocknung zu marktfähiger Ware.

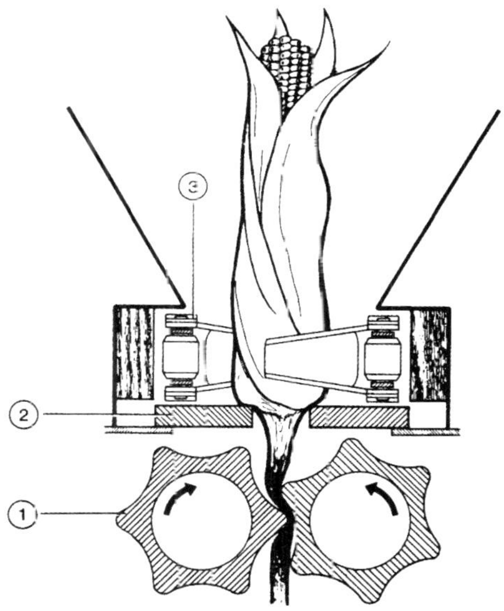

Maiskolbenplücksystem
1 Pflückwalzen 2 Gleitschienen 3 Pflückketten

5.2 Kornernter

Pflückrebler (Picker-Sheller) und Mähdrescher liefern als Ernteprodukt das gereinigte Maiskorn. Der Pflückrebler ist eine Weiterentwicklung des Kolbenpflückers, dem ein Rebelaggregat und eine Reinigungseinrichtung nachgeschaltet sind.
Die meiste Maisernte erfolgt mit dem Mähdrescher.
Der **Mähdrescher** kann zur Körnermaisernte entweder mit Maisschneidvorsatz oder mit Maispflückvorsatz ausgerüstet werden. Beim Maisschneidvorsatz durchläuft

die ganze Maispflanze die Maschine, beim Pflückvorsatz nur der Kolben mit den Lieschen.

Vor dem Maisdrusch müssen am Mähdrescher folgende Veränderungen vorgenommen werden:

- Getreideschneidwerk durch Maisschneidwerk oder Maispflückvorsatz ersetzen
- Ausgleichsgewichte an den Hinterrädern montieren, gegebenenfalls tragfähigere Reifen montieren
- Getreidedreschtrommel mit Abdeckblechen verkleiden und Drehzahl auf 600 bis 800 U/min einstellen
- Getreidedreschkorb gegen Maisdreschkorb austauschen (entfällt bei Universaldreschkörben)
- Spezielle Maissiebe verwenden

Die Pflückorgane sind beim Mähdrescher meistens ineinander greifende Walzen, die den Maisstängel zwischen Pflückschienen durchziehen und den Kolben abstreifen.

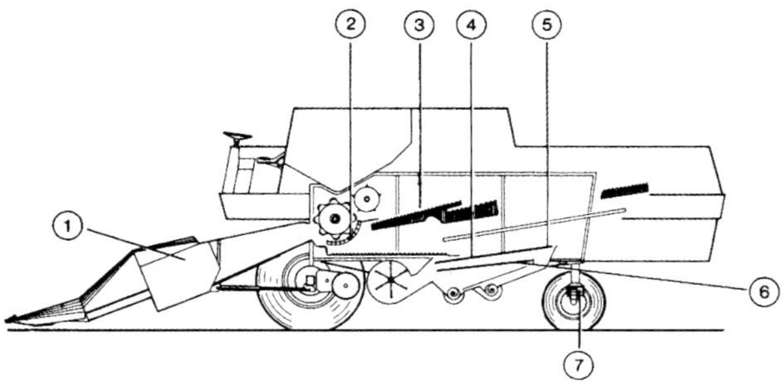

Umrüstung des Mähdreschers auf Maisdrusch

1 Maispflückvorsatz
2 Maisdreschkorb
3 Spritzplatte
4 Mais-Obersieb
5 Mais-Endsieb
6 Mais-Untersieb
7 Ausgleichsgewicht auf der Hinterachse (Epple)

Profilpflückwalzen sind in Form eines Steilgewindes gerippt und sind über 35° schräg liegend im Pflückvorsatz eingebaut. Der abgequetschte Kolben wird von den Gewindegängen weitertransportiert und dabei entliescht, zum Teil schon gerebelt. Die Verluste sind hier um ca. 2% höher als bei den Pflückschienen.

Arbeitsbedarf

Ernte mit Mähdrescher und Maisschneidwerk, zweireihig .... 6,3 AKh/ha
Ernte mit Mähdrescher und Maispflückvorsatz, zweireihig .... 2,7 AKh/ha
Ernte mit Maispflücker (Picker), einreihig .... 6,0 AKh/ha
Ernte mit Maispflückdrescher (Picker-Sheller), zweireihig .... 4,0 AKh/ha
Korntransport mit Anhänger .... 0,7 AKh/ha
Korn abladen, mit Gebläse einlagern .... 3,1 AKh/ha
Stroh zerkleinern .... 3,3 AKh/ha

5.3 Korn-Spindelernter

Die Geräte ernten Maiskörner und Anteile von Maiskolben (Corn-Cob-Mix). Dadurch kommt es zu einer Erhöhung des Rohfasergehalts von 2,5% bei Maiskörnern auf 6 bis 25%, je nach Spindelanteil. Durch die Spindelanteile werden das Erntevolumen um 30 bis 50% und die Erntefeuchtigkeit um 5 bis 7% erhöht.
Mähdrescher sind bei einer Ausstattung mit Pflückaggregaten, Spezialmaisdruschkörben und grobmaschigen Reinigungssieben in der Lage, Spindelbruchstücke mitzuernten. Je nach Trommeldrehzahl kann der Spindelanteil ebenso wie der Zerkleinerungsgrad der Spindelstücke verändert werden. Das Erntegut muss entweder in gasdichten Silos unzerkleinert oder nach der Zerkleinerung in normalen Silobehältern einsiliert werden. Tagesleistung 2 bis 2,7 ha bei 2 AK.

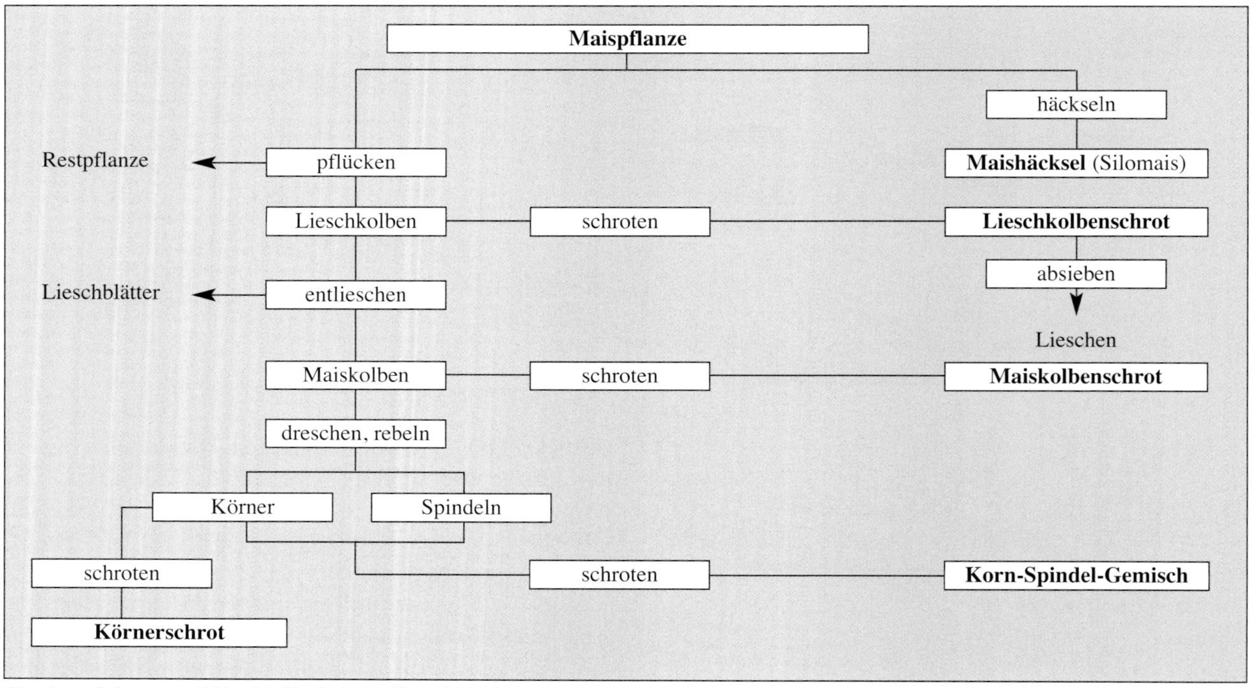

Ernteverfahren und Erntegüte bei der Feuchtmaisernte

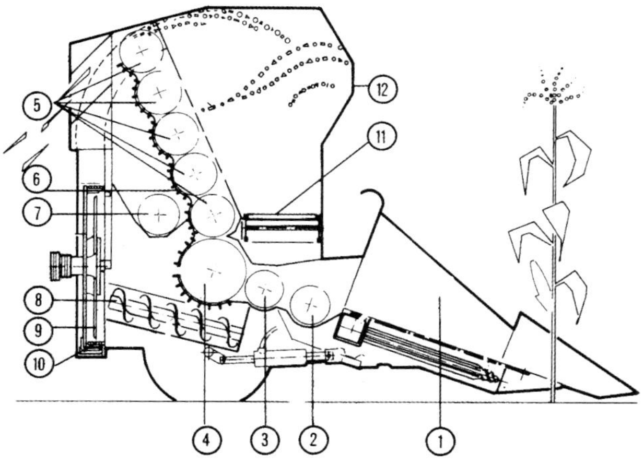

Maiskolbenschrot-Vollernter

1 Pflückvorsatz
2 Querförderschnecke
3 Fördertrommel
4 Drescheinrichtung
5 Entlieschertrommel
6 Entlieschsieb
7 Schnecke für restliches Gut
8 Förderschnecke
9 Wurfgebläse
10 Sieb
11 Kratzboden
12 Tank
(Pöttinger)

Pflückrebler können nur ganze Spindelteile rückgewinnen, weshalb die Schrotmühle bei der anschließend notwendigen Zerkleinerung sehr belastet wird. Tagesleistung 1,6 bis 2 ha bei 2 AK.

5.4 Pflückschroter

Pflückschroter haben sich aus Exaktfeldhäckslern entwickelt und liefern silierfähiges Schrot. Zur Zerkleinerung der Körner und Spindelteile besitzen die Maschinen entweder Riffelplatten im Wurfgehäuse oder Recuttersiebe, welche die Messertrommel teilweise umschließen. Enthalten die Maschinen auch Entliescheinrichtungen, können Rohfasergehalte um 7% erzielt werden. Nachteilig ist die begrenzte Erntegutfeuchte, da sich sonst die Ausblaskrümmer der Maschine verstopfen (ca. 50%). Tagesleistung 1 bis 1,1 ha bei 7 bis 8 Stunden Arbeitszeit mit 1 AK.

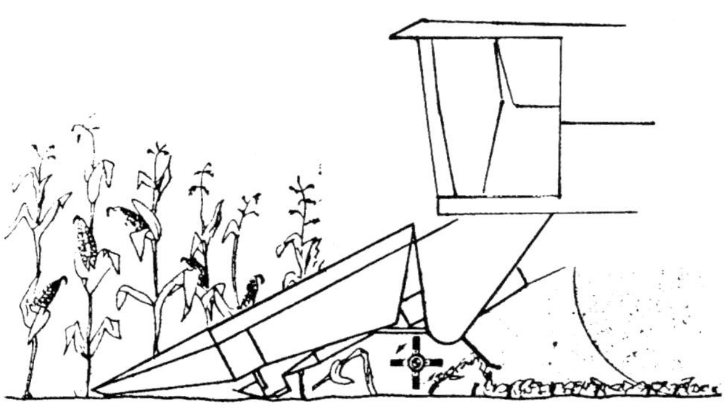

Maisdrescher mit Pflückvorsatz und Unterflurhäcksler

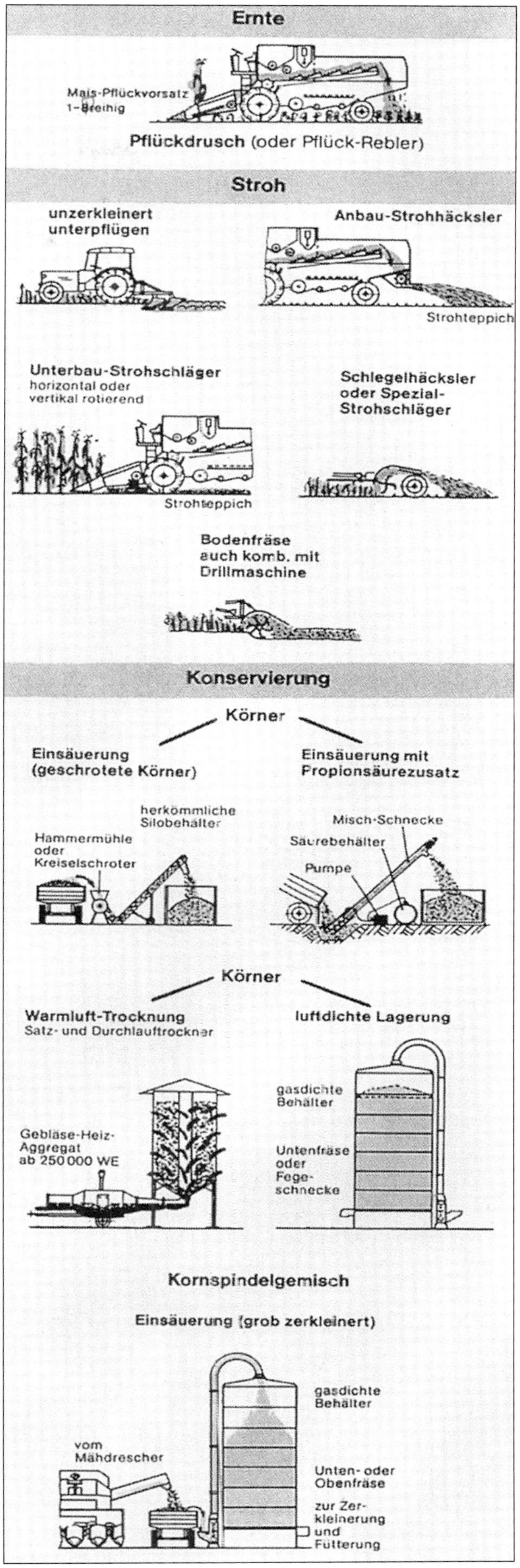

Ernte von Körnermais einschließlich der Folgearbeiten.

6. Ernte von Alternativkulturen

Die Ernte von mähdruschfähigen Alternativkulturen erfordert zusätzliche Ausstattung des Mähdreschers.
Für Erbsen z.B. sind spezielle Hebeeinrichtungen erforderlich sowie seitlich am Schneidwerk angebrachte Trennscheiben; Raps lässt sich mit Seitenschneidern und Schneidtischverlängerungen verlustloser ernten; Soja ist mit einem speziellen Sojaschneidbalken, der tiefer schneiden kann, leichter zu ernten. Es gibt auch spezielle Sojamähbalken, die fingerlos sind.
Bei Sonnenblumen werden am Schneidwerk zur Verlustminderung „Schiffchen" aufgesetzt.

Bei flexiblen Schneidwerken passt sich der Messerbalken größer flächigen Bodenunebenheiten an.

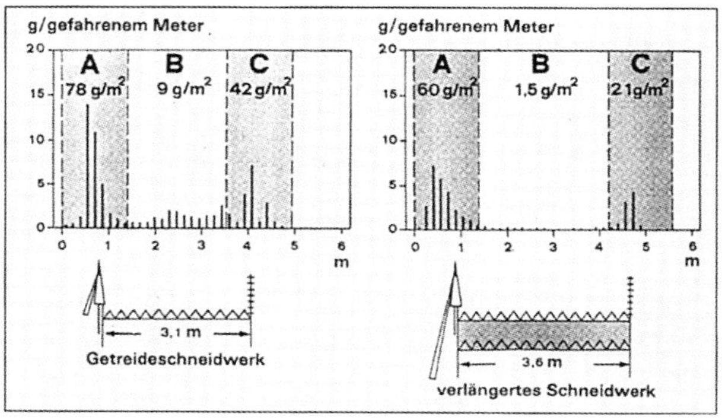

Schneidwerkverluste senken bei der Rapsernte

Wenn statt mit einem Halmteiler mit einer Trennscheibe gearbeitet wird, können bis zum äußersten Finger Ährenheber montiert werden.

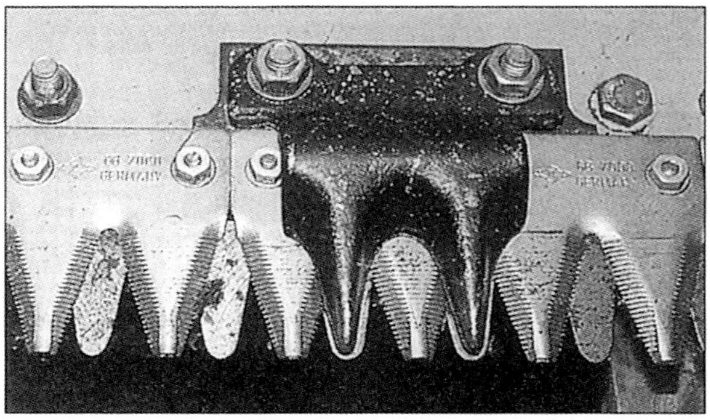

Der spezielle Sojamähbalken ist fingerlos und hat nur ein Messer.

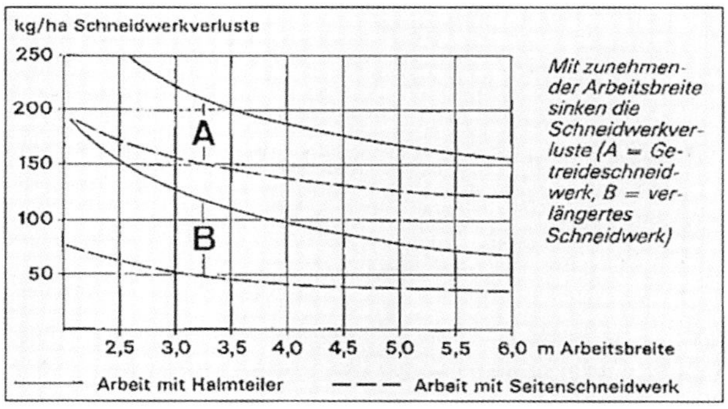

Trennverluste senken

7. Kornkonservierung

Im erntefeuchten Zustand ist Getreide nicht immer lagerfähig. Körnermais benötigt fast immer Konservierungsmaßnahmen. Erst bei Feuchtigkeiten um 14% darf Getreide in beliebiger Form gelagert werden. Liegt der Feuchtigkeitsgehalt über 16%, so finden die Mikroorganismen günstige Lebensbedingungen. Der Verderb des Lagergutes ist die Folge.
Betriebe, die ihr Getreide **verfüttern,** können unterschiedliche Feuchtgetreide-Konservierungsverfahren nutzen:

- Konservierung in gasdichten Behältern
- Konservierung in Fahrsilos (Erhöhung des Säuregrades)
- Konservierung unter Wasserzusatz (nachfolgende Milchsäuregärung)
- Konservierung mit Propionsäure (Abtötung der Mikroorganismen des Getreides)
- Konservierung mit Futterharnstoff (Ferment Uraose setzt Ammoniak frei = fungizide Wirkung und pH-Wert-Erhöhung)

Nach diesen Verfahren konserviertes Getreide scheidet als Saatgut bzw. Brotgetreide aus.

Die Silierung erhöht den Säuregehalt des Getreides. Angestrebt wird die Milchsäuregärung. Wenn die Kornfeuchten sehr groß sind, bewähren sich gasdichte Silos besser. Nach vorhergehender Zerkleinerung lassen sich Maiskörner ohne Schwierigkeiten silieren. Zur Zerkleinerung werden hauptsächlich Hammermühlen eingesetzt. Ausreichende Verdichtung und luftdichter Abschluss bewahren vor Verlusten. Zweckmäßig ist es, Silobehälter zu unterteilen, sodass besonders in der warmen Jahreszeit eine möglichst dicke Schichte entnommen werden kann.

Maisschrot und **Maiskolbenschrot** mit ca. 40% Kornfeuchte wiegen pro Kubikmeter 900 kg; je nach Ernteertrag sind daher 8 bis 12 m^3 Siloraum pro Hektar erforderlich. Siliertes Maiskorn ist kaum marktfähig und nur über die Tierhaltung verwertbar.

Durch **Kühlung** kann Getreide ebenfalls konserviert werden. Bei diesem Verfahren wird Getreide mit gekühlter Luft (Temperatur 5 bis 10 Grad) belüftet. Die Kühlgeräte sind aber relativ teuer. Durch die Kühlung lassen sich aber große Mengen Getreide mit geringem Energieaufwand verlustlos halten, bis eine endgültige Form der Dauerkonservierung erreicht wird.

Durch **Sauerstoffabschluss** in gasdichten Silobehältern wird die Tätigkeit der Mikroorganismen durch Entstehen einer CO_2-Atmosphäre unterbunden. Es kann bis zu einer Feuchtigkeit von 70% konserviert werden. Die Vorteile dieses Verfahrens sind

- sehr kurze Arbeitskette
- geringe Verluste und hohe Sicherheit auch im Sommer
- geringer Arbeitsaufwand
- hohe Übernahmeleistung (begrenzend ist das Beschickungsgerät)

Nachteile sind:

- hohe Kapitalkosten
- geringe Haltbarkeit des Kornes außerhalb des Silos

Bei der Konservierung durch Propionsäurebehandlung können alle Lagereinrichtungen verwendet werden. Das Korn wird durch ein Dosiergerät von höchster Genauigkeit (Kosten!) mit Propionsäure besprüht. Die Zudosierung ist einerseits vom Feuchtigkeitsgehalt, andererseits von der gewünschten Lagerzeit abhängig. Bei 40% Feuchtigkeit und einer gewünschten Lagerzeit von 6 Monaten sind z.B. 1,4% Propionsäuregehalt erforderlich.

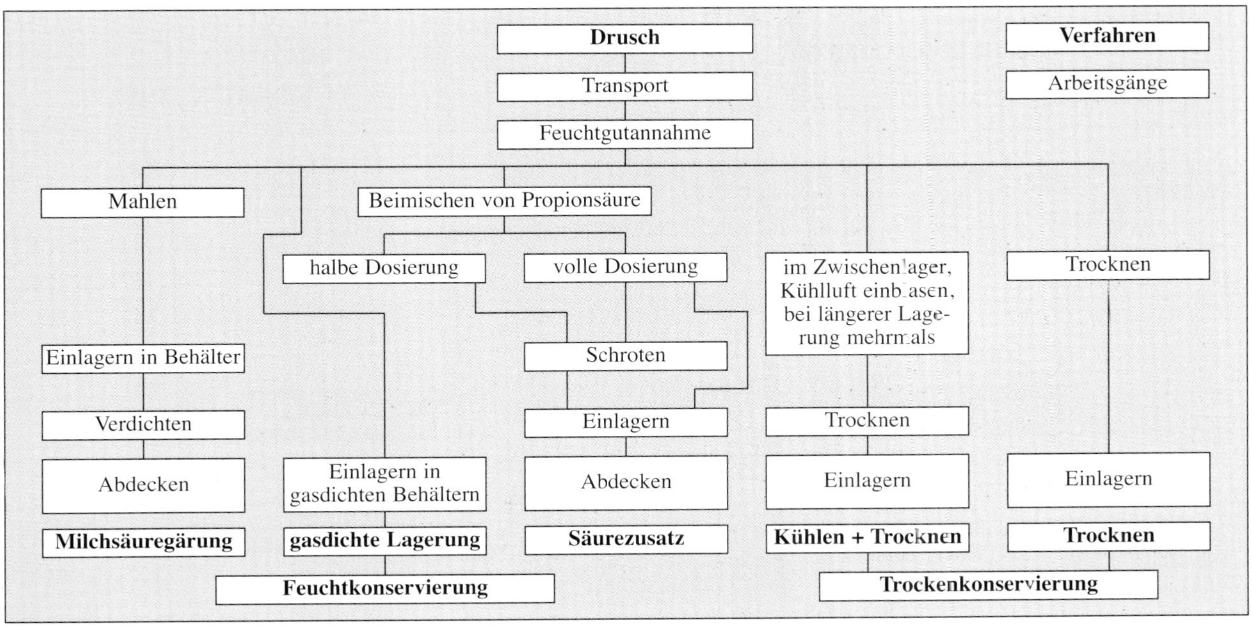

Verfahren der Körnerkonservierung

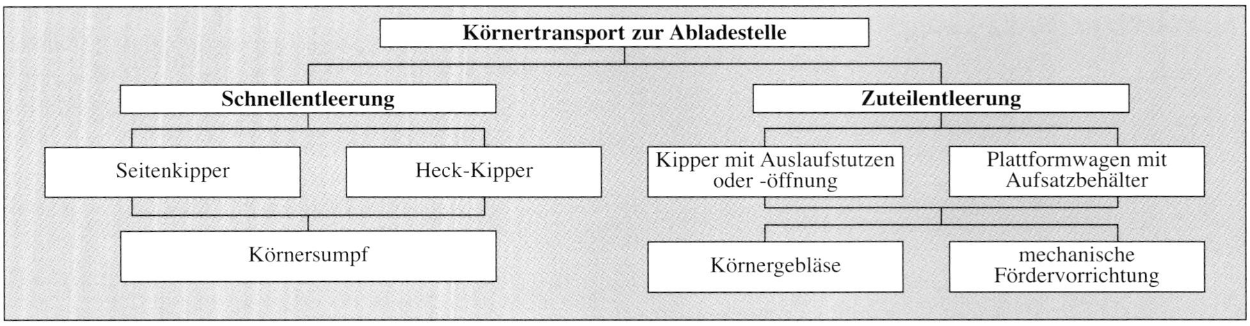

Ablauf des Körnertransportes

8. Körnertrocknung

Die Trocknung ist das verbreitetste Verfahren der Körnerkonservierung. Im Hinblick auf die gestiegenen Energiepreise ist die Wirtschaftlichkeit eng mit den Brennstoffkosten verbunden. Wichtigste Maßnahme zur Kostensenkung ist die Verringerung des Erntefeuchtigkeitsgehalts durch die Wahl geeigneter Sorten und anderer pflanzenbaulicher Maßnahmen. Wird z.B. Körnermais mit einem Wassergehalt von 35% anstelle von 40% geerntet, so verringert sich die abzutrocknende Wassermenge breits um ein Viertel.

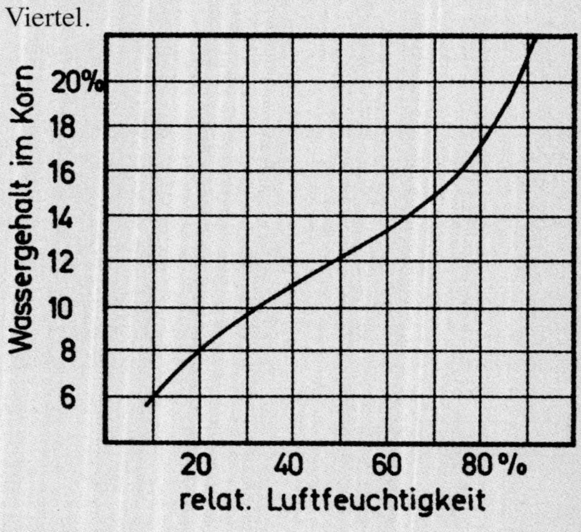

Gleichgewicht zwischen Luft- und Kornfeuchtigkeit

Beachtenswert ist, dass ähnlich wie bei Heu ein Gleichgewichtszustand zwischen Luftfeuchtigkeit und der Kornfeuchtigkeit besteht. So lässt sich beispielsweise die Lagerfähigkeit bei Getreide und Mais (rund 14% Wassergehalt) nur bei einer Luftfeuchtigkeit von unter 65% erreichen.

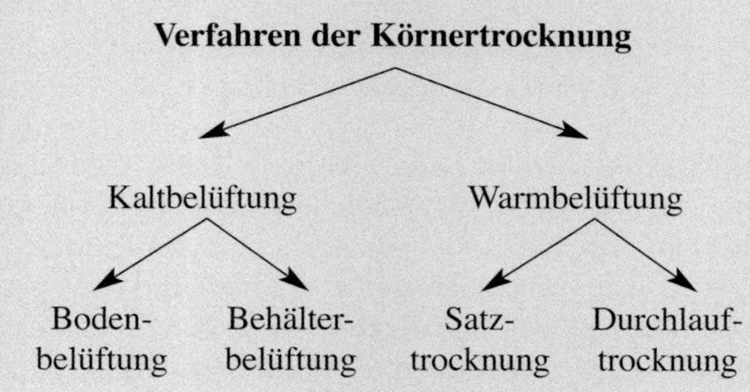

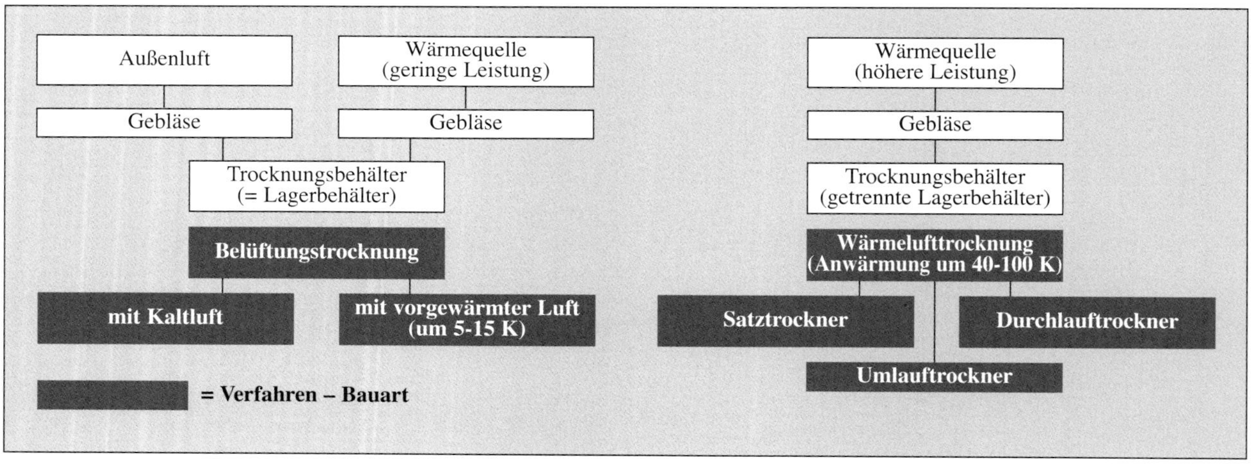

Ablauf von gebräuchlichen Trocknungssystemen

8.1 Kaltbelüftungsanlagen

Bei einer Feuchtigkeit unter 22% kann unter normalen Umständen zur Trocknung eine Kaltbelüftung ausreichen. Dem Anlagenbau nach unterscheidet man zwischen Bodenbelüftung und Behälterbelüftung.
Bei der Bodenbelüftung werden von einem Hauptkanal aus im Abstand von 50 cm dachförmige, unten offene Luftführungskanäle verlegt. Darüber kommt eine Schicht von höchstens 90 cm Getreide. Als Gebläse dienen Radial- oder auch nur Axialgebläse mit einer Mindestförderleistung von 400 m^3 pro Stunde und Quadratmeter Bodenfläche. Der nötige Gebläsedruck ergibt sich aus den Werten für den Durchströmwiderstand (hier angegeben pro Meter Durchströmweg):
Weizen, Gerste, Roggen .... 40 mm WS/m
Hafer, Mais .... 80 mm WS/m
Raps .... 120 mm WS/m
Die angegebenen Werte gelten auch für die Behälterbelüftung. Bei sehr feuchtem Material hilft ein öfteres Umziehen von einem Behälter in einen zweiten.

8.2 Warmbelüftungsanlagen

Bei der Neuplanung von Körnertrocknungsanlagen kommt in erster Linie die Trocknung mit Warmluft in Frage, weil diese auch bei Schlechtwetter einsatzfähig ist. Das ist besonders bei der Trocknung von Mais im Spätherbst entscheidend. In der Praxis sind Lufterhitzer mit Wärmeaustauscher, aber auch mit direkter Feuerung, im Einsatz.
Die Anwendung von Luft-Sonnenkollektoren wird erprobt. Als Energiequelle für Feuerungen kommt Heizöl oder Flüssiggas in Frage. Die Temperatur der Trocknungsluft kann bei Futtergetreide 40 bis 60° C, bei Mais sogar 80° C erreichen. Bei Saatgetreide sollen 43° C nicht überschritten werden. Wie bei der Warmbelüftung von Heu lässt sich die Heizleistung errechnen:

$$P_H = 1{,}26 \cdot t \cdot Q$$

P_H .... Heizleistung (kW)
t .... Luftanwärmung (° C)
Q .... Gebläseförderleistung (m3/s)

Bei Ölfeuerung beträgt der Heizölverbrauch je Stunde etwa 1/10 der errechneten Heizleistung, weil 1 kWh rund 1/101 Heizöl entspricht:

$$\text{Heizölverbrauch in l/h} = \frac{P_H}{10}$$

Lagerhöhen

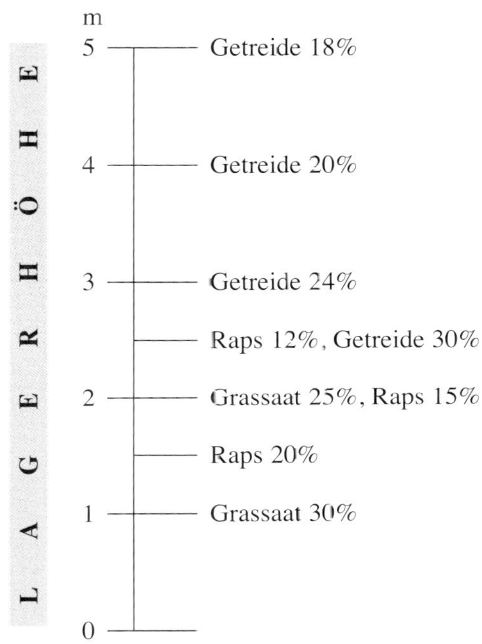

Satztrockner arbeiten im Gegensatz zu den Durchlauftrocknern absatzweise, es wird also eine Füllung jeweils fertig getrocknet, bevor die Anlage neuerlich beschickt werden kann. Dem Aufbau nach überwiegen Behältertrockner mit Zentralrohrbelüftung und vorgeschaltetem Lufterhitzer mit Ölbrenner. Schrägrosttrockner mit einer Rostflächenneigung von 27° eignen sich zum Trocknen von Mais. Die Trocknungszeit soll bei Satztrocknern bei 24 Stunden liegen. Um 11 Wasser abzuführen, ist ein Wärmeenergieaufwand von 1,4 kWh nötig.
Bei **Durchlauftrocknern** rieselt das Trockengut ständig durch die schachtförmige Anlage. Die Warmluft entzieht bei einem Durchgang rund 4% Feuchtigkeit. Die Nennleistung von Trocknern wird daher üblicherweise für 4% Feuchtigkeitsentzug angegeben. Die wirtschaftliche Einsatzgrenze von Durchlauftrocknern liegt bei Maistrocknung bei etwa 20 ha Anbaufläche. Pro Liter abzutrocknendes Wasser ist ein Wärmeenergieaufwand von 1 kWh erforderlich.

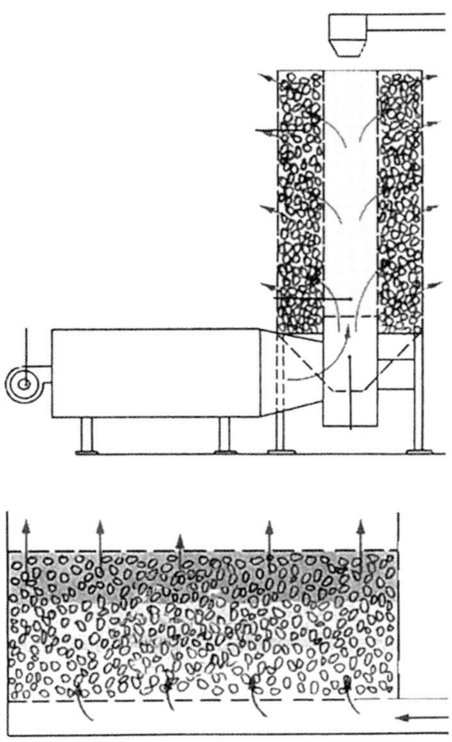

Getreidetrocknung

Schüttgewichte und Raumbedarf

Fruchtart	Schüttgewicht dt/m³ Mittelwert	Schüttgewicht dt/m³ Spanne	Lagerraumbedarf in m³/ha bei Ertrag…dt/ha 30	40	50	60	70	80
Gerste	6,5	6,1–6,9	4,6	6,2	7,7	9,2	10,8	12,3
Weizen	7,6	7,3–7,9	4,0	5,3	6,6	7,9	9,2	10,5
Hafer	5,0	4,7–5,3	6,0	8,0	10,0	12,0	14,0	16,0
Roggen	7,5	7,1–7,9	4,0	5,3	6,7	8,0	9,3	10,7
Mais	7,2	6,6–7,8	4,2	5,6	6,9	8,3	9,7	11,1
Ackerbohnen	7,5	7,0–8,0	4,0	5,3	6,7	8,0		
Raps	7,4	7,1–7,7	4,1	5,4				

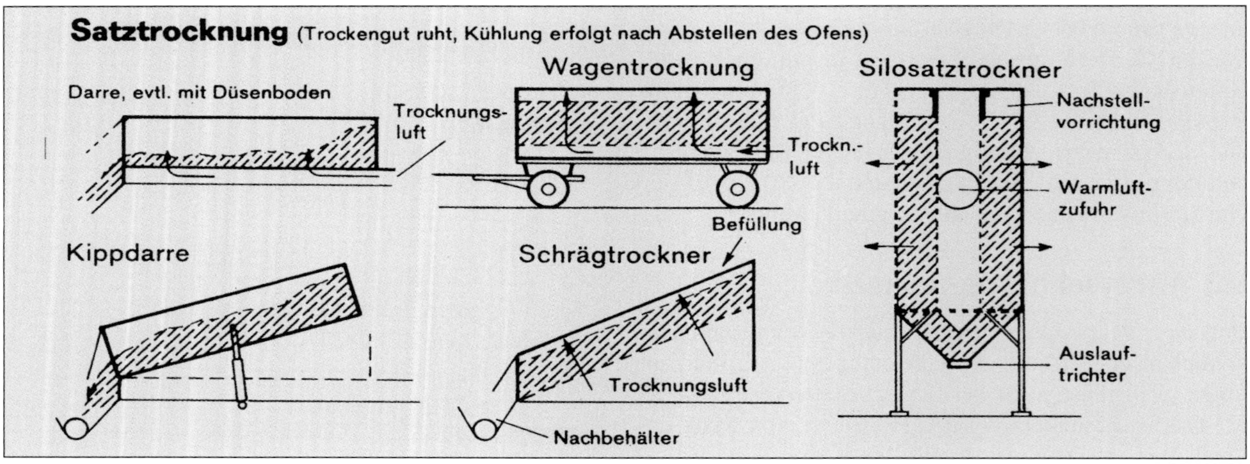

Satztrocknung (KTBL)

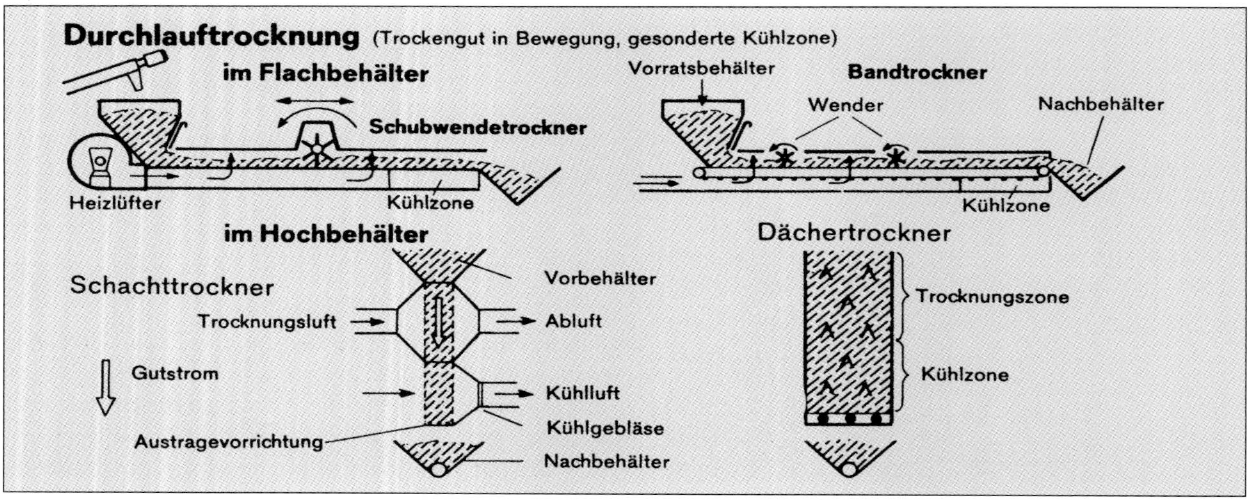

Durchlauftrocknung (KTBL)

Planungsdaten für Körnertrocknungsanlagen:

	Kaltbelüftung	Warmbelüftung von Getreide	Warmbelüftung von Mais
Gebläseförderleistung (m³/h, m² Grundfläche)	400	–	–
Gebläseförderleistung (m³/h, m² Trockengut)	–	600	1.500
Gesamtdruck des Gebläses pro Meter Schichthöhe (Pa)	400	600	800
Maximale Lufttemparatur (°C)	–	43	80
Spezifischer Wärmeaufwand pro Liter Wasserentzug (kWh/l)	–	1 bis 1,4	
Trocknungsdauer (Tage)	3 bis 5	1 (bis 24 Stunden)	

Der bei der Trocknung eintretende Gewichtsverlust lässt sich errechnen:

$$W = G \cdot \frac{a - e}{100 - e} \cdot 1{,}14$$

Der Faktor 1,14 berücksichtigt bei Maistrocknung einen Gewichtsverlust durch Schmutzanteile.

W .... Gewichtsverlust (kg)
G .... Gewicht vor der Trocknung (kg)
a .... Feuchtigkeitsgehalt vor der Trocknung (%)
e .... Feuchtigkeitsgehalt nach der Trocknung (%)

Aus der Tabelle geht hervor, dass der Gewichtsverlust nicht zu den Feuchtigkeitsprozenten proportional ist. Der Grund liegt darin, dass bei der üblichen Prozentangabe der Bezugswert die jeweilige Feuchtgutmenge ist. Diese ändert sich aber im Verlauf der Trocknung. Bei der Abrechnung der Trocknungskosten berücksichtigt man diesen Umstand meist durch unterschiedliche Kostensätze pro Prozent Trocknung.

Die Kühlkonservierung entzieht den Mikroorganismen die Wärme als Wachstumsbedingung. Auf 5-10° C abgekühlte Luft wird durch das Lagergut geblasen. Mit geringem Energieaufwand können in kurzer Zeit große Mengen von feuchtem Getreide abgekühlt werden. Das Verfahren eignet sich daher besonders als Zwischenlösung bei Erntestoßzeiten. Zur Langzeitlagerung muss ein anderes Konservierungsverfahren der Kühlung nachfolgen.

Aus der Tabelle am Fuß dieser Seite lässt sich der Gewichtsverlust (in % des Anfangsgewichts) ablesen.

So funktioniert die Getreidekühlung

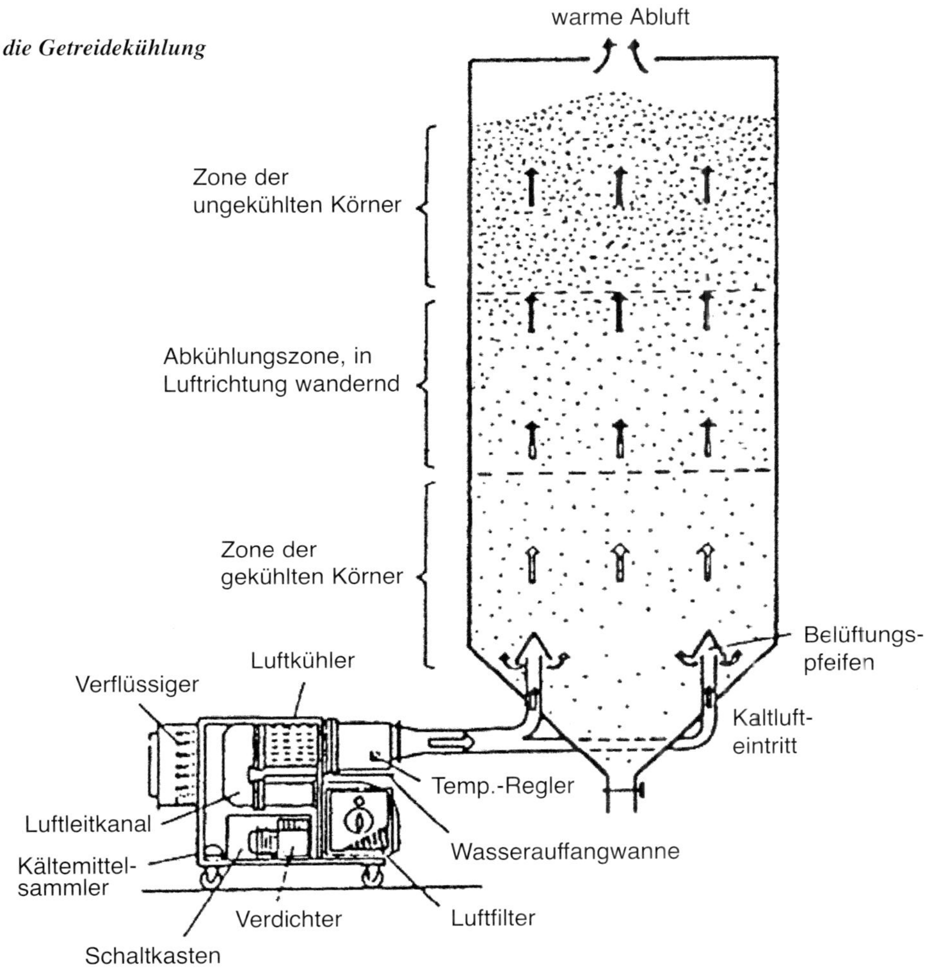

Kornfeuchtigkeit nach der Trocknung %	Kornfeuchtigkeit vor der Trocknung (%)								
	17	18	19	20	25	30	35	40	45
14	3,98	5,30	6,64	7,96	14,58	21,2	27,8	34,5	41,1
15	2,68	4,0	5,37	6,70	13,42	20,12	26,8	33,5	40,2
16	1,36	2,71	4,07	5,42	12,22	19,0	25,8	32,6	39,4
17	–	1,37	2,75	4,12	11,0	17,85	24,7	31,6	38,5
18	–	–	1,39	2,78	9,74	16,68	23,6	30,6	37,6

Mit der Formel den Abzug ermitteln:

Beispiel: Weizen mit Anfangsfeuchte 18%
Endfeuchte 15%

a) bezogen auf Feuchtgut

$$\text{Wasserentzug (kg(dt)} = \frac{100 \cdot (\text{Anfangsfeuchte [\%]} - \text{Endfeuchte [\%]})}{100 - \text{Endfeuchte [\%]}}$$

$$\text{Wasserentzug (kg(dt)} = \frac{100 \cdot (18\ [\%] - 15\ [\%])}{100 - 15\ [\%]} = 3{,}53 \text{ kg Wasser/dt Feuchtgut}$$

b) bezogen auf Trockengut

$$\text{Wasserentzug (kg(dt)} = \frac{100 \cdot (\text{Anfangsfeuchte [\%]} - \text{Endfeuchte [\%]})}{100 - \text{Endfeuchte [\%]}}$$

$$\text{Wasserentzug (kg(dt)} = \frac{100 \cdot (18\ [\%] - 15\ [\%])}{100 - 15\ [\%]} = 3{,}66 \text{ kg Wasser/dt Trockengut}$$

Faktor fasst Wasserentzug und Schwund zusammen

Anfangsfeuchte (%) – Endfeuchte (%) = Differenz (%) · Faktor = Abzug

Beispiel: Weizen mit Anfangsfeuchte 18%
Endfeuchte 15%
gewählter Faktor 1,25%

18 (%) – 15 (%) = 3 (%) Differenz
3 (%) Differenz · 1,25 = 3,75 (kg/dt) Abzug
Abzug = Schwund + Wasserentzug

So ermitteln Sie den Faktor auf Ihrer Rechnung:

$$\frac{\text{Abzug (kg/dt)}}{\text{Anfangsfeuchte (\%)} - \text{Endfeuchte (\%)}} = \text{Faktor}$$

$$\frac{3{,}75 \text{ (kg/dt)}}{18\ (\%) - 15\ (\%)} = 1{,}25$$

G Technik bei der Hackfruchternte

1. Zuckerrübenerntemaschinen

Zuckerrübenerntemaschinen müssen große Massen an Blatt und Rübe in kurzer Zeit und häufig unter ungünstigen Witterungsbedingungen verlustfrei und sauber gewinnen.

1.1 Verfahren und Geräte

Viele landtechnische Verfahren gleichen einander international sehr stark. In der Zuckerrübenernte hingegen haben sich in den verschiedenen Ländern sehr unterschiedliche Arbeitsverfahren entwickelt.
Die Ursachen für diese anders gearteten Verfahren liegen nur zum Teil in den Ernteflächen der Betriebe, zum größeren Teil in den Anforderungen, die an die Zuckerrübenerntemaschinen gestellt werden. Früher wurden die Zuckerrübenerntemaschinen nach dem Herkunftsland bezeichnet. Eine andere Unterscheidungsmöglichkeit beurteilt die Verfahren nach den Merkmalen der Antriebsart (gezogen – Selbstfahrer), Blattbergung (Sammeln – Breitverteilung), Phasenanzahl (= Anzahl der Felddurchgänge, um Rübe und Blatt zu ernten, also einphasig, zweiphasig, dreiphasig) und Reihenanzahl.

Rübenernteverfahren

- einreihige, einphasige Verfahren
- mehrreihige Verfahren
  - einphasige Verfahren
  - zweiphasige Verfahren
  - dreiphasige Verfahren

Das bei uns übliche Vollernteverfahren, bei dem Köpfen, Roden, Sammeln von Blatt und Rübe in einem Arbeitsgang (einphasiges System) erfolgen, ist technisch das perfekteste System. Wenn die oben angeführten Arbeitsgänge in einem Felddurchgang erledigt werden, spricht man vom **einphasigen** System. Mehrphasige Systeme benötigen dazu zwei oder drei Felddurchgänge.

1.2 Anforderungen an die Rübenvollernter

- Verlustarme Ernte von Blatt und Rübe. Nach verschiedenen Untersuchungen können die Verluste zwischen 2,2 und 8 % betragen, bei unsachgemäßer Bedienung auf über 10 % ansteigen.
- Einmannbedienung auch am Hang
- Bunkerfassungsvermögen auch für lange Felder. Dieses Problem ist vor allem bei mehrreihigen Geräten aktuell.
- Saubere Blattbergung und leichte Umstellung auf andere Blattbergeverfahren (Längsschwade, Querschwade, Feldverteilung und Wagenüberladung).
- Stufenlose Geschwindigkeitsregulierung für Antrieb und Einzelaggregate
- Schneller Positionswechsel- und Feldwechsel ohne Umstellung der Maschine
- Roden sofort nach dem Köpfen
- Funktionssicherheit auch unter schwierigen Bedingungen und Hangtauglichkeit
- Vermeiden von Bodenverdichtungen
- Eignung für den überbetrieblichen Einsatz

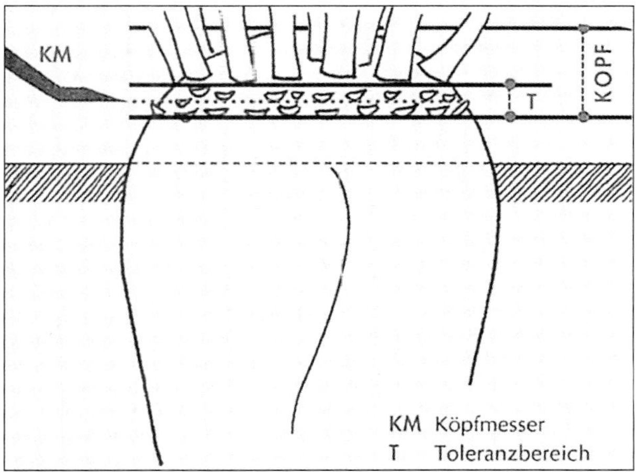

Mit richtiger Technik die Köpfqualität verbessern

- richtige Einstellung der Distanz zwischen Messer und Tastrad/Schleifkufentaster
- die Messer schärfen
- richtigen Anstellwinkel der Messer beachten
- exakte Tastradstellung in Fahrtrichtung
- richtiger Vorlauf des Tastrades
- Spiel des Tastrades überprüfen
- richtige Köpfstärkensteuerung
- Anpassung der Köpferentlastungsfeder an den Bestand
- Funktion der Putzschleudern überprüfen
- Gummiputzer in Längs- und Querrichtung einbauen
- Schlegelköpfer mit Schleifkufentastern nicht schneller als 6 km/h fahren

1.3 Baugruppen und Funktion der Zuckerrübenerntemaschinen

Zum **Köpfen des Rübenblattes** werden mehrheitlich feststehende Messer verwendet. Häufig wird das Rübenblatt vor dem Köpfen gehäckselt und auf dem schon gerodeten Spurstreifen verteilt. Die Anpassung an die Rübenhöhe erfolgt durch Tastenrollen, die nur noch zum Teil bodenangetrieben sind, zum überwiegenden Teil Eigenantriebe haben. Die stufenlose Drehzahlreglung ist

Bunkerköpfroder mit Querschwaderblattablage

1 Tastrolle	5 Rodeschar
2 Kopfmesser	6 Reinigungstrommel
3 Förderorgan	7 Rübenbunker
4 Putzschleuder	8 Blattbehälter (KTBL)

hiebei von Vorteil. Die Köpfhöhe kann aber auch durch Kufentastköpfer verändert werden, die in letzter Zeit auch mit Köpfstärkenautomatik angeboten werden. Eine andere Möglichkeit des Blattköpfens besteht durch den Einsatz von vorgesetzten Schlegelmessern und Nachköpfen durch tastrollen- oder parallelogrammgeführte Messer.

Soll das Blatt der Verfütterung zugeführt werden, ist das Mitbergen des Rübenkopfes vorteilhaft und bringt nach Untersuchungen ca. 16% mehr StE-Ertrag. Zum Blattunterpflügen sind Blattschwade ungeeignet. In letzter Zeit sind auch Kreiselköpfer mit Breitwurfeinrichtung oder mit Überladeeinrichtung und nachfolgendem Kufentastnachköpfer für den Traktorfrontanbau im Firmenangebot.

Zur einwandfreien Köpfarbeit tragen bei:

- gleichmäßige Rübenabstände in der Reihe
- eine dem Rübenstand angepasste Fahrgeschwindigkeit
- eine rasche Reaktion des Köpfmechanismus auf unterschiedliche Schneidehöhen
- richtige Einstellung der Putzschleuder

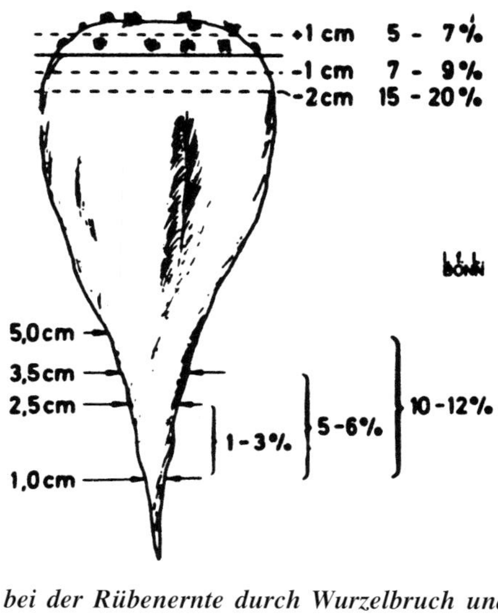

Verluste bei der Rübenernte durch Wurzelbruch und Köpffehler (IFL Bonn)

Rübenputzer erlauben schwächeres Köpfen und damit höhere Ernteerträge. Liegt der Köpfschnitt nur um 1 cm zu tief, beträgt der Verlust 7-9 % des Ertrages, bei 2 cm steigt der Verlust auf 15-20 % an. Die Putzeinrichtungen werden quer und längs laufend angeboten. Gut bewährt haben sich die Bauarten, bei denen zwei gegenläufige, dicht beieinander liegende Schlägertrommeln Blatt- und Unkrautreste entfernen.

Rübenputzer, gegenläuf g arbeitend (Schmotzer)

Der **Rodevorgang** wird durch Rodeschare oder Rodezinken durchgeführt. Weit verbreitet und gut bewährt, besonders auf harten Böden, haben sich Polderschare. Eine Neuheit sind die exzentergetriebenen „Rüttelschare".

Das **Polderschar** hat flügelförmige Scharhälften, die sich nach hinten auf 1-3 cm verengen, wobei die Scharunter-

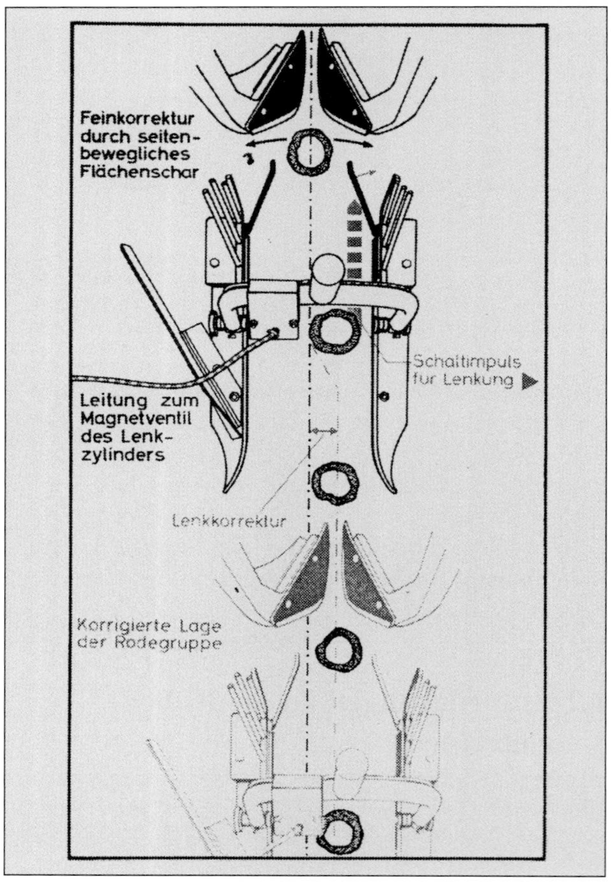

Die Steuerung des Rodeschares

Selbstfahrender (oben) und gezogener Rübenvollernter (unten)

Köpfsystem bei Rübenroder

Mehrreihiger selbstfahrender Rübenvollernter

kante hinten tiefer liegt als vorne. An den schrägen Innenseiten der Schare wird der Rübenkörper nach oben gedrückt. Die exzentergetriebenen Rüttelschare bewirken einen Dreheffekt. Mehrreihige Maschinen sind zumeist mit Rüttel- und Radscharen ausgestattet. Die Verstellbarkeit auf 45 bzw. 50 cm Reihenabstand ist wünschenswert, da mehrreihige Maschinen aus Kostengründen oft überbetrieblich eingesetzt werden.
Für steinige Böden sind Steinsicherungen empfehlenswert. **Radschare** (rotierende Rodeschare) bewältigen stark verunkrautete Rübenfelder besser, der technische Aufwand dafür ist aber größer.
Die Führung der Rodegruppe erfolgt heute größtenteils durch elektrohydraulische Lenk- und Tiefenautomatiken. Der Tastbügel für die Lenkautomatik sollte unmittelbar vor der Schargruppe angeordnet sein, damit eine Korrektur vor dem Rübeneinlauf erfolgt. Die Tiefenautomatik führt das Rodeschar konstant in der eingestellten Rodetiefe und ermöglicht bei richtiger Einstellung eine verlust- und schmutzfreie Rodearbeit.
Wichtig ist die restlose Aufnahme des Rübenkörpers. Verluste durch abgebrochene Rübenwurzeln sollten nicht unterschätzt werden. Hat die Rübenwurzel an der Bruchfläche einen Durchmesser von 3 cm, muss mit Verlusten von 5 bis 8% des Masseertrages gerechnet werden.

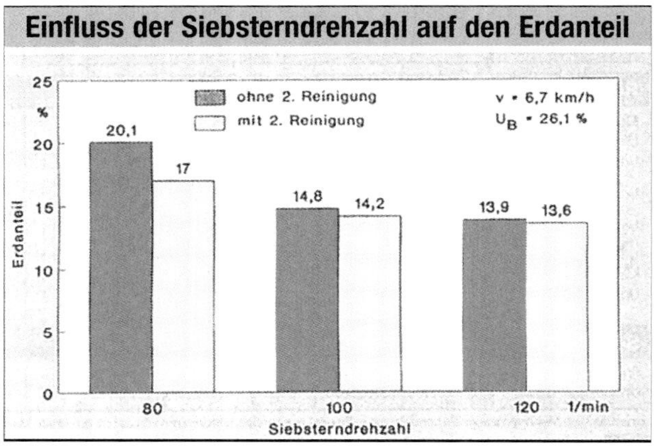

Einfluss der Siebsterndrehzahl auf den Erdanteil

Die **Reinigung der Rübe** erfolgt in der Regel durch Siebsterne bzw. eine Kombination von Walzen und Siebsternen oder Siebbändern. Die Reinigung sollte möglichst schonend und ohne Oberflächenverletzung vor sich gehen. Eine stufenlose Regelung der Drehzahl ist wünschenswert.
Konstruktiv neu ist in diesem Zusammenhang die technische Ausführung, den durch die Scharkörper gebildeten Erdbalken nicht in die Maschine hineinzuholen, sondern die Rüben durch ein Paar angetriebener Gummisterne oder Scheibenbürsten von einem großen Teil der Erde zu befreien. Köpf-, Putz- und Rodeeinrichtungen können bei einphasigen Maschinen hintereinander oder versetzt angeordnet sein. Mit Maschinen, die in einer Reihe köpfen und roden, ist das Anroden einfacher, auch bleiben bei Arbeitsunterbrechungen keine geköpften Rüben im Boden. Maschinen mit Köpfer und Rodeschar nebeneinander sind übersichtlicher und bieten mehr Platz für die Reinigungsvorrichtungen.

Reinigungseinrichtungen nach dem Rodekörper (Schmotzer)

Der **Rübenelevator** hat die wichtige Aufgabe, die Rüben in den Bunker zu fördern. Hier wird oft noch viel Bruchverlust produziert. Frei umlaufende Rübenelevatoren sind meist leicht zugänglich. An den Umlenkstellen haben manche Hersteller selbstreinigende Vorrichtungen eingebaut. Die Umfangsgeschwindigkeit sollte der Siebsterndrehzahl angepasst und damit auch stufenlos regelbar sein. Fallweise sind bei Rübenernten Fallstufen zur Verbesserung der Reinigungswirkung eingebaut.
Der **Rübenbunker** soll einen ausreichenden Fassungsraum aufweisen. Hohe Kippsicherheit und unterschiedliche Ladehöhen haben zu höhenverstellbaren Bunkern geführt. Die Verstellung erfolgt zumeist hydraulisch, die Entleerung in den meisten Fällen über Kratzboden. Das Bunkerfassungsvermögen liegt bei einreihigen Maschinen um 2.000 kg, sechsreihige Maschinen haben Bunkerfassungsvermögen bis zu 15.000 kg.
Die **Hangsicherheit** wird durch Achsschenkellenkungen oder Hangscheiben verbessert. Mehrreihige Geräte haben elektrohydraulische Lenkautomatiken. Durch kürzere Bauweise, beispielsweise durch Trennung von Köpfer und Roder, wird die Hangsicherheit ebenfalls verbessert. Große Bereifungen, vor allem dann, wenn sie im gerodeten Feld arbeiten können, machen den Rübenvollernter leichtzügig und unterstützen die Hangsicherheit.
Triebachsen bringen bei schwierigen Erntebedingungen größere Schlagkraft.
Die **Betriebssicherheit** moderner Maschinen ist durch den weitgehenden Ersatz von Ketten, Keilriemen und Gelenkwellen durch die vollhydraulischen Antriebe verbessert, außerdem gibt es weniger Schmierstellen und dadurch weniger Rüstzeiten.
Besonders wichtig sind, wie bei allen nur kurzfristig eingesetzten Maschinen, schnelle Ersatzteilversorgung und gut funktionierende Servicedienste, damit die teuren Betriebsmittel nicht durch lange Stillstandzeiten unrentabel werden. Die wirtschaftliche Einsatzgrenze liegt bei einreihigen Bunkerköpfrodern bei 20-25 ha, bei mehrreihigen entsprechend höher.

1.4 Erntesysteme bei der Zuckerrübenernte

Einreihige, einphasige, gezogene Bunkerköpfroder: Mit einer Tagesleistung von 1 bis 1,5 ha und einer Kampagneleistung von 30 ha sind diese Maschinen nach wie vor für die Mehrzahl der österreichischen Rübenbauern mit entsprechender Fläche zu empfehlen. Die meist voll befriedigende Arbeitsweise ist vielfach der Maßstab für andere Emtesysteme.

Einreihige, einphasige, selbstfahrende Bunkerköpfroder: Sie kommen zumeist aus den Bewässerungsgebieten Italiens, sind kompakt und sehr wendig gebaut. Mehrheitlich wird bei diesen Geräten das Blatt geschlegelt und anschließend nachgeköpft.

Zweireihige, einphasige, gezogene Bunkerköpfroder: Bei den mehrreihigen Maschinen ist das Problem gegeben, die Maschinenbreite von 3 m nicht zu übersteigen. Aus diesem Grunde ist oft die Zugänglichkeit bei Wartungs- und Reparaturarbeiten erschwert. Aufgrund des hohen Preises – zweireihige Maschinen kosten ungefähr das Doppelte von einreihigen, haben allerdings etwa die 1,8fache Leistung – erfordern diese Maschinen entsprechend hohe Ernteflächen und entsprechend starke Traktoren.

Dreireihige, mehrphasige, gezogene Bunkerköpfroder: Vereinzelt werden dreireihige Maschinen auch in einphasiger Arbeitsweise angeboten. Probleme bereiten bei großen Feldlängen die Bunkerfassungsmengen, sodass zuweilen auf nebenherfahrende Wagen überladen werden muss. Die hohen Anschaffungskosten beschränken diese Maschinen auf wenige Großbetriebe bzw. auf überbetriebliche Mechanisierungslösungen.

Zuckerrübenvollernter (Schmotzer)

Zwei- und dreireihige, einphasige, selbstfahrende Bunkerköpfroder: Sie bieten vor allem hohe Schlagkraft auch bei schlechten Wetterbedingungen. Probleme bereitet hier das Anroden der Parzellen, sodass der überbetriebliche Einsatz etwas erschwert wird.

Sechsreihige, mehrphasige, gezogene Bunkerköpfroder: Diese Maschinen kamen aus Frankreich und waren zunächst dreiphasig. Heute sind sie zumeist zweiphasig angelegt. Den hohen Leistungen stehen vergleichsweise geringe Maschinenkosten gegenüber. Entsprechende Organisation und Bereitstellung der notwendigen Transportgeräte vorausgesetzt, können diese Maschinen gut überbetrieblich eingesetzt werden, da sie wie beim Mähdrescher in die volle Fläche hineinfahren können. Die Köpfeinrichtungen werden häufig in Schubfahrt betrieben.

Sechsreihige, einphasige, selbstfahrende Bunkerköpfroder: Diese Geräte können in den vollen Bestand fahren und nehmen Rübe und Blatt vor der letzten Achse auf. Ungewöhnlich große Motoren, Spezialbereifungen, aufwendige Hydraulikanlagen, wie überhaupt der hohe technische Aufwand und die hohe Kapitalbelastung zwingen zu bester Organisation. Demgegenüber stehen Leistungen von ca. 1 ha/h.

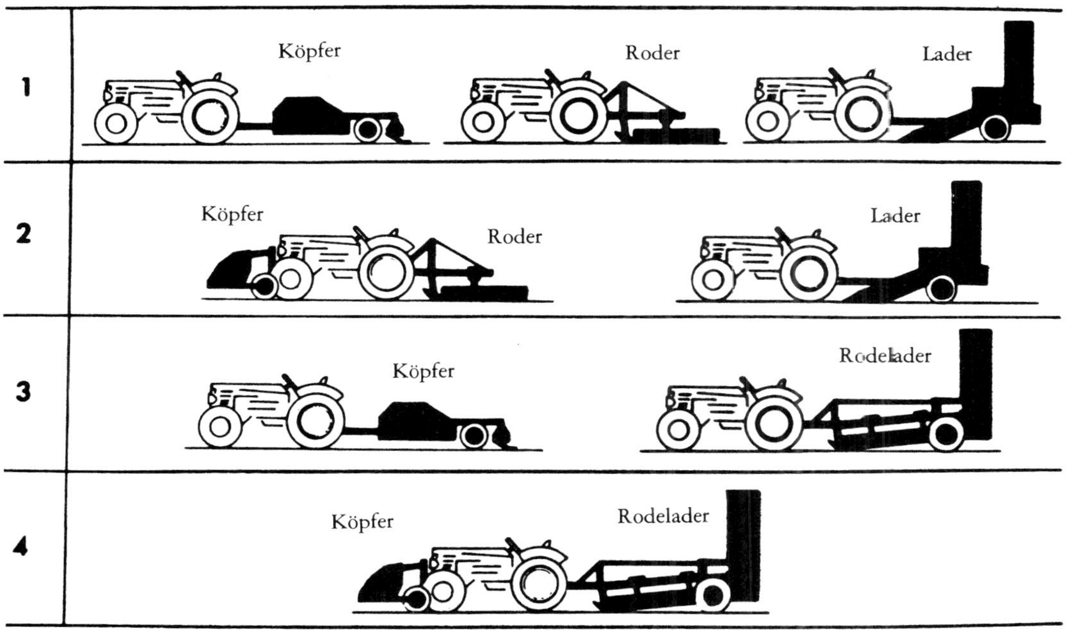

Mehrreihige Zuckerrübensysteme
1 dreiphasiges Verfahren
2 und 3 zweiphasiges Verfahren
4 einphasiges Verfahren

2. Rübenblattbergung

Wer Rübenblatt bergen möchte, muss jegliche Verschmutzung vermeiden. Einreihige Maschinen legen das Blatt entweder im Querschwad ab, weisen aber manchmal auch Doppelbunker auf, in denen das Blatt bis zum Vorgewende oder zum nächsten Schwad mitgenommen wird. Die Ablage unzerkleinert im Querschwad ist weit verbreitet. Bei der Aufnahme mit dem Siloschwanz oder dem Frontlader wird jedoch ein Erdanteil mitgenommen. Mehrreihige Geräte können mit Überladebändern oder Gebläsen ausgestattet sein, die auf den nebenherfahrenden Wagen übergeben.
Langblatt wiegt je Kubikmeter ca. 150 kg, Kurzblatt ca. 300-450 kg. Soll das Blatt untergepflügt werden, ist eine möglichst gleichmäßige Feldverteilung wichtig.

3. Rübenbergung

Die Rübenbergung umfasst je nach Ernteverfahren folgende Transporte:

- Transport der Rüben zum Feldende,
- Abtransport zur Übernahmestelle,

entweder vom Feldende oder vom Längs- bzw. Querschwad. Rübenmaschinen mit großvolumigen Bunkern nehmen die geernteten Rüben bis zum Feldende mit und überladen sie auf bereitgestellte Wagen. Eine zweireihige selbstfahrende Maschine liefert in der Stunde bis zu 40.000 kg. Die Lösung der Transportfrage ist daher besonders wichtig, um die volle Ernteleistung zu erzielen.
Überladen im Fließverfahren ist bei einigen Maschinentypen, vor allem aber bei mehrphasigen Verfahren, möglich.
Rübenmaschinen älterer Bauart legen die Rüben im Querschwad ab. Das Laden erfolgt mit dem Frontlader des Traktors, der mit Rübenkorb ausgestattet wird, oder mit einem Heckschwenk- oder Hecklader. Radlader und Bagger sind hauptsächlich für große Rübenmengen in Verwendung.
Der Transport der Rüben vom Feld erfolgt in den meisten Fällen durch Traktoranhänger in Zweiachs-, Einachs- oder Tandemachsausstattung. Hydraulische Kippeinrichtungen, die entweder durch die Anlage des Traktors gesteuert oder mittels Handpumpe betrieben werden, sind sehr weit verbreitet.

4. Wartung von Rübenerntemaschinen

Vor dem Einsatz:

- Schmiernippel und Schmierstellen prüfen.
- Inspektion des Rahmens auf Risse; Prüfung und Wartung der Fördereinrichtungen.
- Überholung der Köpfeinrichtung; leichte Beweglichkeit des Tastrades, Schärfe des Köpfmessers, Erneuerung der Klöppel an der Putzschleuder.
- Neue Rodeschare montieren, Aufhängung kontrollieren.

Während der Einsatzzeit:

- Täglich Hauptschmierstellen abschmieren, Köpfmesser von unten nachschleifen, Gelenkwelle abschmieren, Putzschleuder kontrollieren bzw. Klöppel erneuern.

Jährlich:

- Vor Einwinterung gründlich reinigen, Messer, Schare und Putzschleuder auf Verschleiß prüfen, abgenutzte Teile auswechseln, blanke Teile mit Außenkonservierungsöl behandeln.
- Getriebeöl in den Ölbadgetrieben wechseln, Hydrauliköl wechseln. Filter wechseln. Ketten reinigen und in Motoröl behandeln.
- Maschine wettergeschützt abstellen, ev. aufbocken und Luftdruck verringern.

KOSTEN BEI UNTERSCHIEDLICHER AUSLASTUNG VERSCHIEDENER ERNTESYSTEME

Geplante Ernteleistung in ha/Jahr

Euro/ha	10 ha	20 ha	30 ha	50 ha	70 ha	100 ha	150 ha	200 ha	300 ha	350 ha
BKR 1rhg. gezogen										
Fixkosten	915,97	457,98	305,30	183,21						
variable Kosten	53,27	53,27	53,27	53,27						
Zugmaschine 90 kW	145,20	145,20	145,20	145,20						
	1.114,44	656,45	503,77	381,68						
BKR 2rhg. Selbstfahrer										
Fixkosten			804,92	482,98	402,46	344,98				
variable Kosten			130,38	130,38	130,38	130,38				
			935,30	613,36	532,84	475,35				
KR+BL 6rhg. gezogen										
Fixkosten					380,66	266,49	177,61	133,21		
variable Kosten					33,21	33,21	33,21	33,21		
Zugmaschine 2x100 kW					74,71	74,71	74,71	74,71		
					488,58	374,41	285,53	241,13		
BKR 6rhg. Selbstfahrer										
Fixkosten						541,27	360,82	270,63	180,45	154,65
variable Kosten						98,33	98,33	98,33	98,33	98,33
						639,59	459,15	368,96	278,77	252,97

INVESTITIONSKOSTEN in Euro	
BKR 1rhg. gezogen	**39.970**
BKR 2rhg. Selbstfahrer	**105.380**
KR+BL 6rhg. gezogen	**116.280**
BKR 6rhg. Selbstfahrer	**236.190**

5. Maschinen und Geräte für Futterrübenernte

Die Emte von Futterrüben wird der kleinen Anbaufläche wegen noch oft in Handarbeit durchgeführt. Der ungleichmäßige Sitz der Futterrüben erschwert außerdem den Einsatz herkömmlicher Zuckerrübenerntemaschinen.

5.1 Geräte und Arbeitsverfahren

Die rein händische Futterrübenernte bedeutet mit 150 AKh/ha für den Betrieb eine schwere Arbeitsbelastung. Durch den Einsatz von **Köpfschippe und Roder** lassen sich die Arbeitskraftstunden auf 110 AKh/ha verringern. Das Blatt wird vor dem Roden mit der Schippe geköpft, in Querschwaden abgelegt und gleich abtransportiert. Wichtig ist, dass die Reihenweite der Rübe mit der Spurbreite von Traktor und Anhänger übereinstimmt. Als Roder kann dabei auch der Traktor mit **umgebauter Frontladergabel** verwendet werden: Verschieden lange Federstahlzinken werden mit Rodebügeln versehen, sodass keilförmige Rodekörper entstehen. Bei rascher Fahrt von 6 bis 8 km/h werden dadurch die Rüben aus der Reihe gehoben und die gefüllte Gabel auf einen Wagen gekippt. Die Arbeitsbelastung wird bei diesem Verfahren auf ca. 60 AKh/ha geschätzt. Mit dem vorgenannten Verfahren können auch ungeköpfte Rüben geerntet werden. Futterrüben, vor allem blattarme Sorten, können auch mit dem Blatt eingemietet werden, wenn auf die richtige Mietentemperatur geachtet wird. Die Miete sollte erst nach Abklingen der Wärmeentwicklung (nach 4 bis 6 Wochen) ganz abgedeckt werden. Die Futterrübenernte lässt sich auch nach dem **dänischen Ernteverfahren** durchführen. Der Häcksler wird für die Blattentfernung nicht so tief eingestellt, die Drehzahl zur Vermeidung von zu starker Vermusung herabgesetzt.

Futterrübenvollernter sind Spezialmaschinen, die mit Hilfe eines umlaufenden Klemmbandes das Rübenblatt erfassen und damit die durch Schare gelockerten Rüben aus dem Boden ziehen.

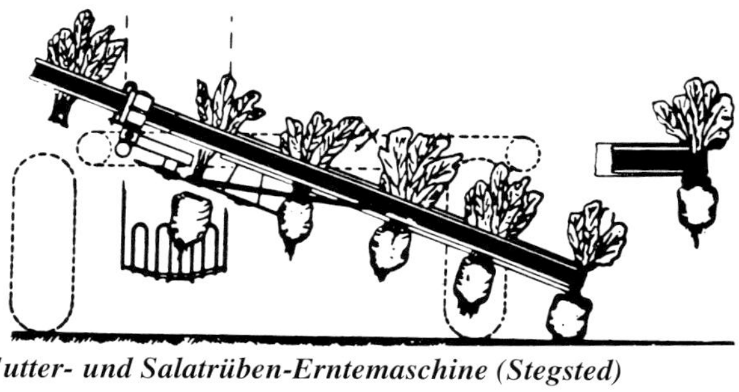

Futter- und Salatrüben-Erntemaschine (Stegsted)

Die Rüben werden an scheibenförmigen Köpfmessern vorbeigeführt und über ein Förderband in den Bunker transportiert. Das Blatt wird je nach Bauweise und Fabrikat in Längsschwaden oder über einen Sammelkorb in Querschwaden abgelegt. Die Tagesleistung einreihiger Maschinen beträgt 1,5 bis 2,5 ha.

Diese Maschinen eignen sich auch für die Ernte von Salatrüben.

6. Maschinen und Geräte für die Kartoffelernte

Die Kartoffelknollen müssen zusammen mit dem umgebenden Erddamm aufgenommen werden. Bei einer Erntefläche von 1 ha müssen zwischen 60 und 80 Eisenbahnwaggons zu 20 t abgeschieden werden, dazu je nach Reife außerdem bis zu 20 t Kraut.

Kartoffelerntemaschinen sollen folgende Anforderungen erfüllen:

- möglichst verlustarme Ernte,
- geringe Knollenverletzungen,
- sauberes Erntegut, frei von Erde, Schollen, Steinen und Kraut,
- geringer Handarbeitsaufwand,
- Eignung für unterschiedliche Erntebedingungen und Bodenarten.

6.1 Verfahren und Geräte

Für alle Kartoffelerntemaschinen ist die Beseitigung des Kartoffelkrautes wichtig. Die Ernte wird dadurch erleichtert und die Qualität und Haltbarkeit des Erntegutes verbessert. Ein spezielles Problem ist dabei die Krautbeseitigung bei der Produktion von Saatkartoffeln, um Virusinfektionen auszuschalten.

Zur Krautminderung und Krautbeseitigung gibt es verschiedene Möglichkeiten und Verfahren:

- chemische Krautabtötung
- mechanische Krautbeseitigung
- Kombination beider Verfahren

Die Ausbringung der **chemischen Mittel** erfolgt in der Regel mit herkömmlichen Pflanzenschutzspritzen, wobei sowohl Zeitpunkt als auch Bodenfeuchtigkeit sorgsam zu beachten sind.

Die **mechanische Krautbeseitigung** kann durch

- Abmähen mittels Mähbalken, Abschlagen durch Krautschläger,
- Ausziehen durch Krautziehmaschinen erfolgen.

Sammelroder benötigen eine gewisse Reststängellänge, weil ansonst der Krautrest von den Krauttrenneinrichtungen nicht mehr erfasst werden kann und das Kraut mit den Kartoffeln in den Bunker gelangt. Das einfachste Hilfsmittel zur Emte kleiner Flächen war der **handgeführte Pflug** mit einem Stabrost anstelle des Pflugkörpers.

Die praktische Bedeutung des **Schleuderradroders** ist nur noch gering. Der einfachen Bauweise steht ein hoher Handarbeitsaufwand verbunden mit Zudeckverlusten gegenüber. Der Damm wird durch ein Muldenschar gehoben und mit dem zinkenbesetzten Schleuderrad breitwürfig verteilt.

Der **Vorratsroder** legt die Kartoffeln in Reihen ab. Eine Trenneinrichtung zum Absieben von Erde und Schollen ist erforderlich. Dazu gibt es verschiedene Vorrichtungen: Beim **Siebkettenroder** werden als Trenneinrichtungen zwei hintereinander liegende, über Umlenkrollen laufende Kettenroste verwendet. Zur Verstärkung der Siebwirkung laufen die Ketten über Nocken. Zur Auf-

nahme des Dammes werden zumeist Muldenschare verwendet, eine weitere Bauart ist das Spatenschar. Siebkettenroder sind querneigungsempfindlich und arbeiten nur auf gut siebfähigen Böden zufrieden stellend.
Der **Siebradroder** hat als Trenneinrichtung hinter dem Muldenschar ein senkrecht oder schräg gestelltes Schleuderrad. Dieses Rad wirft die Kartoffeln samt Erde gegen ein zweites, auf dem Boden mitlaufendes Siebrad oder einen Leitrost.
Siebräder sind empfindlich gegen Krautreste; die Knollenbeschädigung ist größer.
Der **Schwingsiebroder** hat als Trennorgan einen quer zur Fahrtrichtung schwingenden Siebrost. Das Erntegut wird schonend behandelt, doch ist der Roder längsneigungsempfindlich.
Der **Quersiebroder** verwendet als Sieborgan einen quer zur Fahrtrichtung schwingenden Siebrost, dessen Pendelarmaufhängung allerdings stark beansprucht wird. Der Quersiebroder hat ähnliche Eigenschaften wie der Schwingsiebroder.
Siebtrommelroder trennen die Kartoffeln in einer rotierenden Siebtrommel ab. Als Zubringer zur Siebtrommel wird zum Teil ein Kettensieb verwendet.
Für die einreihig gebauten Vorratsroder ist eine Leistung von 8 bis 18 kW erforderlich. Die Flächenleistung beträgt zwischen 0,15-0,20 ha/h, die Fahrgeschwindigkeit etwa 3 bis 5 km/h.

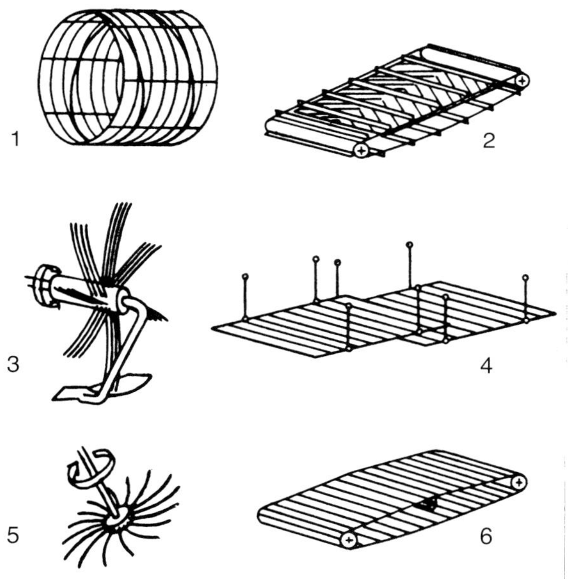

Siebelement von Kartoffelrodern
1 Siebtrommel, 2 Siebrost, 3 Schleuderrad, 4 Schwingsieb, 5 Siebrad, 6 Siebkette, (KTBL).

Mit dem Vorratsroder kann die beste Erntearbeit erzielt werden, da bei diesem Verfahren die Knollen noch an der Außenluft abtrocknen können. Die Aufnahme des Kartoffelschwades mit einer weiteren Maschine ist bei uns unüblich, sie erfolgt daher fast ausschließlich händisch.
Der Sammelroder ermöglicht eine Vollmechanisierung der Kartoffelernte. Der Kartoffeldamm wird von einem in der Tiefe geführten Rodeschar aufgenommen, und dann erfolgt die Trennung von Erde und Kraut. Nach einem Hochtransport wird die weitere Abtrennung von Schollen und Erde durchgeführt und das Erntegut in einem Sammelbehälter abgelegt.

6.2 Baugruppen und Funktion des Kartoffelsammelroders

Die Kartoffelsammelroder weisen ähnliche Bauteile und Baugruppen auf. Mehrheitlich werden einreihige, gezogene Geräte verwendet, doch ist auch hier ein Trend zur Mehrreihigkeit feststellbar.

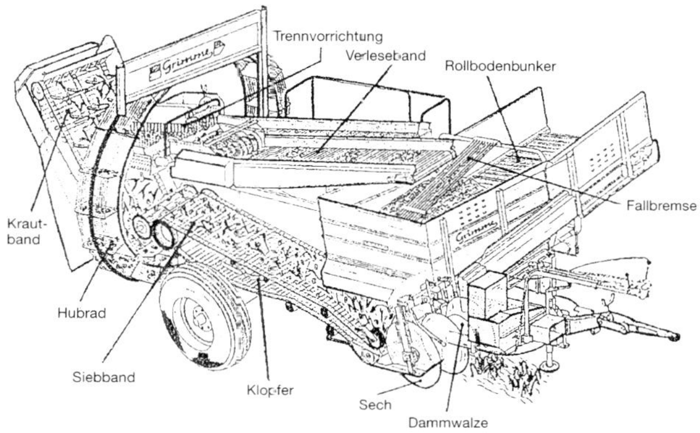

Kartoffelvollernter

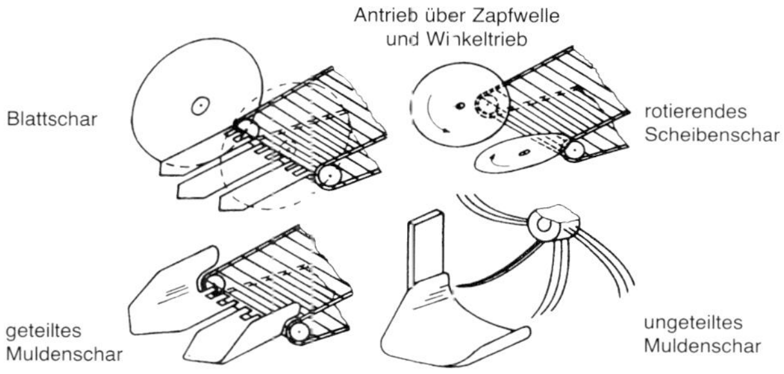

Rodeschare von Kartoffelerntemaschinen (KTBL)

Das **Rodeorgan** ist meist ein Blattschar (Spatenschar) mit bodengetriebenen Begrenzungsscheiben. Zwangsgetriebene Scheibenseche verringern die Verstopfungsgefahr. Besser, aber wesentlich aufwendiger sind zwangsgetriebene Aufnahmewerkzeuge. Das Rodeschar ist durch eine Grob- und Feinregulierung einstellbar. Zumeist ist eine Dammwalze vorhanden, die auch horizontal verschiebbar ist. Je mehr der Boden zum Schieben neigt, desto mehr sollte die Dammwalze an das Rodeschar herangerückt werden. Die Maulweite der Rodeschare liegt um 54 cm bei einreihigen Geräten, um 115 cm bei zweireihigen Geräten. Die Dammwalze sollte in der Mitte ein 10 cm breites Auflagestück aufweisen, um eine gute Dammauflage zu ermöglichen.
Sehr weit verbreitet sind Hohlscheibenpaare, die optimale Drehzahl derselben liegt um 50 U/min.
Die exakte Tiefenführung ist im Hinblick auf die zu bewegende Erdmenge von großer Wichtigkeit. Diese wird durch einen zusätzlichen Tiefgang von 1 cm um 10% erhöht.

Vom Rodeschar gelangt das Erntegut überwiegend auf eine **Siebkette** mit einem flachen Anstiegswinkel, der im ersten Siebkettenabschnitt bei 25° liegt, im zweiten Abschnitt etwa 15° aufweist. Die Siebkettenposition kann durch Veränderung der Laufradachse variiert werden. Die Siebkette wurde in den letzten Jahren verbreitert und weist an den Enden Gurte auf, bei denen die Stabenden mit den Nieten abgedeckt sind, um die Knollenschäden zu verhindem. Die Stababstände der Ketten schwanken zwischen 35 und 50 mm. Die Stäbe können überzogen werden, wodurch die lichte Weite ebenfalls verändert werden kann.

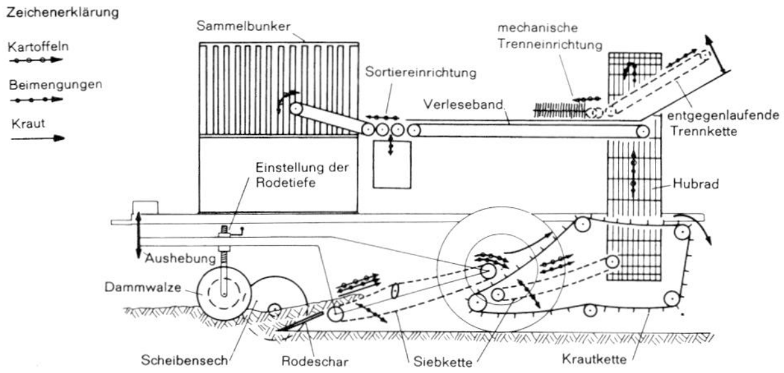

Sammelroder (KTBL)

Die Siebkettengeschwindigkeit kann über die Zapfwelle und über Getriebeabstufungen verändert werden. Die Siebkettengeschwindigkeit beeinflusst sehr wesentlich den Anteil der beschädigten Knollen. Der Erdpolster soll am Ende der Siebkette abgesiebt sein. Durch Rüttelräder oder durch Klopfeinrichtungen kann die Siebleistung erhöht werden. Außer der Siebkette gibt es noch den feststehenden **Siebrost** mit umlaufender weitmaschiger Krautkette in Gebieten mit Böden, die zur Schollenbildung neigen, und den **Rollboden**.

Von den Siebeinrichtungen gelangt das Erntegut auf eine Krauttrenneinrichtung. Die einfachste Form ist die Zupfwalze, wobei meist bis zu 3 Walzen verwendet werden. Die Zupfwalzen sind so an die Siebkette angeordnet, dass eine Öffnung verbleibt, in die das Kraut hineingezogen wird. Aus diesem Grunde muss das Kraut nach dem Schlägern noch eine Mindestlänge aufweisen.

Die weitmaschige **Krautkette**, bei der die Knollen durch die Maschen fallen, ist seltener.

Die intensivste Krautabtrennung bietet die **engmaschige Krautkette**, die sich an die Siebkette anschließt und das Kraut aus dem Erntegut herausnimmt und die abgetrennten Knollen gegen den Erntestrom zurückrollen lässt. Um die dabei bestehende Beschädigungsgefahr zu mindern, ist zwischen Krautkette und Siebkette eine Überleitwalze angeordnet, außerdem ist die Krautkette mit polsterndem Material überzogen. Die engmaschige Krautkette ist empfindlicher gegen große Steine und Queckenbesatz.

Von der Krauttrenneinrichtung gelangt das Erntegut in den meisten Fällen zu einem **Hubrad.** Dieses ist an allen drei Seiten mit Kunststoffseilen umspannt. Das Hubrad kann quer oder längs zur Fahrtrichtung angeordnet sein. Das längs der Fahrtrichtung angeordnete Hubrad ermöglicht ein besseres Heranfahren an den Standwagen und bietet auch für die Trenneinrichtung genügend Platz, erfordert aber mehrere Umlenkungen des Erntestromes.

Quer zur Fahrtrichtung liegende Hubräder werden aus Gründen einer schmäleren Bauweise mt Hubelevatoren ausgestattet.

Von der Hubeinrichtung gelangt das Emtegut auf eine **Trenn- und Verleseeinrichtung**. Die modemen Maschinen weisen im Wesentlichen drei Bauweisen auf:

- Gegenlaufendes Gummifingerband,
- Kombination von Gummifingerband und Abstreifern,
- Kombination von Gummifingerband und rotierenden Bürstenwalzen oder Bürstenbändern.

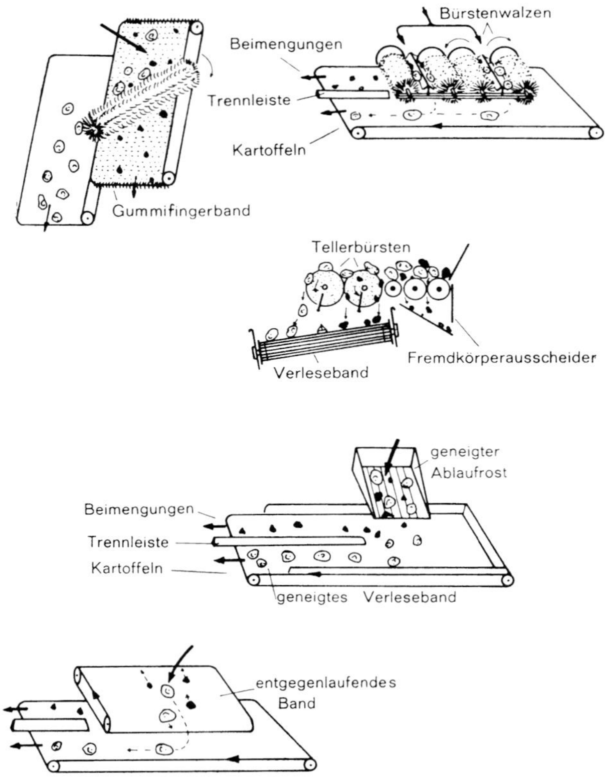

Fremdkörperabscheidung bei Sammelrodern (KTIL)

Das **gegenlaufende Gummifingerband** entfernt das feine Restkraut und die Resterde. Die Wirkung des Bandes wird durch eine Neigungsveränderung und eine breite Beschickung von oben verbessert.

Die **Kombination von Gummifingerband und Abstreifer** hat sich bei einem höheren Steinbesatz und Schollenanteil gut bewährt. Der Abstreifer muss allerdings laufend von Krautverstopfungen und eingeklemmten Steinen befreit werden, erfordert also eine Bedienungsperson. Die Kombination von **Gummifingerband und Bürstenwalzen** wurde in den letzten Jahren verbessert und es gibt sie auch anstatt mit Bürstenwalze mit Bürstenbändern. Mit einer Bürstenwalze kann ein Steinanteil von 50%, mit zwei Bürstenbändern und drei Verlesepersonen ein Steinanteil von 100% sauber getrennt werden.

Die Trennverfahren, welche mit schrägen Verlesebändern oder mit elektronischen Einrichtungen, etwa mit Röntgenstrahlen arbeiten, sind auf Rodern kaum mehr anzutreffen.

Die Trennhilfen arbeiten vielfach mit stufenlosen, hydraulischen Antrieben.

Trenneinrichtungen im Kartoffelvollernter

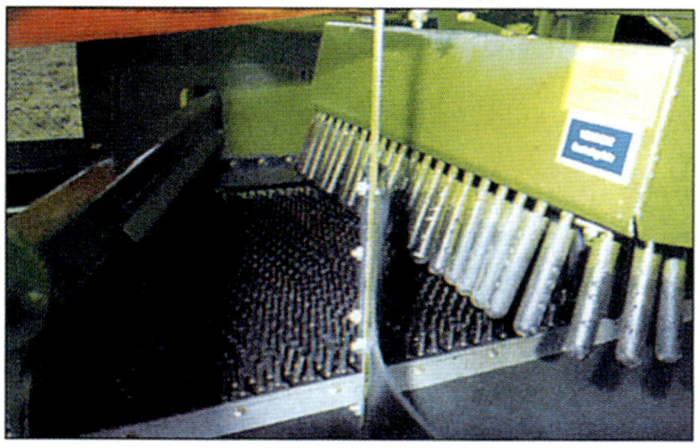

Gummifingerband mit rotierendem Abstreifer. Durch diese Verleseeinrichtung wird eine leistungsfähige Abtrennung von kleineren Steinen und weichen Kluten (= Schollen) erreicht.

Die Kombination von Bürsten und Fingerbändern hat sich in der Praxis gegenüber Trenneinrichtungen, die mit Luftdruck oder elektronisch gesteuert werden, immer noch am besten bewährt.

Die engmaschige Krautkette bringt eine bessere Trennung als die weitmaschige, zieht aber die Kartoffeln oft in Mitleidenschaft.

Aufbereitungsmaschinen für Kartoffeln

Treppenartige Anordnung von hintereinander liegenden Flachsieben

Spiralwalzen zur intensiven Enterdung, auch von Partien mit Steinanteilen

Schwingende Siebkette für schonende Enterdung von Kartoffeln

Gummifingerwalzen fördern auch ohne Nachschub – Verteilerhaspel für eine gleichmäßige Belegung der Arbeitsfläche

Im Anschluss an die mechanische Trennung muss das Erntegut in den meisten Fällen noch **handverlesen** werden. Als Zusatzeinrichtung gibt es noch Reinigungs- und Sortieranlagen in Form von rotierenden Gummischeiben und Gummifingern. Kleine Steine und Schollen werden damit noch ausgeschieden.
Die Mehrzahl der Maschinen übernimmt das Erntegut in **Bunker,** wobei Kippbunker und Rollbodenbunker gleichermaßen angeboten werden. Das Fassungsvermögen beim Kippbunker reicht bis 1.800 kg, beim Rollbodenbunker bis 3.500 kg. Mehrreihige Roder übergeben in der Regel die Kartoffeln im Parallelverfahren.
Von den rund 50 Sammelrodertypen in Westeuropa sind etwa die Hälfte zwei- und mehrreihig, davon sind ca. 10 Typen Selbstfahrer.
Die Wirtschaftlichkeit von einreihigen Sammelrodern verlangt Flächen von über 10 ha.

6.3 Maßnahmen zur Vermeidung von Knollenbeschädigungen

- flacher Boden
- ausreichender Erdpolster auf der Siebvorrichtung
- vorsichtiges Absieben und Krautabtrennen
- polsternde Überzüge auf Siebevorrichtung und Krautketten
- niedrige Fallstufen
- schonendes Abtrennen von Beimengungen
- niedrige Überladehöhe
- richtige Sortenwahl
- Roden bei günstigen Temperaturen

❑ Wartung von Kartoffelsammelrodern

Während des Einsatzes täglich

- Hauptschmierstellen laut Anleitung schmieren. Förderkettenlager aus Kunststoff nicht abschmieren! Gelenkwelle nicht vergessen.

Gelegentlich

- Siebketten und Verleseband nachspannen, Antriebsketten auf Spannung prüfen, Luftdruck der Reifen kontrollieren.

Jährlich

- vor Einwinterung gründlich reinigen, Verschleißteile (Schare, Siebelemente) kontrollieren. Verbogene Siebkettenstäbe oder Wurfgabelstäbe von Schleuderradrodern ausrichten. Blanke Teile mit Außenkonservierungsöl behandeln. Hydraulikzylinder einfahren, Hydrauliköl wechseln. Antriebsketten reinigen und in Motoröl behandeln, montieren und nachspannen. Maschinen, wenn möglich, aufbocken und Reifendruck vermindern.

❑ Leistungsdaten

Einreihig gezogen ca. 0,1 ha/Stunde, Leistungsbedarf 25–35 kW. Zweireihig gezogen ca. 0,2 ha/h, Leistungsbedarf 45–60 kW mit Überladeband. Zweireihige Selbstfahrer 0,25–0,35 ha/Stunde, 60–75 kW.

❑ Unfallschutz

Störungen niemals bei laufender Maschine beheben, Schutzvorrichtungen nicht entfernen. Eine ordnungsgemäße Beleuchtung erhöht die Sicherheit im Straßenverkehr.

6.4 Kartoffelaufbereitungsmaschinen

Unterschiedliche Marktansprüche und zunehmende Spezialisierung in der Kartoffelverwertung führen zu einer immer größeren Vielfalt an Maschinen und technischen Einrichtungen. Zum Teil sind die Aufbereitungsmaschinen in genossenschaftlicher Verwendung.
Die Aufbereitung umfasst folgende Arbeiten:

- Enterden: Dazu werden Maschinen mit rotierenden Gummischeiben, aber auch Schwingsiebenterder verwendet.
- Sortieren: Speise- und Pflanzkartoffel müssen größensortiert werden. Dazu werden spezielle Flachsieb- und Siebbandsortierer eingesetzt. Durch die Maschinen soll unter keinen Umständen eine Beschädigung der Kartoffel eintreten.

❑ Kartoffelsortierer

haben die Aufgabe, das Erntegut in Größenfraktionen zu sortieren. Die Sortiergenauigkeit nimmt bei allen Sortiersystemen mit zunehmender Knollenlänge ab, da längere Knollen erst einen „Kopfstand“ machen müssen, um nach ihrer größten Breite abgesiebt werden zu können. Der Sortiervorgang soll für eine bestimmte Mengenleistung mit hoher Sortiergenauigkeit unter Schonung der Knollen erfolgen. Letztere steigt mit der Sieblänge, die Mengenleistung mit der Siebbreite.
Sortiersysteme unterscheiden sich im Wesentlichen in den Sortierelementen: Flachsieb, Siebband und Profilwalzen.

Der Sortiervorgang erfolgt dadurch, dass Sortierelemente mit verschiedener Intensität bewegt werden. Beschädigungen der Knollen sind auch vom Sortiersystem abhängig. Deshalb werden für die verschiedenen Verwertungsrichtungen bestimmte Sortierelemente bevorzugt.

Flachsieb-Sortierer bieten den größten Bereich in Mengenleistung und Anzahl der Größenfraktionen. Allgemein ist die Sortiergenauigkeit der Flachsiebe gegenüber anderen Systemen am höchsten. Die Siebe sind meist übereinander, hintereinander, seltener horizontal angeordnet. Die schwingenden Siebkästen sind auf Stahl- oder Holzfedern abgestützt. Die Hublänge ist meist unveränderlich. Bei manchen Fabrikaten wieder kann die Antriebsdrehzahl verändert werden. Der Sortiervorgang ist entweder der Verleseeinrichtung vor- oder nachgeschaltet. Die Leistung liegt zwischen 2 und 30 t/h Erntegut.
Band-Sortierer nehmen mit Hilfe von umlaufenden Siebbändern oder Riemen die Fraktionierung vor. Die

Anzahl der Fraktionen ist gegenüber der Flachsortierung geringer. Eingesetzt werden diese meist für die Sortierung der Speisekartoffeln. Die Änderung der Sortiergrößen durch Siebbandwechsel ist kosten- und zeitaufwendiger als beim Flachsystem. Die Leistung liegt zwischen 6 und 20 t/h Erntegut.

Profilwalzen-Sortierer trennen die Knollen mit Hilfe von horizontal hintereinander angeordneten, rotierenden Gummiwalzen. Vorteilhaft ist die einfache Einstellmöglichkeit der gewünschten Sortiergrößen, die durch stufenloses Einstellen der quadratischen Öffnungen zwischen den Walzen erreicht wird.

Verlesebänder ermöglichen erst verkaufsfertige Ware. Zur Verbesserung der Verlesequalität dienen Wendeeinrichtungen, die die Knollen mehrmals drehen. Dies wird durch umlaufende Rollenverlesebänder erreicht. Vorteilhaft ist es, wenn die Verlesebänder so ausgeführt sind, dass die arbeitenden Personen gegenüber sind. Durch elektronische Verlesehilfen kann das Entfernen der auszulesenden Teile automatisiert werden. Die Arbeitskraft beobachtet wie bisher den Kartoffelstrom und markiert mit einem Taster die auszulesenden Teile. Das Abtrennen erfolgt dann selbsttätig.

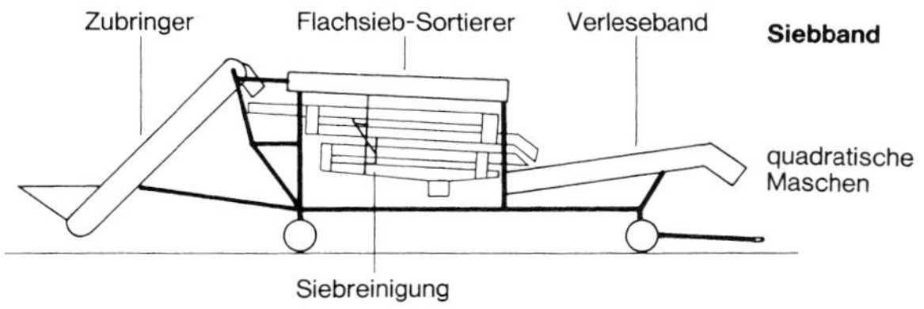

Sortiermaschinen mit übereinander angeordneten Sieben und angebautem Zubringer- und Verleseband (KTBL)

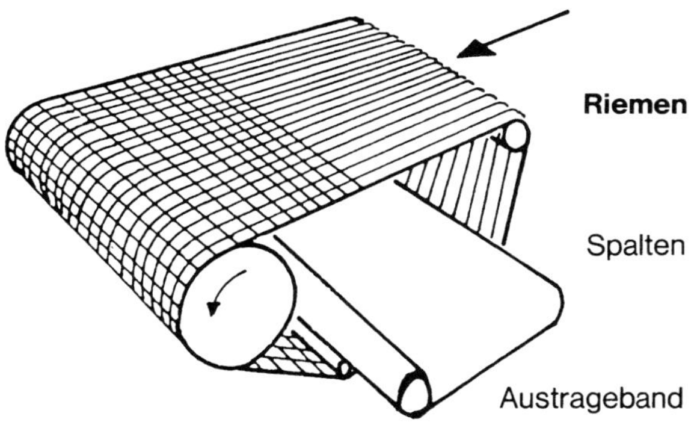

Umlaufendes Siebband mit quadratischen Maschen und umlaufende Riemen mit Längsspalten

- Bürst- und Waschmaschinen: Hochspezialisierte Betriebe führen vor der marktgerechten Verpackung noch eine Reinigung durch.
- Verpackung: Im Kartoffellager sind je nach Gegebenheit Förderbänder, Hubstapler und Belüftungseinrichtungen erforderlich.

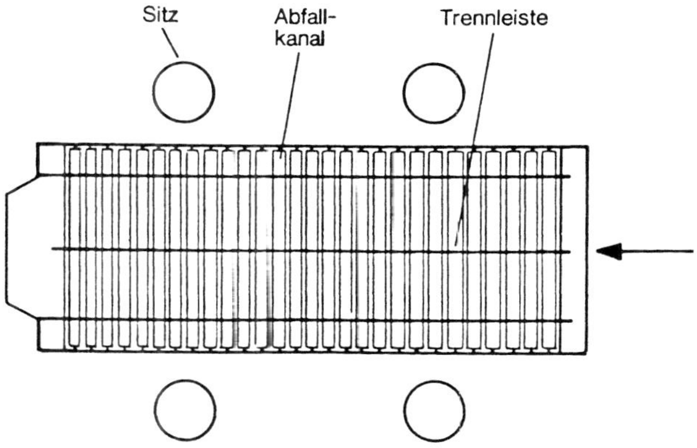

Rollenverleseband mit Arbeitsplätzen nebeneinander und gegenüber (KTBL)

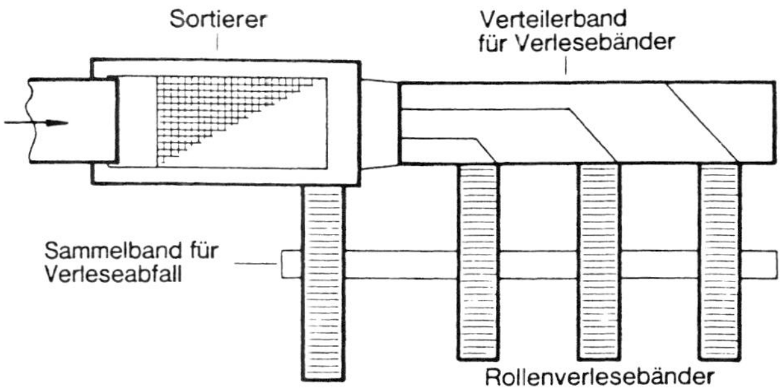

Stationäre Sortiermaschine mit Verteilerband und mehreren Verlesebändern (KTBL)

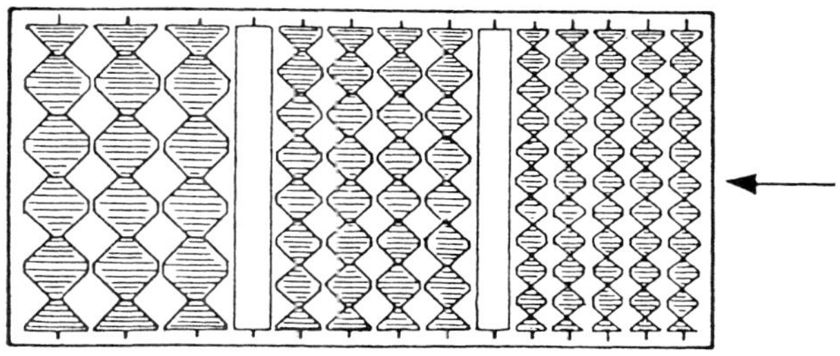

Profilwalzen (KTBL)

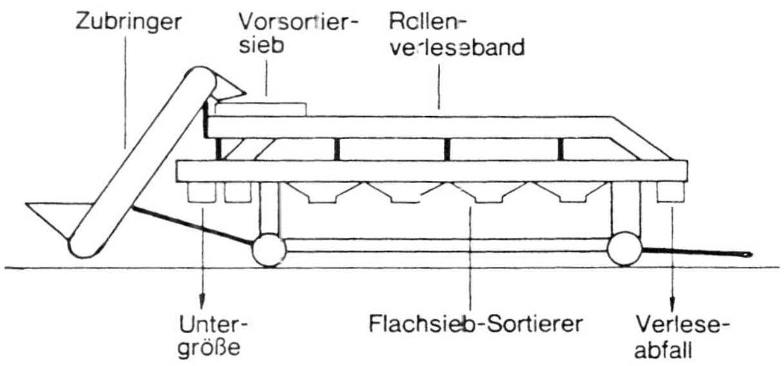

Fahrbare, zweietagige Sortiermaschine mit horizontal hintereinander angeordneten Sieben und einem Verleseband über der Sortierebene (KTBL)

Lagersystem	**Kennzeichen**
Haufenlager 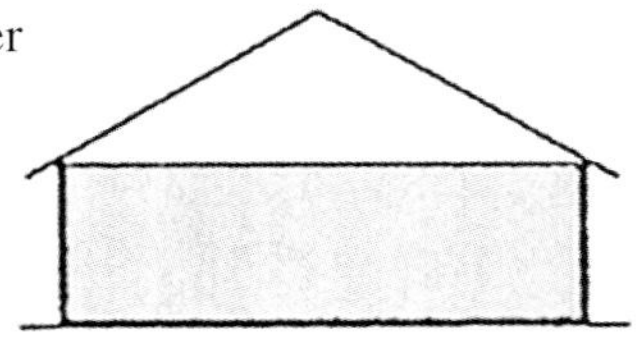	ohne oder mit Trennwänden zum Abteilen einzelner Partien; Ein- und Auslagern der Kartoffeln mit mobilen Geräten (z.B. Frontlader am Schlepper, Speziallader, Förderband mit Aufnahmevorrichtung); besonders geeignet für große Partien von Industriekartoffeln
Boxenlager ebenerdig 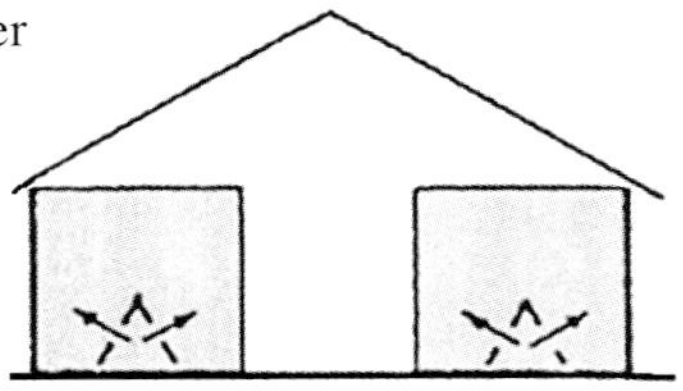	gesamter Kartoffellagerraum in Einzelboxen unterteilt, Boxen ebenerdig, oben offen; vordere Abschlusswand für Entleerung kontinuierlich herausnehmbar (Amerikanerwand); Befüllung von oben mit Boxenstapler, Entnahme ebenerdig mit mobilen Geräten; Belüftung durch bewegliche Oberflur-Kanäle (Belüftungsreiter)
Boxenlager mit Sockel 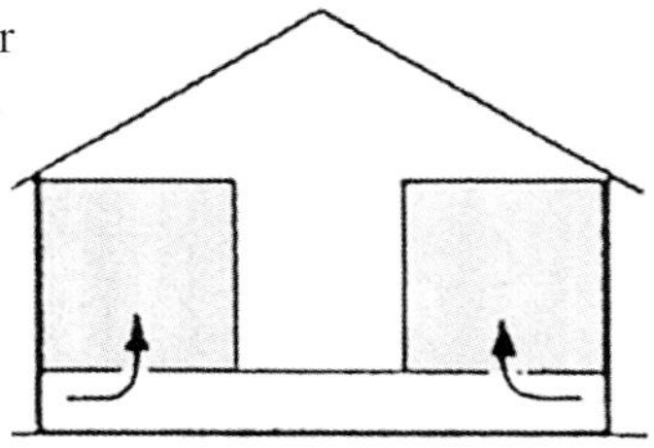	Einzelboxen auf Sockel gestellt, Sockelhöhe entspricht Höhe der fest installierten Kanäle, die für Belüftung und Entnahme der Kartoffeln verwendet werden; Befüllen mit Boxenstapler von oben, Entnahme der Kartoffeln mit Boxenförderband von unten
Boxenlager mit Schrägboden 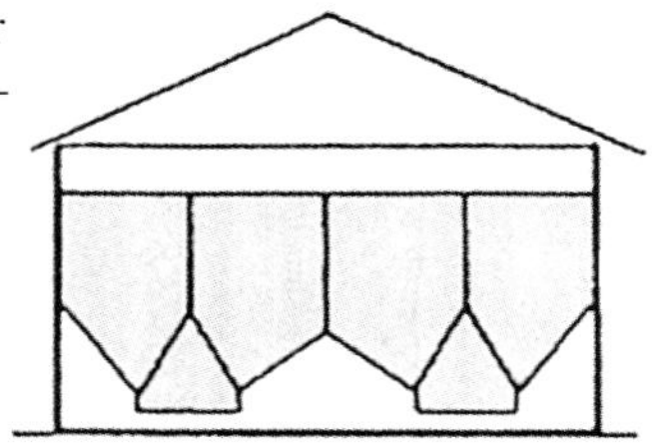	Einzelboxen besitzen Schrägboden, dadurch selbsttätiges und völliges Entleeren ohne Handarbeit möglich; ein gemeinsamer Belüftungs- und Entnahmekanal für jeweils 2 Boxen, Befüllen von oben mit Förderbändern, Entnahme von unten mit Boxenförderband; für Endlagerung oder als Zwischenlagerboxen für kurzzeitige Lagerung verwendbar
Kistenlager 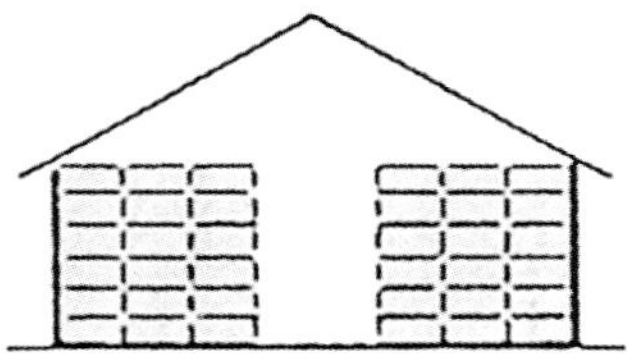	Einlagern von Groß- und Kleinkisten möglich; Ein- und Auslagern mit Gabelstapler, Spezial-Frontlader, Belüftung von unten durch Rostboden; bevorzugt dort verwendet, wo viele kleinere Partien getrennt gelagert werden müssen

TECHNIK DER INNENWIRTSCHAFT

Der Technik der Innenwirtschaft kommt durch die Verminderung der ständig beschäftigten Arbeitskraft große Bedeutung zu.

A Haushalt

1. Haushaltsgeräte allgemein

Eine Vielzahl von technischen Haushaltsgeräten für das Kochen und die Vorratshaltung, die Wohnungs- und Wäschepflege erleichtern die Hausarbeit und helfen Zeit sparen. Kenntnisse über Arbeitsweise, Leistung, Bedienung und Pflege der Geräte sind notwendig. Mit Hilfe von Kostenrechnungen kann die Rentabilität der Geräte überprüft werden. Auf „ÖVE-geprüfte" Markenartikel und auf einen entsprechenden Unfallschutz ist zu achten.

2. Geräte für die Nahrungszubereitung

2.1 Elektroherde

Elektroherde gibt es als Stand-, Unterbau und Einbauherde. Einbauherde bestehen aus einem Backrohr und einem Kochmuldenteil. Ist die Kochmulde vom Backrohr getrennt, so kann das Backrohr in Griffhöhe günstiger angeordnet werden. Die Kochmulde ist mit Kochplatten (meist vier, verschiedene Durchmesser) oder einer Ceranplatte (Glaskeramikplatte) bestückt.

Bei Automatikplatten wird die Wärmeabgabe selbstständig geregelt, es braucht nicht zurückgeschaltet werden. Diese Platten sind daher sehr Strom sparend. Bei Glaskeramikplatten sind unter dem ebenen Heizfeld spiralartige Heizkörper. Die markierten Kochzonen funktionieren wie zeitgesteuerte Automatikplatten und haben ca. denselben Energiebedarf.

Beim **Induktionskochfeld** entstehen an den Kochzonen Magnetfelder, deren elektrische Ströme leitendes Metallgeschirr erhitzen. Das Erhitzen wird nach der Wegnahme des Kochgeschirrs sofort eingestellt.

Beim Backrohr mit Thermostatschaltung kann die Hitze von 50 bis 300° C konstant gewählt werden. Beim Heißluftherd (Umluftherd) wird die Luft im Backrohr durch Heizkörper an der Rückfront erhitzt und mit einem Ventilator umgewälzt. Die Heißluft umströmt das Back- und Bratgut von allen Seiten. Im Vergleich zur Strahlungswärme genügen hier um 30 bis 40° C niedrigere Temperaturen.

Die Bratautomatik bei Backrohren ist auf Fleischart und Gewicht vorprogrammierbar.

Bei Zeitautomatikherden mit einer Zeitautomatikschaltuhr kann mittels Zeitvorwähler das Ein- und Ausschalten von Kochplatten und Backrohr im Vorhinein eingestellt werden.

Standardbackrohre werden mit Ober- und Unterhitzregelung angeboten. Aufwendigere Backrohre haben ein eingebautes Umluftsystem (Heißluft), eingebauten Infrarotgriller, Mikrowelle, Dunstabzug, Zeitschaltautomatik usw.

Bei der Selbstreinigung im Backrohr gibt es zwei verschiedene Systeme:

1. **Pyrolytisches System:** durch Abbrennen der angelegten Rückstände bei sehr hohen Temperaturen
2. **Katalytisches System:** durch eine Spezialbeschichtung brennt das Fett nicht mehr an

Bei der Anschaffung ist zu überlegen, ob die arbeitswirtschaftlichen Vorteile der Zeitautomatik, der Selbstreinigung usw. genutzt werden und für den jeweiligen Haushalt Bedeutung haben.

Richtiges Elektrogeschirr verringert den Stromverbrauch, Luftpolster und gewölbte Topfböden verlängern die Garzeit.

Pflege des E-Herdes und der Glaskeramikplatten:

- Kochplatten möglichst trocken und sofort reinigen.
- Backrohr mit Reinigungsmitteln reinigen.
- Bei Backrohren mit katalytischer Selbstreinigung die Innenwände nur mit reinem Wasser abwaschen.
- Der pyrolytische Selbstreinigungsvorgang läuft automatisch ab (mit hoher Temperatur).
- Bei Glaskeramikplatten die Verschmutzung sofort wegwischen.
- Vorsicht beim Kochen mit Zucker und Milch.

2.2 Gasherde

Gasherde haben ähnlich wie Elektroherde zwei bis vier verschieden große Kochstellen. Das Gas kommt aus der Rohrleitung in die Brennerdüse, wo es mit Luft vermischt und in der Brennerdüse verbrannt wird. Im Backrohr kommt das Gas aus einem Rohr mit vielen kleinen Düsen. Die Zündsicherung ist notwendig und verhindert Unfälle. Die Zündsicherung: Dafür wird ein vor der Brennerdüse eingebautes Ventil bei Druck auf einen Schalthebel durch einen Elektromagnet offen gehalten. Beim Erlöschen der Flamme verliert der Magnet durch die Abkühlung so rasch an Kraft, dass die Gaszufuhr unterbrochen wird.

Pflege des Gasherdes:

- Mit Reinigungsmitteln Verschmutzung abwaschen
- Der Gasherd mit einer Glaskeramikplatte ist pflegeleichter
- verklebte Brenner einweichen
- Herde mit Kinderschutzsicherung bevorzugen

2.3 Mikrowellengeräte

Mikrowellen werden von einem Magnetron erzeugt, und beim Auftreffen auf ein wasserhältiges Nahrungsmittel entsteht durch die damit verbundene Molekularreibung Wärme. Die Eindringtiefe ist mit vier bis sechs cm begrenzt. Die Speisen müssen daher richtig vorportioniert werden. Häufig werden Mikrowellen zum Auftauen und Erwärmen vorgekochter und (oder) eingefrorener Speisen verwendet. Das Gerät wird nach Intensität (10%, 20%, 30% bis 100%) und Zeit vorprogrammiert und schaltet sich selbsttätig aus. Die Garzeit mit Mikrowellen ist je nach Leistung des Gerätes und Wassergehalt der Speisen sehr verschieden, beträgt jedoch ca. 1/5 bis 1/10 gegenüber herkömmlichen Kochgeräten.

Anschlusswert: 400 bis 800 W.

Bei modernen Backrohren ist oft die Mikrowelle inkludiert – in diesem Fall ist jedoch keine Dunstabsaugung möglich.

Als Mikrowellengeschirr eignet sich:

feuerfestes Glas (ohne Silber und Gold)

Keramik und Steingut

Pappe und hitzefester Kunststoff

Moderne Backrohre werden mit vier Heizarten plus Mikrowelle angeboten (Ober- und Unterhitze, Heißluft, Umluft-Grill-System und Mikrowelle).

Anschlusswert für Mikrowelle: 800 W.

Anschlusswert für eingebauten Griller: 1.900 W.

2.4 Tischgriller

Strahlungsgrillgeräte haben in der Regel einen Edelstahlrost, unter diesem sind die elektrischen Heizspiralen angebracht. Die Strahlungshitze und die Strahlungszeit können am Gerät eingestellt werden. Bei der Anschaffung des Gerätes ist zu beachten, dass Grillgeräte mit Infrarotstrahlen eine kürzere Grillzeit und dadurch einen geringeren Stromverbrauch haben.

Anschlusswert: 1.500 bis 2.000 W.

Der Rost kann aber auch durch einen Grillstein (Natur- oder Kunststein) ersetzt werden. Grillgeräte werden als Tischgeräte, aber auch als Einbaugeräte angeboten.

2.5 Kontaktgriller

Die Kontaktgriller werden auch als Toaster bezeichnet. Die Speisen werden zwischen zwei beheizte Grillplatten gegeben und haben dadurch auch das typische Waffel- oder Strichmuster. Die Platten sind meist pflegeleicht und mit Teflon beschichtet.

Anschlusswert: 600 bis 1.500 W.

2.6 Brottoaster

Die Toastscheiben werden senkrecht eingeschoben und können automatisch nach Ablauf der Zeit ausgefahren werden.

2.7 Brotbackofen

Die Heizung im elektrischen Brotbackofen ist temperaturgesteuert. Die Ober- und Unterhitze können wie beim elektrischen Herd geregelt werden. Infrarotbacköfen gewährleisten eine gute Backqualität, und eine Schwelleinrichtung verhindert das Aufreißen der Brotrinde. Brotbacköfen gibt es in verschiedenen Größen, sie müssen fix an die Drehstromleitung angeschlossen sein. Aus Strom sparenden Gründen soll der Ofen mindestens zweimal hintereinander beschickt werden. Backöfen werden mit **Dunstabzug** und **Grilleinrichtung** angeboten.

2.8 Fritteuse

Bei diesem Fettbackgerät garantiert der einstellbare Thermostat von 100 bis 190° C die richtige Temperaturanpassung, das Fett wird dadurch nicht überhitzt, und es besteht weniger Unfallgefahr. Der Spritzschutzdeckel und der herausnehmbare Drahtrost erleichtern die Arbeit. Fritteusen gibt es in runder und viereckiger Ausführung (Tischgeräte sind meist rund und Einbaugeräte viereckig). Haushaltsgrößen haben oft 1,5 bis 2,5 Liter Fassungsvermögen und einen Anschlusswert von ca. 2.000 W.

2.9 Dampfgarer

Das Kochen mit Dampf stellt eine ideale Art dar, Speisen zuzubereiten. Bei dieser Art zu kochen liegen die Nahrungsmittel nicht im Wasser und sind gegen den Zutritt von Sauerstoff geschützt. Aus dem hermetisch abgeschlossenen Garraum können weder Geruch noch Feuchtigkeit in die Küche gelangen. Durch die Temperatur (z.B. 120° C) und dem damit verbundenen Druck ist die Garzeit auffallend kurz (bis 75% Zeiteinsparung).

2.10 Allesschneider (oder Brotschneider)

Elektrische Allesschneider haben eine Anschlagplatte, einen Resthalter, einen Fingerschutz, ein Edelstahlrundmesser und eine Schnittstärkenskala.

Geräte aus Edelstahl sind solchen aus Kunststoff vorzuziehen (höhere Lebensdauer, höherer Preis).

Anschlusswert: ca. 150 W.

2.11 Handmixer

In einem hitzebeständigen Kunststoffgehäuse befindet sich ein Motor mit ca. 100 bis 250 W.

Kunststoffküchengeräte sind durchwegs schutzisoliert, da in diesem Fall eine Schutzerdung und der damit verbundene Schutz über FI-Schutzschalter nicht möglich ist. Geräte mit elektrischer Drehzahlregelung sind etwas teurer. Rührbesen und Schläger benützt man für die Herstellung weicher Massen. Knetzusätze können als Knethaken, -spiralen oder -wendel ausgebildet sein. Zum Pürieren und Zerkleinern gibt es bei manchen Typen den Mixstab und den Schneidstab. Die Kurzzeitbelastung (KB auf dem Typenschild) gibt an, wie viele Minuten das Gerät ununterbrochen eingeschaltet werden darf.

Die Grundausstattung umfasst Rührbesen, Knetzusätze und eine Aufhängevorrichtung für Gerät samt Zubehör.

2.12 Die elektrische Standküchenmaschine

In einem Kunststoff- oder Metallgehäuse ist der Motor mit einer Anschlussleistung von ca. 600 bis 1.000 W montiert.

Anforderungen: Lärmdämmung
rundfunk- und fernsehentstört
Motorschutzschalter
stufenlose Drehzahlregelung
einfaches, werkzeugloses Zerlegen

Die Rührschüssel mit Schneebesen und Knethaken hat die größte Einsatzhäufigkeit. Der Fleischwolf verlangt ein stärkeres Gerät. Standküchenmaschinen haben eine Vielzahl von Zusatzgeräten und können deshalb sehr wirtschaftlich eingesetzt werden.

Zusatzgeräte: Schneid- und Reibgeräte
Mixbecher
Passiergerät
Saftzentrifugen
Zitruspressen
Kaffe- und Getreidemühlen

2.13 Standmixer

Ein Mixbecher aus Glas ist auf einem Motorsockel angeschraubt. Am Boden des Bechers ist ein Messerstern, ein zwei- bis sechsflügeliges Schlagmesser, angebracht, das je nach Schaltung bis zu 20.000 Umdrehungen/min läuft. Dadurch werden Lebensmittel mit etwas Flüssigkeit fein püriert. Der Standmixer wird oft durch einen Mixbecher der Standküchenmaschine ersetzt.

2.14 Getreidemühle

Die Haushaltsgetreidemühle ist für die Herstellung von Vollwertkost geeignet. Sie hat eine regelbare Einlauföffnung für verschiedene Korngrößen und kann auf verschiedene Feinheitsgrade des Mahlgutes eingestellt werden. Das Mahlgut kommt zwischen die Mahlwerkzeuge (Steine oder Metall) und wird mit großer Drehzahl zerrieben. Bei Mühlen mit Steinwalzen bleiben die Vitalstoffe besser erhalten als bei solchen mit Walzen aus Metall.

Getreidemühlen werden als Einzelgeräte und als Zusatzgeräte für die Standküchenmaschine angeboten.

Anschlusswert für die Haushaltsgetreidemühlen: ca. 700 W.

2.15 Saftzentrifuge

Diese ist für die Bereitung von Säften aus Obst und Gemüse geeignet. Der durchlochte Fruchtkorb oberhalb des Motorblockes hat am Boden eine Raffelscheibe. Das Zerkleinern und Ausschleudern wird in einem Arbeitsvorgang bei 10.000 U/min erledigt und der Saft in den Saftbehälter abgeschieden. Bei der Anschaffung ist zu beachten, dass Geräte ohne Tresternauswurf eine höhere Saftausbeute ermöglichen, aber keine umständliche Zwischenentleerung erfordern.

Anschlusswert: ca. 200 W.

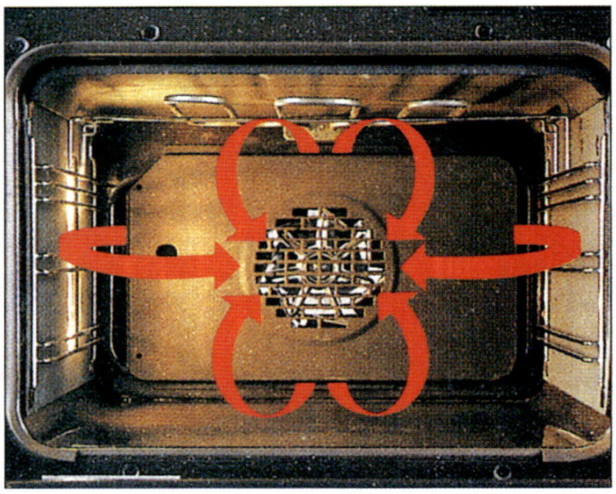

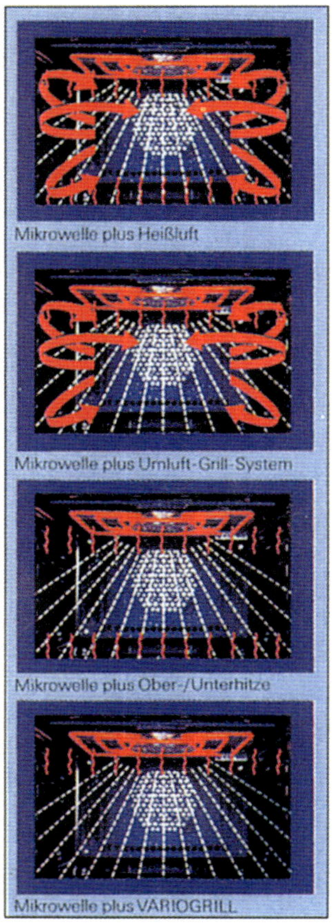

Heißluftsystem (oben)

Mikrowelle plus Heißluft

Mikrowelle plus
Umluft-Grill-System

Mikrowellenherd (links)

Mikrowelle plus
Ober-/Unterhitze

Mikrowelle plus
VARIOGRILL

Dampfgarer (unten)

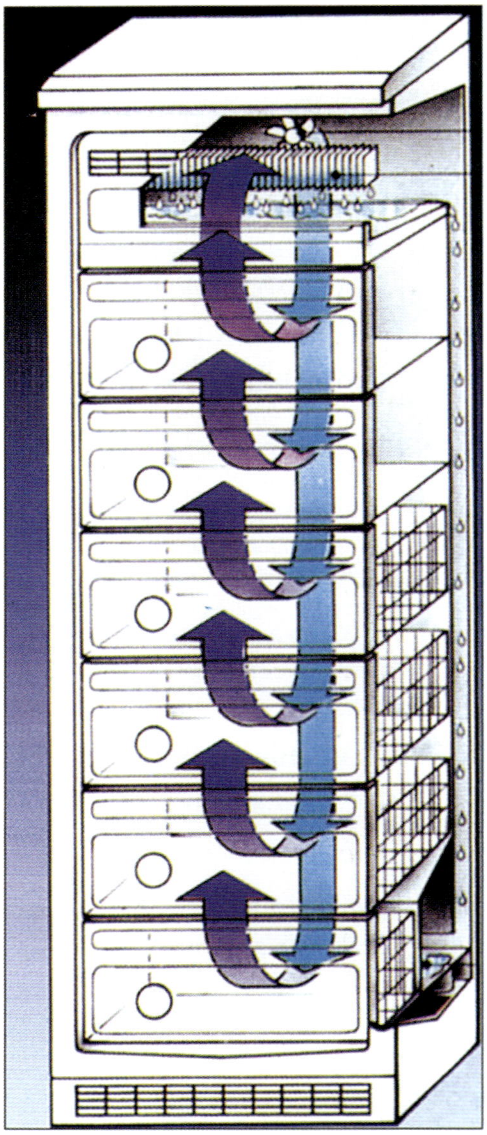

No-frost-Technik

Geschirrspüler

3. Elektrische Kleingeräte

3.1 Kaffeeautomaten

Diese haben ein oder zwei Filtersysteme, ermöglichen durch den relativ hohen Anschlusswert eine rasche Wassererhitzung und haben meist eine Warmhalteplatte.
Anschlusswert: ca. 1.000 W.

3.2 Kaffeemühlen

Kaffeemühlen ermöglichen eine differenzierte Einstellung des Mahlwerkes und ein müheloses Kaffeemahlen. Der Kaffeebehälter sollte nur mit trockenem Tuch oder Pinsel gereinigt werden
Anschlusswert: ca. 200 W.

3.3 Zitruspressen

Zitruspressen entsaften halbierte Zitrusfrüchte durch Drücken auf den langsamdrehenden Presskegel. Diese Geräte werden als Einzel- oder Zusatzgeräte zur Küchenmaschine angeboten.
Anschlusswert: ca. 100 W.

3.4 Eierkocher

Gewährleisten bei richtiger Einstellung (von Eiergröße abhängig) automatisch den gewünschten Härtegrad der gekochten Eier.

3.5 Elektromesser

haben nebeneinander liegende Sägemesser aus Edelstahl, und im Griff ist der Motor mit Sicherheitsschalter untergebracht.

3.6 Elektro-Messerschleifgeräte

machen Messer schnittscharf, indem diese einmal links und einmal rechts an der Schleifscheibe vorbeigezogen werden. Ein kleiner Motor setzt die Schleifscheibe durch einen Drucktaster in Bewegung.

3.7 Elektrische Dosenöffner

Diese trennen den Dosendeckel mit Hilfe eines elektromotorbetriebenen Messerrades ab.

Reinigung und Pflege der Elektro-Kleingeräte:

- Stecker aus der Steckdose ziehen!
- die abnehmbaren Zubehörteile zerlegen und reinigen
- Kunststoffteile nicht im Geschirrspüler waschen!
- Kunststoffteile nicht neben der Heizung oder in der Sonne trocknen lassen
- Grundgeräte mit Motor nicht ins Wasser legen!
- Bei Kaffeautomaten und Eierkochern ist regelmäßige Entkalkung durchzuführen

4. Geräte für die Vorratshaltung

4.1 Kühlschrank

Es gibt Tisch-, Untertisch- und Einbaukühlschränke. Kühlschränke arbeiten nach dem Absorptions- oder Kompressorsystem. Der Umtrieb des Kältemittels erfolgt beim Absorber durch Wärmeerzeugung und beim Kompressor durch einen Elektromotor. Das Kältemittel zirkuliert durch ein Rohrsystem, wird verdichtet, gelangt in den Verdampfer und entzieht dem Kühlschrank die Wärme. Die gewünschte Temperatur des Kühlschrankes wird eingestellt (plus zwei bis plus vier °C, und der Thermostat übernimmt die Überwachung. Die Kälteleistung des Verdampfers wird in Sternen angegeben.
Im Gefrierfach haben eine Mindesttemperatur:

- Einsterngeräte: unter minus 6° C
- Zweisterngeräte: minus 12 bis minus 18° C
- Dreisterngeräte: unter minus 18° C.

Die Eisschicht am Verdampfer muss ab und zu abgetaut werden. Bei der Anschaffung ist eine automatische Abtauvorrichtung anzuraten. Ebenso ist die Seite des Türanschlages zu beachten.
Anschlusswert: ca. 100 bis 250 W. Stromverbrauch/Tag: ca. 1 kWh.
Durch eine **dynamische Kühlung** wird die Kaltluft mittels Gebläse im Kühlraum umgewälzt.

4.2 Tiefgefriergeräte

Gefrierschränke
Gefriertruhen
Gefrierschränke und Gefriertruhen dienen dem Einfrieren und Lagern von Lebensmitteln. Der Gefrierschrank bietet eine bessere Übersicht und Entnahme als die Gefriertruhe. Die Gefriertruhen ermöglichen hingegen eine bessere Platzausnutzung, da keine Zwischenräume sind. Die Gefriertruhe ist billiger in der Anschaffung und im Stromverbrauch. Die Temperatur wird mit einem Wahlschalter eingestellt, die automatische Regelung und Überwachung erfolgt mittels Thermostat.
Zur Kälteerzeugung sind das Aggregat (Motor und Pumpe), die Kühlrippen (Verflüssiger) und die Verdampfröhre in Truhe oder Schrank eingebaut. Neuerdings werden umweltfreundliche Kältemittel eingesetzt (ohne FCKW).
Die Warnanlage zeigt den Betrieb, die zu warme Temperatur und die eingeschaltete Schnellgefriereinrichtung an. Bei der Anschaffung ist neben den erforderlichen Extras (Schnellgefriereinrichtung usw.) auf einen guten Kundendienst Wert zu legen.
Anschlusswert: 150 bis 250 W.
Stromverbrauch: ca. 1,5 kWh/Tag.
Bei einer „No frost Technik" wird die Feuchtigkeit im Inneren des Gefriergerätes durch einen Ventilator einem außenliegenden Verdampfer zugeführt, der sich von Zeit zu Zeit selbsttätig abtaut.
Gefrierschränke haben ein Fassungsvermögen von ca. 120 bis 260 Liter und ein Gefriervermögen von 25 kg in 24 Stunden.

Bedienung und Pflege der Gefriergeräte:

- Gerät waagrecht aufstellen (Deckeldichtung).
- Wandabstand einhalten (Kühlung).
- Überprüfung der Lagertemperatur (–18° C).
- Die Schnellgefriereinrichtung rechtzeitig einschalten (2 bis 3 Stunden vorher).
- Nahrungsmittel nicht heiß in das Gefrierfach geben.
- Nahrungsmittel ordentlich verpackt in das Gefriergerät geben.
- 2- bis 3-mal/Jahr das Gerät abtauen (wenn nötig).
- Gerät nach der Reinigung gut trocknen.

4.3 Der Räucherschrank

Im Räucherschrank ist das Selchen und Aufbewahren von Fleisch und Würsten sehr einfach. Der Räucherschrank ist außen emailliert und innen feuerfest isoliert. Die Schränke haben eine schamottverkleidete Feuerung, und die zum Verbrennen benötigte Luft kann reguliert werden.
Zur Kontrolle der Innentemperatur ist ein Thermometer angebracht. Manche Geräte haben eine thermostatgesteuerte Frischluftzufuhr bei der Verbrennung. Der Fleischraum ist mit einem Rauchabzug versehen, der in einen Rauchfang (angemeldet!) führen muss.

4.4 Dampfentsafter

Diese Geräte sind aus Aluminium und dienen der Saftgewinnung mit gleichzeitiger Haltbarmachung. Sie bestehen aus Wassergefäß, Fruchtkorb, Saftauffanggefäß mit Ablaufschlauch und Klemme sowie einem gut schließenden Deckel. Dampfentsafter eignen sich besonders für die Saftgewinnung aus Beerenobst.

4.5 Süßmostglocke

Eignet sich zum Haltbarmachen von frischgepressten Obstsäften, vorwiegend aus Kernobst. Die Glocke aus Aluminium oder Edelstahl (CrNi usw.) ist doppelwandig und hohl. Sie hat einen Zulauf- und Ablaufstutzen mit Schläuchen. Ältere Geräte werden in kochendes Wasser eingehängt, und die durchlaufende Saftmenge wird mit einer Klemme reguliert. Bei neueren Geräten wird das Wasser mit einem im Behälter befindlichen Heizstab erhitzt und temperaturgeregelt. Durchgesetzte Säfte sollen eine Temperatur von 74 bis 75° C haben. Für größere Mengen werden so genannte Plattenerhitzer verwendet. Plattenerhitzer sind relativ teuer, schaffen große Saftmengen und sind daher optimal für den überbetrieblichen Einsatz geeignet.

4.6 Dörrapparat

Auf einen Stahlblechheizrahmen können 4 bis 6 Trockenrahmen mit Gitterboden für das Dörrgut aufgesetzt werden. Die Temperatur ist mittels eingebauten Schalters regelbar. Eine gleich bleibende, regelmäßige Wärme gewährleistet einwandfreies Dörrobst. Neben Obst können auch Gemüse, Pilze und Kräuter getrocknet werden. Anschlusswert für Haushaltsgröße: ca. 300 W.

5. Geräte für Geschirrpflege

5.1 Geschirrspüler

Dieses Gerät spart das Zeit raubende und unproduktive Handspülen. Geschirrspüler haben 4 bis 6 Programme (Vorspülen, Schnell 55° C, Spar 55° C, Normal 55° C, Normal 65° C). Geschirrspüler sollen weiters ein ausreichendes Fassungsvermögen aufweisen und ein müheloses Beschicken und Entnehmen ermöglichen. Die mechanische Reinigung erfolgt mittels Düsensystem, wobei das Wasser mit einer Pumpe durch mehrere Düsenarme auf das Geschirr gespritzt wird. Durch elektrische Heizspiralen wird das Spülwasser aufgeheizt, und mit einer Umwälzpumpe werden die Schmutzteilchen vom Spülwasser über ein feines Sieb abgesondert. Die Reinigungsmittel werden bei Haushaltsgeräten lose oder in Tablettenform in einem kleinen Spülmittelbehälter bei jedem Abwaschen zugegeben. Klarspüler werden durchwegs über einen Dosierer automatisch beigegeben. Spüler mit eingebauten Enthärtungsanlagen verhindern das Absetzen des Kalks und sind für Wasser ab 20 Härtegraden empfehlenswert. Beim Ankauf eines Geschirrspülers sind Überlegungen, bezogen auf Programmwahl, Größe, Anschlusswert, Dekorwechselrahmen, Geräuschentwicklung (z.B. 38 dB) und guten Kundendienst, erforderlich.

Anschlusswert: 3 bis 5 kW.

Stromverbrauch: 2 kWh/Arbeitsgang

Das Sparprogramm und das Ausnützen durch Platz sparendes Einordnen des Geschirrs hilft Strom sparen.

6. Geräte für die Wäsche- und Kleiderpflege

6.1 Waschmaschine

Heute sind hauptsächlich nur mehr Waschvollautomaten im Einsatz. Diese Geräte werden auch in Kombination mit Trockenmaschinen – also Waschtrockenvollautomaten angeboten. Diese Geräte liefern bereits schrank- oder bügelfertige Wäsche. Das wichtigste Bauelement einer Waschmaschine ist die in einem Behälter rotierende gelochte Edelstahltrommel. Das Waschwasser wird durch elektrisch betriebene Heizstäbe aufgeheizt (je nach Programm verschieden oft und verschieden temperiert). Waschvollautomaten können von oben oder seitlich beschickt werden. Durch Anpassung der Temperatur an Art und Verschmutzungsgrad der Wäsche sowie durch Ausnutzen des vollen Fassungsraumes können Strom und Zeit gespart werden. Sparprogramme beeinflussen die Temperatur und die Programmlaufzeit.
Bei der Anschaffung ist zu beachten, dass die Maschine die dem Haushalt entsprechende Größe hat, Programmschalter und Spartasten übersichtlich und kindersicher angebracht sind, das Flusensieb leicht zu entleeren und eine ausreichende Schleuderzahl gegeben ist.

6.2 Wäschetrockner

Beim Trommeltrockner kann je nach Gerät die Trockendauer oder die Restfeuchtigkeit eingestellt werden. Die Wäsche wird in einer Edelstahltrommel bewegt und durch elektrisch aufgeheizte Luft getrocknet. Beim Trockenvorgang entsteht feuchte Luft, die beim **Ablufttrockner** ins Freie oder in den Raum geblasen wird. Beim **Kondensationstrockner** wird durch elektrische Kondensation die Luftfeuchtigkeit in einem Gefäß aufgefangen.
Der Entleerungsanzeiger für den Kondensatbehälter zeigt die Wartungsarbeit an.
Kondensationstrockner sind teurer und höher im Stromverbrauch.
Anschlusswert: 3 bis 4 kW.
Stromverbrauch: 0,8 bis 1,2 kWh/kg Trockenwäsche.

6.3 Bügeleisen

Bügeleisen haben eine geschliffene leichtmetall- edelstahl- oder kunststoffbeschichtete Sohle. Auf der Innenseite der Sohle liegen die Heizstäbe. Die Temperatur lässt sich je nach Stoffart zwischen 60 und 200° C stufenlos verstellen.
Anschlusswert: ca. 1.000 W.
Den Arbeitsvorgang erleichtern so genannte Dampfbügeleisen. Bei diesen wird über ein Ventil vom Wasserbehälter durch Bohrungen in der Sohle Dampf auf das Kleidungsstück gebracht.

Pflege des Bügeleisens:
- Bügelsohle mit Essig oder Spezialreinigungsmittel reinigen
- Bügelsohle vor Kratzern schützen
- schadhafte Kabel rasch auswechseln
- destilliertes Wasser erspart das Entkalken beim Dampfbügeleisen

6.4 Bügelmaschine

Bügelwalze
Bügelpresse

❑ **Bügelwalze**

Die Bügelwalze ermöglicht ein Kraft und Zeit sparendes Bügeln. Bei großen Wäschestücken kann man die Bügelzeit um ca. 50% vermindern. Auf einem Gestell ist eine um die eigene Achse drehende Bügelwalze angebracht. Die optimale Walzenlänge beträgt 65 bis 85 cm. Geräte mit einem freien Walzenende haben sich als Haushaltsgeräte besser durchgesetzt. Eine rostfreie Bügelmulde (ober- und unterhalb der Bügelwalze) wird wie ein Bügeleisen beheizt, und die Walze wird durch einen Elektromotor gedreht.
Anschlusswert: 2 bis 3 kW.
Stromverbrauch: 0,3 bis 0,5 kWh/kg Wäsche.

❑ **Bügelpresse**

Die Bügelpresse ist ein Tischgerät, hat statt der drehbaren Bügelwalze eine gepolsterte Unterlage und statt der Mulde eine heizbare Bügelplatte. Die Bügeltemperatur lässt sich konstant für alle Gewebe auf ca. 160° C einstellen. Die Abhebung der Platte erfolgt mit einem Handhebel. Die Bügelfläche entspricht etwa der l0fachen Größe der Bügeleisensohle. Bei der Bügelplatte wird mit relativ großem Bügeldruck gearbeitet. Pflege: Tücher öfters wechseln

6.5 Nähmaschine

Die elektrische Haushaltsnähmaschine soll neben dem Geradestich auch zum Endeln, Knopfannähen usw. geeignet sein. Nähmaschinen mit Freiarm sind vielseitig verwendbar und häufig im Einsatz. Viele Nähmaschinen sind auch mit Zierstichprogrammen ausgestattet.
Anschlusswert: ca. 100 W.

Pflege der Nähmaschine:
Staub und Flusen entfernen
Stumpfe Nadeln auswechseln

7. Elektrogeräte für die Wohnungspflege

7.1 Staubsauger

Es gibt Boden-, Hand-, Bürst- und Klopfsauger. Ein elektrisch betriebener Gebläsemotor saugt den Staub durch verschiedenartig geformte Düsenstücke (auswechselbar) über einen Saugschlauch in den Staubbehälter oder Staubsack. Dort werden feste Staubteilchen von der Luft getrennt. Eine besonders gute Saug- und Reinigungsleistung haben Staubsauger mit elektrisch angetriebenen Bürstendüsen. Hier wird eine Borstenwalze von einem zusätzlichen Elektromotor angetrieben. Staubsauger höherer Preisklassen sind auch als so genannte „Allessauger oder Nasssauger“ verwendbar und saugen das verschmutzte Wasser in einen Behälter. Dieser soll gegen das Überlaufen gesichert sein. Klopfsauger eignen sich besonders für lose verlegte Teppiche und lassen sich bei vielen Geräten auf normales Saugen umstellen. Flüssigkeiten dürfen nur mit Nass- oder Allessaugern eingesaugt werden.

Bei der Anschaffung ist zu beachten, dass die Zubehörteile leicht und mühelos zusammengesteckt werden können und die Geräte eine ausreichende Saugleistung gewährleisten.
Kleine **Tischsauger** sind praktische Behelfe für die Wohnungspflege zwischendurch oder an schwer zugänglichen Orten (Kastenoberseiten usw.).
Anschlusswert: 500 bis 1.500 W

Pflege:

- Volle Staubsaugersäcke rechtzeitig austauschen
- Schadhafte Filter auswechseln
- Bei Nasssaugern Behälter gründlich trocknen

Die Saugleistung sollte mind. 2.000 mm WS betragen. Eine Füllanzeige und Kabelaufrollautomatik sind vorteilhaft und ersparen viel Ärger.

1. Mahl- und Mischanlagen

Für die Verwendung von wirtschaftseigenen Futtermitteln in der Veredelungswirtschaft werden Futteraufbereitungsanlagen eingesetzt. Je nach Bauart wird das zu verarbeitende Futter zerrieben, zerschnitten oder gequetscht. Um ein ausgewogenes Nährstoffverhältnis zu erreichen, muss oft hofeigenes Futter mit Zukauffuttermitteln in Mischanlagen gleichmäßig vermengt werden.

Kombinierte Misch- und Mahlanlage

Die Zerkleinerung der Futtermittel ist, je nach Anlage und Bedarf, sehr verschieden. Walzenmühlen zerreiben oder quetschen durch Druck bzw. unterschiedliche Geschwindigkeiten der Walzen das Mahlgut. Die Störanfälligkeit ist mittel bis groß, und sie sind gegen Leerlauf sehr empfindlich. Geringe Störanfälligkeit und nicht so empfindlich gegen Leerlauf sind Metallscheiben- oder Hammermühlen.

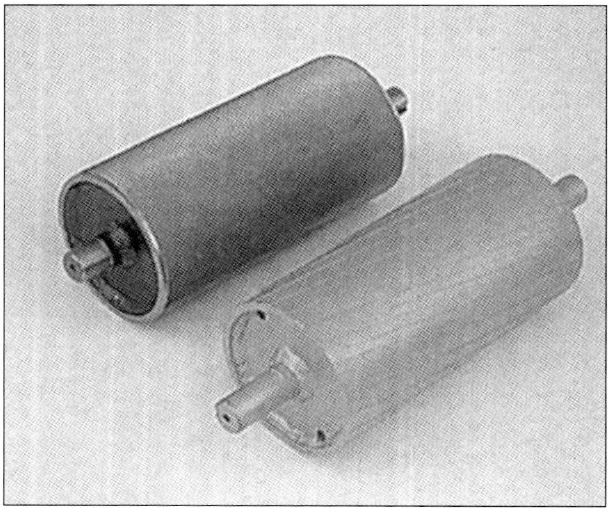

Quetschwalze

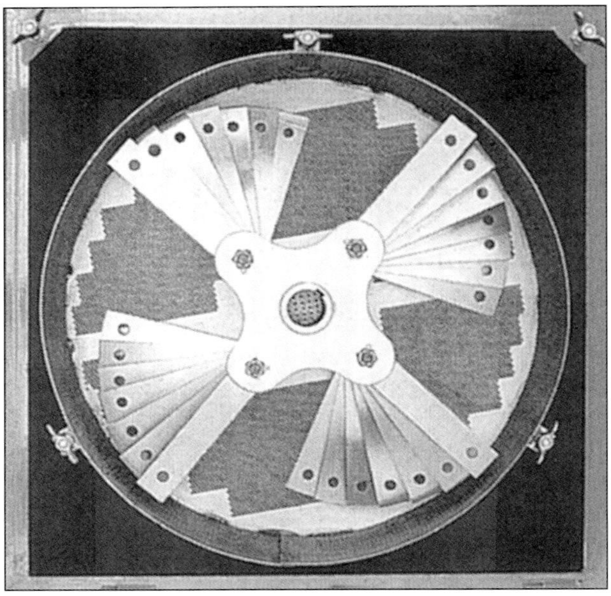

Kombinierte Misch- und Mahlanlage

Das Mahlgut wird bei Metallscheibenmühlen durch Scherkräfte infolge verschiedener Umfangsgeschwindigkeiten der Metallscheiben zerschnitten. Bei Hammermühlen wird das Mahlgut durch hohe Umlaufgeschwindigkeit der Hämmer an den Prallseiten oder am Sieb zerschlagen. Während die Leistung der Walzenmühlen bei etwa 0,5 kW/100 kg und Stunde liegt, ist sie bei Metallscheiben- und Hammermühlen bei etwa 1,4 bis 1,6 kW/100 kg und Stunde.

Hammermühle

Maschine	Arbeitswerkzeuge	Leistungen (kW/100/kg/h)
Haferquetschen	Zwei gleich schnell umlaufende Walzen quetschen das Gut	0,5
Walzenmühlen	Zwei verschieden schnell umlaufende geriffelte Walzen mahlen das Gut	0,6
Scheibenmühlen (Stein- bzw. Stahlscheiben)	Eine Mahlscheibe ist angetrieben, die andere steht	1,4
Hammermühlen	Umlaufende Hämmer zerschlagen an Prallseiten das Gut. Die Feinheit des Schrotes wird durch Siebe bestimmt	1,6

Mischanlagen
Mischanlagen sind heute durchwegs Zwangsmischer. Sie haben in der Regel einen Leistungsbedarf von 1,5 bis 4 kW.

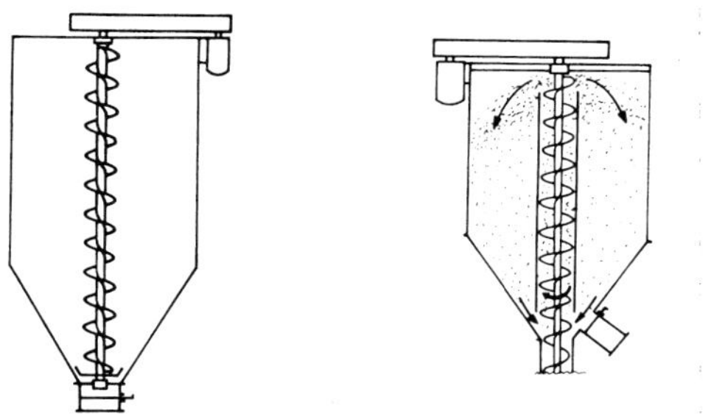

Futtermischer: 1 Freimischer, 2 Zwangsmischer. Mischerschnecke beim Freimischer nicht ummantelt, beim Zwangsmischer ummantelt.

Nach der Arbeitsweise der Mahl- und Mischanlagen wird zwischen Anlagen mit absätziger und solchen mit kontinuierlicher Arbeitsweise unterschieden.

Anlagen mit absätzigem Verfahren
Anlagen mit absätzigem Verfahren schroten zuerst das Futter, um es anschließend mit anderen Komponenten im Mischer zu vermischen. Es gibt auch die Möglichkeit, einzelne Futterarten vorher zusammenzumischen (Vormischung). Bei vollautomatischen Anlagen steuert ein Wiegemischer (ein oder mehrere Wiegefüße) die Drehschieber an den Vorratsbehältern. Gebläse oder Schnecken bringen die einzelnen Komponenten in den Mischer. Meistens wird schon während des Füllvorganges gemischt (durch gleichzeitige Befüllung). Nach der Mischung wird das fertige Futtermittel im Vorratsbehälter gelagert. Der Mahl- und Mischbetrieb muss überwacht werden. Bei der Mischung ist die Genauigkeit von der Arbeit des Wiegemischers abhängig. Außerdem müssen die Mischer mindestens bis zu 1/5 ihres Fassungsvermögens befüllt sein, um eine Wiegegenauigkeit zu erreichen.

Anlagen mit kontinuierlichem Verfahren
Hierbei wird bereits bei der Entnahme aus den Vorratsbehältern eine Vormischung hergestellt. Diese Mischung gelangt meist über Schnecken in die Schrotmühle, die gleichzeitig mit dem Mahlvorgang die Endmischung herstellt und in den Vorratsbehälter bläst. In diesem Fall kann auf einen eigenen Mischer nach dem Mahlvorgang verzichtet werden.
Solche Anlagen können vollautomatisch betrieben werden. Leermelder sind erforderlich, um die Anlage abzuschalten, wenn ein Vorratsbehälter leer ist.

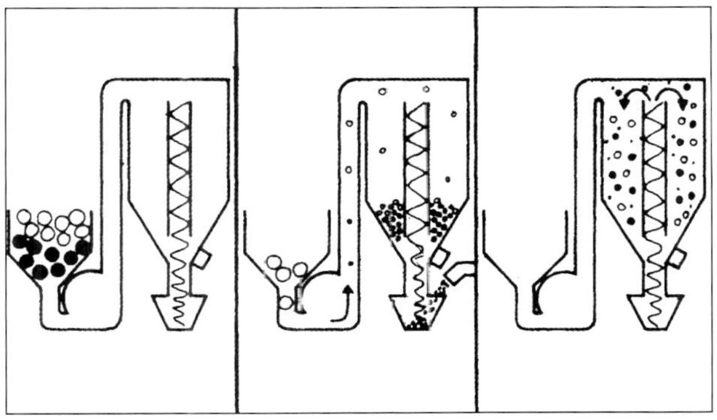

Dosier-Mischanlage

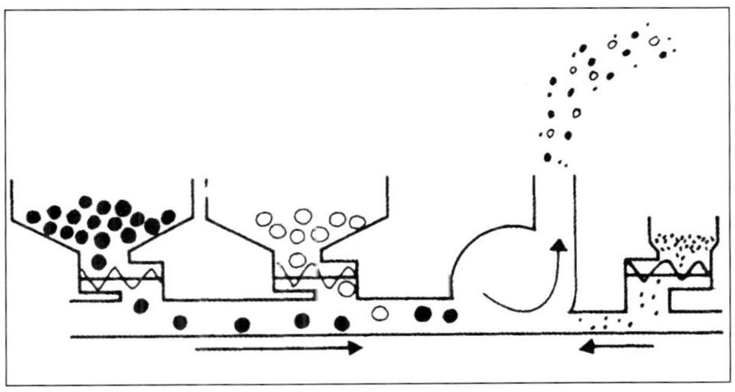

kontinuierliche Mischanlage

Vorratsbehälter, Mahl- und Mischanlagen werden als Einzelgeräte oder in einer Kompaktanlage angeboten.

Anlagen zur Verarbeitung von Feuchtgetreide und Maiskorn-Spindelgemisch (Corn-Cob-Mix).
Die Verfahren der Aufbereitung von Feuchtgetreide und CCM erfordern zum störungsfreien Ablauf besondere Zerkleinerungstechniken.

Folgende Systeme eignen sich dafür:

Quetschwalzen
sind glatte oder durch Nuten oder Riffel profilierte Stahlwalzen, deren Durchmesser meist größer als die Walzen-

Anbauschroter mit Dosierstation

Schroten **vor** der Silobefüllung

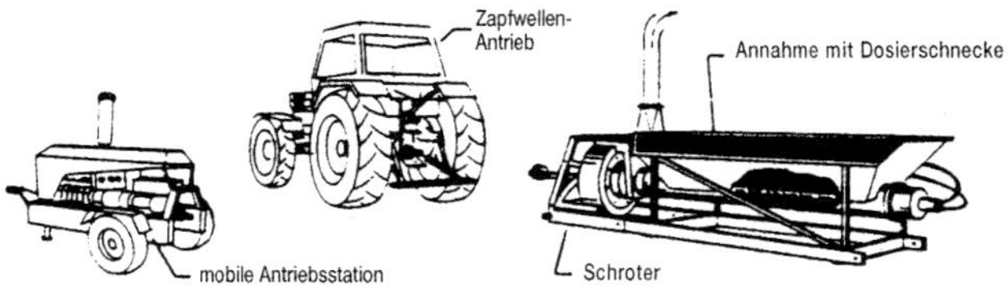

- am Schlepper-Heckkraftheber angebauter Schroter mit Dosiervorrichtung (ggf. auch Antrieb durch mobile Antriebseinheit mit Dieselmotor)
- Antriebsbedarf ab ca. 100 kW
- Fassungsvermögen der Dosierstation ca. 1–3 m^3
- Mahlgutzuführung zum Schroter mit Schnecken- oder Kettenförderer mit hydraulischem oder elektrischem Antrieb
- Schrotgutförderung mechanisch oder pneumatisch in Hoch- und Flachsilos

Mobile Mahlstation

Schroten **vor** der Silobefüllung

- Hochleistungsschroter speziell für überbetrieblichen Einsatz
- Schroterantrieb durch integrierten Dieselmotor (bis ca. 270 kW) gewährleistet hohe Schrotleistungen bis ca. 25 t/h
- großer Mahlgut-Vorratsbehälter (2,5–5 m^3), angepasst an MD-Korntankinhalt, mechanische oder pneumatische Schrotgutförderung
- flexibler Einsatz am Feldrand (Befüllung vom Mähdrescher oder auf dem Hof) (Beschickung aus Transportwagen)

Schrot- und Anteigstation Flüssigkonservierung

Schroten **vor** der Silobefüllung

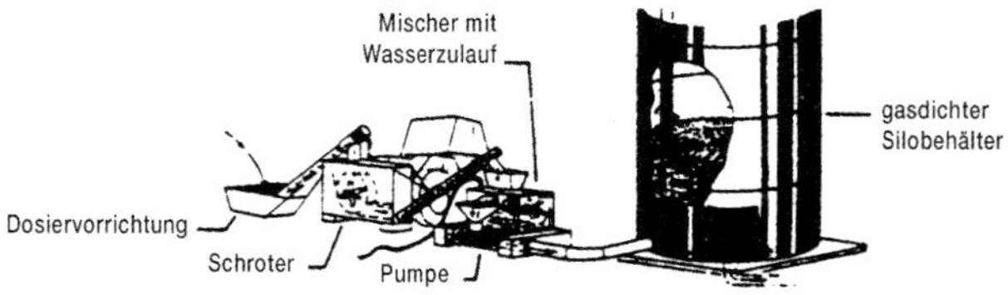

- Schroter-Antrieb durch Schlepperzapfwelle oder Dieselmotor (ab ca. 100 kW) stationäre Anordnung am gasdichten Silobehälter
- pump- und fließfähiger Schrotbrei
- für Silobefüllung und -entleerung Exzenterschnecken- oder Drehkolbenpumpe
- exakte Wasserzumischung erforderlich (max. Feuchtegehalt des Schrotbreies 60% H_2O)
- Anteigstation und Befüllpumpe erfordern zusätzlich ca. 15 kW Antriebsleistung

Stationärer Trocken- oder Flüssigschroter

Schroten **nach** der Futterentnahme aus dem Silo

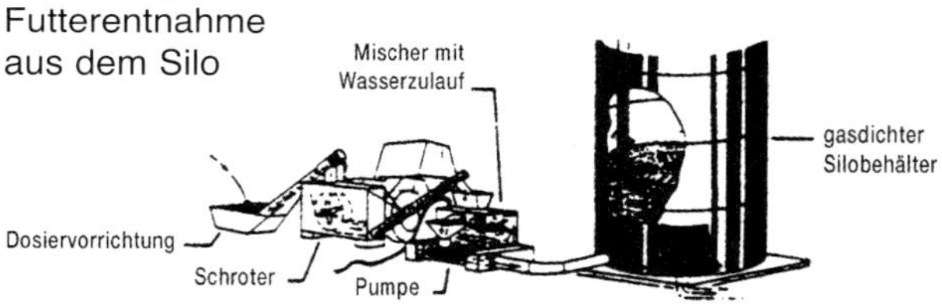

- stationäre Anordnung des Schroters am Flüssigfutter-Mischbottich oder an der Trockenfutter-Mischanlage
- Schroterleistung abgestimmt auf Kapazität der Siloentnahmevorrichtung
- Schroterantrieb durch Elektromotor (ca. 15–20 kW)
- Zumischung von Futterkonzentraten in den Schroter oder die Mischvorrichtung möglich
- Gesamtverfahren beansprucht hohe elektrische Anschlusswerte

breite ist. Sie besorgen den Quetschvorgang. Das Mahlgut eignet sich vor allem für Wiederkäuer.

Hammermühlen

arbeiten nach dem Prinzip der Prallzerkleinerung. Für den speziellen Einsatz bei CCM wird die Anzahl der Hämmer gegenüber der Getreideverarbeitung reduziert, oder es werden auch Spezialschläger eingesetzt. Großen Einfluss auf den Zerkleinerungsgrad haben bei diesen Hammermühlen die Siebeinsätze.

Schlag-Messer-Mühlen

ähneln aufbaumäßig den Hammermühlen. Im Unterschied zu diesen wird die Prallzerkleinerung durch das Prinzip der Scherung ergänzt. Um unzureichende Zerkleinerungen und Verstopfungen an den Sieben zu verhindern, laufen bei diesen Mühlen Dreiecksmesser mit ca. 10 mm Abstand parallel zu den Sieben am Rotoraußenkreis und bewirken dort eine schneidende Zerkleinerung.

2. Rübenschneider und Muser

Verschieden geformte Werkzeuge, vorwiegend Stifte, gezahnte oder gerillte Messer, welche auf einer Trommel oder einem Zylinder aufgebracht sind, zerkleinern die Rüben. Für den guten Einzug der Rüben ist die Formgebung des Einfülltrichters maßgebend. Dieser bewirkt, dass die Rüben, ohne zu tänzeln, den Schneidwerkzeugen zugeführt werden.

Muser

Muser arbeiten nach dem Mixerprinzip. Sie zerreißen und mischen das Futter durch schnell umlaufende Messer.

Futterdämpferanlagen

Futterdämpfer sind heute meist als Elektrodämpfer (Nachtstromanschluss) in Verwendung. Sie werden in Form eines Kippkessels für Inhalte bis 150 Liter und bei einem Anschlusswert bis 5,5 kW hergestellt. Durch Verwendung einer Schaltuhr oder eines Thermostats sind die Elektrofutterdämpfer weitgehend automatisiert.

Dämpfanlagen

Sie sind zum Dämpfen für große Mengen oder für den Gemeinschaftsbetrieb geeignet. Neuere Anlagen arbeiten kontinuierlich mit vollautomatischer Steuerung. Die Stundenleistung liegt bei ca. 2.000 kg.

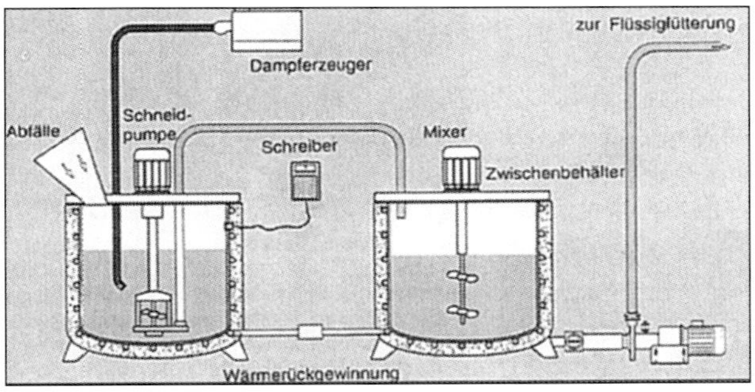

Dämpferanlage

Rübenschneider

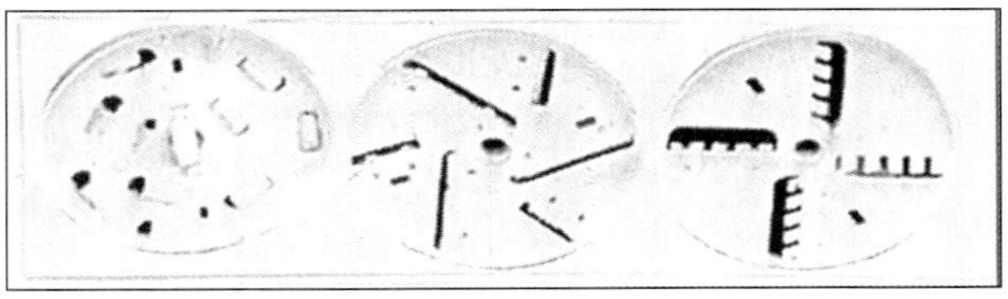

Verschiedene Messerformen

3. Siloentnahmegeräte

❑ **Fahrsiloentnahmegeräte**

Zur leichteren Futterentnahme aus dem Fahrsilo werden
- Handgeräte
- handbetätigte Motorgeräte und
- Blockentnahmegeräte angeboten.

Verschiedene Verfahren:

Selbstfütterung direkt aus dem Fahrsilo
Handschneidegeräte
Blockentnahmegeräte
Heckanbau
Frontanbau
Fahrsilofräsen

3.1 Selbstfütterung aus dem Fahrsilo

Diese kann in Verbindung mit dem Laufstall eingerichtet werden. Die Steuerung der Futterentnahme erfolgt über ein zum Futterstock hin verschiebbares Fressgitter. Die maximale Futterstockhöhe beträgt ca. 1,8 m. Für je 4 Tiere ist eine Fressplatzbreite von 1 m zu veranschlagen. Zwei Teleskoparme von ca. 95 bis 105 cm stützen dieses Fressgitter ab, wodurch es zu wenig Futterverlusten kommt.

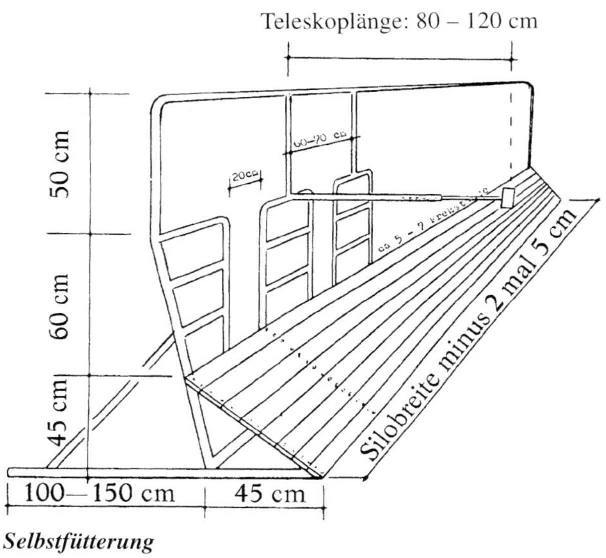

Selbstfütterung

Selbstfütterung

3.2 Handvorschneidegeräte

Der **Handsägespaten** oder **Tretspaten** ist ein einfaches Gerät zur Fahrsiloentnahme.
Erleichtert wird die Arbeit durch Handgeräte mit **motorbetriebener Schneidvorrichtung** (Motorsilospaten usw.). Handvorschneidegeräte haben heute nur mehr eine geringe Bedeutung.

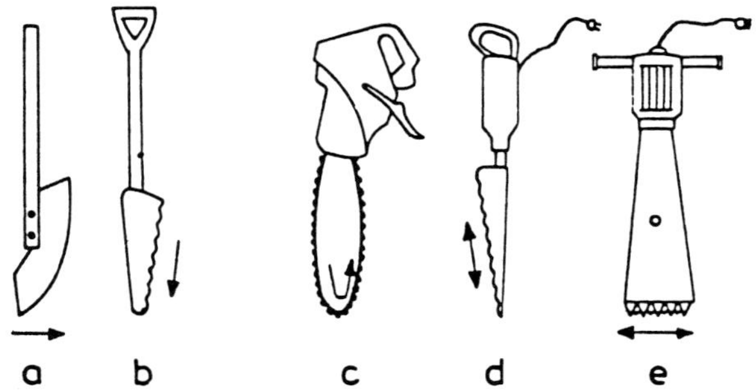

a + b: Hand- und Tretspaten
c, d + e: Motorbetriebene Schneidvorrichtungen

Vorteile
- billig in der Erhaltung und Anschaffung

Nachteile
- für größere Entnahmemengen ungeeignet
- schwere Handarbeit

3.3 Blockentnahmegeräte

Blockentnahmegeräte dienen der Entnahme von Gärfutter aus Fahrsilos. Diese können heck- oder frontseitig montiert sein und besitzen durchwegs eine Zinkengabel. Diese wird möglichst horizontal in den Futterstock eingestoßen. Eine Schneidvorrichtung trennt anschließend den Block ab. Dieser wird entweder direkt in den Stall oder in einen Futtervorratsraum gebracht. Beim **Weelink-Fütterungssystem** fressen die Tiere im Stall direkt von den Silageblöcken herunter. Bei diesem Fütterungssystem trennt auch ein bewegliches Fressgitter die Tiere vom Futter.
Wegen der Blockgewichte von 400 bis 1.000 kg/Block sind zum Betrieb von Blockentnahmegeräten Traktoren mit einer Motorleistung ab 40 kW empfehlenswert.
Damit kein Gärfutter an der Silowand zurückbleibt, sollte bei heckangebauten Geräten die Blockbreite nicht wesentlich kleiner als die Traktorbreite sein. Als Zusatzausrüstung für hohe Fahrsilos wird meist ein hydraulisches Hubgerüst angeboten. Ohne Hubgerüste sind Heckgeräte meist nur bis zu einer Silohöhe von 1,5 bis 1,8 m geeignet. Geräte auf dem Frontlader bzw. Heckgeräte mit Hubgerüst können bis zu 5 m Silage entnehmen.
Blockentnahmegeräte sind ideal für den überbetrieblichen Maschineneinsatz geeignet (Maschinengemeinschaft, Maschinenring, Nachbarschaftshilfe, Lohnmechanisierung). Ob und für welches Gerät sich der Landwirt entscheidet, sollte von der Bestandsgröße, Entfernung Stall/Silo, Silageart und von der im Betrieb vorhandenen Technik abhängig gemacht werden.
Die Bauart der **Schneidvorrichtung** bestimmt die Eigenschaften und den Preis des Blockschneiders.

Weelink-System

Silageschneidzange

Doppelmesserblockschneider mit Hubgerüst

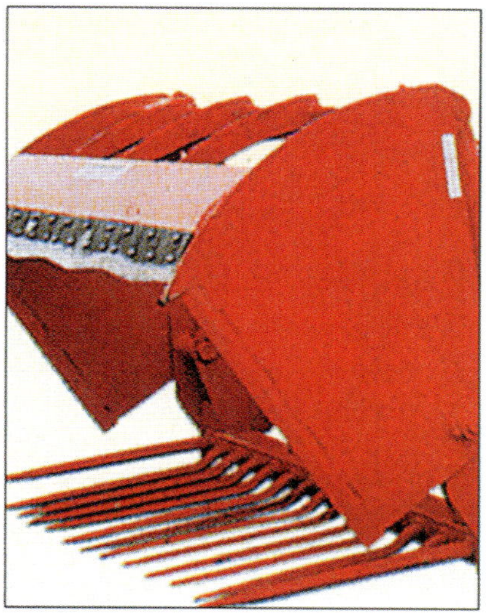

Silageschneidzange

Hydraulischer Schneidspaten

Ladeschildschneider mit seitlicher Austragung

Silageblock, ca. 600 kg

U-Schneider

Siloentnahmegeräte

Blockschneidegeräte sind in der Regel auch für die Entnahme von Heu geeignet.

Verschiedene Bauarten

❑ **Die Silagezange**

Sie stellt eine einfache und billige Bauart dar und ist für kleinere Entnahmemengen (nur für Grassilage) sowie für kurze Stall-Silo-Entfernungen geeignet. Sie hinterlässt relativ viel lockeres Material an der Silowand, was speziell bei warmer Witterung zu einer Erwärmung führen kann. Die Silozange ist für die Heuentnahme und -manipulation sowie als Dunggabel multifunktional einsetzbar.

❑ **Silageschneidzange**

Der nach unten gepresste Gabelteil wird bei dieser Bauform durch ein starkes Messer (gerade oder gezahnt) ersetzt. Durch die sehr geringe Verschleißanfälligkeit (gemessen an anderen Blockschneidevorrichtungen) und rasche Entnahmegeschwindigkeit hat sich dieses Entnahmegerät in den vergangenen Jahren stark durchgesetzt.
Arbeitsbreite: 0,95 bis 1,85 m.
Dieses Gerät eignet sich hervorragend für den Frontanbau.

❑ **Hydraulischer Schneidspaten**

Ein senkrecht bewegter Spaten mit einer Breite von 20 bis 30 cm schneidet senkrecht bis zu den Zinken. Dann wird der Spaten wieder herausgezogen und um eine Arbeitsbreite versetzt.
Empfohlen wird eine hydraulische Niederhaltvorrichtung, um ein Auflockern des Silageblocks zu verhindern. Diese Geräte sind relativ selten anzutreffen, vorrangig für den Heckanbau.

❑ **Umlaufende Schneidsysteme**

Diese werden auch als **U-Schneider** bezeichnet. An der Unterseite eines starken Führungsrahmens ist an drei Seiten eine Schneidvorrichtung montiert. Der Rahmen wird während des Schneidvorganges nach unten geführt. Der Führungsrahmen verharrt nach dem Lostrennen des Blockes in unterster Stellung und bietet somit einen guten Transportschutz.

Vorteile
- bes. große Blockgrößen möglich
- exakter Schnitt
- kaum Auflockerung

Nachteile
- langsame Entladung (der Schneidrahmen muss vor dem Absetzen wieder hochgefahren werden)
- wartungsintensiv

Messerblockentnahmegeräte
- Sägemessersystem
- Doppelmessersystem
  - Rahmenblockschneider
  - Rahmenlose Blockschneider

❑ **Sägemesserblockschneider**

Ein starkes Messer, das sich auf einem Rahmen auf und ab bewegt und seitlich vorrückt, schneidet den Silageblock heraus. Das Messer ist beidseitig geschliffen und schneidet in beiden Richtungen.
Vorteil
- sehr robust
- kein Keil an der Fahrsilowand

Nachteil
- relativ langsam
- bei sehr trockener Silage wird die obere Futterschicht geschoben

❑ **Doppelmesserblockschneider**

Dieses Gerät stellt eine Weiterentwicklung des Sägemesserentnahmegerätes dar. Bei diesem System schneidet ein schnell laufendes, kurzhubiges, gegenläufiges Doppelmesser den Silageblock heraus. Diese Geräte werden mit Schneidrahmen (Rahmengeräte) oder Schneidarm (rahmenlose Geräte) angeboten. Rahmenlose Geräte haben den Vorteil, dass sie multifunktional eingesetzt werden können (Rundballentransport, Milchtransport usw.).
Vorteile
- schneller als Sägemesser
- glatter Schnitt

Entnahmegeräte mit Dosiereinrichtung
- Ladeschneider
- Ladefräsen

❑ **Ladeschneider**

Diese Geräte sind für mittlere und kleinere Entnahmemengen gedacht. Ein hydraulisch nach unten gedrücktes Messer befüllt das Behältervolumen. Die Silage wird dann über einen Querförderkettenantrieb zur Dosierwalze gebracht und in den Futterbarn dosiert.

3.4 Futtermischtechnik

❑ **Angebaute Futtermischer**

a) mit hydraulischem Ladeschild (Kamm)

Ein hydraulische Ladeschild ist sehr verschleißarm sowie wartungsfreundlich.
Bei sehr fest verdichteter Silage (20 t Radlader) können jedoch Schwierigkeiten bei der Entnahme auftreten.

b) mit hydraulischer Fräswalze

Diese Geräte werden front- oder heckseitig angebaut und eignen sich für kleinere Betriebe für die tägliche Futtervorlage. Als Entnahmewerkzeuge werden Fräswalzen oder Ladeschilder verwendet.

Nach den Mischwerkzeugen unterscheidet man:

● **Freifallmischer**

Das langsam drehende Mischpaddel (ca. 5 mal/Minute) mischt das Futter lockerer auf. Der geringe Kraftaufwand und eine besonders gleichmäßige Futteraustragung auf den Futtertisch kennzeichnen dieses System.

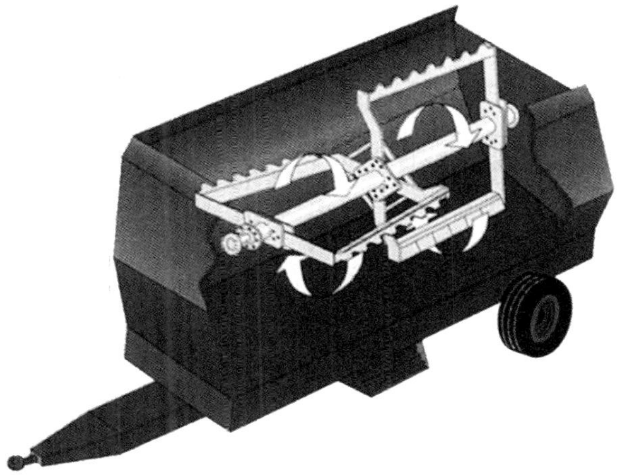

● **Schneckenmischer**

Horizontalschneckenmischer
Diese Systeme werden mit einer bis vier Schnecken angeboten. Gerade Mehrschneckenmischer mischen besonders gleichmäßig. Durch die Gegenschneiden im Wageninneren kommt es zu einem zusätzlichen Zerkleinerungseffekt. Bei zu langer Mischdauer kommt es zu einer Vermusung.

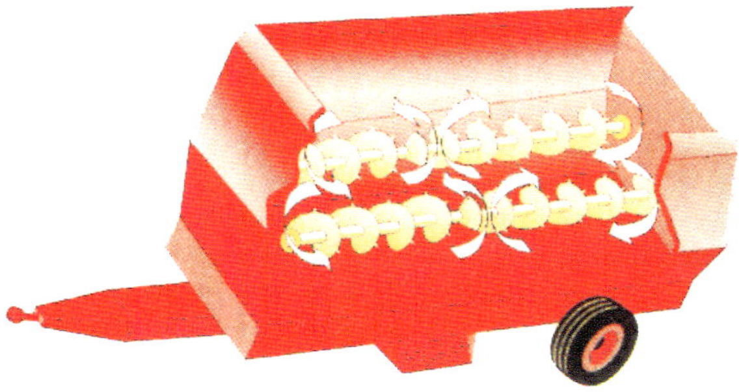

Horizontal-Zweischneckenmischer

Vertikalschneckenmischer
Gezogene Vertikalmischer werden als Fremd- oder Selbstbefüller angeboten. Das Futter wird durch eine oder mehrere stehende pyramidenförmige Schnecken schonend gemischt. Die Gefahr der Vermusung ist gering.

Schema: Vertikal-Schneckenmischer

Vertikal-Schneckenmischer

● **Rotormischer**
Rotormischer werden überwiegend mit Ladeschilder befüllt. Ein Kettenantrieb befördert das Futter zum Mischrotor. Nach dem Ladevorgang wälzt der Rotor das Futter zum Wageninneren solange um, bis das gewünschte Ergebnis erreicht wurde. Durch das Schwenken vom Futterauswurf wird die Ration auf den Futterbarn gebracht.
Diese Geräte sind eher für kleinere Betriebe geeignet und können auch zum Einstreuen großer Liegeflächen verwendet werden.

Mischrotor mit Schneckendosierung

❑ **Gezogene Futtermischwägen**

Gezogene Futtermischwägen sind für mittlere bis größere Betriebe geeignet (6 bis 40 m³).

Nach der Anordnung der Mischanlage unterscheidet man

a) Horizontalmischer

b) Vertikalmischer

Die Horizontal- und Vertikalmischer werden als Fremdbefüller und Sebstbefüller angeboten.

❑ **Selbstfahrende Futtermischwägen**

Selbstfahrender Futtermischwagen mit Ladeschild und zwei Vertikalschnecken

Selbstfahrende Futtermischwägen werden als Horizontal- oder Vertikalmischer mit Entnahmefräse oder Entnahmeladeschild für mittlere bis größere Betriebe (12 bis 40 m³) angeboten. In manchen Gegenden werden selbstfahrende Futtermischwägen hauptsächlich überbetrieblich eingesetzt.

Selbstfahrender Horizontalmischer

Selbstfahrende Futtermischwägen mit Horizontalmischwerk sind normalerweise mit einer Entnahmefräse ausgestattet. Diese Maschinen werden bis 15 m³ Ladevolumen angeboten und eignen sich hervorragend für den überbetrieblichen Einsatz. Vor der Anschaffung sollte eine Mindestauslastung und die Wirtschaftlichkeit geprüft werden. Aufbauten für spezielle Futtermittel sowie Melasse sind möglich.

Autonome Misch- und Fütterungsanlagen

Diese voll automatisierte Misch- und Fütterungsanlage arbeitet nach einem fix eingegebenen Tagesprogramm die Fütterungsarbeit ab. In einem Futtervorratsraum werden Grund- und Leistungsfutter bereitgestellt. Über einen Ladekran wird der autonome Futtermischwagen nach einer exakten Rezeptur befüllt und je nach Bedarf zur jeweiligen Gruppe gebracht. Beim Futteranschieben wird automatisch die Restfuttermenge ermittelt und je nach Bedarf ein neuer Fütterungsvorgang gestartet.

Autonome Fütterungsanlage

3.5 Maschinen und Geräte zur Futterentnahme aus dem Hochsilo

Obenentnahmefräsen

Mit Wurfgebläse im Silo und Seitenauswurf

Mit zentralem Sauggebläse oberhalb des Hochsilos

Untenentnahmefräsen

❑ **Obenentnahme mit Seitenauswurf**

Dies ist die ältere Form der Obenentnahmefräse und ist heute nur mehr selten anzutreffen. Ein Motor (ca. 4 kW) bewegt über ein Schneckengetriebe einen Fräsarm langsam im Kreis. Die auf einer Gelenkkette montierten Messer bzw. Schaufeln befördern die Silage zum zentralen Gebläse. Das Gebläse sowie der Fräsarm werden mittels Teleskoparmen mittig gelagert. Das Futter wird durch einen flexiblen Schlauch durch die Futterluken (oder Lukenband) seitlich hinausbefördert. Das Futter kann dann durch einen Zyklon vom starken Luftstrom getrennt werden und fällt dann in die Futtervorratskammer oder direkt in den Stall.

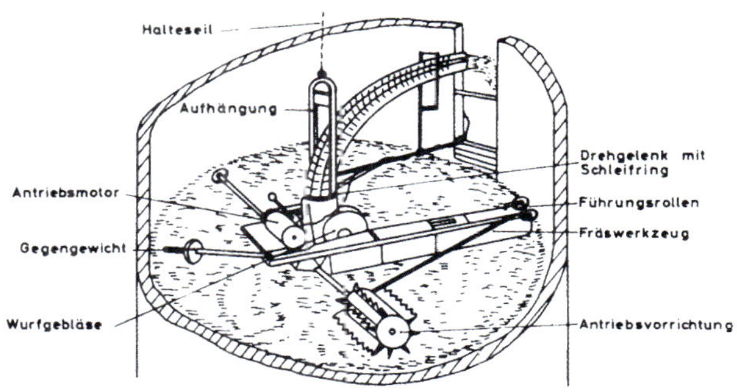

Vorteil

- erspart Handarbeit
- vermindert Unfallgefahr

Nachteil

- viele bewegliche Teile (= Verschleiß)
- relativ hohe Kosten

❑ **Obenentnahmefräse mit Zentralabsaugung**

Diese stellt die neue Form der Obenentnahmefräse dar. Das Futter wird dabei meist über eine Frässchnecke zur zentralen Absaugung gebracht. Von dort wird dann durch Teleskoprohre die Silage in das über dem Silo befindliche Gebläse gesaugt und seitlich in den Zyklon geblasen. Mit der Silage in Berührung kommende Bauteile sind in der Regel aus NIROSTA (CrNi).

Frässchnecke

Moderne Obenentnahmefräsen sind heute bei automatischen Fütterungsanlagen in der Schweinemast häufig anzutreffen.

❑ **Untenentnahmefräsen**

Diese aufwendige Bauform hat sich in Österreich kaum durchgesetzt. Ein um die Silomitte rotierender Fräsarm fördert das Futter auf ein darunter liegendes Förderband. Voraussetzung für eine gute Funktion ist ein hoher Anwelkgrad des Futters.

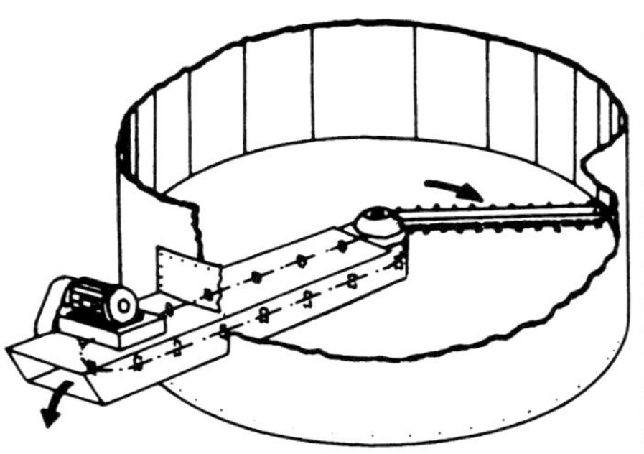

Untenentnahmefräse

4. Fütterungsanlagen

Diese bringen bei größeren Tierbeständen arbeits- und betriebswirtschaftliche Vorteile und werden immer häufiger in der Schweine- und Rinderfütterung eingesetzt.

Fütterungsanlagen können:
- fördern
- berechnen
- mischen
- dosieren

4.1 Futterwagen

Dieser erleichtert den Futtertansport vom Vorratslager bis zum Tier. Der Futterwagen ist ein billiges und einfaches Gerät. Leicht rollende Mulden- und Plattformwagen sind zweckmäßig.

4.2 Futterdosierwagen

Futterdosierwagen sind oft motorisch angetrieben und ermöglichen eine dosierte Futterzuteilung über eine Austragungsschnecke.

4.3 Fütterungsautomaten

Diese sind Vorratsbehälter für die Trockenfütterung. Durch einen verstellbaren Austrittsschlitz rieselt das Futter in die Trogschale. Das Befüllen solcher Automaten erfolgt händisch oder durch Förderanlagen.

4.4 Anlagen für die Trockenfütterung

- **Manuelle Anlagen**
- **Halbautomatische Anlagen**
- **Vollautomatische Anlagen**

Bei den **manuellen Anlagen** werden die Futterautomaten händisch befüllt. Manuelle Anlagen sind häufig bei kleinen Bestandsgrößen anzutreffen.
In der Schweinemast muss zuerst die richtige Futtermischung (Vor- bzw. Endmastfutter) hergestellt werden. Diese Mischungen werden dann in so genannten Vorratssilos zwischengelagert oder direkt mit dem Ketten- oder Seiltellerförderer zu den Fütterungsautomaten gebracht.
Bei der **halbautomatischen Trockenfütterung** müssen die Ablaufrohre manuell geöffnet und geschlossen werden, um je nach Gewicht und Mahlzeit die Automaten entweder mit Vor- oder Endmastfutter zu füllen.
Bei der **vollautomatischen Version** übernimmt ein Prozessrechner über automatische Ventile die Steuerung. Sollen Einzelrezepturen in kleineren Mengen verfüttert werden, benötigt man für die automatische Version einen so genannten **Chargenmischer.**

Die Dosierung erfolgt entweder nach

- **Zeit**
- **Volumen** oder
- **Gewicht**

Bei der **Dosierung nach Zeit** bestimmt die Laufzeit des Förderaggregates die Futtermenge. Bei der **Dosierung nach Volumen** entspricht die vorgesehene Futtermenge einem vorgewählten Volumen (Behälter mit verstellbarem Boden), und bei der **Dosierung nach Gewicht** wird bei jeder Futterstelle über eine Waage die Futtermenge direkt eingestellt.

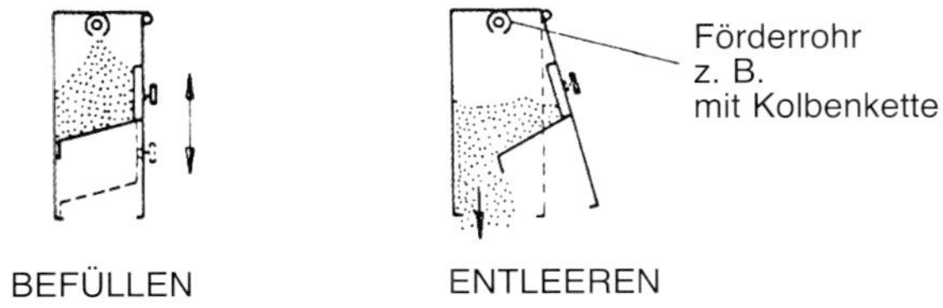

Volumen- und Gewichtsdosierer

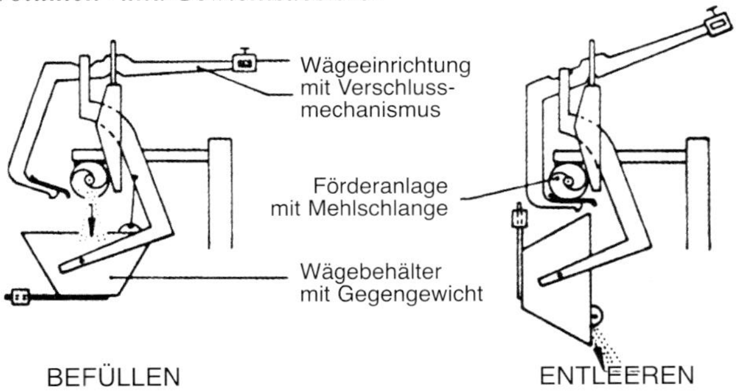

Die **Futterabgabe** kann mittels Futterwagen, mit hand- oder motorbetriebener Dosierung erfolgen. Die heute am meisten verbreitete Dosierform ist die Gewichtsdosierung über voll- oder halbautomatisch arbeitende Waagen.

4.5 Transponderfütterungsanlagen

- **beim Rind**
- **beim Schwein**

❑ Transponderfütterungsanlagen beim Rind

Transponderfütterungen für den Anbindestall sind nur mehr in Ausnahmefällen (Tierschutzgesetz) und Altbeständen anzutreffen und haben aktuell eine geringe Bedeutung. Transponderfütterungen für den Laufstall werden als „Kraftfutterstände" für 2 bis 4 Futtersorten (Ausgleichsfutter, Leistungsfutter, Laktationsstarter, Mineralstoffmischung...) stationiert.

Sehr verbreitet ist die Kuherkennung mit **Halsbandsignalgeber** ohne Stromquelle, wobei die Kuherkennung nach dem Induktionsprinzip erfolgt.

Bei **halbautomatischen Anlagen** wird die Milchmenge per Hand in den Rechner eingegeben, die daraus resultierende Ausgleichs- und Leistungsfuttermenge wird dann über die **Kraftfutterabrufstation** an die Kühe abgegeben.
Die Dosierung ist vom vorprogrammierten Fütterungsprogramm abhängig (z.B. die ersten 20 Stunden in Zwanzigstel und die restlichen 4 Stunden in Viertel der Restmenge).
Bei den **vollautomatischen Anlagen** werden über die Kuherkennung am Melkplatz und einer **automatischen Milchiflussmengenmessung** die Daten automatisch aktualisiert und an die Kraftfutterabrufstation weitergegeben. Diese Anlagen sind mit **Grundfutterwaagestation** und **automatischer Kälbertränke** sowie einer automatischen **Wiegestation** für Rinder erweiterbar.

❑ Transponderfütterungsanlagen beim Schwein (= Abruffütterung)

Als Sender werden hier seltener Halsbänder, sondern **Implantate** (Injektatsender) oder **Ohrmarkensender** verwendet.

Die **Abruffütterung** wird in erster Linie in der Zuchtsauenhaltung Verwendet. Durch Rangordnung und aggressives Verhalten mancher Zuchtsauen ist eine Fressschleuse mit versperrbarem Eingang notwendig. Selektiervorrichtungen am Schleuseneingang ermöglichen eine automatische Trennung eines Zuchtschweins von der Gruppe (Selektierbucht oder Angewöhnungsbucht).

Transponderfütterung im Anbindestall

Erweiterte Transponderfütterung im Laufstall

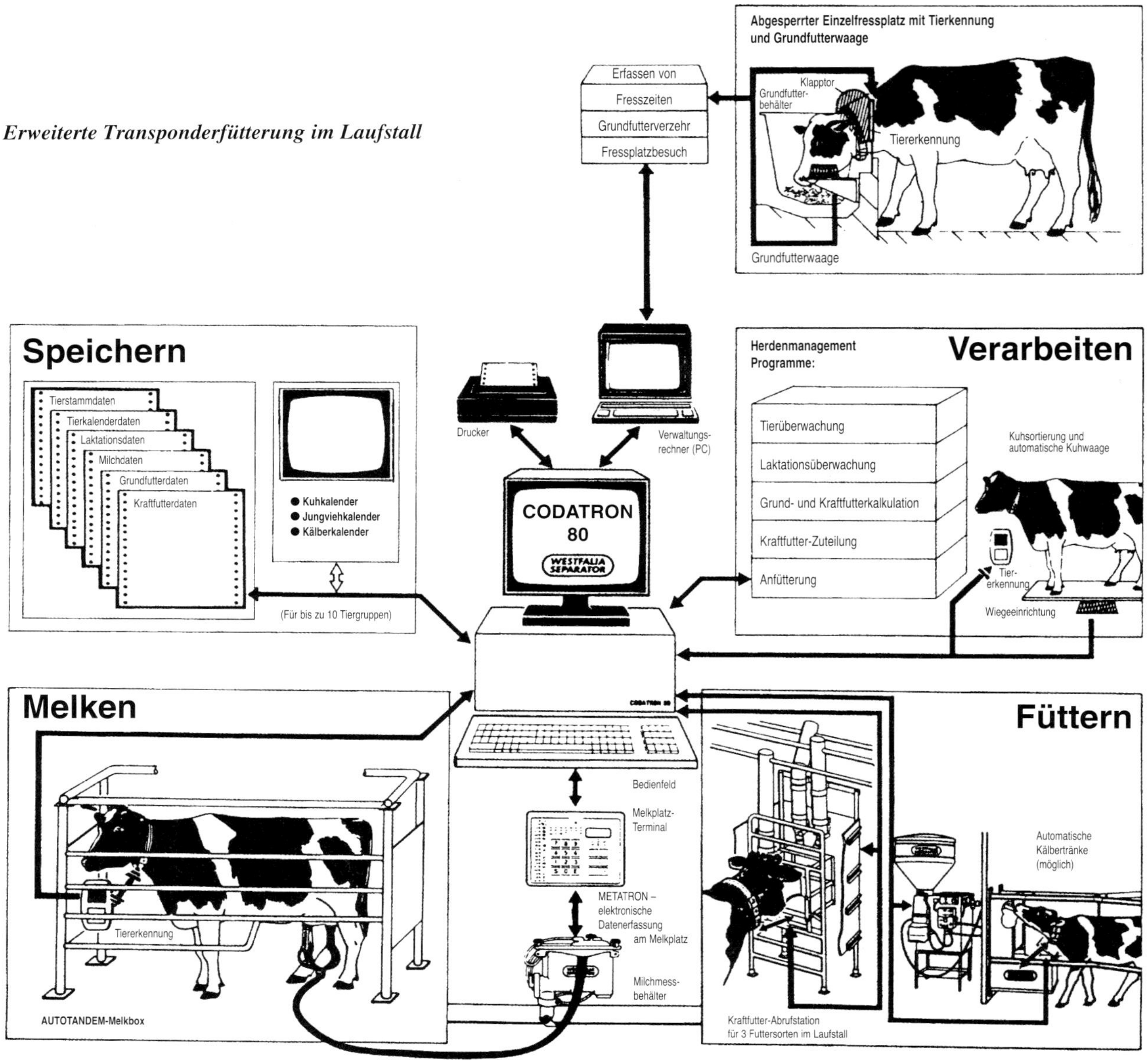

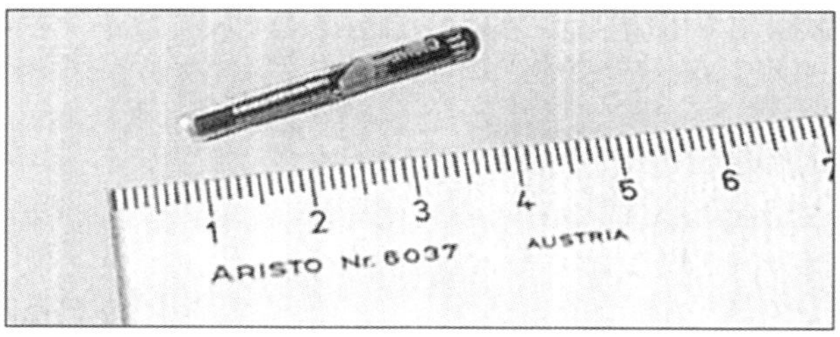

Injektatsender

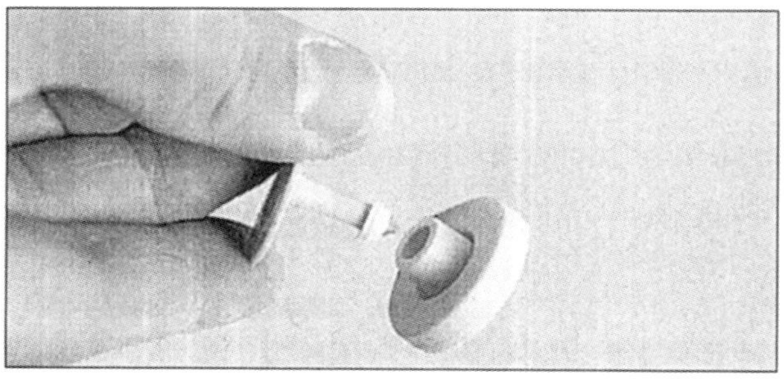

Ohrmarkensender

Eine **Angewöhnungs- bzw. Selektierbucht** ist bei dieser Haltungsform vorteilhaft.
Genügend Raum (Auslauf usw.) und viel Ablenkung (Stroh- bzw. Heuraufe) vermindern Aggressivität.

Fütterungsschleuse

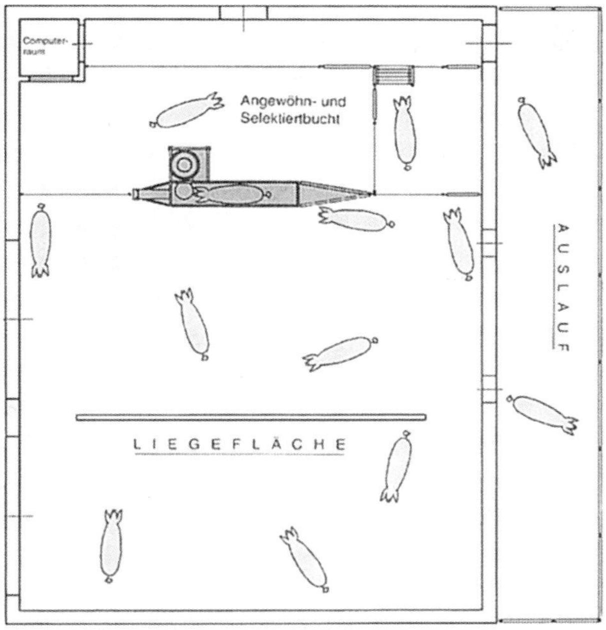

Abruffütterung mit Selektierbucht

Flüssigfütterung

4.6 Anlagen für die Flüssigfütterung

- Manuell gesteuerte Flüssigfütterung
- Halbautomatische Flüssigfütterung
- Vollautomatische Flüssigfütterung

❑ Manuell gesteuerte Flüssigfütterung

Einfache Anlagen für die Handbedienung bestehen aus dem Mischbehälter, der Pumpe mit Rührvorrichtung, der Ringleitung mit den Trogventilen und dem Zulauf für Wasser und dem für Futtermittel. Das Verhältnis Schrot zu Wasser beträgt ca. 1: 2,5 bis 1: 3,5.

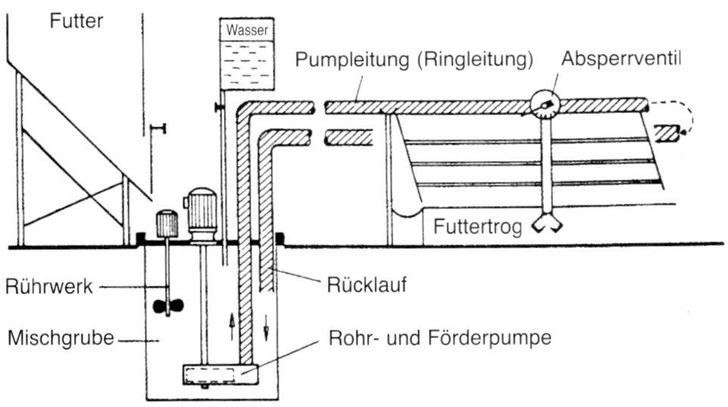

Schema einer Flüssigfütterung mit Handbedienung

Der Futtertransport erfolgt in korrosionsfreien PVC-Rohren. Für kleinere Anlagen werden meist **Tauchkreiselpumpen** mit einem Leistungsbedarf von 5,5 bis 8 kW verwendet. Diese Anlagen erreichen einen Druck von ca. 2 bis 3 bar. Für längere Rohrleitungen bzw. für größere Anlagen verwendet man gerne die Exzenterschneckenpumpe. Exzenterschneckenpumpen erzeugen einen verhältnismäßig gleich bleibenden Druck von 6 bis 10 bar.

❑ Halbautomatische Flüssigfütterungen

Ein Prozessrechner ruft die jeweils eingegebene Menge aus den Vorratsbehältern (können auch mehrere sein) in den Mischer.

Bei **kontinuierlicher Mast** muss jedes Ventil im Stall entsprechend dem Tiergewicht in der Bucht gesteuert werden. Dieser Vorgang geschieht bei den halbautomatischen Anlagen durch manuelle Steuerung. Für die Fütterungsabfolge und die Fütterungsanlage ist die **Rein-Raus-Methode** am einfachsten, da auf einen Fütterungskreislauf nur jeweils eine Mischung kommt.

Bei kontinuierlichem Schweineverkauf und dadurch sich ständig ändernden Tierzahlen in der Gruppe, wird jede Automatisierung schwierig und teuer.

❑ Vollautomatische Flüssigfütterung

Die vollautomatische Flüssigfütterung läuft nach dem gleichen Schema wie die halbautomatische Flüssigfütterung ab. Der Hauptunterschied für den Landwirt ist das Wegfallen der Kontrolle (und Umschalten) während des Fütterungsvorganges. Die Schieberansteuerung erfolgt bei diesem Fütterungssystem über den Prozessrechner. Viele bisherige Anlagen können nicht einzelne Ventile, sondern nur einzelne Kreisläufe ansteuern. Deshalb ist die kontinuierliche Mast bei älteren Anlagen nicht automatisierbar. Es lohnt sich beim Hersteller anzufragen, ab welcher „Generation" eine vollautomatische Nachrüstung möglich und sinnvoll ist. Die Rein-Raus-Mastmethode ist dagegen zum Vollautomatisieren gut geeignet.

5. Technische Einrichtungen zum Melken und zur Milchkühlung

5.1 Melkanlagen

In der Milchviehhaltung macht der Anteil der Arbeiten zum Melken und zur Milchkühlung ca. 50 bis 65% des Gesamtarbeitsaufwandes in der Innenwirtschaft aus. Durch den Einsatz von modernen Melkanlagen wird diese Zeit verkürzt und erheblich erleichtert. Eine Arbeitskraft kann pro Stunde je nach Anlagenbauart 10 bis 85 Kühe melken. Dem Maschinenmelken soll zur Auslösung des Milchabgabehormones ein Anrüsten des Euters vorangehen. In ca. 7 Minuten soll der Melkvorgang abgeschlossen sein. Ein händisches Nachmelken ist nicht notwendig, wohl aber ein kontrolliertes Ausmelken. Längeres „Blindmelken" führt zu Euterschäden (moderne Melkanlagen haben deshalb eine Milchflussendabschaltung).

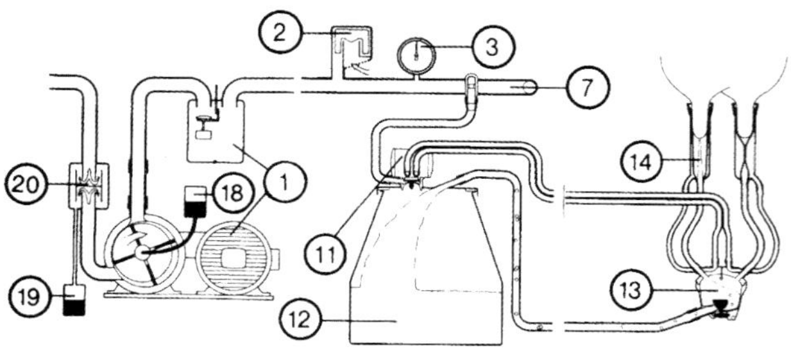

Schema einer Standeimermelkanlage

1 Vakuumaggregat mit Wassertopf
2 Vakuumventil
3 Manometer
7 Unterdruckleitung
13 Milchsammelstück mit Lufteinlassdüse (oben!) und Absperrvorrichtung für Milchleitung
11 Pulsator
12 Melkeimer
18 Öler
19 Altölbehälter
20 Ölabscheider (Aktiengesellschaft Alfa-Laval)

❑ Die Melkeinheit

Melkanlagen bestehen mindestens aus drei wichtigen Bauteilen:

1. Das Melkzeug: vier Melkbecher, Milchsammelstück, Verbindungsschläuche, Melkeimer mit Verschlussdeckel

2. Der Pulsator: Wechseltaktanlagen, pneumatische Steuerung, elektronische Steuerung, Gleichtaktanlagen

3. Vakuumgerät und Druckregler: meist Schieberpumpe

Vorgang

Der Raum zwischen Melkbecherhülse und Zitzengummi ist über das Milchsammelstück mit der Unterdruckleitung verbunden. Durch den wechselnden Druck bewegt sich der Zitzengummi.

Die Milch fließt durch die Saugwirkung, während sich Gummi und Zitze dehnen, nicht beim Zusammendrücken wie beim Handmelken. Bei den weit verbreiteten Wechseltaktanlagen befinden sich an einem Melkzug je zwei gegenüberliegende Melkbecher im Saugtakt, die beiden anderen im Ruhetakt.

Die Förderung der Milch aus dem Sammelstück erfolgt durch das Ansaugen von Luft über eine Lufteinlassdüse. Bei Verschmutzung dieser Düse wird die Milchförderung beeinträchtigt.

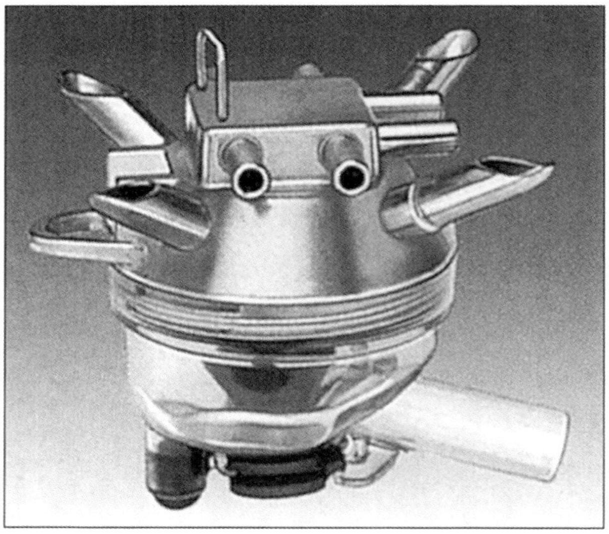

Sammelstück

Durch die stoßweise Bewegung der Milch in das Sammelstück kann es an der Zitze kurzzeitig zu einem höheren Unterdruck kommen (Zusatzvakuum).

Bei kleineren Milchsammelstücken kann dabei sogar Milch aus dem Sammelstück in den Zitzenbecher zurückgesaugt werden (Infektionsgefahr bei einem kranken Euterviertel). Durch moderne Melktechnik wird diese Möglichkeit jedoch ausgeschlossen (große Sammelstücke, hinterlüftete Zitzengummi usw.).

❑ Der Pulsator

- **pneumatische konstante Pulsatoren**
- **elektronisch gesteuerte Pulsatoren**

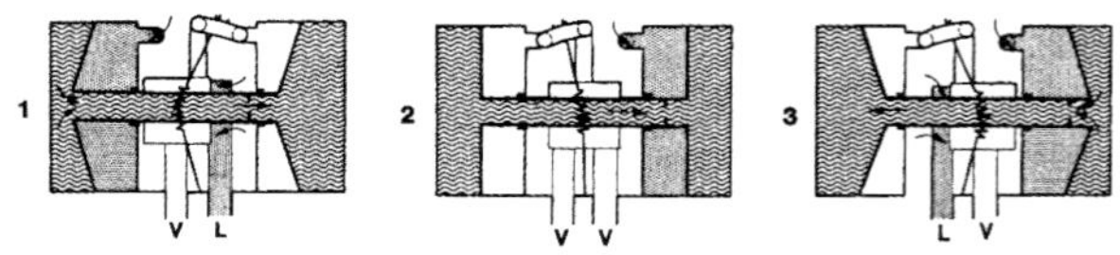

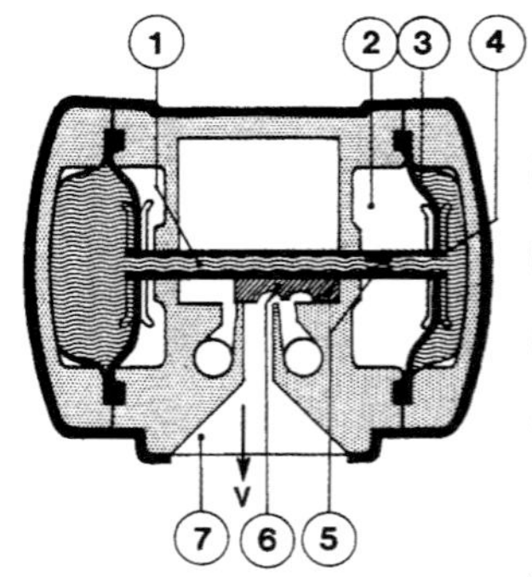

Pulsator mit Flüssigkeitssteuerung im Schnitt und in 3 verschiedenen Arbeitsstellungen

1 Steuerflüssigkeit
2 Luft
3 Membrane
4 Holzspiegel
5 Drosseldüse
6 Steuerschieber
7 Vakuumanschluss

Der Pulsator unterbricht den Unterdruck in der Vakuumleitung. Die Pulszahl beträgt normalerweise 45 bis 60 Doppeltakte pro Minute.

Bei Wechseltaktanlagen soll der Unterschied der Länge der Saugtakte zweier Euterviertel nicht mehr als 5% betragen (Hinkgrad).

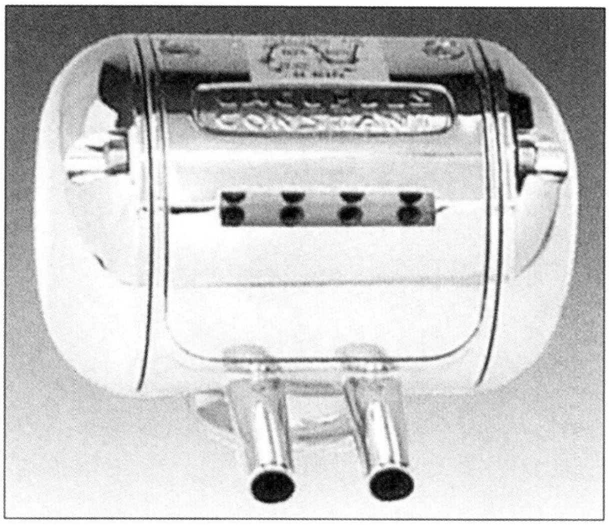

Pneumatischer Pulsator

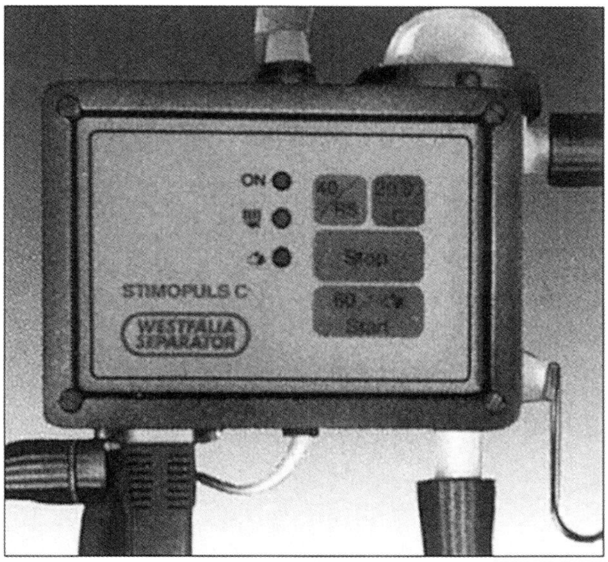

Elektronischer Pulsator

Bei einfachen pneumatischen Pulsatoren wird eine Membrane oder ein Manschettenkolben durch einseitigen Unterdruck verschoben. Durch einen Steuerschieber wird damit aber der Unterdruck auf der Gegenseite wirksam, sodass sich die Bewegung umkehrt. Die Taktzahl lässt sich auch bei einfachen Pulsatoren verstellen.
Elektronisch gesteuerte Pulsatoren arbeiten mit einem oder zwei Schiebern, die durch Magnetspulen bewegt werden. Die exakte Taktzahl bestimmt in diesem Fall ein elektronisches Steuergerät.
Die Pulszahl und das Pulsverhältnis lassen sich ohne Austausch von Teilen verändern. Die modernen Pulsatoren können auch das manuelle Anrüsten übernehmen.

❑ Das Vakuumgerät

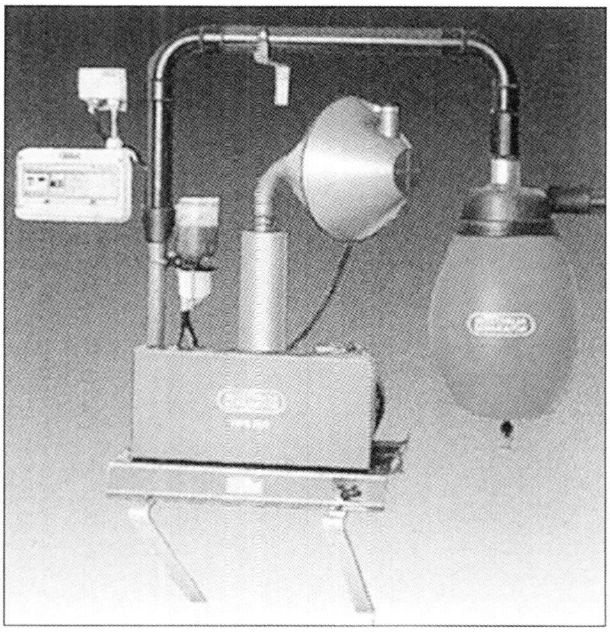

Vakumat

Das Vakuumgerät ist in der Regel eine elektromotorbetriebene Schieberpumpe. Die Antriebsleistung dieser Pumpe ist 1,5 bis 3 kW. Je Kuh und Jahr kann der durchschnittliche Stromverbrauch mit 40 kWh veranschlagt werden. Der Druckregler in der Vakuumleitung wird auf 50 kPa Unterdruck eingestellt.
Meist handelt es sich um gewichtsbelastete oder durch eine Membrane servogesteuerte Druckregelventile. Die Verbindung zwischen Druckregler und Melkzeug wird durch verzinkte Rohrleitungen mit mindestens 1 Zoll Querschnitt hergestellt. Diese Vakuumleitung soll wegen

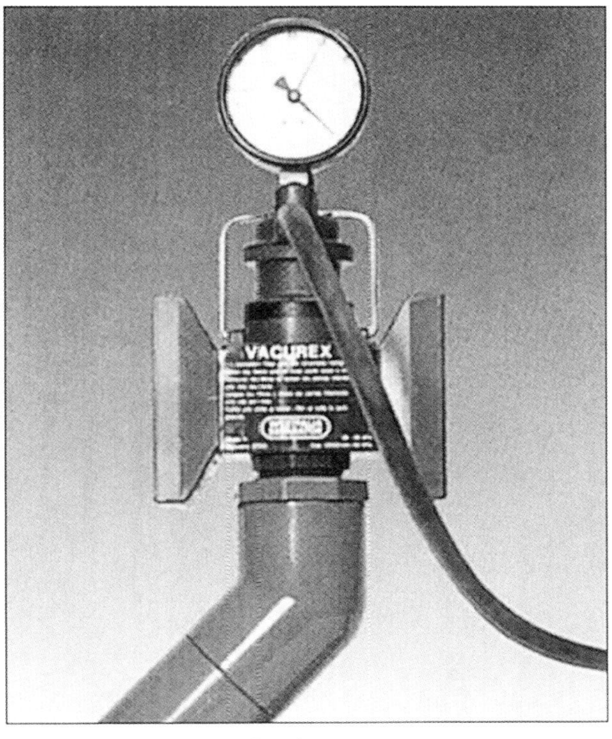

Gewichtsbelasteter Druckregler

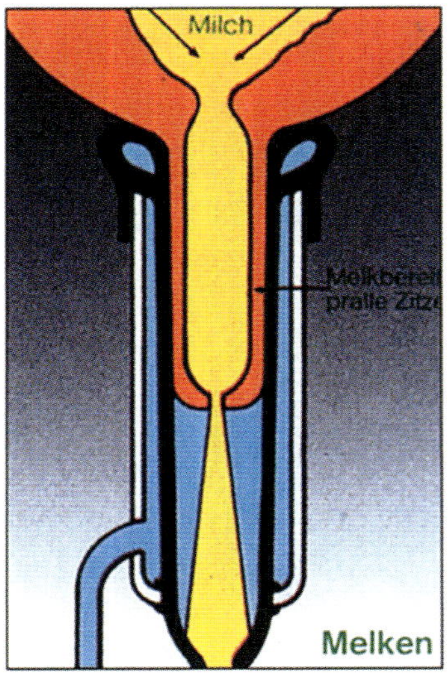

Schema Melkvorgang

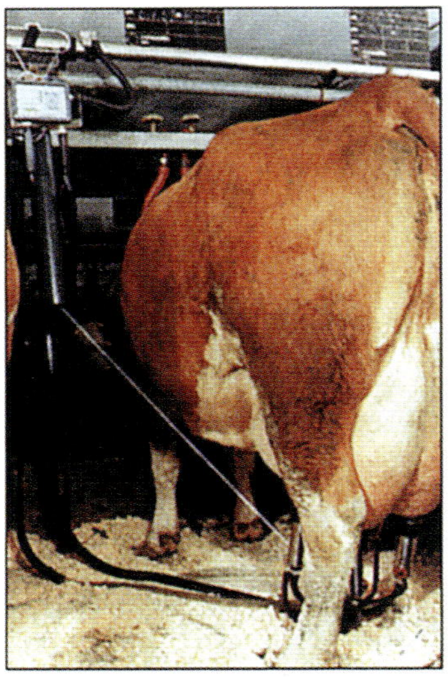

Abnahmeautomat im Anbindestall

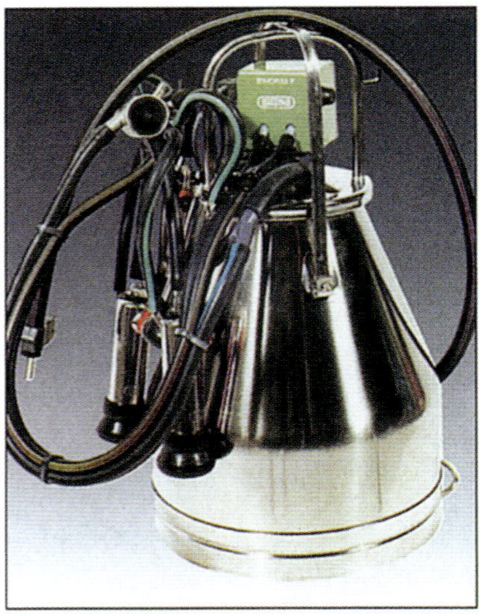

Standeimer mit Biomelker

1. RPS Vakuumpumpe
2. Vakuumbehälter aus Kunststoff
3. Luftleitung aus Kunststoff 2in oder 3in (je nach Anlagengröße)
4. Messstutzen
5. Vakuumventil VACUREX
6. Vakuummeter
7. Luftleitung zu den Pulsatoren
8. Luftanschluss
9. Melkleitung Ø 40 oder 50
10. Schwenkbrücke
11. Milchrohrschiebe KM aus Kunststoff mit Schieberplatte aus nicht rostendem Stahl
12. Melkeinheit STIMOPULS C (Anrüstpulsator)
13. Spülleitung Ø 40 oder 50
14. Bogen-T-Scheibenventil
15. Pumpen-Milchschleuse Typ MEN oder MFK
16. Druckfilter
17. Autom. Ablassventil
18. KU-Druckschlauch mit Einlaufbogen (Melkstellung)
19. Milchkühlwanne Typ DWX
20. Steuerschrank für Milchkühlanlage mit digitaler Temperaturanzeige
21. Separates Kälteaggregat
22. Lüftungsöffnung mit Gitter
23. Wärmerückgewinnungs-Anlage Typ WRA mit externem Wärmespeicher
24. Spülautomat
25. Behälter für Spülmittel (sauer und alkalisch)
26. Kalt- und Warmwasseranschlüsse
27. Endschalter
28. Melkzeugaufnahme mit Schutzdeckel verstellbar
29. Hygiene-Zentrum
30. Mobiler, computergesteuerter Kraftfutterautomat MOBITRON mit Tiererkennung am Kuhplatz

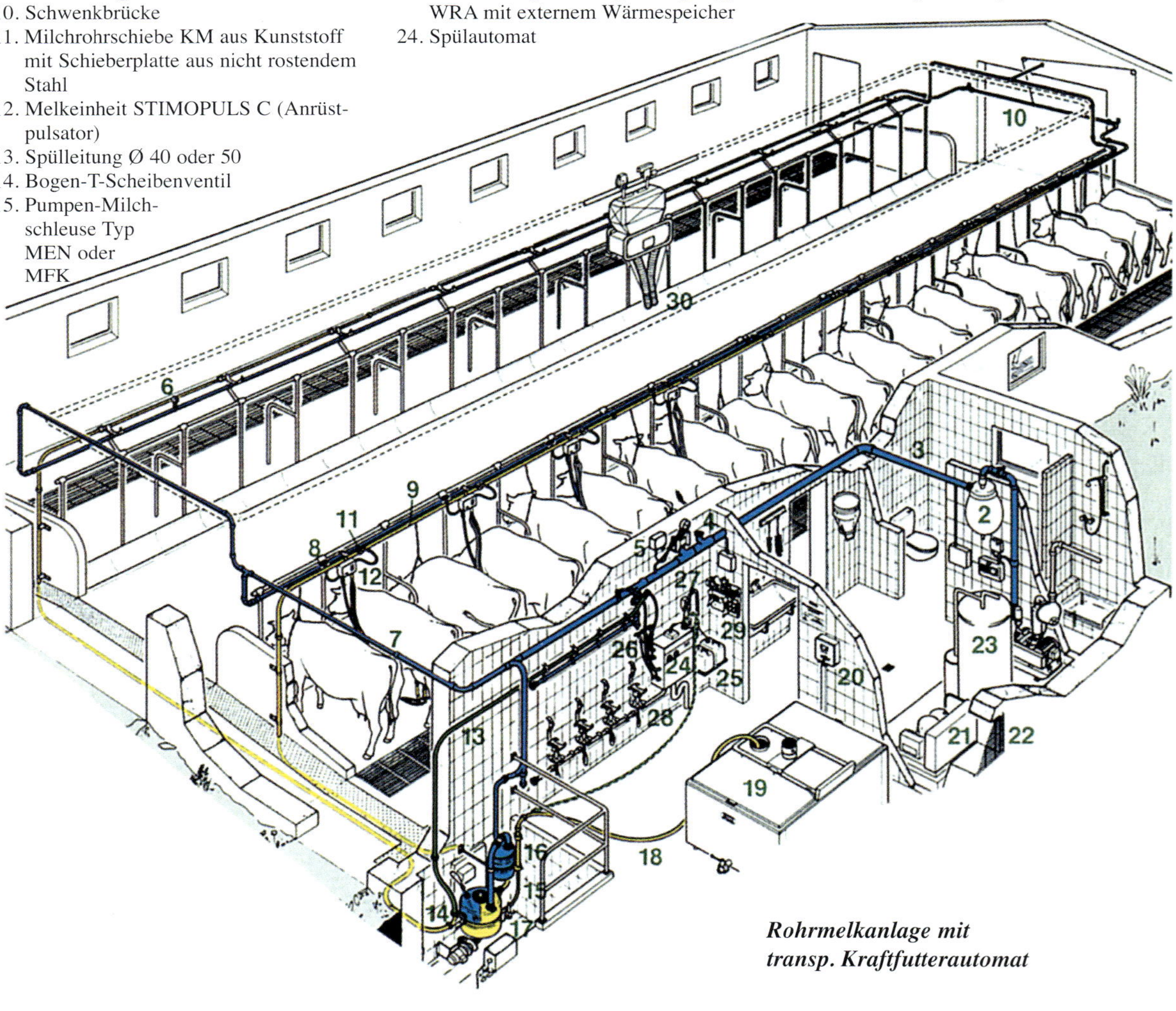

Rohrmelkanlage mit transp. Kraftfutterautomat

der Reinigung (Sodalauge und Wasser) und Kondenswasserbildung ein Gefälle von 1% zur Entwässerungsseite aufweisen. Teilautomatisierte Melkanlagen verringern die Gefahr des „Blindmelkens“.

Funktionssysteme von Melkanlagen

- nichtautomatisierte Anlagen
- teilautomatisierte Anlagen
  - Anlagen mit Milchflussanzeiger
  - Anlagen mit Milchflusssteuerung
  - Anlagen mit Milchflussendabschaltung
    - Abschaltautomat
    - Abnahmeautomat
- vollautomatische Anlagen
  - Melkroboter

Milchflussanzeigevorrichtungen kennzeichnen mittels Zeiger oder Lampe des Ende des Milchflusses. Milchflussanzeiger eignen sich auch bei Standeimeranlagen und geringer Bestandsgröße. Bei Anlagen mit **Milchflusssteuerung** wird durch eine Staukammer mit Schwimmer und Elektrode die Höhe des Melkvakuums am Beginn des Melkvorganges und am Ende auf ca. 0,33 bar reduziert. Dabei kann auch das Taktverhältnis verändert werden. Bei Anlagen mit **Milchflussendabschaltung** löst die Staukammer beim Nachlassen des Milchflusses von unter 200 g/min nach etwa 20 Sekunden ein Abschalten des Pulsators im Ruhetakt aus. Eine Kombination mit einer Milchflusssteuerung ist möglich. Anlagen mit einer **Abnahmeautomatik** besitzen zusätzlich einen Unterdruckzylinder, der das Melkzeug selbstständig vom Euter zieht. Eine Abnahmeautomatik wird vorrangig bei größeren Melkständen verwendet (beim Anbindestall sehr selten).

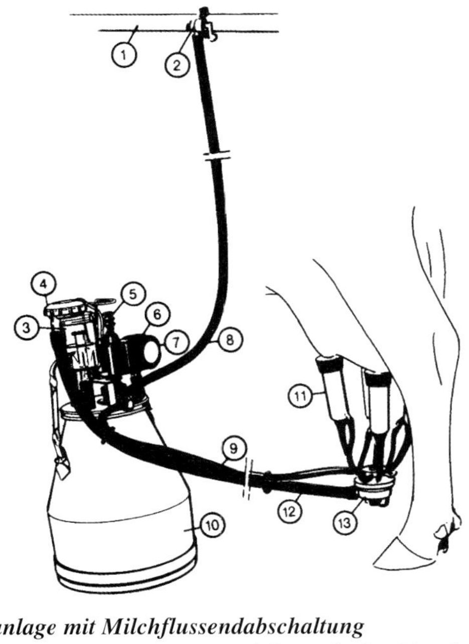

Melkanlage mit Milchflussendabschaltung

1 Vakuumleitung
2 Vakuumhahn
3 Milchflussanzeiger
4 Deckel mit Membrane
5 Anzeigebalg
6 Steuereinheit
7 Pulsator
8 Vakuumschlauch
9 Doppelpulsschlauch
10 Melkeimer
11 Zitzenbecher
12 Milchschlauch
13 Milchsammelstück
(Aktiengesellschaft Alfa-Laval)

5.2 Bauarten von Melkanlagen

- Die Eimermelkanlage
- Die Rohrmelkanlage
- Der Melkstand
- Der Melkroboter

❑ Die Eimermelkanlagen

Diese eignen sich besonders für kleine Kuhbestände (bis 15 Kühe). Pro 6 bis 7 Kühe ist ein Standeimer zu veranschlagen. Die gemolkene Milch wird in ca. 20 Liter fassenden Eimern aus nicht korrodierbarem Material gesammelt. Der Pulsator ist am Eimerdeckel montiert. Standeimeranlagen können auch mit elektronisch ge-

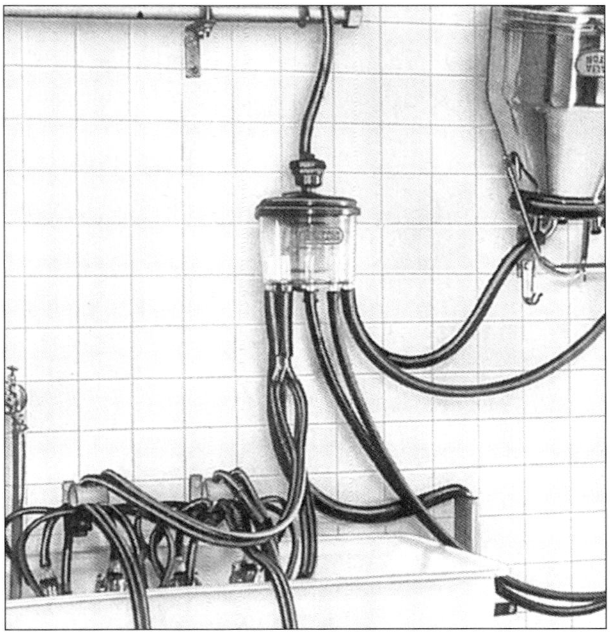

Reinigungsanlage Standeimer

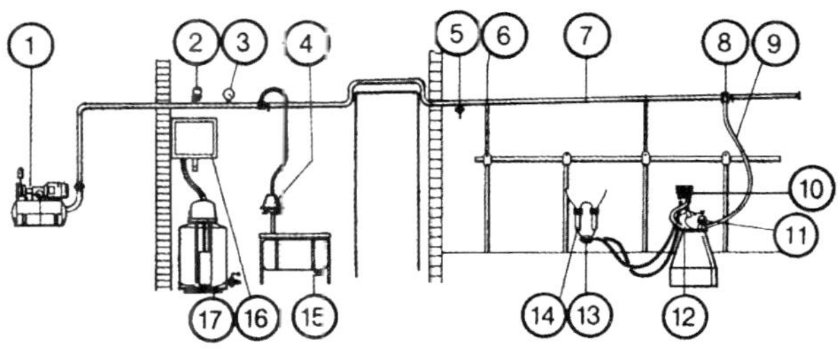

Schema einer Eimermelkanlage

1 Vakuumaggregat
2 Druckregler
3 Manometer
4 Waschpulsator
5 Wasserablasshahn
6 Aufstallung
7 Vakuumleitung
8 Anschlusshahn
9 Vakuumschlauch
10 Milchflussanzeiger
11 Pulsator
12 Melkeimer
13 Milchsammelstück
14 Zitzenbecher
15 Waschwanne
16 Kühlapparat
17 Tauchkühler
(Aktiengesellschaft Alfa-Laval)

steuerten Pulsatoren und euterschonender Melktechnik (Bio-Melker) ausgerüstet werden. Sehr wichtig ist auch bei Standeimeranlagen eine ausreichende Spülvorrichtung, um die Keimzahl in der Milch niedrig zu halten.

Vorteil

- billig in der Anschaffung
- Reinigungsfläche gering

Nachteil

- schwere Handarbeit (Eimer schleppen)

❑ Die Rohrmelkanlage

Rohrmelkanlagen saugen die Milch durch Leitungen aus rostfreiem Stahl (CrNi), Glas oder Kunststoff in die Milchkammer ab. Bei den heute üblichen Zweirohranlagen verwendet man für Milch und Vakuum getrennte Leitungen. Mittels Milchabscheider und Milchpumpe wird die Milch aus der unter Vakuum stehenden Milchleitung getrennt und in die Kühlvorrichtung befördert. Rohrmelkanlagen werden normalerweise mit 2 bis 6 Melkzeugen angeboten (auch hier gilt pro 6 Kühe ein Melkzeug). Bis zu 4 Melkzeuge können von einer Person bedient werden. Rohrmelkanlagen werden heute oft mit Milchflusssteuerung und/oder Milchflussendabschaltung ausgerüstet, jedoch selten mit Abnahmeautomatik.
Wegen der oft langen Rohrleitungen sind ausreichend dimensionierte Spülautomaten Voraussetzung für eine einwandfreie Milchqualität.

❑ Melkstandanlagen

Melkstand mit Einzelkuheinlass

- → **Tandem-Melkstand**
- → **Karussel-Melkstand**

Melkstand mit Gruppeneinlass

- → **Fischgrät-Melkstand**
- → **Side-by-Side-Melkstand**
- → **Durchtreibe-Melkstand**

Sie haben besonders in Verbindung mit einem Laufstall erhebliche Vorteile. Es handelt sich dabei grundsätzlich um Rohrmelkanlagen, wobei die fix montierten Melkzeuge für ca. 6 bis 8 hintereinander folgende Kühe/Melkung verwendet werden. Die Person bedient von einem um ca. 85 cm tiefer liegenden Arbeitsplatz (Melkgrube) das Melkzeug. Je nach Aufstellung der Milchkühe gibt es unterschiedliche Melkstandsysteme (Durchtreiber, Fischgrät, Side-by-Side, Tandem) in ein- oder zweireihiger Ausführung. Einreihige Melkstandformen haben den Vorteil, dass Melkgrube und Milchkammer auf einem Niveau sein können und die Person nie über von Kühen verschmutzte Wege gehen muss. Die Spülleitung für die anschließende Reinigung ist normalerweise direkt im Melkstand montiert. Für kleinere Tierbestände können auch gebrauchte Rohrmelkanlagen oder Standeimer verwendet werden. Abnahmeautomaten haben sich bei größeren Melkständen (ab 5 Plätze) gut bewährt.

❑ Melkroboter

Der Melkroboter beherrscht zunehmend die Diskussion im Bereich der Melktechnik.
In Österreich arbeiten aktuell etwa 2.000 Melkroboter. Diese Zahl steigt pro Woche um zwei bis drei Anlagen (Stand 2024).

Melkroboter erkennen die Position der Zitzen.

Melkroboter werden durch die weltweit extrem große Nachfrage serienmäßig von etwa acht Firmen hergestellt. Die Kosten für eine Anlage sind je nach Ausstattung sehr unterschiedlich (ca. 185.000 € pro Roboter – Stand 2024). Moderne Anlagen geben eine umfangreiche Auskunft über Milchqualität, Gesundheitszustand und Hormonstatus der Kuh. Im Durchschnitt werden die Kühe dreimal pro Tag gemolken. Normalerweise ist jede Kuh alle sechs Stunden melkberechtigt. Etwa 10 % der Kühe müssen nachgetrieben werden (meist altmelkende oder neue Kühe). Gut geplante Roboterlaufställe haben für 10 % der Kühe eine Gruppe mit gelenktem Kuhverkehr und für 90 % der Kühe eine Gruppe mit freiem Kuhverkehr. Der Roboter übernimmt dann die Selektion dieser Gruppen über die Zwischenmelkzeit (z. B.: 14 Stunden) oder nach Eingabe des Landwirtes.

Wartung von Melkanlagen

- Sofort nach dem Melken Melkzeug, Milchschläuche, Eimer, Rohrleitungen, Milchabscheider usw. reinigen.
- Beim Reinigen grundsätzlich zuerst kalt und dann warm – dann mit heißer Reinigungslauge und anschließend mit kaltem oder lauem Wasser nachspülen.
- Das Reinigen erfolgt heute vorwiegend mit einem so genannten „Waschautomat“.

- Turnusmäßig Unterdruck und Pulszahl prüfen.
- Wöchentlich Milch führende Teile generalreinigen.
- Bei Verwendung von Waschautomaten ist vollständiges Zerlegen nur mehr im Bedarfsfall notwendig.
- Monatliche Ölstandskontrolle am Aggregat.
- Alle drei Monate Pulsatorfilter und Druckregelventil reinigen. Schläuche und Zitzengummi kontrollieren.
- Halbjährlich Milch führende Gummiteile auswechseln und Vakuumleitung reinigen.

5.3 Geräte zur Milchkühlung

Milchsäurebakterien vermögen sich bei einer Temperatur von unter 5° C kaum mehr zu vermehren. Die gemolkene Milch soll daher rasch unter diese Temperatur gekühlt werden (4° C).

Verschiedene Arten

- **Kannenkühlring**
- **Kannendrehkühler**
- **Eiswasserkühler**
- **Zylinder- oder Ringkühler**
- **Kühlwannen**

Durch den Strukturwandel bei den Milchbauern und durch gestiegene Qualitätsansprüche haben Kannenkühler und Zylinder- und Ringkühler heute nur mehr eine sehr geringe Bedeutung. Normalerweise sind heute Kühlwannen mit oder ohne Vorkühlung (Plattenwärmetauscher) als Geräte zur Milchkühlung in Verwendung.

Transportable Hoftanks werden heute bis zu einem Fassungsvermögen von ca. 600 Liter mit Tauchkühler (Zylinder- oder Ringkühler) ausgestattet. Dabei wird dieser Tauchkühler mittels Flaschenzug in den gut isolierten Milchtank gezogen. Eine Rührwelle verhindert das Anfrieren der Milch und gewährleistet eine gleichmäßige Milchabkühlung. Beim Abtransport der Milch wird dann der Tauchkühler aus dem Tank gezogen und die Milch mittels Traktor oder Pkws zur Milchsammelstelle gefahren.

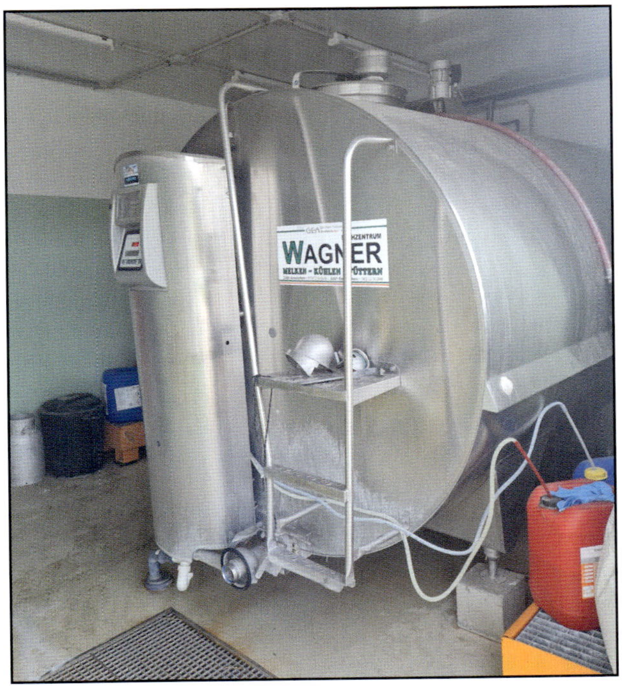

Kühlwanne

Plattenwärmetauscher als Vorkühler (ca. 20 °C Abkühlung im Durchlauf vor der Kühlwanne)

Milchtank mit Zylinderkühler

Kühlwannen sind für größere Milchmengen und für die Hofabsaugung gut geeignet. Kühlwannen kühlen über Boden und (oder) Wände der Wanne die Milch. Eine Rührwelle sorgt für eine gleichmäßige Abkühlung und verhindert das Aneisen der Milch am Wannenboden.

Ab ca. 200 Liter Tagesgemelk sind so genannte **Wärmerückgewinnungsanlagen** rentabel. In diesem Fall wird die Energie, die beim Abkühlen der Milch frei wird, zum Warmwasserbereiten verwendet.

Bei der Wärmerückgewinnung wird die am Kondensator des Aggregates frei werdende Wärme zum Anwärmen von Warmwasser nach dem Prinzip der Wärmepumpe verwendet. Mit Rücksicht auf den Wirkungsgrad der Anlage soll die Warmwassertemperatur 50° C nicht übersteigen. Eine für Reinigungszwecke oft benötigte höhere Temperatur lässt sich durch den Einbau eines elektrischen Heizstabes in den Boiler erreichen. Aus 1.000 Liter Milch lässt sich eine Energie von rund 32 kWh gewinnen.

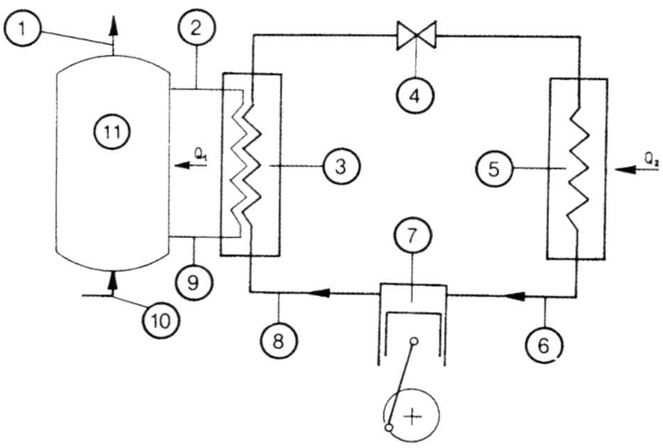

Wärmeruckgewinnung bei der Milchkühlung
1 Warmwasserabgang
2 Warmwasserleitung zum Boiler
3 Wärmeaustauscher
4 Drosselventil
5 Verdampfer
6 und 8 Kühlmittelleitungen
7 Kompressor
9 Kaltwasserleitung zum Wärmetauscher
10 Kaltwasserzulauf
11 Warmwasserboiler
(Aktiengesellschatt Alfa-Laval)

Wärme-Rückgewinnungs-Anlagen		
Typ	**Inhalt**	**Bauart**
WRA 80	80 l	Wand-speicher
WRA 120	120 l	
WRA 200	200 l	Standspeicher mit externem Wärmetauscher
WRA 300	300 l	
WRA 400	400 l	

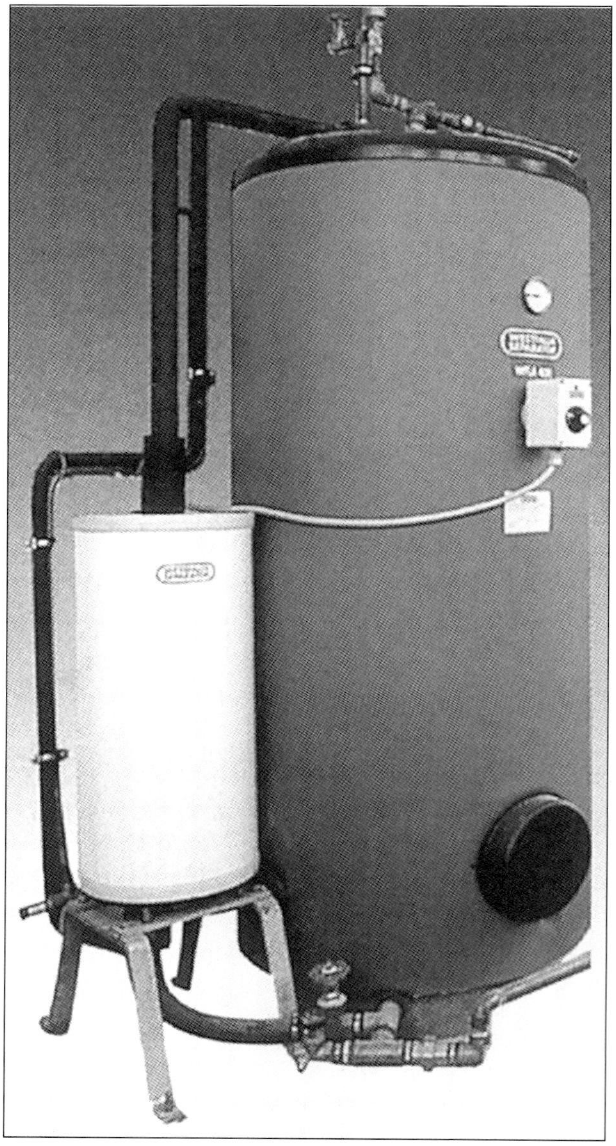

Wärmerückgewinnung

6. Entmistungsanlagen

Das täglich notwendige Ausmisten zwingt den Betriebsführer, diese Arbeiten zur Arbeitserleichterung und Zeiteinsparung zu mechanisieren.

Festmistverfahren

- mobile und multifunktionale Geräte
- stationäre Geräte

Flüssigmistverfahren

- Schwemmmistverfahren
- Treibmistverfahren
  - Normalkanal
  - Flachkanal

(Flüssigmistverfahren siehe Baukunde-Buch)

6.1 Mobile multifunktionale Entmistungen

Wenn Gebäude und Aufstallungsform eine Entmistung mit Frontlader bzw. Heckkiste ermöglichen, ist diese Form der Entmistung sehr kostengünstig, und die Geräte dafür sind vielseitig einsetzbar. In den vergangenen Jahren haben sich zunehmend kleine „Hoftracs" (oft Knicklader) bei der innerbetrieblichen Mechanisierung durchgesetzt. Auch Kleintraktoren mit heckseitig angebauten Kippmulden sowie Frontlader werden gerne für diverse Entmistungsarbeiten verwendet.

Heckmulde

Knicklader mit Mistschaufel

Alle diese multifunktionalen Formen haben den Vorteil, dass sie im eigenen Betrieb und überbetrieblich vielseitig einsetzbar sind. Durch die Verschmutzung von Fahrzeug und angebautem Gerät sind werkzeuglose Schnellkuppeleinrichtungen anzuraten.

Schnellkuppelvorrichtung Frontlader

6.2 Stationäre Entmistungen

Stationäre Anlagen sind an feste Mistachsen gebunden, in deren Verlängerung bzw. quer dazu die Düngerstätten liegen.

Verschiedene Formen

- **Seilzuganlagen**
- **Schubstangenanlagen**
- **Pendel- oder Faltschieberanlagen**
- **Druckentmistungen**

❑ Seilzuganlagen

Ein handgesteuerter Schieber bzw. Schrapper wird mittels Seil und Seilwinde in Richtung Düngerstätte gezogen. Diese Anlagen sind nur mehr selten anzutreffen und je nach Niveauverhältnissen mit oder ohne Höhenfördereinrichtung ausgestattet. Nach dem Entleeren wird der Schieber wieder per Hand in den Stall gezogen.

❑ Die Schubstangenentmistung

Die Schubstangenentmistung hat als einfaches mechanisches Fördersystem weite Verbreitung gefunden. In einem Kotgraben von ca. 50 cm Breite wird eine Schubstange mit einem Hub von ca. 1,5 bis 2 m hin- und herbewegt. An der Schubstange sind scharnierartige Schieber im Abstand von ca. 70 bis 100 cm montiert. Diese klappen beim Vorwärtshub rechtwinkelig zur Schubstange aus und fördern in dieser Stellung. Beim Rückwärtshub legen sie sich an die Schubstange an. Der Antrieb der Schubstange erfolgte früher mit Getriebemotor, Getriebe und Kette (siehe Schema) und heute fast ausschließlich hydraulisch. Der Leistungsbedarf liegt mit 0,75 kW für die Schubstange relativ niedrig.

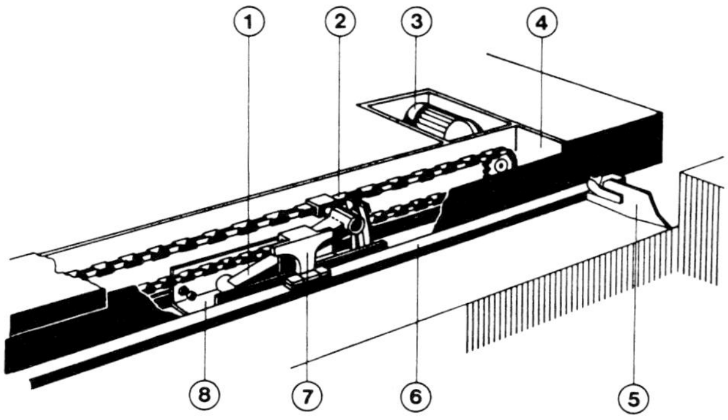

Schubstangenentmistung
1 Pleuelstange
2 Rollenkette
3 Getriebemotor
4 Ölwanne mit Führungsprofil
5 Schieber mit Plastikbüchse
6 Zugstange
7 Mitnehmer
8 Führungsschlitten
(Alfa-Laval)

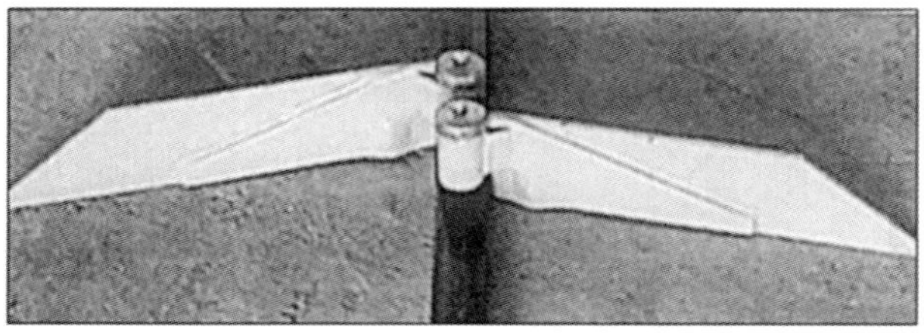

Doppelschieber

Außerhalb des Stalles kann der Festmist auf verschiedene Art und Weise weiterbefördert werden. Bei größerem Niveauunterschied zwischen Stall und Düngerstätte

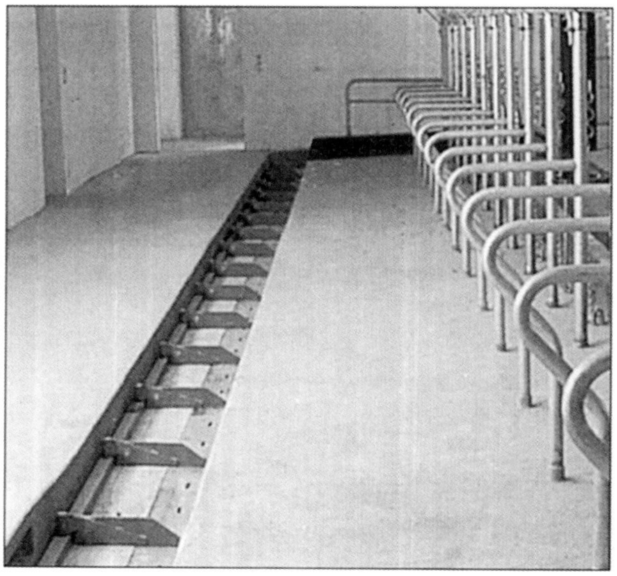

Schubstangenentmistung

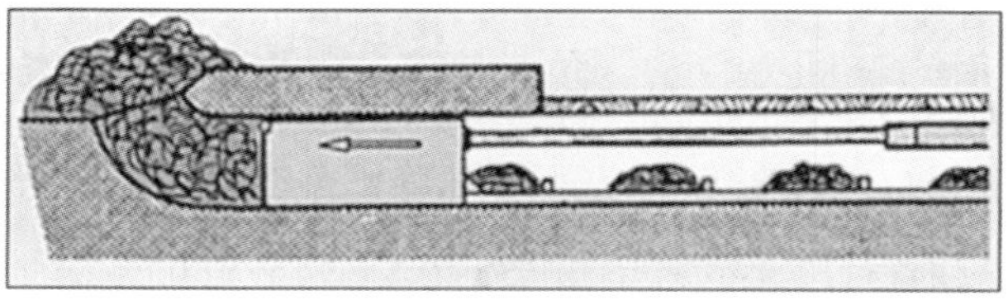

Pressfördereinrichtungen

Hochfördereinrichtung

genügt eine Verlängerung der Schubstange. Im Normalfall aber dient zur Weiterbeförderung des Festmistes ein schwenkbarer **Hochförderer**.

Bei neueren Anlagen werden oft **Pressfördereinrichtungen angeboten.**

Hochförderer sollen wegen der Einfriergefahr immer leer gefahren werden und leicht verschwenkbar sein (vertikal und horizontal). Bei Druckförderanlagen ist kaum eine Einfriergefahr gegeben (bei der Mistaustrittsstelle sollte immer etwas Mist liegen).

❑ Falt- und Pendelschieberentmistungen

Bei dieser Form, die der Schubstangenentmistung ähnelt, wird eine Stange, eine Kette oder ein Seil hin- und herbewegt. Das Förderorgan ist beim Faltschieber ein Klappflügel, der in Förderstellung V-förmig an den Mistbahnseiten anliegt. Der Hub entspricht in der Regel der Mistbahnlänge. Beim Rückwärtsgang legen sich die Klappflügel aneinander, sodass Mist und Harn nicht mitgenommen werden können.

Faltschieberentmistungen eignen sich besonders für Rinder- und Schweinelaufstallungen.

Pendel- oder Klappschieberanlage

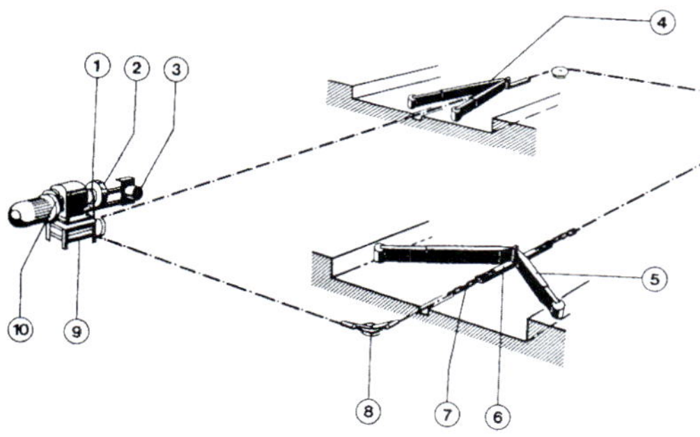

Faltschieberentmistung

1 Antriebskettennuss
2 Rutschkupplung
3 Umschaltautomatik
4 Faltschieber bei Rücklauf
5 Faltschieber geöffnet
6 Zugdeichsel
7 Kette
8 Umlenkrolle
9 Getrieberahmen
10 Getriebemotor (Alfa-Laval)

Seit mehreren Jahren wurde der Faltschieber als Förderorgan durch den so genannten Pendelschieber ersetzt. Pendelschieber werden mit Seilzug oder hydraulisch angetrieben. Bei der hydraulischen Version wird mittig ein hydraulisch angetriebenes Formrohr hin- und hergeschoben. Dieses Formrohr hat ca. alle 2 Meter Noppen, die den Pendelschieber mitnehmen.

Falt- und Pendelschieberanlagen befördern Kot und Harn meistens in eine Güllegrube oder in einen Flüssigmistkanal.

Die hydraulische Druckentmistung

- **Pressentmistung**
- **Maulwurfentmistung**

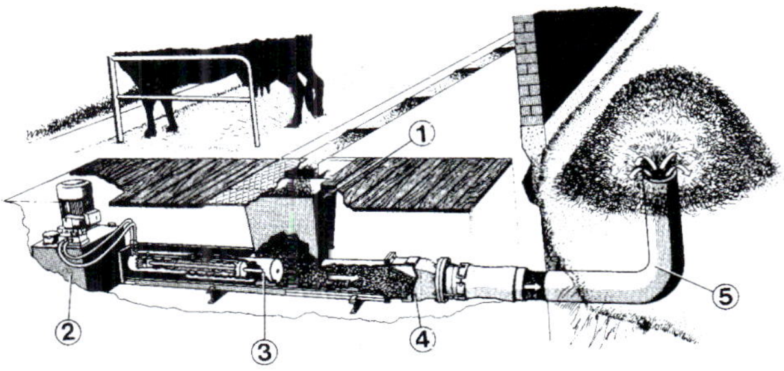

Druckentmistung

1 Falltrichter
2 PVC-Förderrohrleitung
3 Rückschlagklappe
4 Förderaggregat mit Förderkolben
5 Hydraulikaggregat

Fallschacht Druckentmistung

Diese Entmistung wird bei Festmist an Stelle des Hochförderers verwendet.
Vorteile:
- Festmistlagerplatz kann an beliebiger Stelle sein
- sehr geringe Frostgefahr – große Betriebssicherheit

Nachteile:
- aufwendig und teuer

Arbeitsweise:
Über einen Fallschacht wird der Mist dem tiefer liegenden Förderaggregat zugeführt. Eine Hydraulikanlage erzeugt mit einem 7,5-kW-Elektromotor den notwendigen Pressdruck. Für den Betrieb sind ca. 50 Liter Hydrauliköl notwendig. Je nach Konsistenz wird der Mist mit einem Pressdruck von 80 bis 110 bar durch den Kolben in die Rohrleitung befördert. Eine Rückschlagklappe verhindert, dass der Mist aus der Rohrleitung in das Förderaggregat zurückkommen kann. DerArbeitskolben hat einen Durchmesser von 350 mm, und der Hub beträgt ca. 1.000 mm. Bei der Pressentmistung wird der Mist durch einen schachtelförmigen Kolben mit Pendelwand gefördert. Die Pressschachtel wird mittels Hydraulikzylinders hin- und herbewegt.